U0162611

连续碳化硅纤维增强碳化硅陶瓷基复合材料

邱海鹏　王　岭　等著

国防工业出版社

·北京·

内 容 简 介

本书系统介绍连续碳化硅纤维增强碳化硅陶瓷基（SiC/SiC）复合材料的最新研究成果，内容包括：连续碳化硅纤维增强碳化硅陶瓷基复合材料制造技术、碳化硅纤维的表征评价方法及织造技术，SiC/SiC 复合材料制造、加工、热防护涂层、连接等技术，碳化硅纤维增强陶瓷基复合材料无损检测，SiC/SiC 复合材料基体改性及其高温抗氧化性能、微结构与本征性能，SiC/SiC 复合材料构件设计及应用等。本书内容理论与实际相结合，面向工程应用，具有系统性、实用性、先进性。

本书适合从事 SiC/SiC 复合材料领域的科研人员及工程应用的工艺技术人员参考阅读。

图书在版编目（CIP）数据

连续碳化硅纤维增强碳化硅陶瓷基复合材料 / 邱海鹏等著. —北京：国防工业出版社，2023. 6

ISBN 978-7-118-12951-9

Ⅰ. ①连… Ⅱ. ①邱… Ⅲ. ①碳化硅纤维-陶瓷复合材料 Ⅳ. ①TQ174. 75

中国国家版本馆 CIP 数据核字（2023）第 096370 号

※

国防工业出版社出版发行

（北京市海淀区紫竹院南路 23 号 邮政编码 100048）

三河市腾飞印务有限公司印刷

新华书店经售

*

开本 710×1000 1/16 **插页** 1 **印张** 23¾ **字数** 450 千字

2023 年 6 月第 1 版第 1 次印刷 **印数** 1—2000 册 **定价** 152. 00 元

国防书店：（010）88540777 书店传真：（010）88540776

发行业务：（010）88540717 发行传真：（010）88540762

序

当今世界的新军事革命加速推进，新一代航空武器装备对高温结构材料要求愈发苛刻。近年来，连续碳化硅纤维增强碳化硅陶瓷基（SiC/SiC）复合材料因其耐高温、低密度、长寿命和抗氧化等优点，已成为我国航空发动机和空天飞行器等领域中重要的战略性热结构材料。

面向工程应用的 SiC/SiC 复合材料技术，材料设计和制造始终是核心问题。目前，国产高性能连续碳化硅纤维初步实现量产，以此为原材料的复合材料研究尚处于起步阶段。同时，受限于材料、结构和工艺等诸多因素的耦合影响，SiC/SiC 复合材料的设计和制造存在材料-结构多层级性能数据不足、结构设计准则不完善、复杂构件精细化成型方法缺乏等问题，严重阻碍了 SiC/SiC 复合材料在我国航空武器装备中的应用。

近 10 年来，中国航空制造技术研究院超高温复合材料团队以 SiC/SiC 复合材料为研究对象，在国家多个重大项目支持下，系统开展了 SiC/SiC 复合材料多尺度结构/工艺设计、制备工艺、多层级热-力性能评价、精细化加工、装配连接、无损检测、验证及应用等关键技术研究工作，形成了较为完整的 SiC/SiC 复合材料设计-制造体系。这些成果原创性强、实用价值大，丰富和拓展了 SiC/SiC 复合材料技术领域的科学内涵，也为国内同行开展相关基础研究和工程应用提供了重要参考。

本书既是对研究团队以往工作的系统总结，也有对该领域未来发展方向的深入思考。“九层之台，起于累土”，新材料是高新技术的先导，也是武器装备实现跨越发展的抓手，亟需更多的科技工作者和应用部门的关注和参与。希望本书的出版能够助推 SiC/SiC 复合材料技术快速和可持续发展，为我国航空和武器装备领域的不断进步贡献一臂之力。

2022 年 9 月于 BGI 墨园

前言

进入21世纪，随着国际形势的日趋复杂，国防装备不断向机械化、数字化、轻量化方向推进，高马赫数空天飞行器和高推重比航空发动机成为空天高技术竞争的主要制高点，也是各主要军事大国正努力抢占的战略制高点。

连续碳化硅纤维增强碳化硅陶瓷基（SiC/SiC）复合材料具有耐高温、低密度、长寿命等优点，是一种具有重要战略意义的先进热结构材料。西方发达国家对连续碳化硅纤维和SiC/SiC复合材料的研究从20世纪70年代起给予了高度重视，对其进行大力投资和扶持。经过多年发展，形成了从关键原材料高性能连续碳化硅纤维开始到零部件批量制造的较为完备的工业技术体系。我国对连续碳化硅纤维和SiC/SiC复合材料的研究起步较晚，其研究和应用处于相对落后的位置。2011年第一代连续碳化硅纤维工程化量产、2017年第二代连续碳化硅纤维工程化量产及2021年第三代连续碳化硅纤维工程化量产，加速了我国SiC/SiC复合材料工程化应用基础研究的步伐。经过10年发展，SiC/SiC复合材料的制备技术有了重大突破，但SiC/SiC复合材料构件仅有少量获得实际应用，大都处于演示验证及应用推广阶段，距离大批量实际应用还有一定距离。

针对上述背景，为了进一步促进SiC/SiC复合材料的应用和发展，本书基于中国航空制造技术研究院复材中心超高温复合材料科研团队近20年国家重大专项基础研究以及国防预研等项目支持下在SiC/SiC复合材料领域研究成果的总结和归纳，重点介绍连续碳化硅纤维增强碳化硅陶瓷基复合材料制造技术、碳化硅纤维的表征评价方法及织造技术，SiC/SiC复合材料制造、加工、热防护涂层、连接等技术，碳化硅纤维增强陶瓷基复合材料无损检测，SiC/SiC复合材料基体改性及其高温抗氧化性能、微结构与本征性能等。

全书共11章，由邱海鹏统筹组稿，王岭协助组稿。第1章绪论由邱海鹏执笔，介绍连续碳化硅纤维及SiC/SiC复合材料的研究进展。第2章碳化硅纤维的表征评价方法由张冰玉和梁艳媛执笔，重点讨论碳化硅纤维结构与成分、性能、耐磨性能和热稳定性能等表征方法。第3章碳化硅纤维预制体设计和制造技术由江南大学张典堂和宜兴新立织造公司宗晟执笔，重点讨论碳化硅纤维预制体细观结构与复杂异型预制体成型工艺。第4章SiC/SiC复合材料制造技术由陈明伟和刘时剑执笔，重点讨论预定型技术、界面层制造技术和致密化工艺控制。第 5 章 SiC/SiC 复合材料加工技术由谢巍杰和蔡敏执笔，重点讨论机械加工与激光加工的研究现状、工艺原理、工艺参数与主要特征参量的关系。第 6 章 SiC/SiC 复合材料热防护涂层由罗文东和赵禹良执笔，重点讨论成分梯度抗氧化涂层的制备与表征，以及环境障涂层的设计、制备与表征。第 7 章 SiC/SiC 复合材料基体改性及其高温抗氧化性能由陈义和关星宇执笔，重点讨论 SiC/SiC 复合材料的氧化退化问题及其基体的改性方法和机理。第 8 章 CMC-SiC 复合材料连接技术由刘善华和侯金宝执笔，重点讨论碳化硅陶瓷基复合材料与金属及陶瓷基复合材料之间的连接技术和方法。第 9 章 SiC/SiC 复合材料无损检测由刘菲菲和刘松平执笔，重点讨论 DR、CT、超声、TH_2、红外等检测方法和典型检测结果。第 10 章 SiC/SiC 复合材料微结构与本征性能由王岭和王晓猛执笔，重点讨论 SiC/SiC 复合材料的微结构特征对本征性能的影响。第 11 章 SiC/SiC 复合材料构件设计及应用由王岭和马新执笔，以典型的纵横加筋薄壁板为例，重点开展结构设计、预制体成型、复合制备和无损检测等研究。张琪悦参加了资料整理和校对。团队其他人员为制备大量试验件也付出了辛勤劳动，在此一并表示感谢。

本书内容力求系统、全面，专业性与实用性结合，希望为陶瓷基复合材料专业研究生和相关研究人员提供参考，为科研、工艺技术及设计人员提供指导、参考和借鉴。然而，SiC/SiC 复合材料处于工程化应用初级阶段，虽然团队经历十余年研究，一些研究成果仍处于实践应用验证阶段，有些问题还处于不断认识阶段，作者水平所限，书中疏漏在所难免，敬请读者批评指正。

邱海鹏

2022 年 7 月

目录

第1章

绪　论

连续纤维增强陶瓷基复合材料具有陶瓷材料特有的强度高、硬度大、耐高温、抗氧化，高温下抗磨损性好、耐化学腐蚀性优良，热膨胀系数和密度小等优点，同时高比强度、高比模量的陶瓷纤维增强体引入改善了陶瓷材料的脆性，实现陶瓷基体的增韧和增强，提高了材料的使用可靠性。20 世纪 70 年代初，纤维增强陶瓷基复合材料的概念首次被提出[1-2]，随着陶瓷纤维制备技术和相关工艺技术的进步，纤维增强陶瓷基复合材料的制备技术日渐成熟。国外连续纤维增强陶瓷基复合材料已经开始在航空航天、核能等高技术领域得到广泛应用[1-4]。

四十多年来，欧美以及日本等国家对陶瓷纤维及其复合材料的制备工艺和增强理论进行了大量的研究，取得了许多重要的成果，有的已经达到实用化水平。航空发动机领域对陶瓷基复合材料的需求最为迫切，主要应用部位为尾喷、燃烧室和涡轮部位[3-4]。1996 年法国斯奈克玛（SNECMA）公司首次实现陶瓷基复合材料在 M88-2 发动机喷管的应用，随后陶瓷基复合材料在 F119、F135 等军用发动机喷管部位实现应用；2015 年美国通用电气（GE）公司碳化硅纤维增强碳化硅陶瓷基（SiC/SiC）复合材料实现在商用发动机 Leap-1A 涡轮外环上的应用[2]；2015 年法国赛峰集团设计的陶瓷基复合材料尾喷管搭载 CFM56-5B 发动机完成了首次商业飞行，并通过适航认证[4]。在空天飞行器热防护系统上，陶瓷基复合材料已应用的部位包括头锥、机翼前缘、控制舵[5]、机身襟翼、面板、天线罩/窗等[6-7]。在核能领域，SiC/SiC 复合材料已应用于核反应堆结构材料[1,2]。

连续碳化硅纤维是 SiC/SiC 复合材料的关键原材料，由于纤维及其复合材料强烈的军事应用背景，国外从产品到技术对我国实行严格的封锁，我国必须发展自主研制。通过国家“十二五”和“十三五”的大力支持，国产连续陶瓷纤维研制取得了阶段性成果，国内已建成第二代碳化硅纤维十吨级生产线、第三代碳化硅纤维吨级生产线、吸波碳化硅纤维具备小批生产能力，为 SiC/SiC 复合材料的研制和应用研究提供了有力的支撑。

1.1 连续碳化硅纤维

连续碳化硅纤维是一种具有高比强度、高比模量、耐高温、抗氧化、耐化学腐蚀并具有优异电磁波吸收特性的多晶陶瓷纤维，可用作耐高温、抗氧化材料和聚合物基、金属基及陶瓷基复合材料的高性能增强纤维[8-10]。由碳化硅纤维增强制备的高性能陶瓷基复合材料，可应用于空天飞行器以及高性能发动机等尖端领域，故被称为 21 世纪航空航天以及高技术领域应用的新材料，具有战略性的地位，因此也成为近年来发展较快的高温陶瓷纤维，在国内外材料界备受关注。

1.1.1 国外碳化硅纤维研发生产与应用情况

1975 年日本东北大学的 Yajima（矢岛圣使）教授首先采用前驱体转化法成功制备出连续碳化硅（SiC）纤维，奠定了前驱体转化法制备 SiC 纤维的工业化基础[11]。随后，日本碳公司获得 Yajima 教授的 SiC 纤维专利实施权，耗资约 11 亿日元，在 30 多名顶级材料专家近 10 年的努力后于 1989 年实现了 SiC 纤维的工业化生产，产品以“Nicalon”命名正式进入市场销售[12]。日本宇部兴产公司也于 1988 年成功研制出另一种含钛连续 SiC 纤维，以“Tyranno”商品名销售。美国也于同期制备了多晶 SiC 纤维，并以“Sylramic”商品名销售。

根据纤维组成、结构及性能的发展过程，前驱体转化法制备的 SiC 纤维可分为 3 代[11]：第一代为高氧、高碳型 SiC 纤维；第二代为低氧、高碳型 SiC 纤维；第三代为近化学比 SiC 纤维。其中，第一代、第二代 SiC 纤维是低密度、高碳含量、无定形结构，其耐温能力不超过 1300℃；第三代为高密度、近化学计量比、多晶结构，其耐温能力最高达到 1600℃，能够满足航空航天等领域许多尖端装备的需求。

前驱体转化法是目前国际上实现连续 SiC 纤维产业化制备的主要方法，分为氧化交联工艺路线和电子束交联工艺路线。前驱体转化法制备连续 SiC 纤维的技术路线如图 1-1 所示。其中，日本碳公司研制的第一代 SiC 纤维（Nicalon）是用氧化交联进行不熔化处理[11]；第二代 SiC 纤维（Hi-Nicalon）和第三代 SiC 纤维（Hi-Nicalon TypeS）均采用电子束交联。美国的第三代 SiC 纤维（Sylramic）采用特殊的活性气氛处理[12]。

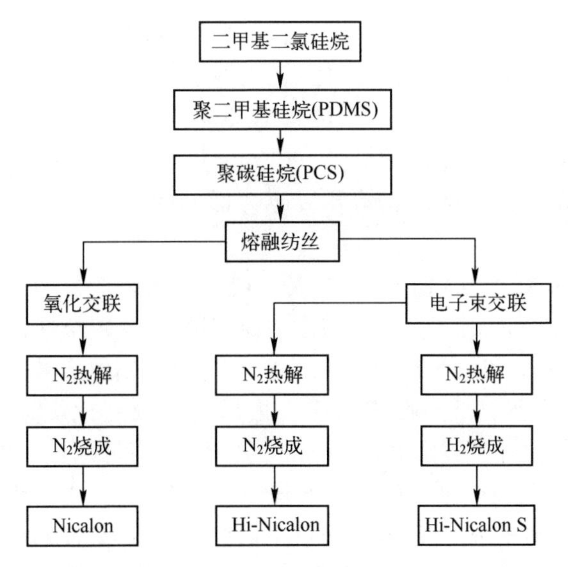

图1-1　前驱体转化法制备连续SiC纤维的技术路线图

下面依次介绍3代SiC纤维的发展历程。

第一代SiC纤维的主要特征是高氧［含量约10%（质量分数）］、高碳（碳硅比为1.3）、SiC处于无定形状态，典型代表是日本碳公司的Nicalon NL202纤维和宇部兴产公司的Tyranno Lox M纤维[12]。第一代SiC纤维在有氧环境下1050℃时仍有良好的热稳定性，但由于纤维中含有较多的SiO_xC_y杂质相和游离碳，在空气中1050℃以上和惰性气氛中1200℃以上将发生SiO_xC_y杂质相分解反应并伴随着结晶和晶粒长大，导致纤维强度急剧降低。

第二代SiC纤维[13]的主要特征是低氧［含量小于1%（质量分数）］、高碳（碳硅比大于1.3）、SiC处于无定形状态，典型代表是日本碳公司的Hi Nicalon纤维和宇部兴产公司的Tyranno ZE纤维，纤维的抗蠕变性能和抗氧化性能都优于第一代SiC纤维，燃气下的长期使用温度为1250℃。

日本碳公司和宇部兴产公司[12-13]分别采用不同的技术路线研制了第二代SiC纤维：日本碳公司采用电子束辐照方法替代原有的空气不熔化处理后制得Hi-Nicalon纤维，日本宇部兴产公司采用活性气氛交联方法制得Tyranno ZE纤维。第二代SiC纤维氧含量的降低，使纤维在1200~1300℃有氧环境中具有良好的热稳定性。该纤维经过10年以上应用验证考核，是目前应用领域最广、应用数量最多的SiC纤维。

第三代SiC纤维的主要特征是近化学计量，所以又称为近化学计量SiC纤维，是指C与Si的比为1.05~1.1，在组成上杂质氧、游离碳含量很低，接近SiC的化学计量比，结构上由原来的β-SiC微晶结构或中等程度结晶变为高结晶状态。因此，第三代 SiC 纤维的结晶度远高于第一代和第二代 SiC 纤维，抗高温蠕变性和抗氧化性也更优异。此外，由于纤维拉伸弹性模量高（350~420GPa），热膨胀系数与 SiC 基体更接近，使复合材料的残余热应力小，有利于提高 SiC/SiC 复合材料的起始开裂应力和纤维承载能力，解决复合材料起始开裂应力低的问题，并显著提高了复合材料的力学性能。

在第二代 SiC 纤维基础上，日本碳公司、宇部兴产公司分别采用不同技术路线制备第三代 SiC 纤维。日本碳公司采用加氢脱碳烧成的方法制备出近化学计量比的 Hi-Nicalon S 纤维；宇部兴产公司采用引入致密化元素铝，通过可控不熔化引入氧，然后脱氧脱碳，最后经过致密化烧结制备出 Tyranno SA 纤维[11,14-16]。此外，美国 Dow Corning 公司[17]另辟蹊径，在纤维制备过程中引入硼和钛元素，在 1800℃高温下烧结制得近化学计量比、多晶结构的 Sylramic 纤维，将 Sylramic 纤维在氮气中处理，使纤维表面形成一层 BN 薄膜，即可得到 Sylramic-iBN 纤维。该纤维晶粒更大，晶界更清晰，高温抗蠕变性能和抗氧化性能都得到了提升。第三代 SiC 纤维在 1400~1500℃有氧环境下具有良好的热稳定性。

图 1-2 比较了第三代 SiC 纤维与其他两代 SiC 纤维的耐高温性能，当温度高于 1200℃时，第一代 Nicalon 纤维和 Tyranno Lox-M 纤维强度急剧下降，第二代 Hi-Nicalon 纤维则在 1400℃以上时强度迅速下降，而第三代 SiC 纤维在 1600℃甚至更高温度时依然保持了至少 2.0GPa 的强度。

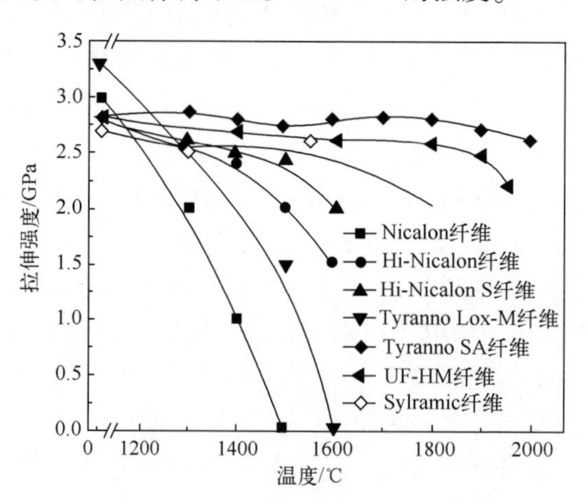

图 1-2　SiC 纤维的耐高温性能（Ar 中热处理 1h）[15]

国外典型连续 SiC 纤维的组成、结构与特性如表 1-1 所示。

表 1-1　国外典型连续 SiC 纤维的组成、结构与特性[11-16]

性　能		日本碳公司			日本宇部兴产公司				美国 Dow Corning
		Nicalon			Tyranno				Sylramic
		NL-202	Hi-Nicalon	Hi-Nicalon S	Lox-M	LoxE	ZE	SA	
组成	Si	56.4	62.4	68.9	55.4	56	61	67.8	66.6
	C	31.3	37.1	30.9	32.4	37	35	31.3	28.5
	O	12.3	1.2	<1.0	10.2	5.0	2.0	0.3	0.50
	N	—	—	—	—	—	—	—	0.40
	B	—	—	—	—	—	—	—	2.30
	Al	—	—	—	—	—	—	0.6	—
	Ti	—	—	—	2.0	2.0	—	—	2.10
	Zr	—	—	—	—	—	2.0	—	—
	C/Si	1.29	1.39	1.05	1.36	1.54	1.34	1.08	1.05
密度/($g\cdot cm^{-3}$)		2.55	2.65	2.85	2.48	2.55	2.55	3.1	>2.95
纤维直径/μm		14	14	12	11	11	11	8 和 10	10
拉伸强度/GPa		2.6	2.5	2.6	3.3	3.4	3.5	2.5	2.8~3.4
拉伸模量/GPa		188	250	340	187	206	2.33	300	386
断裂应变/%		1.4	1.3	0.6	1.8	1.7	1.5	0.7	0.8
有氧环境下使用温度/℃		1050	1250	1400	1000	—	—	约 1500	约 1500
价格/(美元/kg)		约 2000	8000	13000	1500	—	1600	约 5000	约 10000

吸波 SiC 纤维是在第一代 SiC 纤维基础上发展起来的功能用 SiC 纤维。吸波 SiC 纤维包含低电阻率（LVR 级，0.1~10Ω·cm）和高电阻率（HVR 级，10^5~10^7 Ω·cm）纤维，并且具有电阻率可调的特点，从而具有吸波功能，与环氧树脂等树脂基体匹配或与陶瓷基体复合，可同时用作增强体和吸波剂，实现复合材料承载/吸波一体化，通过电性能设计实现宽频谱范围的吸波，可以解决吸波涂层重量大、易于剥落和吸波频谱宽度小的问题。

日本碳公司[13]通过控制最终纤维中的碳含量，获得不同电阻率的纤维，电阻率的变化范围为 0.1~10^7Ω·cm，研制了 Nicalon 400 和 Nicalon 500 系列吸波 SiC 纤维，可以适用于不同的基体材料（陶瓷或树脂基体）。为了达到最佳的吸波效果，不同电阻率的吸波 SiC 纤维通常配合使用。日本宇部兴产公司[11]通过在前驱体中引入 Ti、Zr 并严格控制纤维中的氧含量，制备了 Tyranno 系列掺杂型吸波 SiC 纤维。两家公司吸波 SiC 纤维的产能相当，年产 15t 以上，已成功应用到军用飞机上，如 F-22 飞机的尾喷管调节片和密封片等部件。

近年来，由于连续 SiC 纤维在航空发动机部件上应用的技术成熟度不断提升，应用范围由静止件扩大到动部件，极大地促进了 SiC 纤维的产业化进程。2012 年，日本碳公司、美国通用电气（GE）公司、法国赛峰集团合资成立了 NGS 高级纤维（NGS Advanced Fibers）公司[18-19]，年产 Nicalon 系列纤维 10t 以上，产品主要满足美国国防部、美国 GE 公司和其他客户的需求。2018 年美国 GE 公司投资超过 2 亿美元在亚拉巴马州建设 SiC 纤维及其预浸料生产厂[20]，该厂从日本 NGS 高级纤维公司取得生产技术许可，将大幅提升美国第三代 SiC 纤维的生产能力，用于生产航空发动机和燃气轮机所需的陶瓷基复合材料。同时，日本碳公司也计划在日本建设第二家 SiC 纤维生产厂以扩大纤维产能。

1.1.2 国内碳化硅纤维研发生产与应用情况

我国从 20 世纪 80 年代开始碳化硅（SiC）纤维的研究，比日本晚 10 年左右，而与美国和德国几乎同步。我国研究 SiC 纤维的主要单位有国防科技大学、厦门大学等。国防科技大学主要采用氧化交联、化学气相交联等工艺路线制备 SiC 纤维，厦门大学采用电子束交联工艺路线制备连续 SiC 纤维。目前国内第一代、第二代 SiC 纤维都已实现工程化生产[21-22]。

国防科技大学是国内最早开展前驱体转化法制备连续 SiC 纤维的单位，目前已形成系列的连续 SiC 纤维产品[21]，主要情况如表 1-2 所示。

表 1-2　国防科技大学连续 SiC 纤维研发情况[21]

纤维品种	单丝强度 /GPa	直径 /μm	模量 /GPa	束丝强度 /GPa	碳硅比	氧含量 /%（质量分数）	与国外同类产品比较
KD-I 型（第一代）	>2.50	11.5±1	>170	>2.00	1.35~1.40	<9	达到 Nicalon NL202 水平
KD-Ⅱ型（第二代）	>2.70	11.5±1	>250	>2.30	1.30~1.40	<1	达到 Hi-Nicalon 水平
KD-S 型（第三代）	>2.70	11.5±1	>310	>2.30	1.00~1.10	<1	达到 Hi-Nicalon S 水平
KD-SA 型（第三代）	>2.00	11.5±1	>350	>1.70	1.05~1.10	<0.6	接近 Tyrrano SA 水平
KD-X（吸波系列）	>2.50	11.5±1	>170	>2.00	可调节	<9	电阻率在 10^{-2}~10^{5} Ω·cm 范围内可调控

针对第一代连续 SiC 纤维，国防科技大学掌握了具有自主知识产权的第一代连续 SiC 纤维工程化制造技术；设计制造了国内首套年产 500kg 第一代连续 SiC 纤维工程化制备平台，主体设备国产化；建立了第一代连续 SiC 纤维生产工艺规范和产品质量标准。研发的第一代连续 SiC 纤维综合性能达到了日本 Nicalon NL202 纤维水平。为满足更高温度使用的需求，国防科技大学开展了第二代连续 SiC 纤维制备关键技术攻关。国防科技大学采用无氧不熔化工艺路线制备第二代连续 SiC 纤维[22]，掌握了具有自主知识产权的第二代连续 SiC 纤维的工程化制备技术；设计制造了年产吨级的第二代连续 SiC 纤维工程化制备平台，制定了第二代连续 SiC 纤维生产工艺规范和产品质量标准，研制的第二代连续 SiC 纤维综合性能达到日本 Hi-Nicalon 纤维水平。以该技术为基础研制的第二代连续 SiC 纤维已经实现工程化生产。国防科技大学还针对第三代连续 SiC 纤维开展了关键技术攻关，分别制备了纤维性能基本达到 Hi-Nicalon S 纤维水平的 KD-S 纤维和性能接近 Tyranno SA 纤维水平的 KD-SA 纤维。

厦门大学[19]采用电子束交联工艺路线制备连续 SiC 纤维，关键设备与工艺具有独立自主知识产权。电子束交联作为通用平台技术，可同时实现不同种类连续 SiC 纤维的制备，更容易实现产业化。经过十多年的努力，厦门大学突破了第二代和第三代连续 SiC 纤维的关键技术和工程化制备技术，取得了一系列具有自主知识产权的基础研究和工程化技术研究成果。以电子束交联工艺路线为基础的第二代连续 SiC 纤维生产已经实现产业化生产。

此外，国防科技大学和厦门大学针对高温隐身应用需求，分别开展了吸波 SiC 纤维研究，在纤维关键技术攻关的基础上实现了纤维的小批量制备，初步解决了制约国内高温吸波结构材料研制的关键原材料瓶颈问题。

1.2　SiC/SiC 复合材料制造技术

经过几十年的发展，SiC/SiC 复合材料的制造技术已经趋于成熟，部分技术成果已经成功应用于航空发动机热端部件。这些工艺主要包括化学气相渗透（chemical vapor infiltration，CVI）法、前驱体浸渍裂解（polymer infiltration and pyrolysis，PIP）法、熔渗（melt infiltration，MI）法和泥浆浸渗/烧结（slurry infiltration and hot-pressing，SIHP）法等。

各国对 SiC/SiC 复合材料制备工艺都进行了详细的研究，其中日本拥有聚碳硅烷（PCS）和连续 SiC 纤维制备技术，主要开展 PIP 工艺制备纤维增强 SiC 复合材料的研究，特别是在 SiC/SiC 复合材料制备上具有较高的研究水平；法国以 CVI 技术为主，技术水平国际领先；德国以 MI 和 PIP 技术为主，特别是 MI 技术世界领先；美国对 PIP、CVI 和 MI 工艺均有研究，且均有较高的研究水平。

国内高性能连续 SiC 纤维发展滞后，在 SiC/SiC 复合材料研究方面起步相对较晚，目前国内相关高校和研究单位在 SiC/SiC 复合材料和构件制造技术方面已取得可喜的技术突破，形成了较为完备的 CVI 和 PIP 工程化制造技术体系，但所研制的构件仅得到一定的实际应用与试验考核，与国外大批量生产应用存在较大的差距。

1.2.1 化学气相渗透法

1.2.1.1 工艺概述

化学气相渗透（chemical vapor infiltration，CVI）法起源于 20 世纪 60 年代，是目前已得到使用并商品化的生产方法，是在化学气相沉积（chemical vapor deposition，CVD）基础上发展起来的一种陶瓷基复合材料制备方法[23]。当无机分子大部分沉积在材料表层时，称为化学气相沉积，通常用来制备陶瓷表面涂层；沉积在材料内部则称为化学气相渗透。在 CVI 过程中，将纤维预制体置于密闭的反应室，通入反应气体，气相物质在加热的纤维表面或附近发生化学反应，渗入纤维预制体中沉积得到陶瓷基体。CVI 工艺是制备陶瓷材料最常用的工艺，通过小分子化合物气相反应生成无机分子沉积而得到陶瓷材料。

SiC/SiC 复合材料的 CVI 工艺制备以卤代烷基硅烷［如甲基三氯硅烷（MTS）］为原料，氢气为载气，氩气为稀释/保护气体，在高温沉积而成。在以 MTS 原料制备 SiC 陶瓷基体时，沉积温度一般在 1100℃以下，控制沉积速度，可以得到致密度达 80%~90%的 SiC/SiC 复合材料，反应式如下：

$$CH_3SiCl_3(g)\xrightarrow{1000\sim1300^{\circ}C,H_2}SiC(s)+HCl(g) \tag{1-1}$$

1.2.1.2 工艺特点

CVI 工艺的主要优点是：①能在低温、低压下进行基体的制备，材料的内部残余应力小，纤维受损小；②基体组成可设计，可获得不同成分和梯度分布的基体；③能制备形状复杂和纤维体积分数高的近尺寸部件；④在同一反应室中，可依次进行纤维界面、中间相、基体以及部件外表面的涂层沉积；⑤可用来填充其他工艺制备的材料中的孔隙和裂纹。

CVI 工艺的主要缺点是：①工艺设备复杂，制备周期长，成本较高；②SiC 基体晶粒尺寸极其微小（10nm），复合材料的热稳定性低；③复合材料不可避免地存在 10%~15%的孔隙，以作为大分子量沉积副产物的逸出通道，从而影响了复合材料的力学性能和抗氧化性；④预制体的孔隙入口附近气体浓度高，沉积速度大于内部沉积速度，易导致入口处封闭而产生密度梯度；⑤制备过程中产生腐蚀性产物，污染环境。

1.2.1.3　国内外发展现状及趋势

1. 国外发展现状及趋势

20世纪70年代，法国学者Naslain[24]和德国学者Fitzer[25]分别利用CVI工艺成功制备了连续纤维增强SiC陶瓷基复合材料，由此国内外学者开始对该领域进行了广泛研究，开发了等温化学气相浸渗、热梯度化学气相浸渗、压力梯度化学气相浸渗、强制流动热梯度化学气相浸渗和脉冲化学气相浸渗等CVI工艺。目前，国外采用CVI工艺制备连续纤维增强SiC陶瓷基复合材料的研究主要集中在法国、美国和日本。

法国采用CVI工艺制备出牌号为CERASEP的SiC/SiC复合材料[26]，预成型体可以是单向、三向或多向纤维编织件。热分解温度为1200~1400℃，尺寸为ϕ50mm×13mm的SiC/SiC构件仅沉积30h即可完成。

美国橡树岭国家实验室（Oak Ridge National Laboratory）和西北太平洋国家实验室（Pacific Northwest National Laboratory）[27]同样对CVI工艺制备连续纤维增强SiC陶瓷基复合材料进行了广泛研究，分别考察了纤维类型、界面种类和厚度等因素对复合材料性能的影响，并建立了力学和热学等性能的模型。强制流动热梯度化学气相渗透（forced-flow-thermal gradient chemical vapor infiltration，FCVI）法最早由美国橡树岭国家实验室提出。在FCVI法中，气态前驱体在高压驱动下穿过工件的冷端到达工件的热端发生反应沉积，获得陶瓷基体并排除挥发性副产物。这种方法能获得纯度高、结晶性好、近化学计量比的β-SiC基体，基体与SiC纤维之间的热应力低，对纤维的损伤小，比传统CVI法所需的制备时间短。美国西北大学采用微波辅助化学气相渗透（microwave-assisted chemical vapor infiltration，MCVI）法进行工艺优化与完善[28]。与普通CVI相比，微波加热能在纤维预制体中产生由内至外的温度梯度，因而从根本上克服了沉积物优先在预制体表面沉积的缺点，使渗透过程可以顺利进行，从而大大缩短了制备时间，提高了复合材料的质量，是目前很有前途的陶瓷基复合材料制备方法。美国IHPTET计划利用CVI技术以SiC/SiC复合材料取代Ni基超高温合金，以提高工作温度、减少冷却流量，从而显著提高燃气轮机的工作效率。图1-3所示为美国CVI技术制备的SiC/SiC翼前缘。

日本对CVI工艺制备SiC/SiC复合材料的研究主要集中在京都大学、东京大学和国家原子能研究，分别对不同CVI工艺（ICVI和FCVI）、不同界面涂层（PyC和SiC）、不同气源（MTS和ETS）和不同纤维（Nicalon、Hi-Nicalon、

Hi-Nicalon S 和 Tyranno-SA）对应 SiC/SiC 复合材料性能的影响进行了分析研究，并考察了复合材料的疲劳和蠕变性能[29]。

图 1-3　美国 CVI 技术制备的 SiC/SiC 翼前缘

2. 国内发展现状及趋势

我国西北工业大学、中国航空制造技术研究院复材中心、上海硅酸盐研究所等均开展了 CVI 工艺制备 SiC/SiC 复合材料的研究[27]。我国已形成具有独立知识产权的 CVI 制造技术和设备体系，并具有了制备大型、薄壁、复杂构件的能力，目前有多种构件通过了应用环境的考核，材料性能和整体研究水平跻身国际先进行列。

1.2.2　前驱体浸渍裂解法

1.2.2.1　工艺概述

前驱体浸渍裂解（PIP）工艺是在树脂基复合材料制备工艺基础上发展起来的，是目前发展较迅速的一种陶瓷基复合材料制备工艺。PIP 工艺制备连续纤维增强 SiC 陶瓷基复合材料的基本流程为：在真空条件下将纤维预制件中的空气排出，然后在一定温度和压力下将前驱体液体或溶液渗入纤维预制件中，交联固化或除去溶剂后，在惰性气氛下高温裂解获得 SiC 基体。通过多次浸渍/裂解处理，获得致密度较高的复合材料。

1.2.2.2　工艺特点

PIP 工艺的主要优点是：①前驱体具有可设计性，可控制基体的成分和结构；②裂解温度相对较低，可避免纤维受损，且对设备要求简单；③可制备形状复杂的大型构件，实现近净成型。

PIP 工艺的主要缺点是：①前驱体裂解过程中有大量的气体逸出，造成复合材料残余孔隙率较高（10%~15%），不仅降低复合材料的密度，还影响材料的力学性能和抗蠕变性能；②从有机前驱体转化为无机陶瓷过程中材料密度变化大（聚合物前驱体密度约为1.0g/cm^3，陶瓷化产率60%～80%，陶瓷化后密度为2.6g/cm^3），导致材料体积收缩大（达70%～75%），收缩产生的内应力不利于材料的性能；③浸渍/裂解周期较长，成本较高。

1.2.2.3 国内外发展现状及趋势

1. 国外发展现状及趋势

日本碳公司[13]利用聚碳硅烷开展前驱体转化法制备SiC/SiC复合材料研究，生产以Nicaloceram为商品名的陶瓷管，用于热交换器等。由于PIP工艺制备的碳化硅基体富碳，非化学计量比，导致制备的材料与其他同类材料比起来高温性能低、抗辐射能力和抗氧化能力低。日本的M. Kotian等[30]对PIP工艺进行了改进，浆料中加入了30%$ZrSiO_4$添加物用以改善材料的室温和高温强度。另外，将适当比例的聚甲基硅烷（PMS）和PCS制成混合浆料，可得到化学计量比的SiC基体。该试验制备得到的SiC/SiC复合材料室温弯曲强度为500MPa，1400℃时强度为400MPa。

PIP法所制备的复合材料的微结构与所使用的前驱体及制备条件密切相关。小体积收缩率的有机聚合物前驱体有利于提高SiC/SiC复合材料的性能。Kohyama等[31]采用添加SiC粉末的PVS（聚乙烯硅烷）前驱体方法，通过优化所添加的SiC粉末的含量和制备条件如裂解温度、加热速率、固化压力等，获得了高密度的SiC/SiC复合材料，三点弯曲强度超过600MPa，并且韧性也有明显改善。

美国近年来在前驱体陶瓷的研究上发展迅速。1992年，美国能源部工业技术办公室组织实施了为期10年的连续纤维SiC陶瓷基复合材料研究计划[19]，以Dow Corning[17]公司为牵头单位，开展PIP工艺制备可工业化应用的陶瓷基复合材料研究，该计划的宗旨在于改进陶瓷基复合材料制造工艺方法的效率和效能，提高具有潜在工业应用市场的典型部件性能。目前Dow Corning公司研制的材料体系有Sylramic™100系列（碳界面Nicalon纤维增强SiC基体）、Sylramic™200系列（含涂层Nicalon纤维增强SiNC基体）。

2. 国内发展现状及趋势

我国开展PIP工艺研究的单位主要包括中国航空制造技术研究院复材中心、航天材料及工艺研究所、国防科技大学等单位，目前已经具备构件研制和小批量生产能力，但在工程产业化方面与西方发达国家尚存在明显差距。

国防科技大学[32]继20世纪80年代独立开发出PCS后，陆续研制出了聚甲基硅烷（PMS）、锑改性聚甲基硅烷（A-PMS）和液态低分子聚碳硅烷（LPCS）等前驱体。厦门大学[20]也对液态聚乙炔基碳硅烷（EHPCS）进行了研究，并取得了一定进展。

中国航空制造技术研究院复材中心在 PIP 工艺制备 SiC/SiC 复合材料技术方面经过十多年的努力，开展了大量的工程化应用研究，并突破了多项制约 SiC/SiC 复合材料制造技术工程化应用的关键技术。在结构陶瓷基复合材料及其构件制造技术方面，突破了陶瓷基复合材料复杂异形件的设计、整体编织技术、前驱体浸渍裂解工艺、近净成型技术、表面热防护技术、陶瓷基复合材料加工技术、与金属部件的连接和装配技术以及无损检测等关键技术。研制的 SiC/SiC 复合材料热结构件已通过应用环境试验验证，上述工作均达到了国际同类陶瓷基复合材料热结构件的先进水平。

1.2.3 熔渗法

1.2.3.1 工艺概述

熔渗（MI）工艺是在反应烧结 SiC 基础上发展起来的复合材料制备工艺，其基本工艺流程是：首先利用 CVI 或 PIP 工艺在纤维编织体中引入碳源，然后液相硅或合金在毛细管力作用下渗进残留的气孔中，渗透过程中与基体碳反应生成 SiC。

1.2.3.2 工艺特点

MI 工艺的主要优点是：①能获得结晶度高，残余孔隙率低（2%~5%）的复合材料；②制备过程中尺寸变化极小，可实现净成型，制备形状复杂构件；③制备周期短，成本低。

MI 工艺的主要缺点是：①制备温度高，对纤维的耐温性能要求较高；②纤维在渗硅过程中较易与硅发生反应，造成纤维受损，导致性能下降；③复合材料中存在一定量残余硅，硅的熔点为 1414℃，当使用温度超过其熔点时，由于硅的熔化而使材料性能下降，限制了复合材料在高温下的应用。

1.2.3.3 国内外发展现状及趋势

1. 国外发展现状及趋势

早在 1992 年，在使能推进材料项目（enabling propulsion materials，EPM）支持下[33]，美国航空航天局（NASA）和 GE 公司针对新一代高速民用飞行器（high speed civil transport，HSCT）陶瓷基复合材料燃烧室内衬，研发在 1200℃下长时间使用的 SiC/SiC 复合材料。随后在 NASA[34] 的超高效率发动机技术（ultra efficient engine technologies，UEET）支持下，又开发了可在 1300℃以上使用的 SiC/SiC 复合材料。NASA 和 GE 公司均采用 MI 工艺制备 SiC/SiC 复合材料。

为了提高 MI-SiC/SiC 的使用温度，NASA[35] 研发的 N-24 系列 MI-SiC/

SiC复合材料进一步减少游离硅含量，并使用了抗蠕变性能更优异的Sylramic-iBN纤维，当使用温度提高至1315℃，承载应力为103MPa时，SiC/SiC复合材料使用寿命大于1000h。

GE公司开发了HiPerComp™ SiC/SiC复合材料，已应用到工业燃气涡轮发动机的热结构中，如第一、第二阶段涡轮壳体、燃烧室内外衬套和涡转导向叶片等。GE公司制备的环境障涂层涂覆的HiPerComp™ SiC/SiC复合材料燃烧室衬套和涡轮护罩在1260℃、76MPa作用力下，已完成累计超过12000h的现场测试[36]。图1-4所示为SiC/SiC燃烧室内外衬套[37]。

图1-4 SiC/SiC燃烧室内外衬套

涡轮叶片作为发动机主要部件之一，位于燃烧室出口，承受非常高的热冲击。陶瓷基复合材料密度低、耐高温，应用于涡轮叶片，对于减重以及减少冷却气体量具有重要的意义。NASA研发的SiC/SiC涡轮叶片[38]（图1-5），在高压燃气测试环境中［1200℃，燃气流速为60m/s，6atm（$1atm \approx 1.01\times 10^5Pa$）］，经过50h的测试，其结构保持完整，而相同条件下的金属叶片则出现裂纹和变形。SiC/SiC涡轮叶片具有比高温合金更优异的耐热性能。

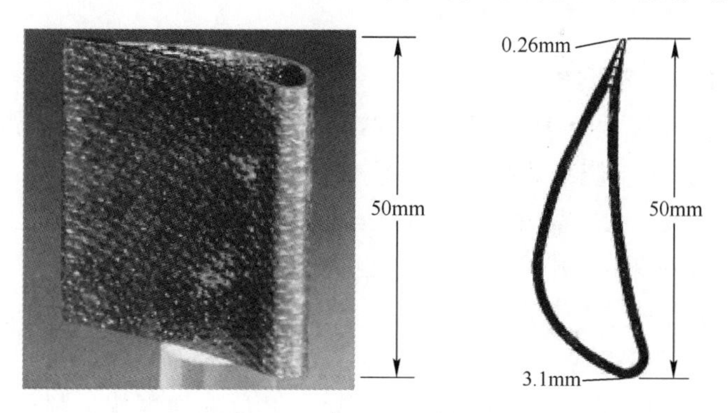

图1-5 SiC/SiC涡轮叶片

随着 2018 年 GE 公司在亚拉巴马州建立纤维和预浸料生产厂，美国已建立起一个完整的 MI 工艺制备陶瓷基复合材料的供应链，包括 4 个相互关联的纤维和预浸料、构件、EBC 涂层、构件安装测试基地[39]。与此同时，GE 公司位于北卡罗来纳州阿什维尔的 CMC 组件装配厂已完成 40000 多件 CMC 涡轮护罩装配。该工厂还为大型商用航空发动机 GE9X 供应高压涡轮 1 级和 2 级喷嘴、燃烧室内外衬套、一级导流罩、第二级高压涡轮叶片等 5 种不同的 CMC 热端组件。

2. 国内发展现状及趋势

由于国内 SiC 纤维研制的落后，我国 SiC/SiC 复合材料研发与应用远远落后于国外。但我国的材料学者很早就进行了大量的探索性研究，目前开展 MI 研究工艺的主要研究单位有中国航空制造技术研究院复材中心、西北工业大学、上海硅酸盐研究所及中国航发北京航空材料研究院等。图 1-6 所示为中国航空制造技术研究院复材中心 MI 工艺的研制样件。

图 1-6　中国航空制造技术研究院复材中心 MI 工艺的研制样件

1.2.4　泥浆浸渗/烧结法

1.2.4.1　工艺概述

泥浆浸渗/烧结（SIHP）是低成本制备工艺，制备过程与纤维增强树脂材料类似。将 SiC、烧结助剂粉末和有机黏结剂用溶剂制成泥浆，浸渍 SiC 纤维或 SiC 纤维布，卷绕切片，铺层热压成型后烧结。反应烧结通过硅碳反应完成，Si 和 C 在 900℃开始生成 SiC，但通常反应烧结温度在 Si 的熔点 1414℃以上。Si 以液相或气相状态与 C 反应，材料中存在少量未与 C 反应的自由硅。

1.2.4.2　工艺特点

SIHP 工艺的主要优点是：①工艺简单；②反应速度快，制备周期短，致密化程度较高。

SIHP 工艺的主要缺点是：①高温高压并添加烧结助剂，对纤维损伤较大；②难以制备复杂大尺寸构件。

1.2.4.3　国内外发展现状及趋势

目前，国外采用 SIHP 工艺制备连续纤维增强 SiC 陶瓷基复合材料的研究主要集中在日本。日本东京工业大学的 T. Yano 等采用 SIHP 工艺制备了 C/SiC 和 SiC/SiC 复合材料，并研究了 Nicalon、Hi-Nicalon 两种纤维以及界面涂层对 SiC/SiC 复合材料的影响。国内对此工艺的研究较少。

1.2.5　多种工艺的联合制造技术

采用联合制造技术如 CVI-MI、CVI-PIP、PIP-HP 等，以实现 SiC/SiC 复合材料的高性能、低成本制造是目前的发展方向之一。

Brennan[40]采用 CVI-MI 联合工艺，在 SiC 纤维表面通过 CVI 法沉积一层 BN 界面层和一层 SiC 层，然后用 SiC 浆料浸渗，再以金属硅熔渗，最终获得致密的 SiC/SiC 复合材料，复合材料的热导率有显著提高。Nannetti 等[41]以 CVI-PIP 联合工艺制备二维 SiC/SiC 复合材料为基础，制备了三维 Hi-Nicalon 纤维预制体增强的 SiC 复合材料，得到的 SiC/SiC 复合材料的孔隙率为 13.3%，密度为 2.33g/cm^3，其室温弯曲强度为（701±60）MPa。此外，M. Kotian 等[30]还采用 PIP-MI 联合工艺制备了 SiC/SiC 复合材料，并对其具体工艺进行了优化。但多种工艺的联合技术在一定程度上还需实现各过程的优化，以达到既能简化设备和过程，又能获得所需要的材料性能。

日本先进材料航空发动机（AMG）燃烧室的内衬[42]（图 1-7）、喷嘴挡板、叶盘等均采用 CVI-PIP 联合工艺生产的 SiC/SiC 复合材料。

图 1-7　SiC/SiC 复合材料的燃烧室衬里

1.3 SiC/SiC 复合材料的应用

1.3.1 在航空发动机领域中的应用

SiC/SiC 复合材料在航空领域，如航空发动机的热端构件、高温结构功能一体化构件等领域中具有明显的优势和较强的应用背景。国外在陶瓷基复合材料构件的研究与应用方面，基于先易后难，先静止件后转动件，从低温到高温的发展思路，充分利用已有的成熟发动机进行考核验证。首先发展中温和中等载荷的静止件，如喷管调节片/密封片和内锥体等；其次发展高温和中等载荷静止件，如火焰筒、火焰稳定器及涡轮外环、导向叶片等；而作为高温高载荷的转动件，如涡轮转子叶片，尚处于试验考核阶段。

1.3.1.1 中温中载件

20 世纪 80 年代，法国斯奈克玛公司[43]针对航空发动机喷管部位对高温材料的需求，开展了陶瓷基复合材料的应用研究，研制出了碳化硅纤维增强的碳化硅陶瓷基复合材料 CERASEPR A300 系列和碳纤维增强的碳化硅陶瓷基复合材料 SEPCARBINOXR A262，并于 1996 年将 SEPCARBINOXR A262 成功地应用在 M88-2 发动机喷管外调节片（图 1-8），大大减轻了结构重量，这是陶瓷基复合材料在航空发动机领域中首次得到的实际应用[44]。2002 年，斯奈克玛公司完成寿命验证，并开始投入批生产。

图 1-8　M88-2 发动机喷管

20 世纪 90 年代，为了解决氧化损伤所造成的短寿命问题，法国斯奈克玛公司[45]开发了采用自愈合基体技术的新一代陶瓷基复合材料 CERASEPR A410 和 SEPCARBINOXR A500。其中，CERASEPR A410 完成在 M88-2E4 发动机喷管内调节片的试验；SEPCARBINOXR A500 完成了在 F100 发动机喷管调节片的强度寿命考核试验，并于 2005 年和 2006 年在 F-16 战斗机/F100-PW-229 和 F-15E 战斗机/F100-PW-229 发动机上完成飞行试验（图 1-9）[46]。

图 1-9　F100-PW-229 搭载 SiC/SiC 喷管调节片

从 20 世纪 80 年代中期开始，美国就已开展陶瓷基复合材料技术研究，从先进高温发动机材料技术（HITEMP）项目开始[47]，实施了 EPM、IHPTET、UEET、VAATE 等大型项目，其中用于航空发动机的陶瓷基复合材料高温部件是攻关重点。NASA 和 GE 公司研制的陶瓷基复合材料密封片/调节片已实现产品化，应用到 F100、F414 等军用发动机上。特别是普拉特·惠特尼集团公司（简称为"普·惠公司"）在 IHPTET 计划下已验证的 SiC/SiC 复合材料喷管调节片和密封片，改进现役军用飞机 F-22 配装的 F119 发动机（图 1-10），使发动机在减重和降费的同时，耐久性显著提高[48]。

图 1-10　搭载 SiC/SiC 复合材料喷管调节片和密封片的 F119 发动机地面试验

法国赛峰公司设计的陶瓷基复合材料尾喷部件在2015年搭载CFM56-5B发动机完成了首次商业飞行（图1-11）[49]。该陶瓷基复合材料尾喷验证件于2015年4月通过欧洲航空安全局（EASA）商业飞行使用认证，确认了赛峰集团开发先进陶瓷基复合材料零件的能力，能够满足日益增长的航空需求。此外，2016年普·惠公司在F-35飞机的F135-PW-600发动机喷管的外侧部分使用了陶瓷基复合材料，F135是有史以来作战飞机上安装过的推力最大的喷气式发动机（图1-12）[50]。

图1-11　CFM56-5B发动机搭载陶瓷基复合材料尾喷部件

图1-12　F135-PW-600发动机搭载陶瓷基复合材料尾喷部件

1.3.1.2　高温中载件

早在20世纪90年代，GE公司和普·惠公司在EPM项目中研制的燃烧室衬套已通过全寿命考核验证[51]，最高考核温度为1200℃，累计考核时间达15000h。IHPTET计划对自愈合SiC/SiC复合材料燃烧室火焰筒和内外衬的演示验证表明，带EBC涂层的自愈合SiC/SiC复合材料在最高温度为1200℃的燃烧室环境中寿命达5000h，高温工作时间达500h；同时IHPTET计划中用

SiC/SiC 复合材料制备的火焰筒在 XTE65/2 验证机上通过验证，在目标油气比下，燃烧室温度分布系数低，可耐温达到 1480℃。

斯奈克玛公司[52]积极地开发 CERASEP 系列 SiC/SiC 复合材料燃烧室部件，其中自愈合 SiC/SiC 复合材料燃烧室衬套已经通过 180h 的发动机测试（600 个循环，最大加力状态 100h），火焰稳定器已通过 1180℃、143h 的测试。

涡轮部件是发动机工作过程中承受热冲击最严重的零件，其中涡轮转动件还遭受剧烈的载荷冲击，是高温高载件，如涡轮转子叶片；涡轮静止件属于高温中载件，如涡轮外环、导向叶片等。对于高压涡轮构件，由于材料使用温度限制，常常从压气机引入低温空气来冷却燃烧室或涡轮段的高温构件。陶瓷基复合材料在涡轮部件上的应用遵循先简单件（如涡轮外环）后复杂件（如涡轮叶片），先低承力件（导向叶片）后高承力件（转子叶片）的原则。目前，多家国际研究机构已制备出耐高温的陶瓷基复合材料涡轮部件。

GE 公司和罗尔斯・罗伊斯公司联合小组在 2009 年为 F-35 飞机研制的 F-136 发动机使用陶瓷基复合材料制备的第三级低压涡轮导向叶片（图 1-13）[42]。

图 1-13 F-136 发动机

2010 年，GE 公司在 F414 发动机上进行了 SiC/SiC 复合材料低压涡轮转子叶片的关键性试验[42]；并于 2015 年完成了 SiC/SiC 复合材料低压涡轮转子叶片 500h 的耐高温与耐久性验证试验，成为世界上首件通过考核的 SiC/SiC 复合材料发动机热端转子部件，对于航空发动机领域中陶瓷基复合材料的应用具有里程碑意义。

2015 年，GE 公司开始在 GEnX 大涵道比发动机验证机上开展内、外燃烧室衬套和第一级高压涡轮罩环等 SiC/SiC 复合材料热端部件的耐久性试验；2016 年 GE 公司完成了首台完整 GE9X 发动机的地面测试，2018 年完成适航取证，目前 SiC/SiC 复合材料热端部件已应用于 GE9X 发动机（图 1-14）[42,44]。

图 1-14　GE9X 发动机

LEAP-X 发动机在高压涡轮喷嘴和罩环上使用陶瓷基复合材料，使发动机的高压涡轮的效率和耐久性大幅提高，同时重量明显降低；在低压涡轮导向叶片上使用陶瓷基复合材料，其重量仅为传统材料的 1/2，甚至更轻，同时耐受 1200℃以上的高温，无须冷却，易于加工（图 1-15）。LEAP-1A 发动机于 2015 年 5 月在空客 A320neo 上首飞，同年 11 月获得美国联邦航空局和欧洲航空安全局的联合认证[53]。2015 年 11 月 CFM 公司向波音公司交付了首批 LEAP-1B 发动机。GE 公司计划在其下一代军机发动机 AETD（自适应发动机技术发展）设计中，静止和转动部件上都将采用陶瓷基复合材料。此外，罗尔斯·罗伊斯公司 2013 年在 Trent 1000 发动机上试验了 SiC/SiC 复合材料高压涡轮导向叶片和外罩部件[42]。

日本在 20 世纪 90 年代启动的先进材料燃气发生器（AMG）研制计划和下一代超声速运输机环保推进系统研制（ESPR）计划中，设计研发了 SiC/SiC 复合材料涡轮外环和涡轮导向叶片（图 1-16），并开展了在高温核心机上的高温试验[54]。结果表明，试验件静强度测试结果为载荷的 30 倍，结构可靠性评估表明 1650℃试验 15min 与通过热转换分析的预估值一致，经过 20h 试验 SiC/SiC 复合材料涡轮外环无裂纹、涂层无剥离、无烧蚀；在高温燃气 1150~1300℃、载荷 1000 次循环下，SiC/SiC 复合材料低压涡轮导向叶片结构无损伤，耐久性良好。

图1-15　陶瓷基复合材料的低压涡轮导向叶片

图1-16　SiC/SiC复合材料涡轮外环和涡轮导向叶片试验件

综上所述，SiC/SiC复合材料被认为航空发动机高温结构材料的技术制高点，反映了一个国家航空航天装备的设计和制造水平，GE公司、罗尔斯·罗伊斯公司、普·惠公司、赛峰集团等全球各大发动机制造商均大幅增加对航空发动机用SiC/SiC复合材料构件的投入。SiC/SiC复合材料基于先易后难，先静止件后转动件，从低温到高温的发展思路。经过30余年的发展，SiC/SiC复合材料在航空发动机热端部件领域发展迅速，目前已经进入工程应用阶段。其中，尾喷管调节片/密封片已经在M88、F100、F414、CFM56-5B等型号发动机实现应用，在F-136、LEAP-X系列发动机上已经实现涡轮静止件的应用，在F414发动机和自适应变循环发动机验证机XA-100平台上已经完成涡轮转动件的关键测试或地面试验。推重比10的发动机工作温度高，在密封片、隔热板、隔热屏及内锥体等处工作温度接近1200℃，在此种环境下高温合金已不能满足要求，对SiC/SiC复合材料有着明确需求。随着发动机推重比的进一步提高，发动机的热端构件使用温度将超过1350℃，需要耐更高温度的SiC/SiC复合材料。

1.3.2 在空天飞行器领域中的应用

1.3.2.1 空天飞行器热防护材料的要求

发展可重复使用空天飞行器（reusable launch vehicle，RLV）是降低运输成本，提高运载能力和发射频率的必由之路，因此受到航空、航天发达国家的重视。2017 年 3 月 31 日美国 SpaceX 火箭再次发射成功，成为火箭多次发射再回收成功的典型案例。空天飞行器需要多次出入大气层，每次都会与空气剧烈摩擦而产生大量热量，特别是当以高超声速再入大气层时，表面达到极高的温度。因此，重量轻、耐温能力好、可重复使用的热防护系统非常必要。此外，空天飞行器在起飞和上升阶段要经受发动机的冲击、振动、空气摩擦等作用，在再入阶段要经受颤振和起落架摆振作用，要求热防护系统既要保持良好的气动外形，又要能长期重复使用，维护方便。因此，热防护系统（thermal protection system，TPS）是决定空天飞行器可重复使用的关键技术之一。

1.3.2.2 空天飞行器热防护材料的现状

传统的空天飞行器的热防护系统主要采用防热陶瓷瓦。陶瓷瓦重量轻（密度为 0.149/cm^3），耐热性和隔热性好，但是陶瓷材料比较脆，因为位置不同，形状和厚度不一，所以防热陶瓷瓦的铺敷较为麻烦，全靠人工操作。美国第一架航天飞机“哥伦比亚号”就因防热陶瓷瓦出现问题而多次延期[55]。所以，现阶段对于需要快速操作和可重复使用的 RLV，防热陶瓷瓦已经不适用。目前的航天飞机，由于受气动加热的时间短，表面覆盖氧化硅防热瓦即可达到满意的防热效果，但对空天飞行器则远远不够。若单靠增加防热层厚度来解决问题，则使重量大大增加，而且防热层烧坏后影响重复使用。研究表明，再入大气层时用于空天飞行器热防护系统必须保证机身主要结构的温度小于 200℃。

近年来，各国对纤维增强陶瓷基复合材料开展了许多卓有成效的研究，发现这种材料的比强度、比模量和断裂韧性高，具有很好的热稳定性、抗烧蚀性和性能的可设计性，可以满足 2000℃有限寿命的使用要求，可以将防热功能和结构很好地统一起来，弥补传统防热材料的不足。图 1-17 显示了陶瓷基复合材料相比高温合金，具有更高的比强度，热防护性能更好，热膨胀系数小，使得该材料在空天飞行器 TPS 的构件（如 TPS 盖板）设计上更具优势；比 C/C 复合材料具有更好的抗氧化性能和层间剪切性能。陶瓷基复合材料主要通过表面辐射将气动加热产生的热量辐射出去，以达到辐射平衡温度而实现防热功能。

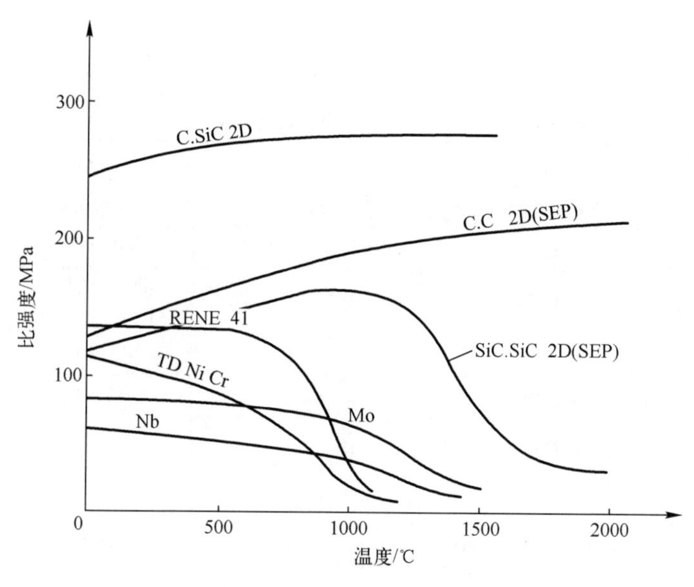

图 1-17 陶瓷基复合材料与高温合金的比强度

对于复合材料薄壁热结构而言，其薄壁结构可应用于头锥帽、翼前缘或小翼翼盒与舱面、升降副翼和机身襟翼等结构，其中头锥帽和翼前缘为薄壁空腔结构，本身不承载，内有支撑件连于主结构上，小翼等热结构则为承载热结构。所选材料主要是 C/C、C/SiC、SiC/SiC 复合材料等。许多国家开始关注这类材料的优异性能，分别提出了第二代空天飞行器热结构材料计划，如表 1-3 所示。针对 SiC/SiC 复合材料，美国、英国和法国 3 个国家分别将 SiC/SiC 复合材料作为飞行器热防护材料的备选材料之一。

表 1-3 第二代空天飞行器热防护系统拟采用的防热材料[5-20]

国　　别	防热材料	拟使用部位	工作温度/℃	备　　注
美国 NASP 空天飞机	抗氧化 C/C	机翼前缘面板、控制舱	1371～1927	试验
	SiC/SiC	机头锥帽、机翼前缘	816～1371	
	快速凝固钛合金	机身	593～837	
	高温先进柔性隔热毡	机身	1093	
	先进柔性隔热毡	机身	650	
英国 HOTOL 空天飞机	SiC/SiC	机头锥帽、舵面、机翼前缘	1477～1727	试验方案
	钛合金多层壁结构	机身	927	
	碳/PEEK	贮箱结构材料	<650	

续表

国　别	防热材料	拟使用部位	工作温度/℃	备　注
法国 HERMES 航天飞机	抗氧化 C/C	机头锥帽、机翼前缘	1700	试验
	C/SiC、SiC/SiC	盖板	1300	
	柔性陶瓷隔热毡 RS1	机身	<650	
德国 SANGER 航天飞机	抗氧化 C/C	机头锥帽、机翼前缘	900~1335	试验方案
	C/SiC	机头锥帽、机翼前缘	1000（盖板） ≥1300（热结构）	
	多层壁钛基、镍基合金	机身	300~1000	
	柔性隔热毡	机身	约 500	
日本 HOPE 航天飞机	抗氧化 C/C	头锥、机翼前缘	1000（盖板） 1560（头锥）	试验
	陶瓷防热瓦	机身	550~1200	
	柔性陶瓷隔热毡 RS1	机身	<650	

20 世纪 80 年代美国启动的国家空天飞机（NASP）计划拟使用 SiC/SiC 复合材料，工作温度范围为 816~1371℃，但最终由于技术难度太大，超燃冲压发动机技术迟迟得不到突破而被迫取消。但是超燃冲压发动机技术的研究从未停止，1997 年陆续开始 Hyper-X 计划、高速打击导弹（HiSSM）计划、空军高超技术（Hytech）计划、“快速霍克”（Fast Hawk）计划和海军的“神剑”（Excalibur）导弹计划等。多个临近空间飞行器被动热防护的研究发现，C/SiC 复合材料可用作 *Ma*8 的超燃冲压发动机一次性使用（<20min）的被动防热材料，要想更长时间、重复使用或在更高马赫数下服役，须发展主动冷却结构[56]。从美国 NASA 制订的发展路线图（图 1-18）可以看出[36]，主动冷却结构的发展路径是从金属管与复合材料面板的组合向全复合材料冷却结构进步。

法国 HERMES 航天飞机拟采用 SiC/SiC 复合材料用于机头锥帽、盖板（1300°C）、机翼前缘、小翼等高温构件以及机身上部和下部的相对低温构件。图 1-19 所示为 HERMES 航天飞机的表面温度分布图[57]。英国 HOTOL 航天飞机拟使用 SiC/SiC 复合材料用于头锥帽、舵面和机翼前缘等构件，工作温度范围为 1477~1727℃。该工作温度已高于 SiC 纤维的最高使用温度。

SiC/SiC 复合材料的脆性相比单体 SiC 陶瓷大大改善，且具有比 C/C 复合材料高的抗氧化性和层间剪切强度，因而被认为是一种适宜的高温辐射防热材料。但是超过 1600℃，第三代 SiC 纤维的强度急剧下降，SiC/SiC 复合材料可使用的最高温度为 1600℃。可见，SiC/SiC 复合材料的高温应用仍然受到限制。但是随着 SiC 纤维不断发展，其耐温能力逐渐提高，相信未来在空天飞机的热防护方面有广泛的应用空间。

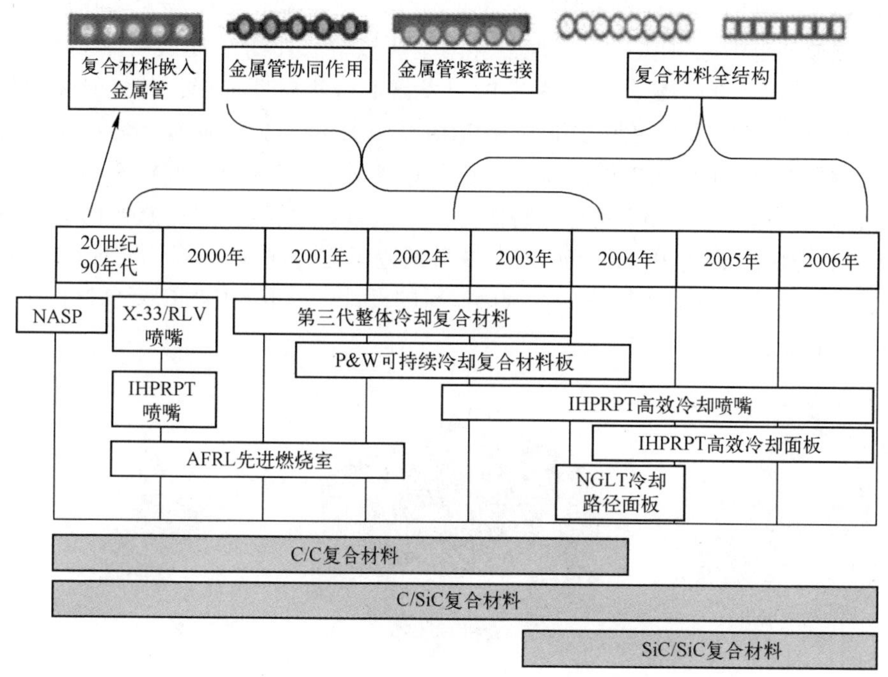

图 1-18 NASA 超燃冲压发动机领域再生冷却陶瓷基复合材料结构发展路线图

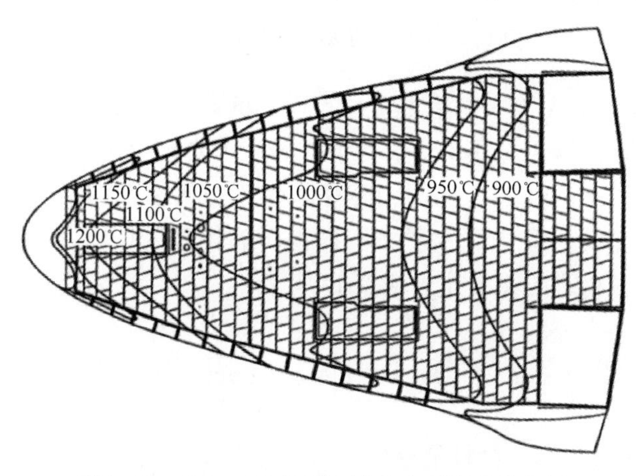

图 1-19 HERMES 航天飞机的表面温度分布图

1.3.3 在核反应堆领域中的应用

2011 年福岛核事故后，美国国会很快指示能源部在提高燃料可靠性、提高燃耗、减少放射性废物的“先进燃料活动”基础上，国会每年投入 6000 万美元，支持耐重大核事故燃料（ATF）的研发和应用研究[18]。在美国能源部、国际原子能机构和经合组织核能署的主要推动下，ATF 迅速成为国际核燃料研发领域的重中之重和竞争高地，各国主要核电公司纷纷投入 ATF 的研发。目前，美国 SiC/SiC 复合材料 ATF 的研发已取得实质性进展，其先导燃料棒已分别于 2018 年春季（沸水堆）和 2019 年（压水堆）开始辐照考验，比美国能源部原计划的 2022 年提前了 3 年[58]。日本的 DREAM 和 A-SSTR2 的包层概念设计选用 SiC/SiC 复合材料作为第一壁/包层结构材料；欧盟的 PPCS-C 的包层概念设计采用 SiC/SiC 复合材料制造流道插件（FCI）。图 1-20 所示为美国的 ARIES-AT 的偏滤器，该偏滤器的设计中采取 SiC/SiC 复合材料作为结构材料[59]。

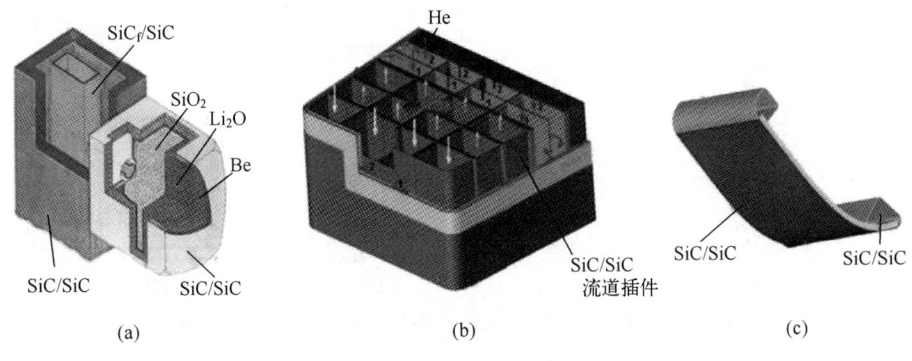

图 1-20 美国的 ARIES-AT 的偏滤器

此外，SiC/SiC 复合材料在其他核反应堆的研究也逐步广泛开展，如高温气冷堆、熔盐堆、液态金属堆等。目前的研究主要集中在 SiC/SiC 复合材料在恶劣的工作条件下的性能、化学相容性和对气态或液态冷却剂渗透的密封性等方面，在未来的研究中深入了解辐射损伤的物理过程以及物理、热、力学和断裂特性的基础理论则是十分必要的。

1.4 小　结

SiC/SiC 复合材料是高性能航空航天飞行器不可缺少的防热结构一体化材料，材料的可设计性强，可满足航空航天飞行器复杂服役环境的使用需求。欧美等国家陶瓷基复合材料已进入应用阶段，在航空、航天等国防领域和民用领域，都显示出优越的抗极端环境性能和巨大的应用潜力，极大地促进相关装备的技术进步，对可持续发展产生深远影响。SiC/SiC 复合材料是目前研究最多、应用最广的陶瓷基复合材料，同时是发展更长寿命、更高温度和结构功能一体化新型陶瓷基复合材料的基础。

SiC/SiC 复合材料具有巨大的技术优势，是未来航空航天军民用关键材料技术之一。国外已基本解决了陶瓷基复合材料部件的可生产性、设计技术、质量控制以及采购成本等工程化、商业化难点，陶瓷基复合材料在航空发动机上的应用范围正在不断扩大，尤其是热端部件。其中，陶瓷基复合材料高压涡轮转子叶片的研制，代表了当前陶瓷基复合材料技术发展与应用的最高水平，是"发动机高温结构材料的技术制高点"。我国在 SiC/SiC 复合材料应用领域已经开展了卓有成效的研究工作。面对全球航空航天飞行器的发展趋势，为更长寿命、更高温度和结构功能一体化陶瓷基复合材料的发展带来前所未有的机遇。面对机遇，我们应该正确评价已经具有的能力，着力解决制约陶瓷基复合材料发展的瓶颈问题。

参考文献

[1] GAVALDA DIAZ O, AXINTE D A, BUTLER-SMITH P, et al. On understanding the microstructure of SiC/SiC Ceramic Matrix Composites (CMCs) after a material removal process [J]. Materials Science and Engineering: A, 2019, 743 (6): 1-11.

[2] ZHU D M. Aerospace ceramic materials: thermal, environmental barrier coatings and SiC/SiC ceramic matrix composites for turbine engine applications [R]. NASA/ TM-2018-219884, 2018.

[3] OPELT C V, CANDIDO G M, REZENDE M C. Fractographic study of damage mechanisms in fiber reinforced polymer composites submitted to uniaxial compression [J]. Engineering Failure Analysis, 2018, 92 (9): 520-527.

[4] WANG X L, GAO X D, ZHANG ZH H, et al. Advances in modifications and high-temperature applications of silicon carbide ceramic matrix composites in aerospace: A focused review [J]. Journal of the European Ceramic Society, 2021, 41 (9): 4671-4688.

[5] 成来飞，张立同，梅辉．陶瓷基复合材料强韧化与应用基础 [M]. 北京：化学工业出版社，2018.

[6] FANG G, GAO X, SONG Y. XFEM analysis of crack propagation in fiber-reinforced ceramic matrix composites with different interphase thicknesses, Composite Interfaces, 2020, 27 (3): 327-340.

[7] MARIMUTHU S, DUNLEAVEY J, LIU Y, et al. Characteristics of hole formation during laser drilling of SiC reinforced aluminium metal matrix composites [J]. Journal of Materials Processing Technology, 2019, 27 (1): 554-567.

[8] TRAVIS W, JEREMEY P, JENNIFER P, et al. Thermal-mechanical behavior of a SiC/SiC CMC subjected to laser heating [J]. Composite structures, 2019, 210 (4): 179-188.

[9] WANG JING, CHENG LAIFEI, LIU YONGSHENG, et al. Enhanced densification and mechanical properties of carbon fiber reinforced silicon carbide matrix composites via laser ma-

chining aided chemical vapor infiltration [J]. Ceramics International, 2017, 43 (14): 11538-11541.

[10] ANTON, RONJA, LEISNER, et al. Hafnia-doped silicon bond coats manufactured by PVD for SiC/SiC CMCs [J]. Acta Materialia, 2020, 183 (2): 471-483.

[11] YAJIMA S, HASEGAWA Y, OKAMURA K, et al. Development of high tensile strength silicon carbide fibre using an organosilicon polymer precursor [J]. Nature, 1978, 273 (5663): 525-527.

[12] KATOH Y, SNEAD L L, HENAGER JR C H, et al. Current status and recent research achievements in SiC/SiC composites [J]. Journal of Nuclear Materials, 2014, 455 (1-3): 387-397.

[13] KATOH Y, OZAWA K, SHIH C, et al. Continuous SiC fiber, CVI SiC matrix composites for nuclear applications: Properties and irradiation effects [J]. Journal of Nuclear Materials, 2014, 448 (1-3): 448-476.

[14] 张立同. 纤维增韧碳化硅陶瓷复合材料-模拟、表征与设计 [M]. 北京: 化学工业出版社, 2009.

[15] OHNABE H, MASAKI S. Potential application of ceramic matrix composites to aero-engine components [J]. Composites: Applied Science and Manufacturing, 1999, 30 (4): 489-496.

[16] Silicone-based compositions patented by Dow Corning [J]. Focus on Surfactants, 2004 (1): 4.

[17] BHATT R T, SOLA F, EVANS L J, et al. Microstructural, strength, and creep characterization of Sylramic™, Sylramic™-iBN and super Sylramic™-iBN SiC fibers [J]. Journal of the European Ceramic Society, 2021, 41 (9): 4697-4709.

[18] LUO H, LUO R Y, WANG L Y, et al. Effects of fabrication processes on the properties of SiC/SiC composites [J]. Ceramics International, 2021, 47 (16): 22669-22676.

[19] 陈代荣, 等. 连续陶瓷纤维的制备、结构、性能和应用: 研究现状及发展方向 [J] 现代技术陶瓷, 2018, 39 (3): 152-222.

[20] 楚增勇, 冯春祥, 宋永才, 等. 前驱体转化法连续 SiC 纤维国内外研究与开发现状 [J]. 无机材料学报, 2002, 17 (2): 193-201.

[21] EESMANN T M, SHELDON B W, LOWDEN R A. Vapor-phase fabrication and properties of continuous-filament ceramic composites [J]. Science, 1991, 253: 1104-1109.

[22] DICARLO J A, YUN H M, MORSCHER G N, et al. Progress in SiC/SiC Composites for Engine Applications [J]. High Temperature Ceramic Matrix Composites, 2001 (1): 777-782.

[23] TAO P F, WANG Y G. Improved thermal conductivity of silicon carbide fibers reinforced silicon carbide matrix composites by chemical vapor infiltration method [J]. Ceramics International, 2019, 45 (2): 2207-2212.

[24] NASLAIN R. Design, preparation and properties of non-oxide CMCs for application in en-

gines and nuclear reactor: an overview [J]. Composite Science and Technolgy, 2004, 64: 155-170.

[25] FITZER E, GADOWAM R. SiC/SiC Composites Ceramics [J]. American Ceramic Society Bulletin, 1986, 65 (2): 326.

[26] LACOMBE A, SPRIET P, HABAROU G, et al. Ceramic matrix composites to make breakthroughs in aircraft engine performance [C]. 50th AIAA/ASME/ASCE/AHS/ASC Structures, Structural Dynamics, and Materials Conference. AIAA No. 2009: 2675.

[27] 梁春华. 纤维增强陶瓷基复合材料在国外航空发电机上的应用 [J]. 航空制造技术, 2006 (3): 40-45.

[28] SPOTZ M S, SKAMSER D J, DAY P S, et al. Microwave-assisted chemical vapor infiltration [M]//Microwave-Assisted Chemical Vapor Infiltration. NeW York: John Wiley & Sons, Inc. 2008.

[29] BHATT R T, SOLA-LOPEZ F, HALBIG M C, et al. Thermal stability of CVI and MI SiC/SiC composites with Hi-Nicalon™-S fibers [J]. Journal of the European Ceramic Society, 2022, 42 (8): 3383-3394.

[30] KOTINA M, INOUE T, KOHYAMA A, et al. Effect of SiC particle dispersion on microstructure and mechanical properties of polymer-derived SiC/SiC composite [J]. Materials Science and Engineering: A, 2003 (357): 376-385.

[31] KOHYAMA A, KOTANI M, KATOH Y, et al. High-performance SiC/SiC composites by improved PIP processing with new precursor polymers [J]. Journal of Nuclear Materials, 2000 (283-287): 565-569.

[32] 章颖. 聚碳硅烷改性合成研究 [D]. 长沙: 国防科学技术大学, 2005.

[33] HUTCHISON M G, UNGER E R, MASON W H, et al. Variable-complexity aerodynamic optimization of a high-speed civil transport wing [J]. Journal of Aircraft, 1994, 31 (1): 110-116.

[34] SHAW R J. NASA's Ultra-Efficient Engine Technology (UEET) Program. Aeropropulsion Technology Leadership for the 21st Century [R]. NATIONAL AERONAUTICS AND SPACE ADMINISTRATION CLEVELAND OH GLENN RESEARCH CENTER, 2000.

[35] MORSCHER G N. Tensile creep of melt-infiltrated SiC/SiC composites with unbalanced Sylramic-iBN fiber architectures [J]. International Journal of Applied Ceramic Technology, 2011, 8 (2): 239-250.

[36] VAN-ROODE M. Ceramic matrix composite combustor liners: a summary of field evaluation [J]. Journal of Engineering for Gas Turbine and Power, ASME, 2007, 129: 21-30.

[37] HARBIG M C, JASKWIAK M H, KISER J D, et al. Evaluation of ceramic matrix composite technology for air craft turbine engine applications [C]. 41st American Institute of Aeronautics and Astronautics Aerospace Sciences Meating Including the New Horizons Forum and Aerospace Exposition, 2013: 7-10.

[38] MURTHY P L N, NEMETH N N, BREWER D N, et al. Probalistic analysis of SiC/SiC ce-

ramic matrix composite turbine vane [J]. Composites: Part B, 2008, 39: 694-703.

[39] CORMAN GS, LUTHRA K L. Silicon melt infiltrated ceramic composites (HiPerCompTM) [M] //handbook of ceramic composites. Boston: Kluwer Academic Publishers, 2004.

[40] BRENNAN J J. Interfacical characterization of a slurry-cast melt-infiltrated SiC/SiC ceramic-matrix composite [J]. Acta Material, 2000, 48: 4619-4628.

[41] NANNETTI C A, RICCARDI B, ORTONA A, et al. Development of 2D and 3D Hi-Nicalon fibres/SiC matrix composites manufactured by a combined CVI-PIP route [J]. Journal of Nuclear Materials, 2002, 307: 1196-9.

[42] MINGWEI CHEN, HAIPENG QIU, WEIJIE XIE, et al. Research Progress of Continuous Fiber Reinforced Ceramic Matrix Composite in Hot Section Components of Aero engine [C]. The 11th Internationali Conference on High-Performance, Materials Science and Engineering, 2019.

[43] TALBOTEC J, VERNET M. Snecma counter rotating fan aerodynamic design logic & tests results [C]. 27th International Congress of Aeronautical Sciences, 2010.

[44] PREWO KM, BRENNAN JJ, LAYDEN G K. Fiber reinforced glasses and glass-ceramies for high performance applications [J]. Am Ceram SocBull. 1986, 65 (2): 305-313.

[45] LONGBIAO L. Durability of ceramic-matrix composites [M]. Cambridge: Woodhead Publishing, 2020.

[46] 张立同，成来飞．连续纤维增韧陶瓷基复合材料可持续发展战略探讨 [J]．复合材料学报，2007，24 (2)：1-6.

[47] VAN ZANTE D E, COLLIER F, ORTON A, et al. Progress in open rotor propulsors: The FAA/GE/NASA open rotor test campaign [J]. The Aeronautical Journal, 2014, 118 (1208): 1181-1213.

[48] LIANG C H, LIU H X, SUN M X. Development and key technologyies of US variable cycle engine [R]. Shenyang: AVIC Shenyang Engine Design and Research Institute, 2014.

[49] ACOMBE A, Spriet P, Allaria A. Ceramic Matrix Composites to make breakthroughs in aircraft engine performance [C]. The 50th AIAA/ASME/ASCE/AHS/ASC Structures, Structural Dynamics, and Materials Conference, California, 2009.

[50] VERRILLI M, CALOMINO A, THOMAS D J. Characterization of ceramic matrox composite vane subelements subjected to rig testing in a gas turbine environment [C]. The 5th International Conference on High-Temperature Ceramic Matrix, 2004.

[51] LIU F, LI Z, FANG M, et al. Numerical Analysis of the Activated Combustion High-Velocity Air-Fuel Spraying Process: A Three-Dimensional Simulation with Improved Gas Mixing and Combustion Mode [J]. Materials, 2021, 14 (3): 657.

[52] MARÉCHAL E, KHELLADI S, RAVELET F, et al. Towards numerical simulation of snow showers in jet engine fuel systems [M]//Advances in Hydroinformatics. Singapore: Springer, 2016.

[53] HERDERICK E D. Accelerating the additive revolution [J]. JOM, 2017, 69 (3): 437-

438.

[54] TAYMAZ I, ÇAKıR K, MIMAROGLU A. Experimental study of effective efficiency in a ceramic coated diesel engine [J]. Surface and Coatings Technology, 2005, 200 (1-4): 1182-1185.

[55] 鲁芹, 胡龙飞, 罗晓光, 等. 高超声速飞行器陶瓷复合材料与热结构技术研究进展 [J]. 硅酸盐学报, 2013, 41 (2): 251-260.

[56] YUN H M, DICARLO J A. Comparison of the tensile, creep, and rupture strength properties of stoichiometric SiC fibers [R]. NASA TM-1999-20928.

[57] BAITALIK S, KAYAL N. Thermal shock and chemical corrosion resistance of oxide bonded porous SiC ceramics prepared by infiltration technique [J]. Journal of Alloys and Compounds, 2019, 781 (4): 289-301.

[58] IHLI T, BASU T K, GIANCARLI L M, et al. Review of blanket designs for advanced fusion reactors [J]. Fusion Engineering and Design, 2008 (7): 912-919.

[59] WANG P G, LIU F Q, WANG H, et al. A review of third generation SiC fibers and SiC_f/SiC composites [J]. Journal of Materials Science & Technology, 2019 (12): 2743-2750.

第2章

碳化硅纤维的表征评价方法

随着航空领域对先进热结构陶瓷基复合材料的要求越来越高，高性能陶瓷纤维的研发、生产和评价也越来越重要。在这之中，碳化硅纤维以其高强度、高模量、耐高温、优异的抗氧化性、化学稳定性、耐腐蚀、抗中子辐射、电性能调节范围大等特点，成为热结构陶瓷基复合材料最理想的增强纤维之一。

碳化硅纤维是以碳和硅为主要元素的一种无机纤维。碳化硅纤维按照形态可以分为连续碳化硅纤维、短切碳化硅纤维以及碳化硅晶须。连续碳化硅纤维是经过纺丝和热解等工艺得到的碳化硅纤维长丝，或者碳化硅包覆在钨丝或碳纤维等芯丝上而形成的连续丝。连续碳化硅纤维能够克服陶瓷的脆性，提高材料的可靠性，是陶瓷基复合材料增强纤维发展的主流，也是航空航天领域增强纤维主要发展和应用的主流。

碳化硅纤维的制备工艺主要为前驱体转化法和化学气相沉积法。化学气相沉积法是以连续的细 W（C）芯为基材，在氢气流下于灼热的芯丝表面上反应，将甲基硅烷类化合物原料裂解为碳化硅并沉积在芯丝上制备连续碳化硅纤维。化学气相沉积法制备的连续碳化硅纤维直径较粗（$>100\mu m$），主要以单丝形式增强金属基复合材料。前驱体转化法的工艺路线包括前驱体的合成、熔融纺丝、原纤维不熔化（或交联）处理及不熔化纤维的高温烧成 4 大工序，是目前制备细直径连续碳化硅纤维的主要方法。制备的细直径连续碳化硅纤维主要以束丝形式增强陶瓷基或树脂基复合材料。

碳化硅纤维按照应用情况可分为结构应用和功能应用两类。目前碳化硅纤维主要为结构应用，在热结构部位的作为增强材料。结构应用的碳化硅纤维具有高强度、高模量、优异的抗氧化性、化学稳定性、耐高温等特点。功能应用的碳化硅纤维一般是通过工艺和组成的调整以及纤维横截面形状的控制，用于制备高温结构吸波材料。

结构应用的连续碳化硅纤维按照组成结构和耐温等级可分为 3 个代次，

分别为：高氧、高碳含量的第一代碳化硅纤维，高氧、低碳含量的第二代碳化硅纤维和近化学计量比的第三代碳化硅纤维，第 1 章已对 3 代纤维的发展历程进行了具体介绍。表 2-1 所示为典型牌号碳化硅纤维化学组成和常温力学性能[1-3]。3 代纤维的抗蠕变性能、耐温性能和抗氧化性能逐代提高。图 2-1 所示为用 BSR（bend stress relaxation）法测得的 3 代碳化硅纤维的抗蠕变性能。其中，m 值越大代表纤维的抗蠕变性能越好，3 个代次的碳化硅纤维的抗蠕变性能依次提高[4]。图 2-2 所示为在高温处理后碳化硅纤维的拉伸强度。由图 2-2 可知，3 个代次纤维的耐温性能和抗氧化性依次提高[5]。

表 2-1 典型牌号碳化硅纤维化学组成和常温力学性能

代　次	牌　号	C/Si 比	O 含量/%	束丝拉伸强度/GPa	束丝拉伸模量/GPa
第一代	Nicalon 200	1.33	12	3.0	200
	Tyranno Lox-M	1.38	12	3.3	185
	KD-Ⅰ	1.29	9	>2.5	>170
	SLF-NF-10	1.30	10	2.7	185
第二代	Hi-Nicalon	1.39	0.5	2.8	270
	Tyranno ZE	1.34	2	3.5	233
	KD-Ⅱ	1.35~1.40	0.8	>2.7	>260
	Cansas3201	1.35~1.50	0.6	3.0~3.5	270~290
第三代	Hi-Nicalon S	1.05	0.2	2.6	340
	Tyranno SA	1.08	—	2.8	375
	KD-S	1.08	1	2.7	310
	Cansas3301	1.05	0.6	4.0	380
	KD-SA	1.05	0.6	2.5	350
	Sylramic	1.05	0.8	3.2	400

作为碳化硅陶瓷基复合材料的增强体，碳化硅纤维的性能直接影响复合材料的使用。陶瓷基复合材料主要服役工况是高温、载荷以及氧化腐蚀环境，因此碳化硅纤维的基本理化性能、耐温能力、常温及高温力学性能等直接影响碳化硅陶瓷基复合材料的使用。本章从碳化硅纤维结构与成分、性能、可编织性能等几个方面，分别介绍碳化硅纤维的表征评价方法。

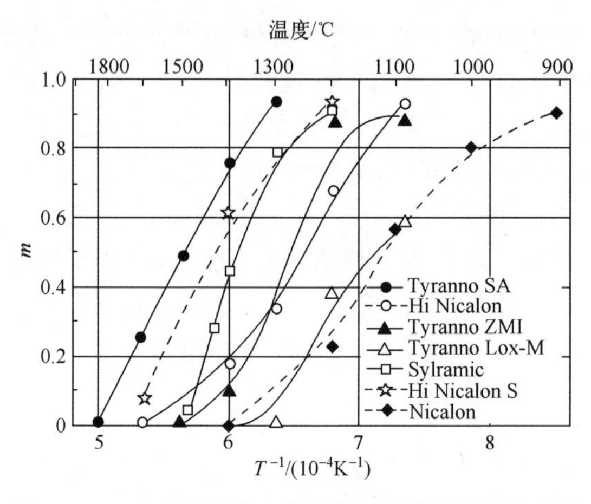

图 2-1　BSR 法测得的 3 代碳化硅纤维的抗蠕变性能

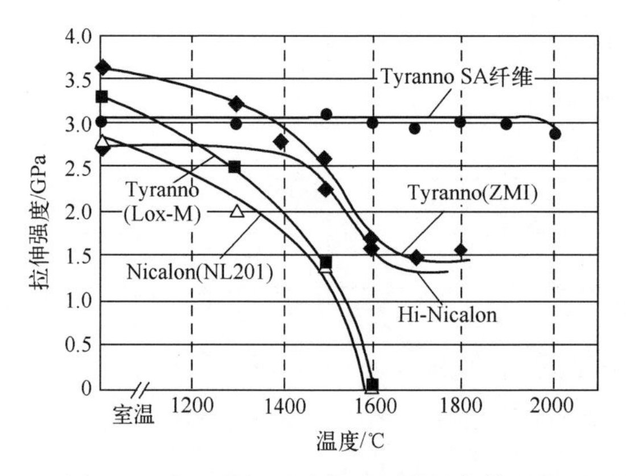

图 2-2　高温处理后碳化硅纤维的拉伸强度

2.1　碳化硅纤维的评价方法

碳化硅纤维作为碳化硅基复合材料的关键原材料，国外高性能碳化硅纤维对我国实行严格禁运。目前我国从事前驱体转化法制备连续碳化硅纤维研究的单位主要包括厦门大学和国防科技大学，并已实现第二代连续碳化硅纤维十吨级产业化以及第三代连续碳化硅吨级产业化。2020 年以后，随着在航空发动机、无人机和高超声速作战飞机等领域相继得到型号推广应用，碳化硅纤维需求量将大幅增加。因此，在生产线建设和提高碳化硅性能的同时，建立一套针对连续碳化硅纤维性能评价方法，是生产性能稳定碳化硅纤维的必要程序，对实现碳化硅纤维在航空航天等高温热结构领域的应用具有重要作用。

航空领域对复合材料结构的选材，要求在其应用前使用性能必须得到充分的表征和验证，碳化硅纤维增强陶瓷基复合材料作为一种航空热结构中使用的新材料，除了对材料本身使用性能的验证，还应通过足够的典型件及零部件试验验证后才能选用。遵循复合材料“积木式”验证路线[6]，需要完成从材料筛选、应用研究、结构验证、部件验证到飞行考核的全过程，通过获得大量以统计为基础的标准化性能数据，验证纤维及其复合材料在航空结构中应用的可行性和可靠性。

针对碳化硅纤维在航空领域的应用，建立了包含碳化硅纤维本征性能、碳化硅纤维工艺性能和 SiC/SiC 复合材料性能 3 个维度的高性能连续碳化硅纤维性能评价体系（图 2-3）。碳化硅纤维的本征性能包括线密度、密度、单丝直径、纤维氧含量和微观形态等关键物理性能，以及单丝和束丝拉伸性能、高温惰性/空气环境强度保留率等关键力学性能；碳化硅纤维的工艺性能是碳化硅纤维制造成陶瓷基复合材料的再加工工艺性能，包括纤维的耐磨性能和平纹织物拉伸断裂强度保留率；SiC/SiC 复合材料性能指碳化硅纤维制备成的陶瓷基复合材料在实际应用条件下的性能，选取 SiC/SiC 复合材料的微观结构以及拉伸强度和弯曲强度等基本力学性能进行评价。通过上述系列性能的表

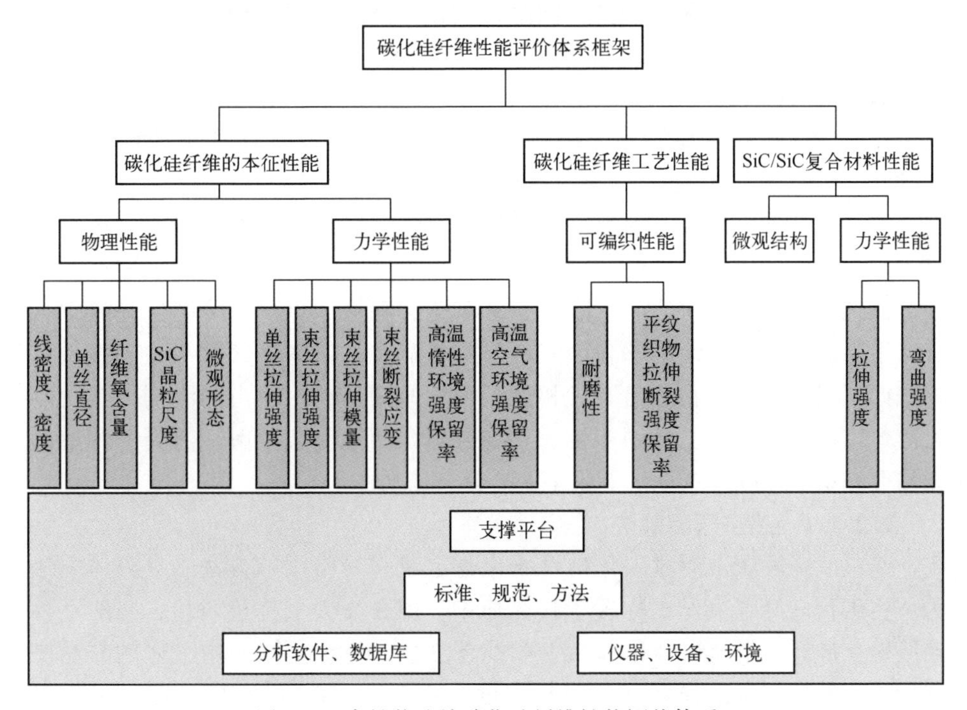

图 2-3　高性能连续碳化硅纤维性能评价体系

征，建立针对高性能连续碳化硅纤维的测试标准，从而形成航空领域高性能连续碳化硅纤维规范和评价方法，为碳化硅纤维增强陶瓷基复合材料形成“货架产品”奠定基础。

2.2 碳化硅纤维成分与结构表征方法

2.2.1 碳化硅纤维表面上浆剂含量测试方法

碳化硅纤维属于脆性材料，典型的特征是模量高、断裂伸长率低。碳化硅纤维通常经过织造制成二维织物或多维碳化硅纤维预制体，并以纤维布叠层或纤维预制体的形式用于增强碳化硅陶瓷基复合材料。在碳化硅纤维预制体的织造过程中，纤维反复受到拉伸、弯曲及摩擦力的作用，易发生纤维束起毛、单丝断裂、松散或劈丝，导致纤维织造过程难以顺利进行，纤维就位强度降低，影响纤维预制体的质量，从而制约复合材料的性能[7]。

上浆剂是均匀覆盖在碳化硅纤维表面的一层易于成膜的物质，其在纤维中的质量分数为0.5%~2%。在碳化硅纤维表面涂覆上浆剂，可使纤维集束，归并毛丝，防止纤维起毛松散，同时为碳化硅纤维的复杂织造提供可能。碳化硅纤维的上浆特性与上浆剂的种类、上浆剂含量和上浆均匀性密切相关。碳化硅纤维表面上浆剂主要成分多为水性环氧树脂，也有以聚乙烯醇、聚氨酯树脂、改性聚氨酯树脂、聚硅氧烷及乙烯基酯树脂等作为主要成分的上浆剂。

碳化硅纤维束丝表面的上浆率是通过去除上浆剂前后的质量差与纤维去除上浆剂后的质量比值来得到的[8]。连续碳化硅纤维束丝表面的上浆剂的去除方法包括热空气降解法、热降解法和溶剂去除法。热空气降解法是在空气气氛下除去碳化硅纤维束丝表面浆料。热降解法是在惰性气氛下除去纤维束丝表面浆料。溶剂去除法是通过相似相溶的原理，利用适当的溶剂将连续碳化硅纤维束丝表面的上浆剂溶解。本节分别介绍热空气降解、热降解和溶剂去除等测试碳化硅纤维束丝上浆率的具体方法。

2.2.1.1 热空气降解法

热空气降解法是测量碳化硅纤维束丝上浆率最常用的方法。其具体方法为：将碳化硅纤维束丝试样置于样品皿中，用分析天平称量质量，一般一种连续碳化硅纤维束丝试样称取2g，不少于3份。将称量好的带试样的样品皿置于高温处理炉中，设定加热目标温度为600℃，在1~2h内升温至目标温度，在目标温度下保温时间不少于1h。降温后，在低于100℃温度下将样品皿从高温处理炉中取出，置于干燥器中冷却至室温后用分析天平称量质量，记为 m_2，精确至 0.0001g。

碳化硅纤维束丝试样在测试前应做水分除湿处理，在 105～110℃的高温处理炉中保温至少 2h 至恒重为止。样品皿在测试前，应置于高温处理炉中从室温加热至 800℃，在 800℃恒温下保温至少 1h 至恒重为止，降温至 100℃以下，将样品皿取出置于干燥器中冷却至室温，用分析天平称量样品皿的质量，记为 m_1，精确至 0.0001g。样品皿的数量与试样的数量相同。

2.2.1.2　热降解法

热降解法取样方法同 2.2.1.1 节。热降解法的具体方法为：将取样并称量好带试样的样品皿置于高温处理炉内，将炉内气氛置换为惰性气氛，并保持炉内气压为微正压，设定加热目标温度为 800℃，在 1～2h 内升温至目标温度。在目标温度下保温时间不少于 1h。降温后，在低于 100℃将样品皿从高温处理炉中取出，置于干燥器中冷却至室温后用分析天平称量质量。反复上述操作直至恒重为止，此时测得的质量记为 m_3，精确至 0.0001g。

2.2.1.3　溶剂去除法

溶剂去除法取样方法同 2.2.1.1 节。溶剂去除法的具体方法为：将取样并称量好的试样置于适当容器（烧杯或索氏提取器等）中，去除纤维表面的上浆剂，再将纤维烘干，冷却至室温后置于表面皿中，用分析天平称量质量。反复上述操作直至恒重为止，此时测得的质量记为 m_3，精确至 0.0001g。

去除碳化硅纤维表面上浆剂的具体步骤如下。

1. 溶剂的选择

对于水溶性的线性聚合物（如聚乙烯醇等），含有较多亲水基团，水溶性好，一般选择蒸馏水作为溶剂。对于非水溶性的线性聚合物（如聚硅氧烷或改性聚硅氧烷等），含有较多油性基团，油溶性好，一般选择丙酮、乙酸乙酯、甲苯、二甲苯等有机试剂作为溶剂。常用上浆剂品种及对应溶剂如表 2-2 所示。

表 2-2　常用上浆剂品种及对应溶剂

序　　号	上浆剂品种	对 应 溶 剂
1	聚乙烯醇	蒸馏水
2	水性环氧树脂	蒸馏水
3	聚硅氧烷	丙酮、二甲苯等
4	改性聚硅氧烷	乙酸乙酯、甲苯
5	水性聚氨酯	蒸馏水

2. 去除方法

（1）连续碳化硅纤维束丝表面上浆剂一般用量较少，可以通过多次浸泡或通过索氏提取器采用多次萃取的方式来去除。

（2）如果上浆剂为较低分子量的线性聚合物，如聚乙烯醇时，将称量好的纤维试样置于500mL烧杯中，加入400mL蒸馏水煮沸，时间不少于30min，再用清洁的蒸馏水清洗2~3次，即可去除上浆剂。

（3）如果上浆剂为高分子量的线性聚合物，由于溶剂溶解需要较长的时间，可采取延长浸泡时间、增加浸泡次数、增加搅拌装置加快溶解或采用索氏提取器的方式来去除上浆剂；在使用聚硅氧烷为上浆剂时，采用250mL索氏提取器，将称量好的纤维试样置于250mL的索氏提取器的提取管中，加入150mL丙酮至索氏提取器的提取瓶内，加热套加温使烧瓶中的丙酮不断蒸发冷却回流至索氏提取器内，浸泡纤维试样，当管内蓄留的丙酮高度超过虹吸管时，溶解有上浆剂的丙酮溶液回到烧瓶内，继续新一轮的提取，15~20min可完成一次提取，一般6~8次提取可完全去除纤维表面的上浆剂。

2.2.1.4　测试结果计算

按下式计算碳化硅纤维束丝上浆率：

$$S_i=\frac{m_{2i}-m_{3i}}{m_{3i}-m_{1i}}\times 100\% \tag{2-1}$$

式中　S_i——纤维束丝上浆率；

m_{1i}——i 样品皿的干燥质量（g）；

m_{2i}——除浆前的试样 i 与样品皿的总质量（g）；

m_{3i}——除浆后的试样 i 与样品皿的总质量（g）。

计算碳化硅纤维束丝上浆率取3个样品测试结果的平均值即可。

3种方法均可有效去除碳化硅纤维表面上浆剂，但相比而言，热空气降解法和热降解法需将碳化硅纤维置于高温热处理设备中进行热处理，处理过程中若发生超温现象，则会使纤维受到损伤。尤其是使用热空气降解法，应注意加热装置温度控制，避免纤维发生氧化损伤。溶剂去除法是利用相似相溶原理，利用溶剂溶解碳化硅纤维表面上浆剂。该方法可避免碳化硅纤维的高温损伤，但上浆剂去除干净与否需要通过X射线光电子能谱（XPS）来判断，该方法在2.3.2.1节将有所介绍。另外，碳化硅纤维表面上浆剂常由几种组分组成，需根据上浆剂的不同类型选择不同的溶剂，因此在溶剂处理前需对上浆剂的成分进行检测。综上分析，推荐采用热降解法作为去除碳化硅纤维表面上浆剂的首选方法。以Hi-Nicalon碳化硅纤维为例，利用热降解法，在高纯氩气保护下，将碳化硅纤维加热至800℃保温1h去除碳化硅纤维表面上浆剂。待高温炉降温至室温后，将碳化硅纤维从高温炉中取出称量，测得 Hi-Nicalon 碳化硅纤维上浆剂含量为 0.5%~2.0%。

2.2.2　碳化硅纤维化学成分及含量测试方法

2.2.2.1　碳化硅纤维表面化学成分测试方法

X 射线光电子能谱（XPS）是研究碳化硅纤维表面化学组成的主要手段之一。其原理是采用 X 射线辐射样品，使样品表面的原子或分子的内层电子或价电子受激发成为光电子，测量光电子的能量，进而以光电子的动能和相对强度做出光电子能谱图，从而获得样品有关信息。XPS 可以获得纤维表面纳米深度范围内的元素种类、含量等信息，除氢元素之外，纤维表层 10nm 内的 C、Si、O 元素等组成均可由 XPS 探测。另外，XPS 通常用于判断碳化硅纤维表面上浆剂是否去除干净。

图 2-4 所示为典型第二代连续碳化硅纤维表面 XPS 全谱图。纤维表面 C、O、Si 原子浓度定量分析得出 C 元素 38.27%、O 元素 43.57%、Si 元素 18.16%，可知该 SiC 纤维表面 C、O 元素含量较高，Si 的浓度较低。对该碳化硅纤维内部元素分析得出，C 元素 36.48%、O 元素 1.51%、Si 元素 62.01%，C/Si 原子比为 1.375。可见，该碳化硅纤维表面 O 含量高，可能与表面上浆剂和表面处理情况相关，而表面较高 C 可能是纤维表面吸附碳以及表面自由碳。进一步对谱图进行分峰拟合，可知纤维表面无定形的 SiO_xC_y 含量较高，结晶的 SiC 次之。

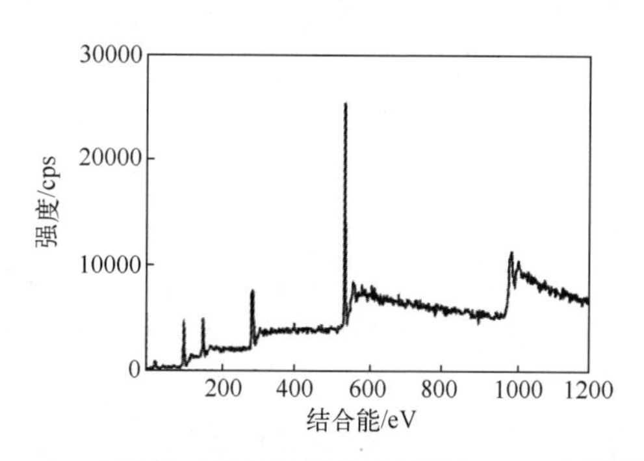

图 2-4　典型第二代连续碳化硅纤维的 XPS 全谱图[9]

胡光敏等[10]为了确定第二代连续碳化硅纤维表面无定形相的成分，对纤维进行 XPS 检测，结果如图 2-5 所示。从图 2-5 中可以看出，碳化硅纤维中仅有 Si、C、O 3 种元素。进一步对 Si_{2p} 扫描拟合，发现处于不稳定非晶状态的 SiO_xC_y 相。

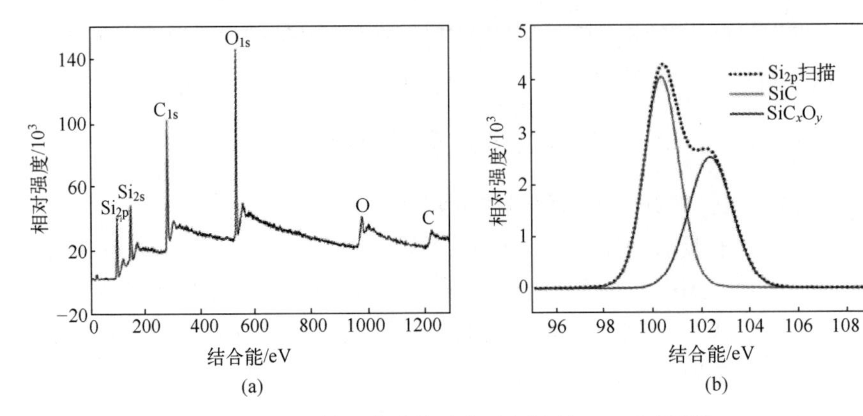

图 2-5　第二代连续碳化硅纤维的 XPS 全谱图

（a）纤维表面 XPS 全谱图；（b）纤维的 XPS Si_{2p} 谱分析。

2.2.2.2　碳化硅纤维化学成分及含量测试方法

第一代 SiC 纤维中包含大量富余碳和氧，其结构由 β-SiC 微晶（<5nm）、自由碳和无定型相 SiC_xO_y 组成；第二代 SiC 纤维富碳，主要由 β-SiC 微晶（5~10nm）和自由碳组成；第三代 SiC 纤维在组成上是近化学计量比，由大尺寸的 β-SiC 晶粒（达到 100nm 以上）形成致密结构。国外典型连续碳化硅纤维的化学成分如表 1-1 所示。

碳化硅纤维中主要化学元素是碳、硅和氧，在化学含量测试前，需去除表面上浆剂。碳化硅纤维氧含量是在氮氧分析仪中测定的，试验方法参照钢铁氧含量的测定方法，利用脉冲加热惰气熔融-红外线吸收法。其原理是将碳化硅纤维在氦或氩气流的石墨坩埚中，用低压交流电直接加热至高温熔融，试样中的氧以一氧化碳析出，导入红外线检测器进行测定。

碳化硅纤维的总碳含量采用高频炉燃烧红外吸收法测定，其原理是利用碳化硅纤维中各种化学形态的碳在氧气流中燃烧转化成二氧化碳，生成的二氧化碳由氧气载至红外线吸收检测器的测量室，二氧化碳吸收特定波长的红外能量，其吸收能与碳的浓度成正比，根据检测器接受能量变化来测量碳化硅纤维的总碳含量。

碳化硅纤维的硅含量采用氟硅酸钾容量法测定，试验方法参照高岭土中二氧化硅的测定方法。具体步骤为：称取 0.5000g 碳化硅纤维粉末样品放入银坩埚中，加数滴无水乙醇使样品润湿，加适量碳酸钾高温碱熔后冷却。将坩埚外部擦净，连同坩埚盖放入烧杯中，以沸水熔取熔块，用热水洗净坩埚及坩埚盖。在不断搅拌下，一次性加入定量的酸使沉淀物完全溶解，并冷却至室温。使溶液移入容量瓶中，以水稀释至刻度，作为溶液 B。

用移液管准确吸取 20mL 溶液 B 于塑料杯中，加酸及氯化钾 2~3g，搅拌使溶解氯化钾，加氯化钾溶液（100g/L）10mL，充分搅拌数次，以中速定量滤纸过滤。以氯化钾溶液（50g/L）洗塑料杯及沉淀，并将沉淀连同滤纸放入原塑料杯中，加氯化钾-乙醇溶液（50g/L）及酚酞指示剂（10g/L）10 滴，以氢氧化钠标准溶液（0.15mol/L）边中和，边将滤纸捣碎，直至溶液出现稳定的粉红色，以杯中碎滤纸擦拭杯壁，并继续中和至红色不退，加入经煮沸出去二氧化碳的水 150mL，充分搅拌至沉淀水解完全，以氢氧化钠标准溶液进行滴定，至溶液出现稳定的微红色为终点。

按下式计算碳化硅纤维 Si 元素含量：

$$X=\frac{T\times V\times 10}{m_0\times 1000}\times 100\% \tag{2-2}$$

式中　X——硅元素含量；

T——氢氧化钠标准溶液对硅的滴定度（mg/mL）；

V——滴定时消耗氢氧化钠标准溶液的体积（mL）；

m_0——样品质量（g）。

表 2-3 是典型牌号碳化硅纤维的化学成分测试结果。

表 2-3　典型牌号碳化硅纤维的化学成分测试结果

纤维牌号	元素组成/%			化学经验方程式
	C	Si	O	
KD-Ⅰ	29.73	54.44	13.82	$SiC_{1.27}O_{0.44}$
Cansas 3201	38.05	61.37	0.58	$SiC_{1.45}O_{0.02}$
Cansas 3301	30.59	67.36	0.65	$SiC_{1.06}O_{0.02}$

2.2.3　碳化硅纤维结构表征方法

2.2.3.1　碳化硅纤维微观结构表征方法

碳化硅纤维的微观结构指在显微镜下的结构，可以在微观尺度反映碳化硅纤维表面与横截面的特征。微观结构在一定程度上决定了碳化硅纤维增强陶瓷基复合材料的界面特征，对碳化硅纤维与界面的结合力起着关键的作用，直接影响复合材料的力学性能及断裂特征。扫描电子显微镜（SEM）、原子力显微镜（AFM）等分析手段都可用来表征碳化硅纤维的微观结构。

1. 扫描电子显微镜观察分析

扫描电子显微镜是观察碳化硅纤维微观形貌的常用仪器，其原理是以一定能量的入射电子束轰击碳化硅纤维表面，根据入射电子从样品中激发出的各种信号，从而对样品进行分析，扫描电子显微镜可以定性观察碳化硅纤维表面及断口形貌等。图 2-6～图 2-8 是几种碳化硅纤维表面和断裂横截面的扫描电子显微镜照片。可以看出，几种碳化硅纤维单丝之间彼此分离，无熔并黏连现象，纤维表面光滑、无孔隙、裂纹等缺陷，横截面为圆形，直径为 11～13μm。

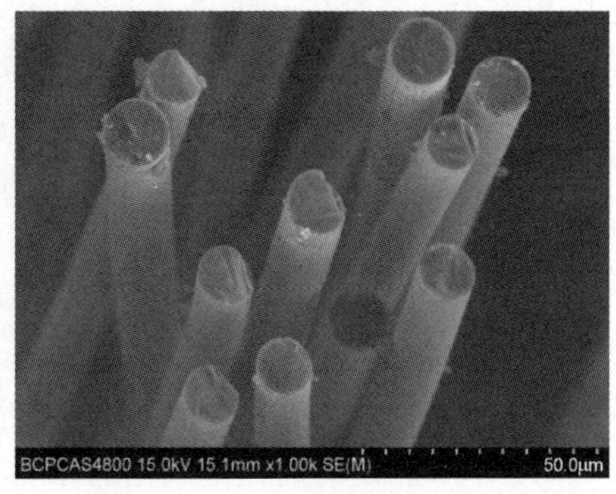

图 2-6 Cansas3201 碳化硅纤维在扫描电子显微镜下的照片

图 2-7 Hi-Nicalon 碳化硅纤维在扫描电子显微镜下的照片

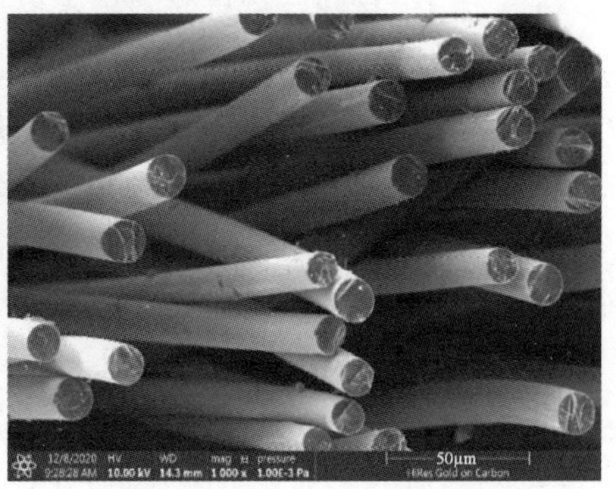

图 2-8 Cansas3301 碳化硅纤维在扫描电子显微镜下的照片

2. 原子力显微镜分析方法

原子力显微镜作为一种能够在原子尺度真实反映材料表面结构和性质的仪器，它的原理是利用微小探针扫描样品表面，利用探针与样品之间产生的力使悬臂梁弯曲，并由探测器记录下这一变化，可获得作用力的分布信息，从而以纳米级分辨率获得碳化硅纤维表面的微观结构，如碳化硅纤维表面粗糙情况或波纹情况等，且探针不会对碳化硅纤维表面造成损伤。但由于 AFM 扫描平面尺度为 5μm×5μm，深度纳米级，因此获得的碳化硅纤维表面形貌的范围非常有限。图 2-9 为用原子力显微镜获得的 Hi-Nicalon 碳化硅纤维图像。从 AFM 形貌可以看出，碳化硅纤维表面有很多凸起结构，Ra=2. 52nm。

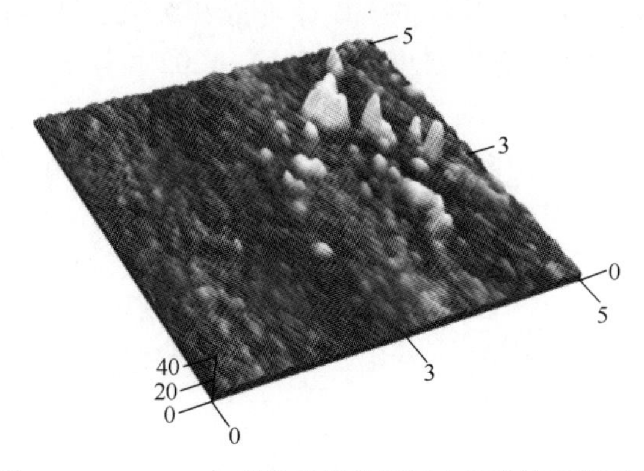

图 2-9　Hi-Nicalon 碳化硅纤维原子力显微镜下的形貌

2. 2. 3. 2　碳化硅纤维晶态结构表征方法

碳化硅纤维晶态结构可以通过 X 射线衍射（XRD）法、透射电子显微镜（TEM）分析法和拉曼光谱分析法等进行评价。在图 2-3 所示的连续碳化硅纤维性能评价体系中，采用了 X 射线衍射（XRD）法获得碳化硅纤维晶粒尺寸的定量信息。

X 射线衍射法是一种利用 X 射线衍射图样探索物质微观结构和结构缺陷的研究方法，X 射线衍射仪主要由 X 射线源、试样架和测角仪、X 射线探测记录仪等系统构成。XRD 法的基本原理是 X 射线通过晶体之后所形成的衍射图样与晶体中原子的空间排列有关。当 X 射线与晶格原子相互作用时，会产生散射波之间的干涉效应，使得振幅在空间的某些方向上产生相长干涉，而在另一些方向上又产生相消干涉，从而形成有规则的衍射图样。分析这些图样，就可以了解晶体内部原子排列的情况。XRD 法是分析碳化硅纤维晶态结构的常用方法。

当利用 XRD 法分析碳化硅纤维晶态结构时，通常将去除上浆剂的碳化硅纤维研磨成粉末状，并将其填充至样品槽中进行收谱，根据 XRD 谱图上衍射峰的峰位、峰形等参数，确定碳化硅纤维的晶态结构。反映碳化硅纤维晶态结构的参数有 β-SiC 晶相衍射峰位置和晶粒尺寸等。在采用 XRD 法分析时，需将碳化硅纤维的衍射峰数据与物相标准卡（powder diffraction file，PDF）比对，定性分析样品中的物相结构。针对第二代和第三代碳化硅纤维，在 XRD 分析软件中选择面心立方结构 β-SiC 晶体的 PDF 卡片作为比对卡。

参数的获取需要在 XRD 谱图中确定 β-SiC 衍射峰的位置及半峰宽、布拉格衍射角 θ 等，然后根据 Scherrer 方程式（2-3）计算获得。

$$D=K\cdot\lambda/(B\cdot\cos\theta) \tag{2-3}$$

Nicalon 202 纤维主要由连续的 SiC_xO_y 非晶相组成，其中弥散分布 2nm 左右的 β-SiC 微晶，此外还存在自由碳。Nicalon 202 可以看成由 55%（质量分数）的 β-SiC 晶粒、40%（质量分数）的 $SiC_{0.85}O_{1.15}$ 无定形晶间相和 5%（质量分数）的自由碳组成。Hi-Nicalon 纤维主要由 β-SiC 晶粒组成，经过计算 Hi-Nicalon 纤维含有 85%的 SiC、11%的 C、4%的 $SiC_{0.86}O_{0.29}$。Tyranno SA 纤维的微观结构与第一代、第二代碳化硅纤维有所不同，Tyranno SA 纤维的 β-SiC 晶粒尺寸较大，可达 100~200nm，β-SiC 晶粒结构非常规整，纤维中只存在极少量的自由碳结构和无定形结构。3 代碳化硅纤维的晶态结构特征与演化过程如图 2-10 所示。

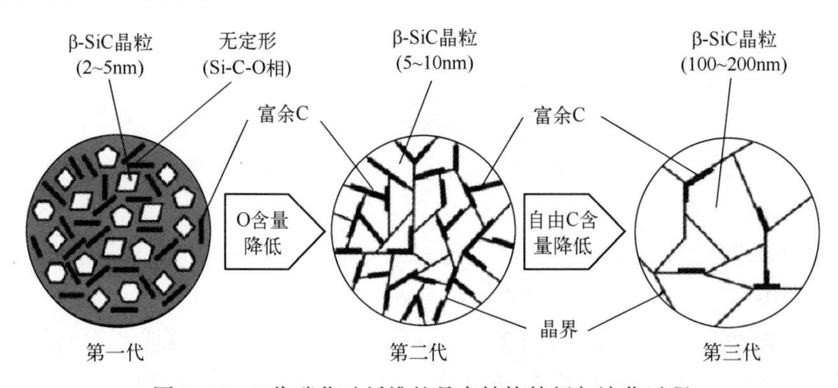

图 2-10　3 代碳化硅纤维的晶态结构特征与演化过程

图 2-11 是 3 种牌号碳化硅纤维粉末样品的 XRD 谱图[11]。由图 2-11 可知，KD-I 纤维在 2θ 为 36.5°有一个 β-SiC 微晶的衍射峰，该衍射峰非常宽，且在 2θ 为 21°附近有一个很宽的非晶衍射峰，表明该纤维结晶程度很低，晶体结构主要为不定形状态；KD-Ⅱ 和 KD-S 纤维都在 β-SiC 晶体（111）、（220）、（311）晶面有明显的衍射峰，说明这两种纤维形成 β-SiC 晶体结构。进一步采用 Scherrer 方程式半定量计算获得 β-SiC 晶粒的晶粒尺寸，如表 2-4

所示。可以看出，KD-Ⅱ和 KD-S 纤维晶粒尺寸变大，SiC 由不定形状态开始结晶和晶粒长大，这主要与纤维制备过程高温热处理有关。

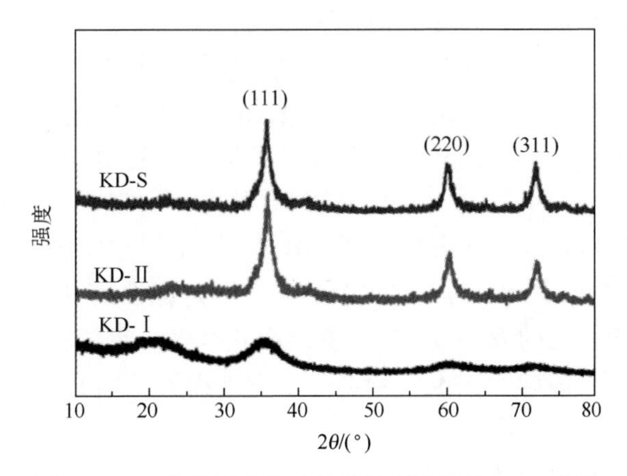

图 2-11　3 种牌号碳化硅纤维粉末样品的 XRD 谱图

表 2-4　3 种碳化硅纤维 XRD 计算的晶粒尺寸

SiC 纤维牌号	KD-I	KD-II	KD-S
晶粒尺寸/nm	<1	4. 5	9. 3

2.3　碳化硅纤维性能表征方法

2.3.1　碳化硅纤维力学性能测试方法

陶瓷基复合材料承力的关键在于其增强纤维的力学性能，碳化硅纤维力学性能用拉伸性能表征，常用的测试项目包括束丝拉伸性能和单丝拉伸性能。束丝拉伸性能是将处于自然状态的一束碳化硅纤维经过树脂浸渍后，在一定张力下固化，制成束丝拉伸样品，然后对其进行拉伸测试。单丝拉伸性能是先从纤维束中抽取单根碳化硅纤维，将其黏结固定后进行拉伸测试。本节将分别介绍碳化硅纤维束丝拉伸性能和单丝拉伸性能测试方法。

2.3.1.1　碳化硅纤维束丝拉伸性能测试方法

碳化硅纤维束丝拉伸性能包括拉伸强度、拉伸模量和断裂伸长率。对碳化硅纤维束丝拉伸性能的测试，是在参考日本碳公司对碳纤维的测试标准的基础上制定的[12]。碳化硅纤维束丝拉伸性能是通过对浸渍树脂固化后的纤维束丝拉伸加载直至破坏来测定的，也称为静态拉伸法，即利用胡克定律，在恒定的速度下将纤维拉伸至断裂，拉伸强度由破坏载荷除以碳化硅纤维束丝的横截面积得到，拉伸模量是应力变化量与对应的应变变化量比值，断裂伸长率是束丝加载至最大载荷断裂时的伸长与标距之比。值得一提的是，对于拉伸强度的测试，只需要通过拉伸试验机获得纤维断裂时的载荷，除以纤维的直径。获得准确拉伸强度的关键在于纤维是否良好的集束，使纤维束在受到拉力时同时发生断裂。此外，碳化硅纤维束丝样品制备过程是否引入了损伤也会对测试结果产生影响。对于拉伸模量的测试则需要得到准确的应力-应变数据，对位移传感器的要求较高。另外，除了静态拉伸法外，采用“动态共振测量法”，根据碳化硅纤维的共振频率来测定弹性模量也是常用的方法之一。本小节基于常用的静态拉伸法，介绍碳化硅纤维束丝拉伸性能测试方法。碳化硅纤维束丝的横截面积由线密度除以密度得到，因此需要先测试碳化硅纤维束丝的线密度和密度[13]。

1. 碳化硅纤维线密度测试方法

碳化硅纤维的线密度是指特定长度下的质量，代表纤维的粗细程度。线密度是纤维最重要的物理特性之一，不仅影响了纤维织物的加工和质量，还是纤维织物及纤维预制体设计的重要依据之一，能直接反映纤维束丝的质量稳定性。

碳化硅纤维的线密度采取纤维束丝质量除以长度的方法获得。具体方法为：将碳化硅纤维束丝拉直，截取 3 根(1±0.5)m 长的束丝，用电子天平测量样品质量，精确到 0.0001g。按下式计算碳化硅纤维的线密度[14]：

$$\rho_1 = \frac{m_1}{L} \times 100 \tag{2-4}$$

式中　ρ_1——线密度（g/km）；

m_1——束丝的质量（g）；

L——束丝的长度（m）。

2. 碳化硅纤维密度测试方法

碳化硅纤维的密度是由其本身的化学结构决定的，与纤维长链分子的相对分子质量和纤维的结晶度都与纤维的密度有关，是碳化硅纤维关键的物理特性之一。碳化硅纤维的密度采取密度梯度管法或阿基米德法获得。

密度梯度管法的原理是根据观察试样在密度线性增加的液体中的平衡位置进行事后测试，采用从上到下密度均匀增加的液体柱（密度梯度柱）的方法来测试碳化硅纤维的密度。具体方法为：将碳化硅纤维去除上浆剂后，取 0.0001~0.001g 浸入两种液体中密度较小的液体中至少 10min，并小心地排除气泡。制备密度梯度管，将试样浸入密度梯度柱的上部，使其自然下降到平衡位置，液体表面不应漂浮纤维，也不能有气泡夹杂在试样中。当试样达到平衡时，记录相应的刻度值，并从校准曲线上得出相应的密度值。

阿基米德法具体为：将干燥的碳化硅纤维束丝整理成束，打成小圈并拴住，要求小圈的表面光滑无毛丝，两端不会脱落，小圈的质量不少于 0.2g。取已打成小圈的密度试样，称量空气中纤维的质量为 m_0。将缠好的纤维浸没在适当溶剂中，超声或高速离心旋转 5~10min 除去纤维表面可能附着的气体，使溶剂完全润湿纤维。溶剂应是密度低于所测试的碳化硅纤维，且能够完全润湿碳化硅纤维的丙酮、乙醇或去离子水等。将碳化硅纤维完全浸没在天平的测量液中称量，测定得到的质量为 m_1。温度计插入天平的测量液中，读出温度值；使用比重计测量该温度下使用的溶剂密度为 ρ_1。按下式计算碳化硅纤维的密度：

$$\rho=\frac{m_0}{m_0-m_1}\times\rho_0 \tag{2-5}$$

式中 ρ——密度（g/cm^3）；

m_0——空气中纤维的质量（g）；

ρ_0——测量温度下溶剂的密度（g/cm^3）；

m_1——测量液中纤维的质量（g）。

3. 碳化硅纤维束丝拉伸性能测试样品制备方法

碳化硅纤维束丝拉伸性能测试的关键是在测试时，束丝内所有单纤维同时受力并发生断裂，而为了保证束丝同时断裂就需要对碳化硅纤维进行上胶处理，使纤维中的单丝聚集在一起。碳化硅纤维束丝拉伸性能测试样品的制备包括树脂胶液的选取和配制、束丝浸胶、浸胶丝固化和粘贴加强片等工艺流程。

（1）树脂胶液的选取和配制。

树脂胶液应与碳化硅纤维表面或其表面上浆剂相容性良好，固化后树脂的断裂伸长率应该是陶瓷纤维断裂伸长率的两倍以上。通常使用双酚 A 或双酚 F 环氧树脂体系。配方及相应的固化条件如下。

① E-44（或 E-51）环氧树脂、固化剂三乙烯四胺、溶剂丙酮，三者按质量比为 10∶1∶(12~15) 配制得到均匀的陶瓷纤维浸渍胶液。该胶液应在配制后 1h 内使用，否则需要重新制备。胶液的固化条件为（120±5)℃，固化不少于 60min。

② E-44（或 E-51）环氧树脂、醚胺类固化剂、溶剂丙酮，三者按质量比为 10∶1∶(12~15) 配制得到均匀的陶瓷纤维浸渍胶液。该胶液应在配制后

2h 内使用，否则需要重新制备。胶液的固化条件为室温，固化不少于 24h。

（2）束丝浸胶和浸胶丝固化。

采用手工法浸胶，样品应浸胶均匀、光滑、平直、无缺陷。具体方法为：剪取约 80cm 长的一束丝，检查碳化硅纤维表面上浆剂与树脂胶液的相容性，如果树脂胶液无法分散，需要除去表面上浆剂。可以采用以下两种办法除去上浆剂：①用适当溶剂浸泡 4h 左右，在 60℃烘箱中烘干 2h，然后在干燥器中冷却 0.5h；②在氮气环境下加热至 500~600℃，保温 30min，冷却至室温，取出纤维。用手拿住两端浸入环氧树脂胶液，根据束丝的粗细及上胶情况，使其在胶液中匀速往返数次，或者浸泡 2~4min。浸过胶的束丝除去多余的胶液，固定在挂丝架上，使束丝拉直绷紧在框架上，室温下晾干。把固定在挂丝架上的束丝固化，固化条件由树脂体系决定。

（3）粘贴加强片。

碳化硅纤维束丝浸胶固化后，按试样尺寸剪下。用胶黏剂将作为加强片的牛皮纸或他纸片作为加强片粘贴在试样两端，加强片厚度为 0.2~0.4mm。按图 2-12 粘贴加强片，贴好加强片的碳化硅纤维束丝拉伸性能样品如图 2-13 所示。

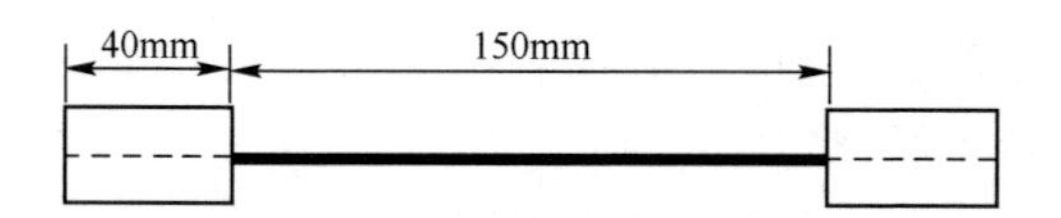

图 2-12　碳化硅纤维束丝拉伸性能样品形状及尺寸

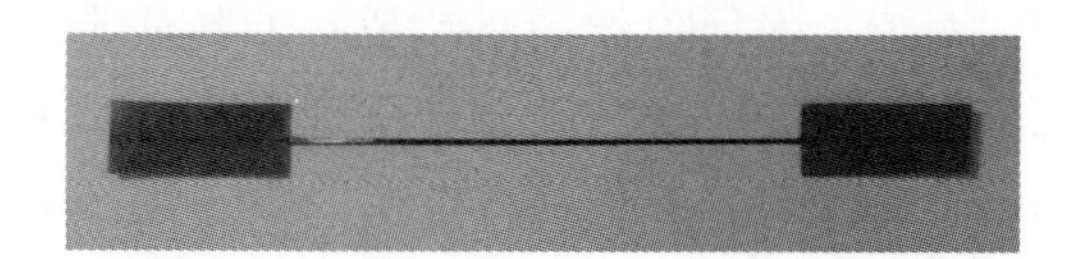

图 2-13　碳化硅纤维束丝拉伸性能样品

4. 碳化硅纤维束丝拉伸性能测试方法

检查试样外观，用钢板尺测量试样标距，精确到 1mm。采用拉力试验机，以拉伸速率 10~50mm/min 进行测试，拉伸弹性模量测试采用拉伸速率 5~20mm/min。装夹试样，束丝应与上下夹头的加载轴线重合。拉伸强度测试：启动试验机和数据采集设备，测试试样直至破坏，记录破坏载荷（或最大载荷）以及试样的破坏形式。统计测试结果要去除样品破坏在明显内部缺陷处、样品破坏在夹具内、样品劈断等异常值。拉伸弹性模量测试：在试样上装夹接触式引伸计，接触式卡口应对试样没有损伤；启动试验机和数据采集设备，测试试样至表 2-5 中规定的应变点，停止试验。

表2-5　不同碳化硅纤维类型与规定应变区间的对应关系

纤维断裂伸长率（ε）典型值/%	规定应变区间/%	引伸计取出点/%
$\varepsilon \geqslant 1.2$	0.1~0.6	0.65
$0.6 \leqslant \varepsilon < 1.2$	0.1~0.3	0.35

按下式计算碳化硅纤维的束丝拉伸强度：

$$\sigma_f = \frac{F_f}{A_f} \tag{2-6}$$

式中　σ_f——拉伸强度（MPa）；

F_f——最大拉伸载荷（N）；

A_f——束丝的横截面积（mm^2），

按下式可获得：

$$A_f = \frac{\rho_1}{\rho} \tag{2-7}$$

式中　ρ_1——束丝线密度（g/m）；

ρ——束丝密度（g/cm^3）。

按下式计算碳化硅纤维的束丝拉伸模量：

$$E_f = \frac{\Delta F}{A_f} \times \frac{L}{\Delta L} \times 10^{-3} \tag{2-8}$$

式中　E_f——拉伸模量（GPa）；

ΔF——应力-应变曲线上规定应变区间的载荷变量（N），规定应变区间（表2-5）；

L——引伸计标距长度（mm）；

ΔL——引伸计上下卡口之间的试样长度对应于ΔF的变形增量（mm）。

按下式计算碳化硅纤维的断裂伸长率：

$$\varepsilon_t = \frac{\Delta L_t}{L_0} \times 100\% \tag{2-9}$$

式中　ε_t——断裂伸长率（%）；

L_0——试样标距，即加强片之间的样品长度（mm）；

ΔL_t——断裂时的变形（mm）。

图2-14是10批次Cansas3301碳化硅纤维的束丝拉伸强度和束丝拉伸模量统计图。从图2-14中可以看出，Cansas3301碳化硅束丝拉伸强度在4.0GPa左右，批次内离散系数在5%左右，批次间离散性好；Cansas3301碳化硅束丝拉伸模量在380GPa左右，达到Hi-Nicalon S水平。

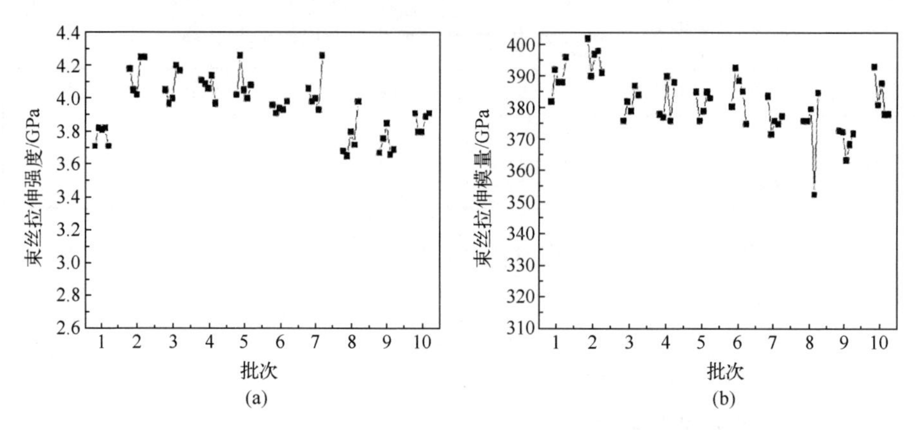

图 2-14　10 批次 Cansas3301 碳化硅纤维的束丝拉伸强度和束丝拉伸模量统计图
(a) 束丝拉伸强度；(b) 束丝拉伸模量。

2.3.1.2　碳化硅纤维单丝拉伸性能测试方法

碳化硅纤维单丝拉伸性能及其均匀性是评价碳化硅纤维的重要内容之一，碳化硅纤维纺丝过程中工艺的波动和原丝本身的问题都会引起碳化硅纤维单丝拉伸性能的差异，引起单丝拉伸性能的离散。另外，由于碳化硅纤维束丝在高温氧化环境下会发生融并，因此评价碳化硅纤维高温氧化环境下强度保留率时需要以常温单丝拉伸性能作为基准。

由于碳化硅纤维单丝应变不易准确测量，无法获得模量数据，因此碳化硅纤维的单丝拉伸性能主要是测试其单丝拉伸强度，也可以根据单丝拉伸过程中的载荷-位移曲线获得碳化硅纤维单丝的表观拉伸模量。碳化硅纤维的单丝拉伸性能是通过对单纤维样品拉伸加载直至破坏来测定的。拉伸强度由破坏载荷除以碳化硅单纤维的横截面积来得到，拉伸模量是应力变化量与对应的应变变化量的比值。断裂伸长率为单纤维加载至最大载荷断裂时的伸长与标距之比[15]。

1. 碳化硅纤维单丝直径测试方法[16]

碳化硅纤维单丝直径是由熔融纺丝工序决定的，适宜的纺丝工艺可以有效控制碳化硅纤维单丝直径。王国栋等[17]的研究表明，纺丝温度、纺丝压力、卷绕速度是纺丝过程中决定碳化硅纤维单丝直径及其稳定性的重要影响因素，碳化硅纤维单丝直径随纺丝温度和纺丝压力的降低而降低，随卷绕速度的提高而降低。碳化硅纤维单丝直径越小，结构越均匀，碳化硅纤维束丝的稳定性越高，对后续编织、成型等工艺产生积极的影响。碳化硅纤维单丝直径的获得是单丝拉伸强度计算的基础，碳化硅纤维单丝直径可采用截面法、径向法和千分尺法获得。

（1）截面法。截面法测试碳化硅纤维单丝直径是将碳化硅纤维束丝包埋在树脂胶液中，固化并进行抛光处理，使纤维横截面垂直于纤维轴，采用显微镜或扫描电镜聚焦成像，读取单根纤维的直径值。具体包括样品浸渍及包埋树脂胶液、样品的固化、样品的磨平与抛光、单丝直径的测试等工艺流程。具体方法为：将碳化硅纤维束丝剪成长约20mm的小段，用细丝捆扎成一束，封住包埋用瓷管的底部，并将捆扎好的束丝置于瓷管中。用包埋剂将束丝固定在瓷管中，保持束丝与瓷管壁平直。将包埋好的样品用金相砂纸磨平，用清洁的抛光膏及抛光织物进行抛光。抛光时注意保持样品的正确位置，使纤维横截面垂直于纤维轴。将制备好的样品置于纤维镜或扫描电镜载物台上，聚焦成像，读取单根纤维的直径值。移动载物台，直至获得30根纤维的直径值。显微镜或扫描电镜应具有使观测样品在互相垂直的两个方向移动的载物台机构，带成像记录装置，并能够提供至少200倍的观测倍数。在至少满足200倍观测倍数的前提下，显微镜的分辨率最低应达到0.7μm。

（2）径向法。径向法测量碳化硅纤维单丝直径是将制备好的样品置于显微镜载物台上，用压片固定，在显微镜下聚焦成像，读取单根纤维的直径值，直至测得30根纤维的直径值。在用径向法测量碳化硅纤维单丝直径时，需去除纤维表面上浆剂，碳化硅纤维表面上浆剂去除方法可以参考2.2.1节中的相关方法。

（3）千分尺法。千分尺法测量碳化硅纤维单丝直径是采用杠杆式千分尺，分辨率为0.001mm，将单纤维一端放入杠杆式千分尺卡口测量面的中心处卡住，通过杠杆千分尺指示表读出单纤维的直径值，直至测得30根纤维的直径值。

以Cansas3201碳化硅纤维为例，图2-15（a）为采用截面法，将碳化硅纤维束丝包埋在树脂胶液中固化抛光后，在光学显微镜下观测的结果，视野可见500根碳化硅纤维单丝；图2-15（b）为局部放大图，视野可见79根碳化硅纤维单丝，利用光学显微镜的成像记录装置，从视野中57根完整的碳化硅纤维单丝中随机测量15根完整的碳化硅纤维单丝直径，标记在相应单丝上部。移动载物台，直至获得30根纤维的直径值，30根碳化硅纤维的直径值分布图如图2-16所示。由图2-16可知，Cansas3201碳化硅纤维单丝直径分布于（12±1）μm范围。

图2-17为采用相同方法观察Cansas3301碳化硅纤维单丝直径的图像。图2-17（b）为随机测量15根完整的Cansas3301碳化硅纤维单丝直径图。连续测量30根单丝直径后，统计得出Cansas3301碳化硅纤维单丝直径为11~13μm。

图2-18是10批次Cansas3301碳化硅纤维的单丝直径的统计图。从图2-18中可以看出，Cansas3301碳化硅纤维直径为11~13μm。

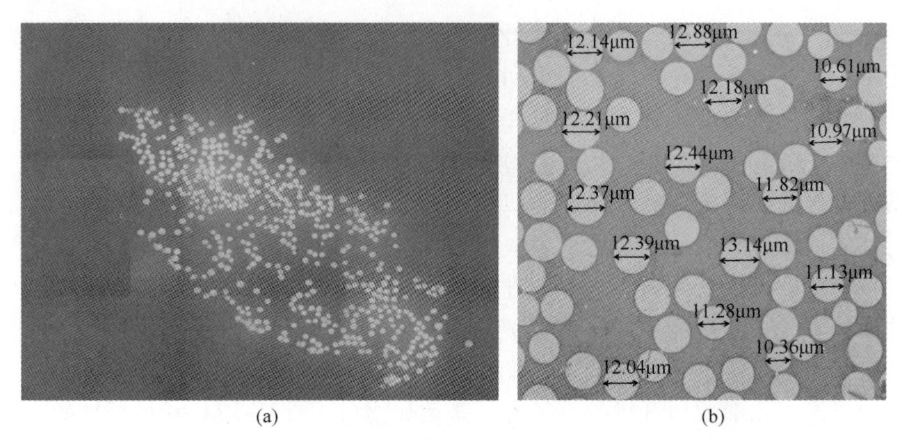

图 2-15　Cansas3201 碳化硅纤维在光学显微镜下的单丝直径照片

（a）单束碳化硅纤维；（b）局部放大图。

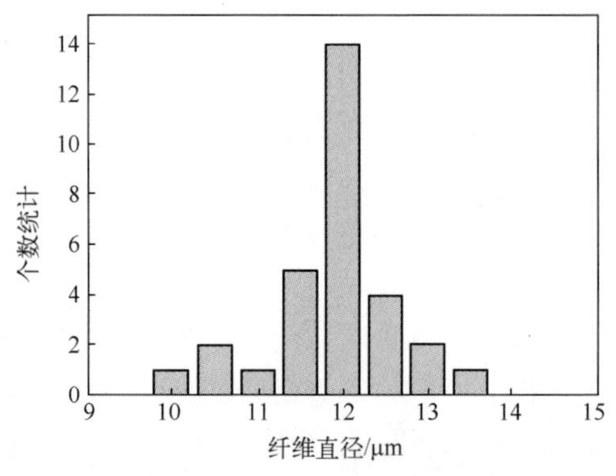

图 2-16　采用截面法观察 Cansas3201 碳化硅纤维单丝直径分布图

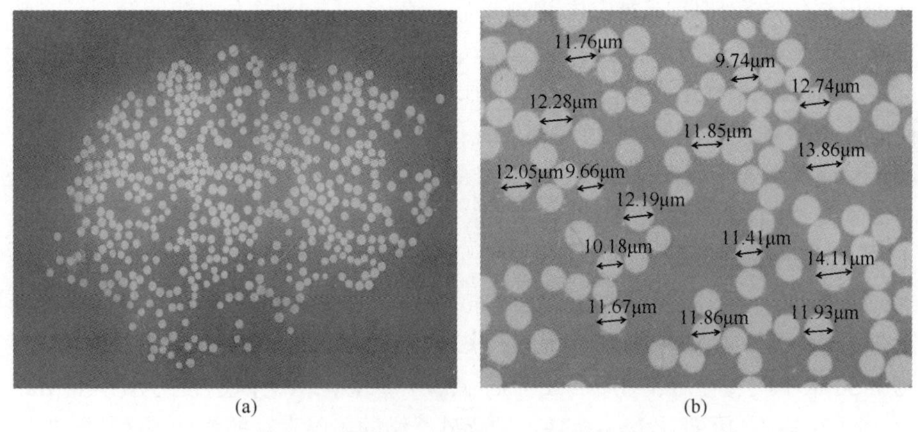

图 2-17　Cansas3301 碳化硅纤维在光学显微镜下的单丝直径的图像

（a）单束碳化硅纤维；（b）单丝直径图。

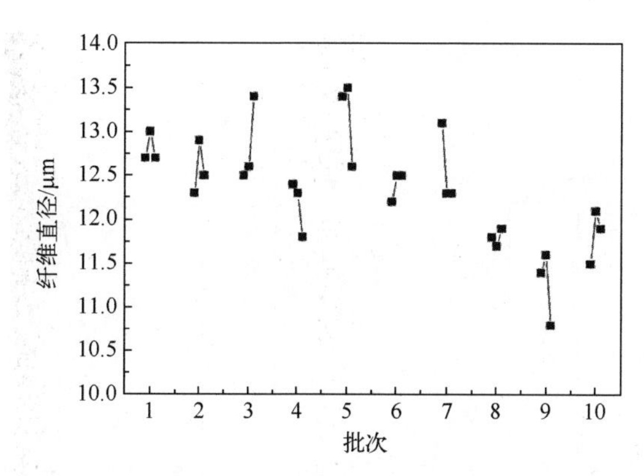

图 2-18　10 批次 Cansas3301 碳化硅纤维的单丝直径的统计图

2. 碳化硅纤维单丝拉伸强度样品的制备

碳化硅纤维的脆性导致在单丝制样过程中极易发生损伤，这些损伤直接影响了单丝拉伸性能的准确性。另外，在单丝制样过程中纤维的倾斜、弯曲和紧绷，黏结位置不当及黏结不牢固等会导致夹持中因单纤维弯折而断裂或纤维断裂在钳口处，从而不能获得有效数据，因此单丝样品的制备是准确获得碳化硅纤维单丝拉伸性能的关键。

碳化硅纤维束丝通常都经过上浆处理，表面上浆剂的存在会造成丝束内不同碳化硅纤维的黏连，无法提取单根碳化硅纤维。因此，碳化硅纤维单丝拉伸性能测试前需要去除纤维表面上浆剂。碳化硅纤维表面上浆剂去除方法可以参考 2.2.1 节中的相关方法。

去除碳化硅纤维表面上浆剂后，从待测样品中剪取长 6~7cm 的纤维束，随机从中抽取单纤维，逐根浸渍于样品加强片两端的胶黏剂中，胶黏剂可采用环氧树脂胶或 AB 胶，用于将单纤维粘贴在加强片上。加强片可采用纸质、金属或塑料材质的加强片，优选厚度为 0.25mm 左右。加强片及单纤维黏结示意图如图 2-19 所示。纤维两端至少超出加强片边缘 1cm。制好的样品待胶黏剂完全固化后即可开始测试，固化条件可参考 2.3.1.1 节中的相关方法。

3. 碳化硅纤维单丝拉伸性能的测试

单丝拉伸性能测试前，用夹具分别夹住待测试样的两端，使试样与夹具垂直。贴在加强片上的单丝样品，应将纸框放在强力仪两端加持区，使纤维与上下夹持器垂直，夹紧纸框，用剪刀将纸框中间连接部分剪开。启动试验机和数据记录或采集设备，设定拉伸速率为 2~10mm/min，优选拉伸速率为 5mm/min。对拉伸样品进行加载，直至样品断裂，仪器自动记录载荷-拉伸变形量曲线，直至完成一组至少 25 个有效数据的测试。拉伸测试中载荷与拉伸变形量的关系示意图如图 2-20 所示。

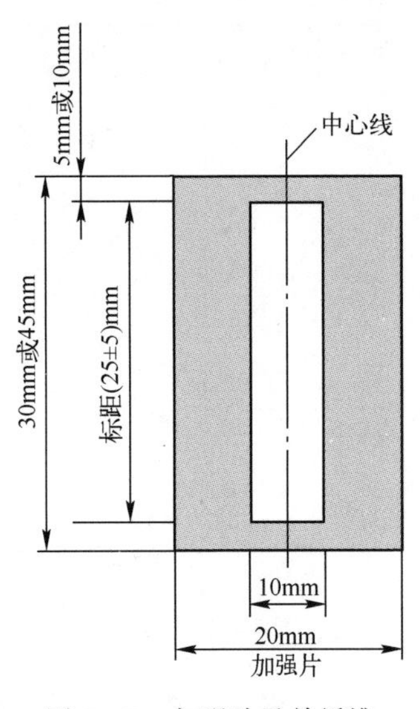

图 2-19　加强片及单纤维黏结示意图

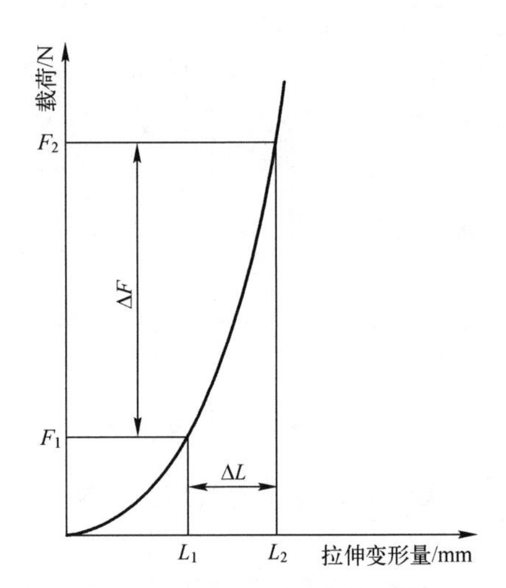

图 2-20　拉伸测试中载荷与拉伸变形量的关系示意图

按式（2-6）计算碳化硅纤维的单丝拉伸强度。此处视单纤维横截面为圆形，数值根据测得的直径由圆的面积公式直接给出。单丝直径的测试方法可参考 2.3.1.2 节中的相关方法。值得一提的是，由于碳化硅纤维单丝直径存在一定的离散性，因此建议在测试单丝强度时，与相应单丝直径一一对应。

按下式计算碳化硅纤维的单丝断裂伸长率：

$$\varepsilon = \frac{\sigma_f}{E_{fA}} \times 0.1 \tag{2-10}$$

式中　ε——纤维单丝断裂伸长率（%）；

σ_f——纤维单丝拉伸强度（MPa）；

E_{fA}——纤维单丝拉伸模量（GPa）。

碳化硅纤维单丝拉伸性能的平均值、标准偏差及离散系数按式（2-11）～式（2-13）计算：

$$\bar{x} = \frac{1}{n}\sum_{i=1}^{n} x_i \tag{2-11}$$

$$S = \sqrt{\frac{\sum_{i=1}^{n}(x_i - \bar{x})^2}{n-1}} \tag{2-12}$$

$$C_V = \frac{S}{\bar{x}} \times 100\% \tag{2-13}$$

式中　$\bar{x}$——单丝拉伸强度、拉伸模量和断裂伸长率的平均值；

x_i——每个样品的测试值；

n——有效测定的单纤维样品数量；

S——标准偏差；

C_V——离散系数。

以 Cansas3301 碳化硅纤维为例，其在单丝拉伸仪上拉伸应力-应变曲线如图 2-21 所示。其中单丝试样长度为 25mm，采用 2.3.1.2 节中的径向法，利用纤维细度分析仪测量对应单丝直径为 11.82μm，采用式（2-9）计算得出其拉伸强度为 3.92GPa，表观拉伸模量为 361GPa，断裂伸长率为 1.15%。图 2-22 为 Cansas3301 碳化硅纤维 50 个试样的单丝直径分布图。由图 2-22 可知，大部分单丝直径集中于（12±1）μm 范围内，与 2.3.1.2 节中采用截面法统计的单丝直径结果相近。图 2-23 为 Cansas3301 碳化硅纤维 50 个试样的单丝拉伸强度分布图。由图 2-23 可知，大部分单丝拉伸强度集中于（4.0±0.5）GPa 范围内。

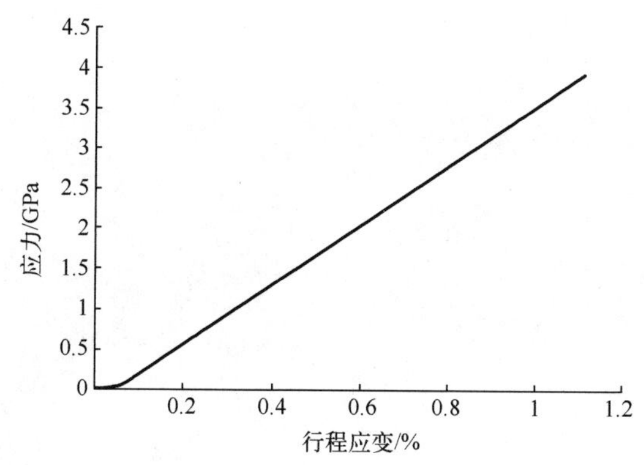

图 2-21　Cansas3301 碳化硅纤维单丝的应力-应变曲线

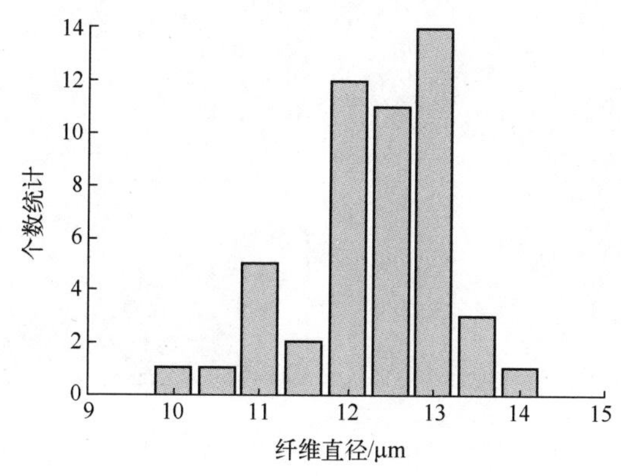

图 2-22　Cansas3301 碳化硅纤维单丝直径分布图

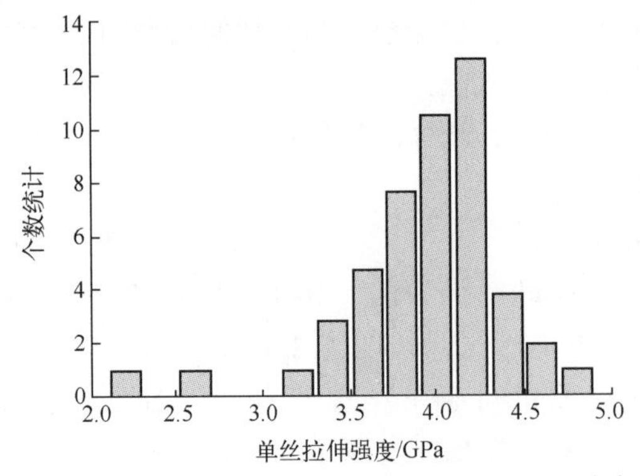

图 2-23　Cansas3301 碳化硅纤维单丝拉伸强度分布图

图 2-24 是国外典型碳化硅纤维的单丝拉伸断口形貌图[18]。从图 2-24 中可以看出，4 种牌号的碳化硅纤维都呈现脆性断裂特征。Nicalon 202 纤维的断口呈非晶结构；Hi-Nicalon 纤维的断口表面变化不明显，断口能看到缺陷；Hi-Nicalon S 纤维的断口能看到结晶特征，但晶粒较小；Tyranno SA 纤维的断口能看到结晶特征，其 β-SiC 晶粒大小为 100~200nm 左右。

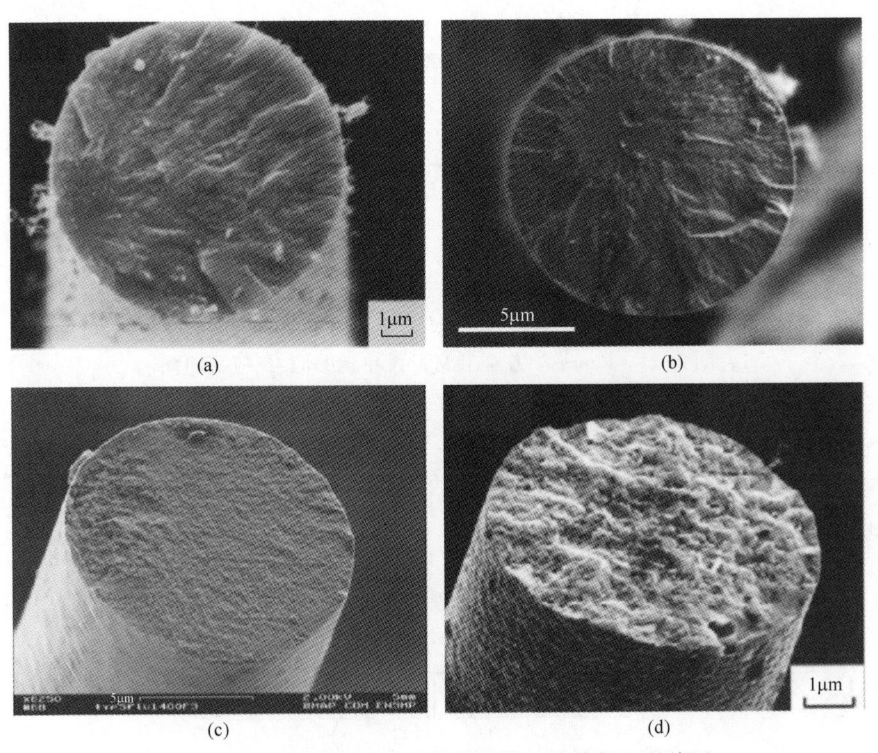

图 2-24　国外典型碳化硅纤维的单丝拉伸断口形貌图

（a）Nicalon 202；（b）Hi-Nicalon；（c）Hi-Nicalon S；（d）Tyranno SA。

图 2-25 为典型第二代碳化硅纤维单丝拉伸断口形貌。可见，纤维横截面呈圆形，断口较平整，呈现典型的非晶态脆性断裂特征。观察拉伸断口可发现，碳化硅纤维的拉伸断裂源为纤维内部的夹杂和孔洞。

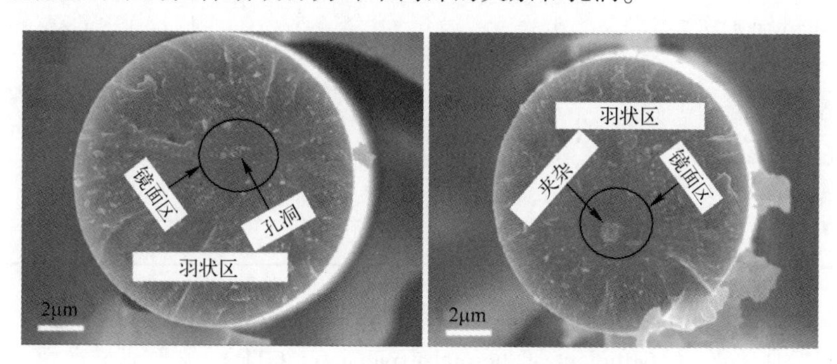

图 2-25　典型第二代碳化硅纤维单丝拉伸断口形貌[10]

2.3.2　碳化硅纤维热物理性能测试方法

碳化硅纤维增强热结构陶瓷基复合材料的热物理性能是其高温服役环境性能的重要依据，其热物理性能主要包括热膨胀系数、比热容、导热系数和热扩散系数等。陶瓷基复合材料的热物理性能是结构设计时的重要参数，极大地影响着结构部件的服役寿命。碳化硅纤维作为热结构陶瓷基复合材料的增强相，其热物理性能在一定程度上决定了复合材料的性能。碳化硅纤维的热膨胀系数不仅是研究复合材料相变、微裂纹和缺陷等内部结构变化的主要依据，而且是研究复合材料内部热膨胀与残余热应力的基础。碳化硅纤维的热扩散性能、导热系数和比热容对于整体复合材料的热扩散性能至关重要，影响着复合材料服役时的热传导能力。另外，碳化硅纤维常以二维或三维织物的形式增强陶瓷基复合材料，研究碳化硅纤维热物理性能，尤其是热膨胀系数，进而在编织过程中结合纤维预制体的热物理性能进行协同设计。通过调节碳化硅纤维和基体的结构形式和比例，从而对复合材料的热性能进行设计，起到减缓服役过程中热膨胀产生的变形，缓解热应力带来的裂纹等损伤。表 2-6 所示为国外几种碳化硅纤维主要的热物理性质。

表 2-6　国外几种碳化硅纤维主要的热物理性质

纤维牌号	电阻率 /(Ω·cm)	室温导热系数 /(10^{-6}/K)	高温导热系数 /[W/(m·K)]
Nicalon 202	10^3 ~ 10^4	3.2	2.97
Tyranno Lox-M	30	3.1	—

续表

纤维牌号	电阻率 /(Ω·cm)	室温导热系数 /(10^{-6}/K)	高温导热系数 /[W/(m·K)]
Hi-Nicalon	1.4	3.5	7.77
Tyranno ZMI	2.0	4.0	2.52
Tyranno ZE	0.3	—	—
Hi-Nicalon S	0.1	—	18.4
Tyranno SA	—	4.5	64.6
Sylramic	—	—	40.45

2.3.2.1 碳化硅纤维热膨胀系数测试方法

热膨胀系数（coefficient of thermal expansion，CTE）是表征材料热稳定性的关键参数，热膨胀系数的差异直接影响材料在使用时的尺寸稳定性。热膨胀系数过大，材料在高温状态下会产生较大的变形，尤其在温度场分布不均匀时，其变形的不均匀会严重影响结构稳定性。作为热结构陶瓷基复合材料的关键原材料，对碳化硅纤维热膨胀系数的研究尤为重要。

碳化硅纤维的热膨胀系数通常参照精细陶瓷线热膨胀系数试验方法顶杆法获得，其原理是：在特定的气氛下，施加一很小的载荷于已知尺寸的试样上，以一定的升降温速率加热或冷却试样至设定的温度，测量试样的长度变化，记录温度变化，计算试样线热膨胀系数及特定温度下的瞬时线热膨胀系数。图2-26所示为两种典型碳化硅纤维轴向线热膨胀系数的测试结果。

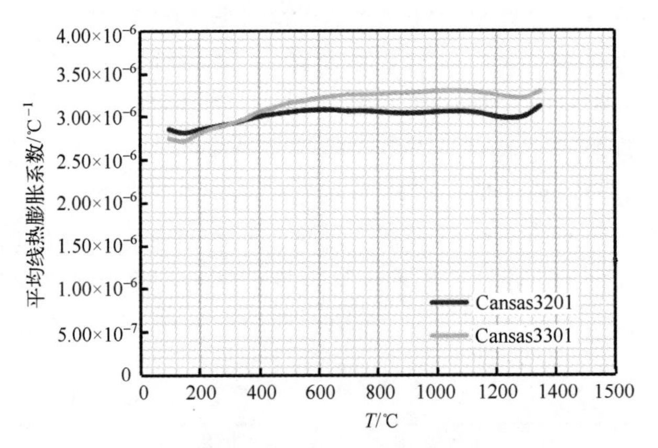

图2-26 两种典型碳化硅纤维轴向线热膨胀系数的测试结果

2.3.2.2 碳化硅纤维导热系数测试方法

导热系数指单位时间内在单位温度梯度下，沿热流方向通过材料单位面积传递的热量，材料的导热系数能够反映其热传导能力。当碳化硅纤维增强陶瓷基复合材料作为热结构复合材料应用时，面临高热流传热的问题，要求材料的导热系数尽可能高。因此，对材料的热传导性能的研究尤为重要，与此同时，作为热结构陶瓷基复合材料的关键原材料，碳化硅纤维的热传导性能的研究同样至关重要。

材料的导热系数模型一般建立在固定几何形状的块体材料上，碳化硅纤维在自然状态下为一种无固定形状自然卷曲状态，因此对于碳化硅纤维导热性能的测试还停留在实验室水平，尚无通用的测试方法。借鉴轴向碳纤维热传导性能的测试，学者们开展了直接或间接性的试验，获得了碳化硅纤维单丝和束丝导热性能的试验结果。

1. T 形法

T 形法是成功用于单根纤维热导率测量的试验方法，其试验原理是：将热线两端都搭接在热沉上，并通入直流电加热，当搭接碳化硅纤维后，部分热量沿纤维方向传导，热线温度发生变化。通过测量搭接纤维前后热线电阻的变化，求出对应的平均温升变化，从而得到碳化硅纤维的导热系数。T 形法测试的物理模型如图 2-27 所示，其搭接示意图如图 2-28 所示。

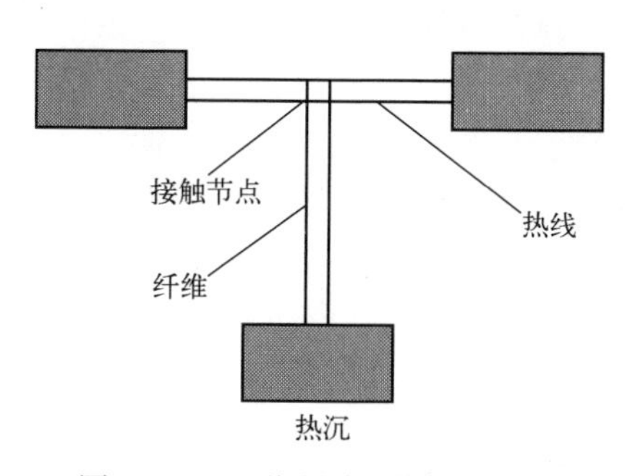

图 2-27　T 形法测试的物理模型

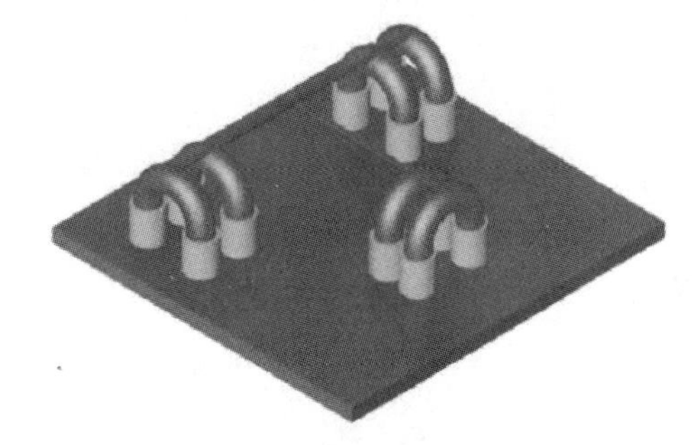

图 2-28　T 形法搭接示意图

T 形法测试的物理模型包含一根作为传感器的热线和一根碳化硅纤维样品线，它的具体测量方法为：①搭接样品，将热线与碳化硅纤维单丝样品 T 形搭接后放置于气压小于 10^4Pa、温度波动小于 0.1K 的真空恒温槽内；②测量，在热线两端通恒定电流，通过测量热线电阻与热线加热功率的关系，计算热线-碳化硅单丝纤维线系统的总热阻；③标定，取下碳化硅纤维单丝样品后重复步骤②，标定热线系统的热阻；④计算测量结果，假设热线两端温度在试验过程中不变，并假设热线与碳化硅纤维单丝样品温度均匀一致，在此基础上对比步骤②与步骤③的结果，碳化硅纤维单丝样品线的导热系数计算公式见下式：

$$\lambda = \frac{l_f A_h}{l_h A_f \left(\frac{3}{16} \frac{1}{1-\frac{k}{k_0}} - \frac{1}{4} \right)} \lambda_h \tag{2-14}$$

式中 l_h——热线的长度；

A_h——热线的横截面积；

l_f——碳化硅纤维单丝样品的长度；

A_f——碳化硅纤维单丝样品的横截面积。

清华大学的施徐国等针对 KD-Ⅱ型碳化硅纤维开展了热学特性研究[19]，采用上述直流 T 形法测量了经 1400℃、1500℃和 1600℃热处理后的导热系数随温度和晶粒尺寸的变化曲线[15]（图 2-29 和图 2-30）。研究发现，1400℃处理的碳化硅纤维导热系数与未处理的碳化硅纤维没有明显变化，当热处理温度进一步升高时，碳化硅纤维的导热系数显著提高，这是由于温度的升高导致 β-SiC 晶粒尺寸增加的原因。

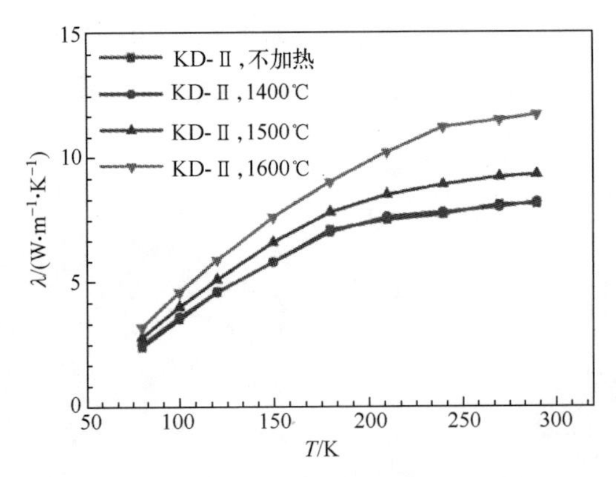

图 2-29 KD-Ⅱ纤维导热系数随温度的变化曲线

2. 闪光法

闪光法可用于测试碳化硅纤维的热扩散系数或导热系数，该方法测定范围广、温度高、速度快，测定过程可在氧化气氛、惰性气氛或真空环境下进行，得到了广泛的应用。热扩散系数是非稳态热流情况下的应用设计、过程控制及质量保证的重要参数。其测试原理是：薄圆片试样受高强度短时能量脉冲辐射，试样正面吸收脉冲能量使背面温度升高，记录试样背面温度的变化。根据试样厚度和背面温度达到最大值的某一百分率所需时间计算出试样的热扩散系数（图 2-31）。闪光法测试碳化硅纤维导热系数及热扩散系数的设备包括闪光源、试样支架、温度探测器及记录装置。闪光系统示意图如图2-32所示。

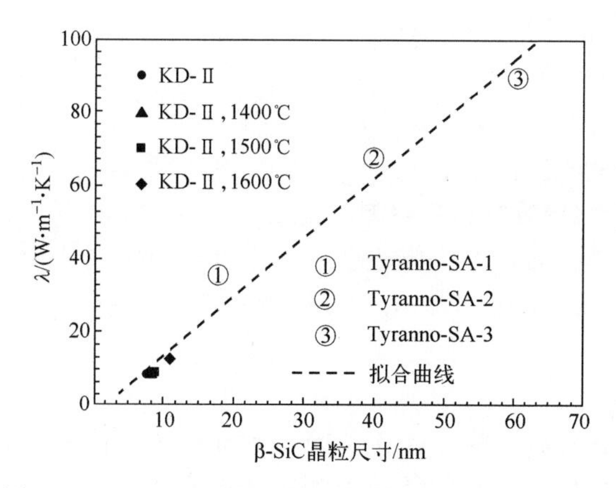

图2-30 KD-Ⅱ 纤维导热系数随晶粒尺寸的变化曲线

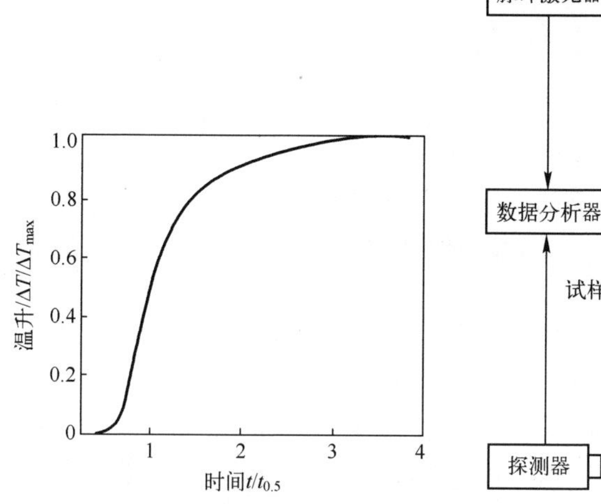

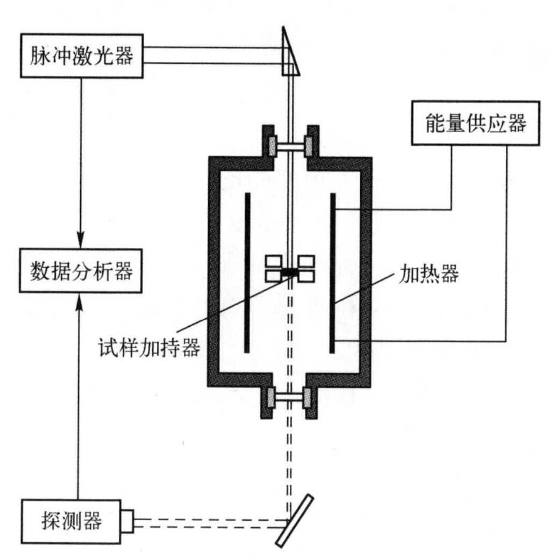

图2-31 闪光法特征温度曲线示意图

图2-32 闪光系统示意图

在计算样品的热扩散系数时，先确定基线和最高温升，得出温度变化ΔT_{max}，再确定从起始脉冲开始到试样背面温度升至最高所需一半的时间$\Delta T_{1/2}$，也就是$t_{1/2}$，按下式计算热扩散系数α：

$$\alpha=0.13879L^2/t_{1/2} \tag{2-15}$$

式中 L——试样厚度（m）；

$t_{1/2}$——试样背面温升达到最大背面温升一半所需的时间。

根据材料的热扩散系数、体积密度及比热容，可按下式计算碳化硅纤维的导热系数λ：

$$\lambda = \alpha \cdot C_p \cdot \rho \tag{2-16}$$

式中　α——热扩散系数（m^2/s）；

λ——导热系数［$W/(m \cdot K)$］；

C_p——比热容［$J/(kg \cdot K)$］；

ρ——体积密度（kg/m^3）。

2.3.2.3　碳化硅纤维比热容测试方法

比热容是指单位质量的物体改变单位温度时所吸收或释放的内能。常见的碳化硅纤维的比热容测试方法有比较法和差式扫描量热（differential scanning calorimetry，DSC）法。

1. 比较法

比较法测定比热容是将已知比热容的标准样品和待测样品一起放在多样品闪光法热扩散仪内，在相同条件下测定标准样品与待测样品。当标准样品和待测样品分别吸收到的激光辐照强度相同时，根据能量平衡方程式（2-17）可求得待测样品的比热容。

$$C_{pX} = \frac{C_{pB} \cdot M_B \cdot \Delta T_B}{M_X \cdot \Delta T_X} \tag{2-17}$$

式中　C_{pX}——待测样品的比热容［$J/(kg \cdot K)$］；

C_{pB}——标准样品的已知比热容［$J/(kg \cdot K)$］；

M_B、M_X——标准样品和待测样品的质量（g）；

ΔT_B、ΔT_X——标准样品和待测样品受激光辐照的最大温升（℃）。

2. DSC 法

DSC 法是用来测量材料多种热力学和动力学参数的常用方法。其基本原理是：在程序控制升温条件下，测量试样与参比试样之间的能量差随温度变化的一种分析方法。DSC 记录的曲线称为 DSC 曲线，其纵坐标可以是热流率 dH/dt，表示样品吸热或放热的速率，也可以是热功率，横坐标一般用温度表示。

用 DSC 测试材料比热容的手段比较多，常见的有直接法和间接法（蓝宝石法）。其中，间接法是一种比较准确且常用的测试方法。间接法需要通过测试标准蓝宝石（已知比热容）在该条件下的 DSC 曲线，然后通过公式换算成待测样品的比热容。具体测试方法为：

①在温度范围内测定基线；②在温度范围内测定已知比热容的 DSC 曲线（以蓝宝石为例）；③在上述温度范围内测定待测样品的 DSC 曲线（DSC 曲线示意如图 2-33 所示）。计算公式为：

$$C_2 = \frac{(Y_2 - Y_0) \cdot m_1}{(Y_1 - Y_0) \cdot m_2} \cdot C_1 \tag{2-18}$$

式中　m_1——蓝宝石质量（mg）；
m_2——待测样品的质量（mg）；
Y_1——温度为 t_1 时样品的 DSC 数值；
Y_2——温度为 t_1 时蓝宝石的 DSC 数值；
Y_0——温度为 t_1 时基线的 DSC 数值；
C_1——温度为 t_1 时蓝宝石的比热容值［J/(kg·K)］；
C_2——温度为 t_1 时待测样品的比热容值［J/(kg·K)］；

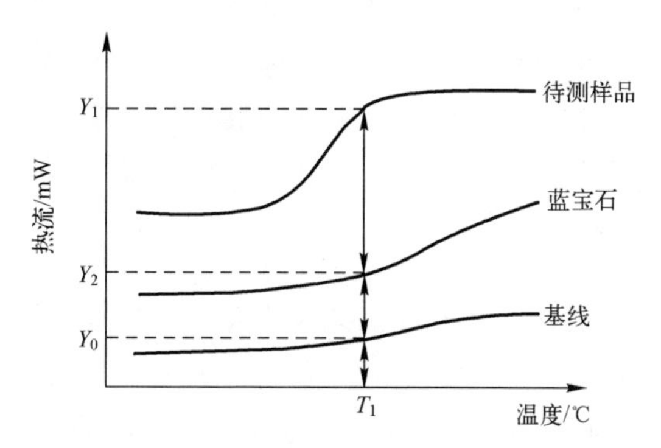

图 2-33　基线、蓝宝石和待测样品的 DSC 曲线示意图

2.4　碳化硅纤维耐磨性能表征方法

碳化硅纤维属于脆性材料，在纤维生产和加工过程中易产生毛丝、毛丝团，这些毛丝和毛丝团影响碳化硅纤维的织造过程，从而引起纤维织物表面外观、质量均匀性不符合应用要求，纤维就位强度降低，制约复合材料的性能。因此，国内碳化硅纤维生产和应用单位都将碳化硅纤维的耐磨性能作为评价碳化硅纤维工艺性能和加工性能的重要内容。定量地测试碳化硅纤维丝束的耐磨性能，从而评价碳化硅纤维的损伤状态，对于碳化硅纤维的研制、生产和使用具有重要的意义。

碳化硅纤维的耐磨性目前国内外尚无测试标准，现有的评价方法主要是参照碳纤维丝束起毛特性的定量测试，适当根据纤维特性调整试验参数来进行。具体方法为：使碳化硅纤维束在一定退绕张力下，以一定接触角与镀铬的不锈钢棒接触，使之摩擦通过；摩擦后，使碳化硅纤维束以定速通过两块聚氨酯海绵，测量定长度纤维附着在聚氨酯海绵上毛丝的重量，即为碳化硅纤维的摩擦起毛量，如图 2-34 所示[20]。

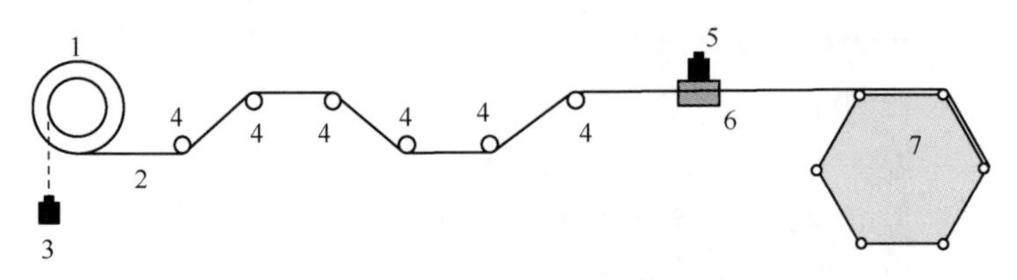

1—纤维束卷筒；2—碳化硅纤维束；3—退绕张力；4—镀铬不锈钢棒；
5—摩擦载荷；6—聚氨酯海绵；7—恒速收卷装置。

图 2-34　碳化硅纤维毛丝量测量装置

第一代碳化硅纤维模量在 180GPa 左右，第二代碳化硅纤维模量在 270GPa 左右，上浆剂含量约为 1%，两种碳化硅纤维模量低、较柔顺，不易起毛丝。测试定长的第一代、第二代碳化硅纤维通过聚氨酯海绵后附着在海绵上的毛丝重量平均为 1～2mg/10m、5～20mg/10m。第三代连续碳化硅纤维的特点是模量高、易起毛丝，编织难度大，因此对纤维耐磨性的测试是评价编织工艺性能的重要方法。以 Cansas3301 碳化硅纤维为例，测量碳化硅纤维通过聚氨酯海绵后附着在海绵上，留下的毛丝重量平均值为 10～30mg/10m。图 2-35 所示为 Cansas3201 碳化硅纤维测试后聚氨酯海绵上残留碳化硅纤维的毛丝。纤维起毛量为 5mg/10m 的碳化硅纤维在耐磨性测试后残留在聚氨酯海绵上的毛丝量少，摩擦起毛的纤维呈分散的毛丝状态，纤维起毛量为 35mg/10m 的碳化硅纤维在耐磨性测试后残留在聚氨酯海绵上的纤维量较多，摩擦起毛的纤维呈毛丝团状。

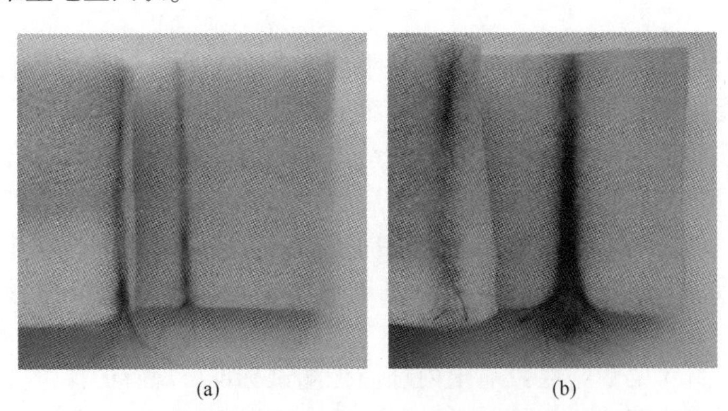

(a)　　(b)

图 2-35　Cansas3201 碳化硅纤维测试后聚氨酯海绵上残留碳化硅纤维的毛丝图

（a）纤维起毛量为 5mg；（b）纤维起毛量为 35mg。

图 2-36 所示为起毛量为 5mg 和起毛量为 35mg 的 Cansas3301 碳化硅纤维制备的 2.5D 纤维预制体外观图。可见，纤维起毛量为 5mg 的 2.5D 纤维预制体表面纤维呈现亮黑色，编织形成的纹路清晰完整，表面无毛丝团；纤维起

毛量为 35mg 的纤维预制体呈现暗黑色，光泽度较图 2-36（a）差，纤维预制体视野范围内存在毛丝团数量较多，严重影响外观质量。

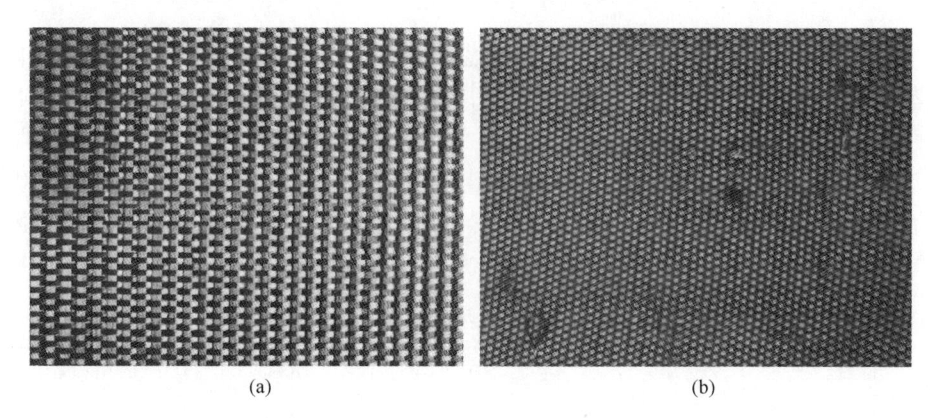

图 2-36　不同纤维起毛量的 Cansas3301 碳化硅纤维制备的 2. 5D 纤维预制体外观图
（a）纤维起毛量为 5mg；（b）纤维起毛量为 35mg。

对上述两种起毛量的碳化硅纤维预制体采用 X 射线数字实时成像检测技术（DR 成像检测技术）进行检测，射线管电压为 55kV，管电流为 5mA，检测结果如图 2-37 所示。可见，起毛量为 5mg 的碳化硅纤维预制体在 X 射线下纤维灰度相同，经纱纬纱垂直交错，图像可见纤维分布均匀；起毛量为 35mg 的碳化硅纤维预制体在 X 射线下灰度明暗不均，经纱纬纱呈波浪状分布，并存在图像模糊的区域，经对照发现图像模糊区域对应为外观所见起毛多的区域。

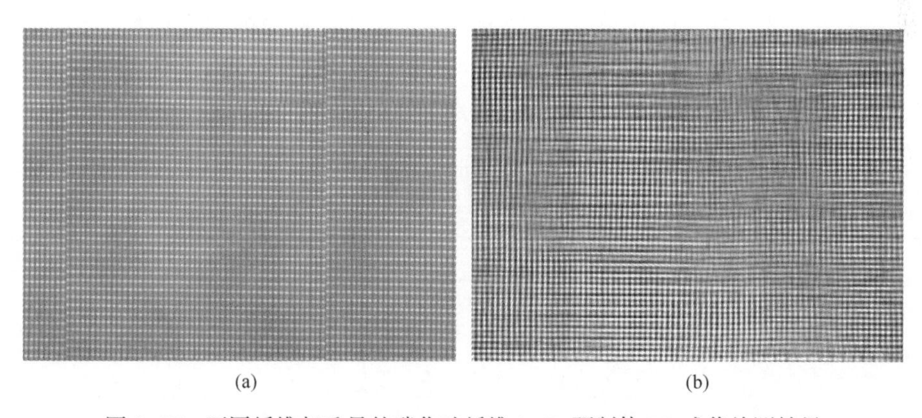

图 2-37　不同纤维起毛量的碳化硅纤维 2. 5D 预制体 DR 成像检测结果
（a）纤维起毛量为 5mg；（b）纤维起毛量为 35mg。

2.5 碳化硅纤维热稳定性能表征方法

碳化硅纤维的热稳定性能通常通过热处理后的单丝拉伸性能测定。具体方法是：将碳化硅纤维束丝在高温炉中处理后，再通过测试其单丝强度，计算热处理后强度保留率。高温处理前，应保证碳化硅纤维束丝样品自然卷曲放置在坩埚中，保持受力状态。碳化硅纤维的氧含量是影响纤维在氧化环境下热稳定性的关键因素之一。表 2-7 是 KD-Ⅰ和 KD-Ⅱ两种碳化硅纤维在空气中氧化 1h 后的氧元素含量。

表 2-7　KD-Ⅰ和 KD-Ⅱ两种碳化硅纤维在空气中氧化 1h 后的氧元素含量

热处理工艺	KD-Ⅰ	KD-Ⅱ	Nicalon	Hi-Nicalon
热处理前/%	14.7	0.9	8.6	0.8
1000℃ 1h/%	18.4	2.0	11.0	1.7
1100℃ 1h/%	17.3	2.6	10.7	2.4
1200℃ 1h/%	18.2	3.0	11.1	2.5
1300℃ 1h/%	18.4	3.4	11.6	3.3
1400℃ 1h/%	18.9	4.3	11.8	4.0
1500℃ 1h/%	19.2	5.6	12.7	4.6

将 Cansas3201 和 Cansas3301 碳化硅纤维在空气中氧化 1h，测得其单丝拉伸强度。表 2-8 所示为氧化前后纤维的单丝拉伸强度。可见 Cansas3201 和 Cansas3301 碳化硅纤维在相应长期使用温度下氩气环境的强度保留率能达到 90%以上，在同样温度的空气环境下，强度显著降低，两种纤维在 1200℃ 空气处理后强度保留率均在 75%左右。

表 2-8　Cansas3201 和 Cansas3301 碳化硅纤维在空气和氩气中热处理前后的单丝拉伸强度

热处理工艺	Cansas3201		Cansas3301	
	单丝拉伸强度/GPa	强度保留率/%	单丝拉伸强度/GPa	强度保留率/%
热处理前	3.12	—	4.30	—
1200℃ 1h（空气）	2.30	73.7	3.33	77.4
1250℃ 1h（Ar）	3.05	97.9	—	—
1400℃ 1h（Ar）	—	—	4.05	94.2

对两种碳化硅纤维热处理前后的表面微观形貌进行分析（图 2-38、图 2-39），Cansas3301 碳化硅纤维在 1200℃氧化 1h 后的微观形貌，纤维表面形成了较为致密的氧化层，无明显缺陷存在，氧化后纤维直径从平均 12.5μm 上升到 13.0μm。根据能谱扫描结果可以看出，纤维表面形成的氧化层产物为二氧化硅。

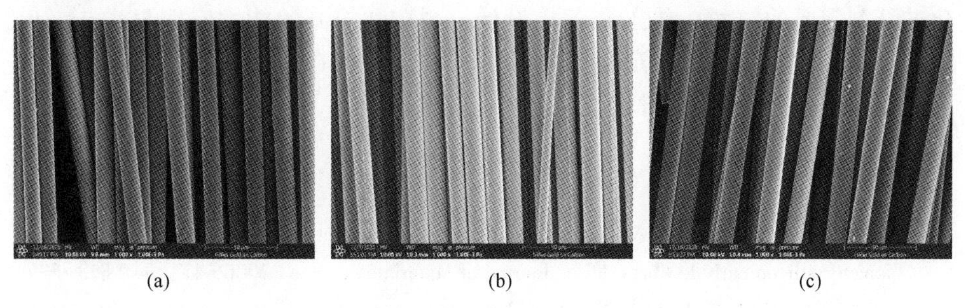

(a)　(b)　(c)

图 2-38　Cansas3301 碳化硅纤维热处理前后的表面微观形貌
（a）处理前；（b）1400℃、1h（Ar）；（c）1200℃、1h（空气）。

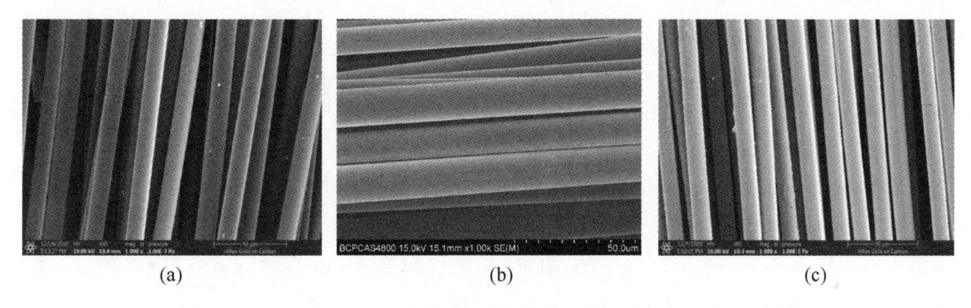

(a)　(b)　(c)

图 2-39　Cansas3201 碳化硅纤维热处理前后的表面微观形貌
（a）处理前；（b）1200℃、1h（Ar）；（c）1200℃、1h（空气）。

2.6　小　　结

随着航空航天技术的不断提升，陶瓷基复合材料的技术成熟度不断提高，应用范围不断拓展，高性能碳化硅纤维也迎来了快速发展的历史机遇期。在这样的大背景下，连续碳化硅纤维作为战略性关键原材料受到了产、学、研、用各方面的关注，在产品种类、性能和产量上已有大幅进步。目前，国产第二代连续碳化硅纤维性能已经达到日本 Hi-Nicalon 纤维水平，国产第三代连续碳化硅性能已接近 Hi-Nicalon S 纤维的性能。虽然我国碳化硅纤维技术发展速度逐步加快，但是纤维的性能稳定性总体与国际先进水平存在差距，主要体现在：面向 1300℃以上部件应用需求的第三代碳化硅纤维工程化关键技术刚刚突破，产业化能力仍需提高。国内与 Tyranno SA 型性能相当的碳化硅纤维仍处于工程化技术研究阶段，仍需要大幅提高批量化和稳定化水平。另外，由于产量、销量、生产效率、管理等方面的原因，国产碳化硅纤维的制造成本偏高。一直以来，国外先进纺丝、热处理等设备均对我国严格封锁，对连续碳化硅纤维的制备技术、工艺设备到产品实施禁运。近年来，国内碳化硅纤维需要的纺丝、热工装备等设计、制造和控制的能力有明显进步，但加工精度、控制水平和稳定性与发达国家相比还存在较大差距，这将影响纤维质量水平及产业化能力长远发展。

参考文献

[1] BUNSELL A R, PIANT A. A review of the development of three generations of small diameter silicon carbide fibres [J]. Journal of Materials Science, 2006, 41 (3): 823-839.

[2] CHEN D R, HAN W J, LI S W, et al. Fabrication, microstructure, properties and applications of continuous ceramic fibers: a review of present status and further directions [J]. Advanced Ceramics, 2018, 39 (3): 151-222.

[3] 王军，宋永才，王浩，等．前驱体转化法制备碳化硅纤维 [M]. 北京：科学出版社，2018: 82-83.

[4] 王堋人，苟燕子，王浩．第三代 SiC 纤维及其在核能领域的应用现状 [J]. 无机材料学报，2020，35 (5): 525-531.

[5] ISHIKAWA T. Advances in inorganic fibers [J]. Polymeric and Inor-ganic Fibers, 2005, 178: 109-144.

[6] 中国人民解放军总装备部．军用飞机结构强度规范 第 14 部分：复合材料结构：GJB 67.14—2008 [S]. 北京：总装备部军标出版发行部，2008.

[7] 赵玉芬，李嘉禄，宋磊磊，等．上浆剂对国产碳化硅纤维表面及其织造性能的影响 [J]. 纺织学报，2017，38 (3): 78-84.

[8] 中华人民共和国国家质量监督检验检疫总局，中国国家标准化管理委员会．连续碳化硅纤维测试方法 第 1 部分：束丝上浆率：GB/T 34520. 1—2017 [S]. 2017.

[9] 吴双，刘玲，丁绍楠，等．高碳低氧型碳化硅纤维的表面性能研究 [J]. 功能材料，2016，4 (47): 04060-04063.

[10] 胡光敏，杨丰豪，何昊源，等．CCF300-3K 碳纤维和 KD-Ⅱ碳化硅纤维的微观结构与力学性能 [J]. 粉末冶金材料科学与工程，2018，23 (5): 467-474.

[11] GOU Y Z, JIAN K, WANG H, et al. Fabrication of nearly stoichiometric polycrystalline SiC fibers with excellent high-temperature stability up to 1900℃ [J]. Journal of the American Ceramic Society, 2017, 101 (5): 1-10.

[12] 宿金栋．碳化硅纤维及其复合材料的制备与性能研究 [D]. 北京：北京科技大学，2020.

[13] 中华人民共和国国家质量监督检验检疫总局，中国国家标准化管理委员会．连续碳

化硅纤维测试方法 第 4 部分：束丝拉伸性能：GB/T 34520. 4—2017 [S]. 2017.
[14] 中国航空工业集团公司．陶瓷纤维复丝线密度和密度试验方法：Q/AVIC 06242—2015 [Z]. 2015.
[15] 中华人民共和国国家质量监督检验检疫总局，中国国家标准化管理委员会．连续碳化硅纤维测试方法 第 5 部分：单纤维拉伸性能：GB/T 34520. 5—2017 [S]. 2017
[16] 中华人民共和国国家质量监督检验检疫总局，中国国家标准化管理委员会．连续碳化硅纤维测试方法 第 2 部分：单纤维直径：GB/T 34520. 2—2017 [S]. 2017.
[17] 王国栋，宋永才．熔融纺丝过程优化制备细直径碳化硅纤维及其对力学性能的影响 [J]. 无机材料学报，2018，33（7）：721-727.
[18] 曹适意．KD 系列连续碳化硅纤维组成、结构与性能关系研究 [D]. 长沙：国防科技大学，2017.
[19] 施徐国，李明远，马维刚，等．KD-Ⅱ型碳化硅纤维热输运性质的实验研究 [J]. 无机材料学报，2018，33（7）：756-760.
[20] 中航复合材料有限公司．Q/ZHFC 4403—2014 碳纤维束耐磨性试验方法 [Z]. 2014.

第3章

碳化硅纤维预制体设计和制造技术

航空工业的发展促进了纺织复合材料的研究，使纺织技术在先进材料领域中的应用潜能逐渐地被挖掘出来。通过纺织加工方法，如机织（weaving）、编织（braiding）、针织（knitting）和非织造（non-woven）等，将纤维束按照一定的交织规律加工成二维或三维形式的纺织结构，使之成为柔性的、具有一定外形和内部结构的纤维集合体，称为织物或纺织预制体。

以纺织预制体结构增强的 SiC/SiC 陶瓷基复合材料不仅具有低密度（密度仅为高温合金的 1/4～1/3）、高模量、高强度以及高温力学性能稳定（1650℃）等天然优点[1-2]，还可以利用其预成型体结构灵活多变及可设计性强的特点，实现材料性能的“特定规划”及复杂异型构件的近净尺寸制备，避免因材料拼接而导致的结构缺陷，已成为热端高温主承力构件和功能构件的优选材料[1,3-14]。目前，用于航空热端高温部件的 SiC 预制体主要包括二维平纹/二维斜纹、三维缝合、三维编织和三维机织等。

二维平纹/二维斜纹预制体结构（图 3-1）是由两个相互垂直排列的纱线系统按照一定规律交织，然后通过 0°/90°方向多层铺层堆积而成的，是目前

(a) (b)

图 3-1 二维平纹/二维斜纹预制体结构
（a）斜纹；（b）预制体叠层结构。

大多数复合材料应用的预制体结构。以这种结构织造而成的SiC预制体成型工艺简单，但是由于铺层的特点，厚度方向缺乏增强纤维搭接，导致层间抗剪切不足、易分层，厚度方向的刚度和强度性能低[6,15-17]。为了克服该缺点，可通过三维缝合结构有效解决，然而缝合线的引入也造成了预制体面内性能下降。

三维编织预制体（图3-2）[18]是20世纪70年代发展起来的一种新型增强高性能复合材料所用预制体，是纺织复合材料的一种重要结构形式。三维编织技术采用一个或多个系统纤维束相互交织形成整体网状结构，将高性能纤维编织成具有复杂形状的整体预成型件。与层合复合材料制作工艺相比，三维编织结构从根本上克服了分层破坏等致命缺陷，具有良好的层间性能、结构整体性好的特点，可用于制造结构性制件和高性能制件[4,9,15]。

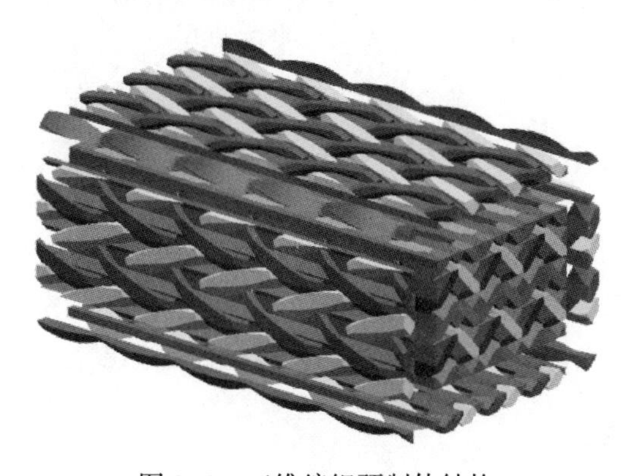

图3-2　三维编织预制体结构

三维机织是用于制造三维纺织预成型件的另一种成型工艺，纤维纱线在长、宽和厚度方向同时织造而成，织物的基本元素由经纱（或垂纱）和纬纱组成，结构具有良好的层间性能和可设计性能，与三维编织结构相比，具有可快速成型和生产成本低廉等显著优点。三维机织可分为机织角联锁结构（2.5D）和机织正交三向结构（图3-3）[16,19-21]。机织角联锁增强结构是近年来发展起来的一种新型增强结构。它采用经、纬两个系统的纱线织造出带有*Z*向接结纱的三维织物，通过层层角联交织，具有层间连接强度高和整体性好等优点。机织正交三向结构是纤维织物在平面*XY*方向和空间*Z*方向上均垂直相交，该结构能充分发挥纤维性能，通过对各向纤维的配比设计，可达到复合材料各向力学性能合理匹配，综合性能最优的目标[5]。

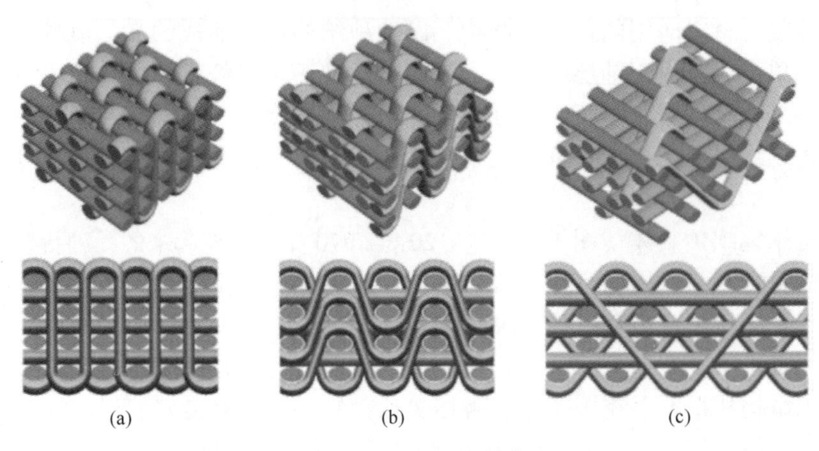

(a) (b) (c)

图 3-3　三维机织结构

(a) 机织正交三向结构；(b) 层-层接结机织角联锁结构；(c) 贯穿接结机织角联锁结构。

3.1　碳化硅纤维预制体织造工艺

相比于碳纤维，SiC 纤维脆性更大且伸长率更低，这就导致其预制体织造过程中存在易起毛、易黏连和易断头等问题。为了解决 SiC 纤维预制体织造的问题，需要开展织造前上浆和织造工艺优化两个问题。

3.1.1　上浆

无论是机织还是编织，SiC 纱线要经受反复多次的拉伸、摩擦和曲折等作用，这就要求 SiC 纱线具有良好的抗拉性、耐磨性和耐屈曲性。然而，SiC 纤维的耐磨性和耐折性均很差，难以满足高质低损织造要求，可以通过上浆来解决这一难题。

选用牌号 Cansas 3201 和 Cansas 3301 两种 SiC 纤维。以双酚 A 型水性环氧树脂（6019C，MU2512）、亲水性有机硅整理剂（CGF）和去离子水为上浆剂原料，上浆剂的具体制备流程是：以双酚 A 型水性环氧树脂作为主浆料，亲水性有机硅整理剂作为助剂，按照助剂占主浆料一定的配比进行混合，充分搅拌后得到乳状液，加入去离子水稀释并充分搅拌，在磁力搅拌器搅拌 2.5h 制得水性环氧上浆剂，以上步骤均在室温（25℃）下进行，从而避免环氧乳液或上浆剂提前发生固化。在此基础上，SiC 纱线经过浸胶槽及挤压工序，纱线表面的毛羽贴伏在纱身上，浆液充分渗入纤维束内部。将浸完浆的 SiC 纤维束在 60℃的烘箱中经 30min 烘燥，烘干渗透到纤维束内部和包覆在纤维表面的浆液，使浆料在内部作用于纤维，增加抱合性，在外部贴伏毛羽。

图 3-4 和图 3-5 所示为上浆前后的 SiC 纤维的扫描电镜图。可以看出，未上浆之前的纤维呈现明显的黏连和并丝的现象，使得纤维束较为硬挺，并且在后加工和预制体织造过程中容易撕裂分开，从而使得纤维束表面起毛，影响织造的顺利进行。通过利用 6019C 双酚 A 型水性环氧树脂作为主浆料改性的 SiC 纤维束黏结能力强，但是其纤维表面浆膜覆盖不完整，摩擦时纤维束表面浆料团聚及黏连处会先发生破坏，造成浆膜脱落，从而影响纤维束的耐磨性能，而且在纤维表面缺陷处易造成应力集中，造成纤维束力学性能下降，因此这种表面处理效果对 SiC 纤维的补强作用较差。而使用 MU2512 双酚 A 型水性环氧树脂作为主浆料的 SiC 纤维束经上浆处理后，纤维表面形貌也发生了明显的变化，纤维与纤维间出现的浆料黏连现象消失，上浆浆料在纤维表面形成的浆膜平整光滑，从而有利于纤维束的耐磨性能。由此可得出，以 MU2512 双酚 A 型水性环氧树脂作为主浆料对 SiC 纤维进行处理后的结果较为理想。

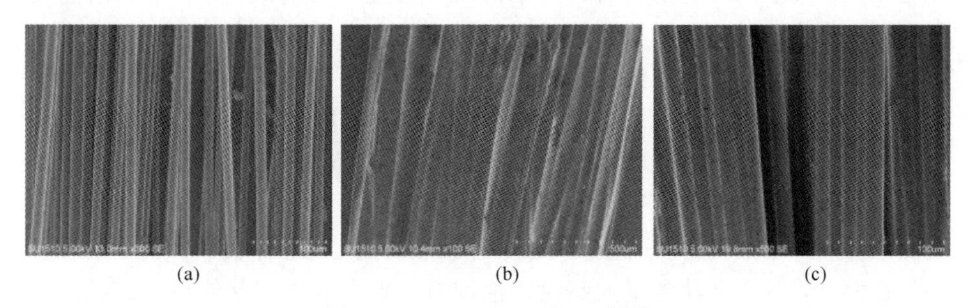

(a)　(b)　(c)

图 3-4　Cansas 3201 型 SiC 纤维

（a）未上浆 SiC 纱线；（b）6019C 为主浆料 SiC 纱线；（c）MU2512 为主浆料 SiC 纱线。

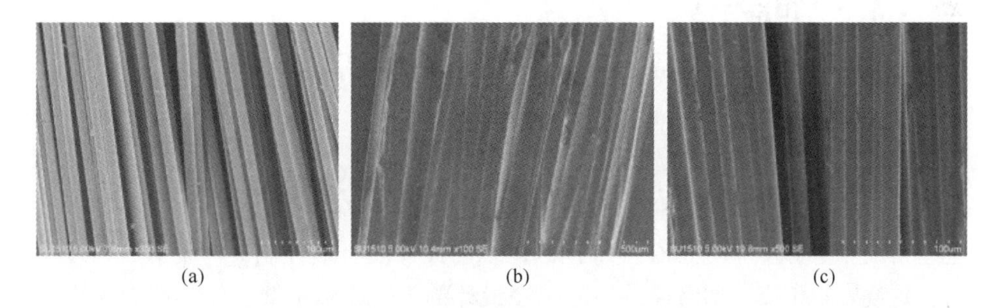

(a)　(b)　(c)

图 3-5　Cansas 3301 型 SiC 纤维

（a）未上浆 SiC 纱线；（b）6019C 为主浆料 SiC 纱线；（c）MU2512 为主浆料 SiC 纱线。

为分析上浆处理前后各物理力学性能指标对 SiC 纤维束可织性的影响，以及探讨 SiC 纤维束的断裂机制，需研究上浆前后 SiC 纤维束物理力学性能的变化情况。例如在用浆纱耐磨仪测试纤维束耐磨性时，一般是测试磨断纤维束试样所需的疲劳循环次数。但在实际织造时，纤维束物理力学性能损耗较小，一般不会达到磨断的程度，所以测试 SiC 纤维束在耐磨仪上经一定疲劳循环次数磨损后的 SiC 纤维束强度保持率能更好地反映 SiC 纤维束的可织性。

以 MU2512 双酚 A 型水性环氧树脂作为主浆料对 Cansas 3301 型 SiC 纤维进行上浆，其中助剂含量分别占主浆料的 0%、10%、15%和 20%，试样对应称为 E-0、E-10、E-15 和 E-20，测试方法为 SiC 纤维束在 600#砂纸和 50g 张力耐磨条件下磨损 200 次。经 200 次疲劳循环耐磨实验后发现，上浆剂中助剂含量低或没有添加助剂时，纤维表面浆膜较硬，摩擦时纤维易发生脆性断裂，脆断的单丝加剧了纤维束的磨损，而上浆剂中加入助剂亲水硅油后，上浆剂大分子链之间的结合力降低，从而使浆膜变得柔软，纤维束的柔软性能提高。事实证明，较好的柔软性在纺织工艺中不但可减少纤维的表面损伤和脆断头，而且保证织物具有较好的外观和性能。目前，当 SiC 纤维进行复杂高厚织物织造时，由于受到的反复拉伸摩擦和弯曲等程度较大，纤维易发生脆断，从而影响织物的性能，并且纤维硬挺对获得较高纤维体含量的织物也不利。硅油在上浆剂中以乳液的形式分布，在浆膜形成时由于水分的蒸发使环氧分子密集，在内聚力作用下油剂易被挤向浆膜表面，处于浆膜表面的油剂可起到平滑作用，使浆膜表面的摩擦因数减小，经一定次数磨损后纤维表面浆膜及纤维束受磨损的程度降低，纤维束的强度保留率高，因此耐磨性能提高，但上浆剂中硅油含量太高时，油剂对内聚力的影响又使得浆膜结构松弛，受磨后易破损。综上，助剂占主浆料 15%左右更有利于复杂织物的织造。

3.1.2 织造工艺

SiC 纤维布的织造工艺需要在传统工艺的基础上进行改进，主要包括络筒、筒子架退纱、张力控制和织造车速等。

1. 络筒

为了维持 SiC 纱线的强力和无捻结构，有效地清除 SiC 纱线的表面杂质和毛丝等疵点，以及满足 SiC 纤维预制体织造尺寸的有效控制，需要对 SiC 纱线进行退绕定长工序，即络筒。络筒工序设计的工艺原则是低速度、控制缠绕张力和清除毛丝疵点。实践表明，对于 SiC 纱线，其络筒速度为 25~35m/min，3K 丝束缠绕张力为 1.5~2.5N 较为适宜。

2. 筒子架退纱

和传统化纤相比，SiC 纱线无法通过整经及经轴完成织造，通常直接由专用筒子架引入纱线。SiC 纱线从筒子架上的退纱方式包括径向退绕和轴向退绕两种方式。当轴向退绕时，筒子架上的SiC纱线经过其纸筒两端边缘时，容易刮擦，进而引起起毛、断头，会导致织造过程中部分位置形成毛团，严重影响布面质量。因此，当轴向退绕时，需在退绕端加装一组表面光滑的退绕环。当径向退绕时，每个SiC纱筒要配备一个可灵活转动且有一定角度的转筒座，依靠织造张力，带动SiC纱筒和转筒座一起转动，以满足织造要求。

3. 张力控制

在织造过程中，SiC经纱的张力可分为3个区，即从筒子架到张力调节器的区间、张力调节器到织机后梁的区间和织机后梁到卷曲辊的张力区间。织造过程中，张力大小合适并一致，所形成的SiC织物外观平整且性能优异。实践表明，采用具有可摆动后梁，通过导纱罗拉根数和位置，进行每束SiC纱线张力调节，单纱张力控制在5N最为合适。

4. 织机速度

目前，织造碳纤维布的织机速度为80~100r/min。而相比碳纤维，SiC纤维脆性更大，织造过程中车速快，钢筘和综丝及SiC纱之间摩擦起毛严重，打纬力增加，均会造成纱线断头增加，严重影响织造效率及织物品质。为了解决这方面的问题，可采用长牵手打纬机构和降低车速的方法。实践表明，SiC纱线的织布速度在60r/min左右较为理想。

3.2　碳化硅纤维预制体细观结构

3.2.1　2.5D结构

2.5D结构一般由4种纱线系统组成，分别是经纱、纬纱、接结经纱和填充纱，如图3-6所示。上述的4种纱线系统，接结经纱最具特征性，由于接结组织的变化，可演变出不同种类的三维机织结构。接结方式决定了接结经纱的取向，对于正交接结的结构，接结经纱的取向基本为厚度方向；而对于角联锁接结的结构，接结经纱的取向则与厚度方向呈一定的角度。纱线系统的数量分布和取向，包括接结经纱长度、取向角、纤维体积分数等，决定了三维机织复合材料在特定方向上的性能，是复合材料性能设计的关键要素。

在结构单元中，接结经纱沿其轴向的几何形态如图3-7所示。假设纱线的横截面形状为跑道形，可以看出，接结经纱在长度方向上可分为8段，其中P_0P_1、P_2P_3、P_4P_5和P_6P_7为直线段，P_1P_2、P_3P_4、P_5P_6和P_7P_8为圆弧段。

在一个结构单元中，接结经纱的长度L_b是上述直线段和圆弧段的总和。因此对于三维角联锁结构，其接结经纱长度：

图 3-6　组成三维机织结构的纱线系统

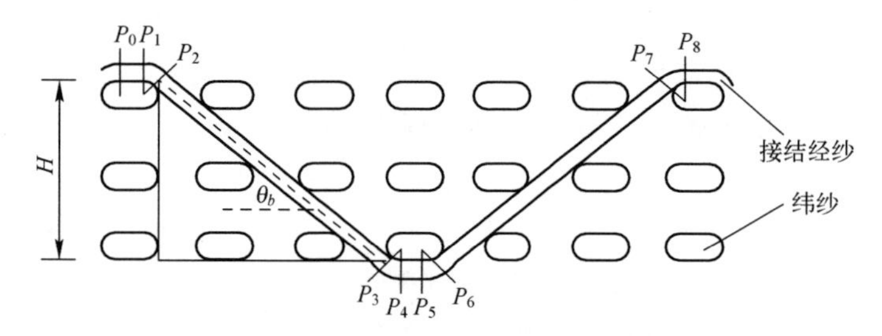

图 3-7　接结经纱的几何形态

$$L_b=2\left[A_w-B_w+\left(\theta_b+\frac{1}{\tan\theta_b}\right)(B_w+B_b)+\frac{100(n_{ft}-1)}{P_w\cos\theta_b}\right] \tag{3-1}$$

对于三维正交结构，其接结经纱长度：

$$L_b=2\left[A_w-B_w+(B_w+B_b)\left(\theta_b+\frac{n_{ft}-1+\cos\theta_b}{\sin\theta_b}\right)\right] \tag{3-2}$$

式中　下标 w、b——纬纱和接结经纱；

A——纱线横截面的长；

B——纱线横截面的短直径；

θ_b——接结经纱的取向角；

n_{ft}——接结深度，即接结经纱在织物厚度方向所穿越过的纬纱行数。

根据接结经纱的几何形态，还可计算出接结经纱斜向纱段的取向角。对于三维角联锁结构，其接结经纱取向角：

$$\theta_b=\arcsin\left(\frac{B_w+B_b}{100/P_w-A_w+B_w}\right) \tag{3-3}$$

对于三维机织正交结构，其接结经纱取向角：

$$\theta_b=\arcsin\left(\frac{a_1+\sqrt{a_1^2-a_0a_2}}{a_0}\right) \tag{3-4}$$

式中

$$a_0=(100/P_w-A_w+B_w)^2+(B_w+B_b)^2(n_{ft}-1)^2 \tag{3-5}$$

$$a_1=(B_w+B_b)(100/P_w-A_w+B_w) \tag{3-6}$$

$$a_2=n_{ft}(2-n_{ft})(B_w+B_b)^2 \tag{3-7}$$

根据组成三维机织结构各纱线系统的纱线长度和取向角，若给定各纱线系统中的纱线根数并已知纱线的横截面积，则可以通过下式来估计材料的纤维体积分数，即：

$$V_f=\frac{(n_bL_bS_b+n_jL_jS_j+n_sL_sS_s+n_wL_wS_w)k}{L_xL_yL_z}\times100\% \tag{3-8}$$

式中　下标 b、j、s、w——接结经纱、经纱、填充纱、纬纱；

n——纱线根数；

L——纱线长度（mm）；

S——纱线横截面积（mm^2）；

K——纱线的纤维填充因子（%）；

L_x、L_y、L_z——结构单元的尺寸（mm）。

3.2.2　三维机织正交结构

在理想结构的三维正交机织复合材料中，经纱、纬纱和接结经纱 3 组纱线互相垂直，如图 3-8 所示。为了使推导的公式具有通用性，将正交组织的 3 个方向纱线分别以 x、y、z 表示。其中，x 定义为经纱、y 定义为接结经纱、z 定义为纬纱。

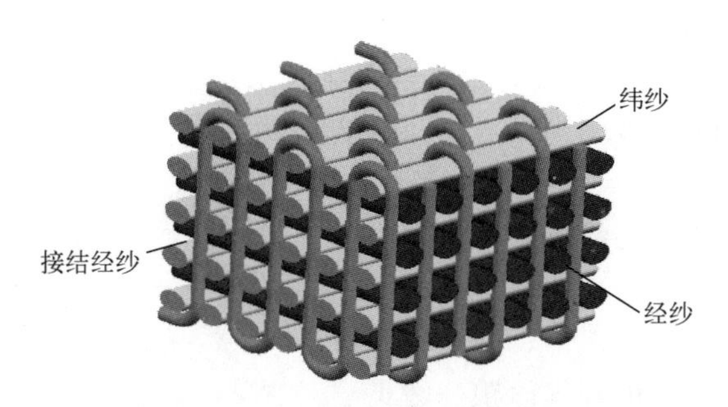

图 3-8　三维机织正交结构

在正交三向织物中取一巨元体（图 3-9），其在 x、y、z 3 个方向的长度分别为 D_x、D_y、D_z，纱线横截面为矩形，x 方向纱线横截面尺寸为 X_y、X_z；y 方向纱线横截面尺寸为 Y_x、Y_z；z 方向纱线横截面尺寸为 Z_x、Z_y。

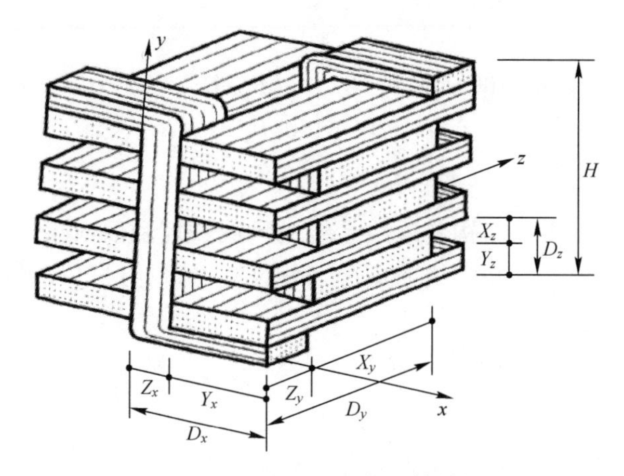

图 3-9　正交三向织物立体结构

纱线横截面积 S 可由纱线的粗细指标 T_{ex} 计算：

$$S=\frac{T_{ex}}{\rho d}\times 10^{-3}(\mathrm{mm}^2) \tag{3-9}$$

式中　d——纤维的密度（g/cm^3）；

ρ——纤维在纱线中所占的体积分数；

则理想正交三向结构复合材料的纤维体积分数为

$$V_f=\rho\frac{S_xD_x+S_yD_y+S_zD_z}{D_xD_yD_z}=\frac{\rho S_x}{D_yD_z}+\frac{\rho S_y}{D_xD_z}+\frac{\rho S_z}{D_xD_y}=V_{fx}+V_{fy}+V_{fz} \tag{3-10}$$

式中　S_x、S_y、S_z——x、y、z 方向纱线的横截面积；

V_{fx}、V_{fy}、V_{fz}——x、y、z 方向纱线在单元体中所占的纤维体积分数。

由于纬纱层数比经纱层数多 1 层，在织物的上下两个表面，从织物中穿出的接结经纱跨越一个经纱列后，再次穿入织物中，在织物表面存在跨越长度 Y_x，假设经纱层数为 n 层，则织物的厚度 H 为

$$H=n(X_z+Y_z)+X_z+2Z_y \tag{3-11}$$

x 向纱（纬纱）的纤维体积分数为

$$V_{fx}=\frac{(n+1)\rho S_x}{D_yH} \tag{3-12}$$

y 向纱（经纱）的纤维体积分数为

$$V_{fy}=\frac{n\rho S_y}{D_xH} \tag{3-13}$$

z 向纱在垂直方向的纤维体积分数为

$$V_{fzz}=\frac{\rho S_z}{D_xD_y} \tag{3-14}$$

z 向纱在织物表面 y 方向的纤维体积分数为

$$V_{fzy}=\frac{\rho S_z X_y}{D_x D_y H} \tag{3-15}$$

z 向纱的纤维体积分数为

$$V_{fz}=V_{fzz}+V_{fzy} \tag{3-16}$$

假设切割厚度为 x，对应的几何参数模型如图 3-7 所示，则有

$$H'=H-x \tag{3-17}$$

x 向纱（纬纱）的纤维体积分数为

$$V'_{fx}=\frac{(n+1)\rho S_x}{D_y H'} \tag{3-18}$$

y 向纱（经纱）的纤维体积分数为

$$V'_{fy}=\frac{n\rho S_y}{D_x H'} \tag{3-19}$$

z 向纱在垂直方向的纤维体积分数为

$$V_{fzz}=\frac{\rho S_z}{D_x D_y} \tag{3-20}$$

z 向纱在织物表面 y 方向的纤维体积分数为

$$V_{fzy}=\frac{\rho S_z X_y}{D_x D_y H'} \tag{3-21}$$

z 向纱的纤维体积分数为

$$V'_{fz}=V_{fzz}+V'_{fzy} \tag{3-22}$$

3.2.3 三维编织结构

典型的三维编织有四步法和二步法两种，其中四步法是最常见的一种三维编织方法。本节以四步法为主，根据机器底盘上纱线排列回到初始状态所需要的机器运动步数，可获得多种三维编织结构。典型的三维编织结构包括三维四向编织结构、三维五向编织结构、三维六向编织结构等。

三维四向编织结构（three-dimensional four-directional braided structure）只有一个编织纱系统，编织纱沿织物成型的方向排列，如图 3-10（a）所示。三维四向编织结构的基本特征为：在编织过程中，每根编织纱按一定的规律运动，从而相互交织，形成一个不分层的三维整体结构；因其内部的纱线取向共有 4 个方向，称为三维四向编织结构。

三维五向编织结构（three-dimensional five-directional braided structure）有两个系统纱线：一个是编织纱系统；另一个是轴纱系统，如图 3-10（b）

所示。三维五向编织结构的基本特征为：在不影响编织纱运动规律的前提下，沿编织成型方向在部分编织空隙中引入不参与编织的第五向纱线（即轴纱），形成一个新的不分层三维整体结构。三维五向编织结构因为轴纱的加入，不仅具有三维四向编织结构所有的内部特征，而且大大提高了复合材料的纤维体积分数，改善了材料沿轴向的力学性能。

三维六向编织结构（three-dimensional six-directional braided structure）有3个系统纱线，即编织纱系统、轴纱系统和六向纱系统。三维六向编织结构是在三维五向编织结构的基础上，沿着织物宽度方向引入不参与的第六向纱线，如图3-10（c）所示[18]。该结构因为六向纱的加入，可以大大提升复合材料的横向性能。

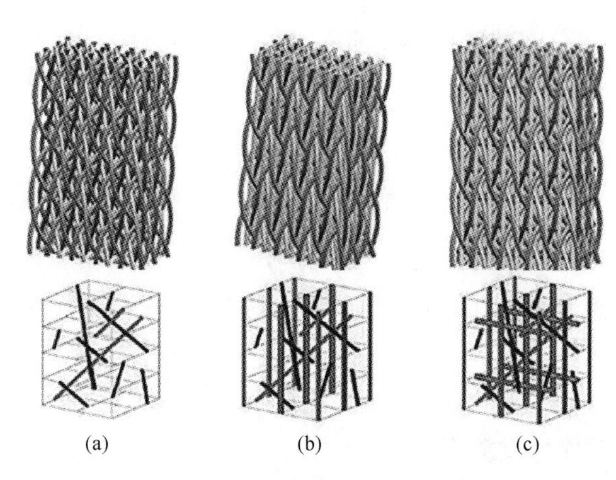

图3-10　三维编织预制体结构

（a）三维四向编织结构；（b）三维五向编织结构；（c）三维六向编织结构。

表示三维编织物（three-dimensional braided fabrics）的几何结构参数有：编织节长、编织角、纤维纱直径、纤维体积分数、编织物的外形尺寸等。以四步法1×1方形编织为例，编织物的基本参数可以用其主体部分编织纱的行数和列数来表示。对于$m \times n$的编织物，编织纱线总根数为

$$N = mn + m + n \tag{3-23}$$

式中　m——主体携纱器行数；

n——主体携纱器列数。

在三维编织结构中，按照编织规律的不同，可以将编织纱分为G组，组内的每根编织纱具有相同的编织规律，仅在相位上存在差距；而组与组之间，编织纱的运动规律完全不同。组的数量为

$$G = mn / \lambda_{mn} \tag{3-24}$$

式中　G——编织纱组数；

λ_{mn}——m 和 n 的最小公倍数。

假设编织纱的横截面为圆形，则三维编织物内部细观结构的理想模型如图 3-11 所示。图 3-11（a）和（b）表示沿编织物纵向并与其侧面成 45°的切面的剖视图，图 3-11（c）是一个编织单元的结构示意图。可以看出，由四步法编织的三维编织物内部，编织纱有 4 个取向，其中两个平行于 XZ 平面，另外两个平行于 YZ 平面。然而，不论编织纱的取向如何，它们均与编织物的纵向（Z 轴）成 γ 角，且下列关系式成立：

$$\tan\gamma=\frac{4d}{h} \tag{3-25}$$

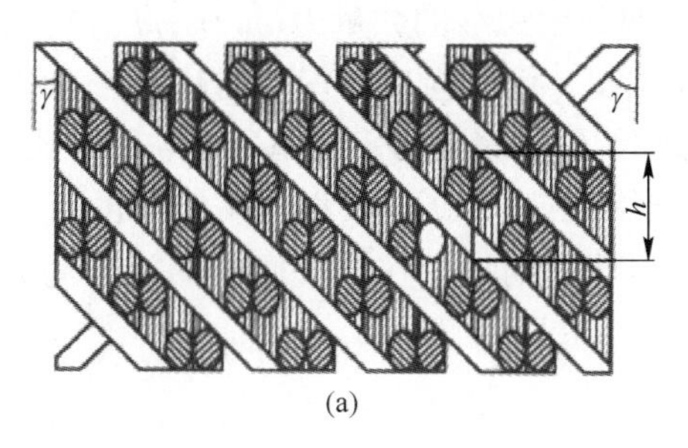

(a)

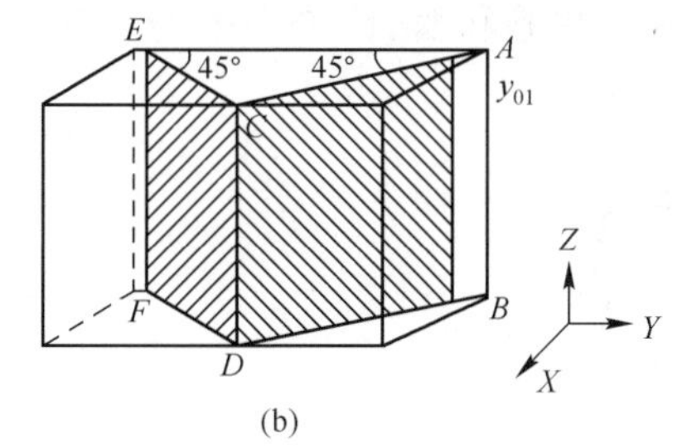

(b)

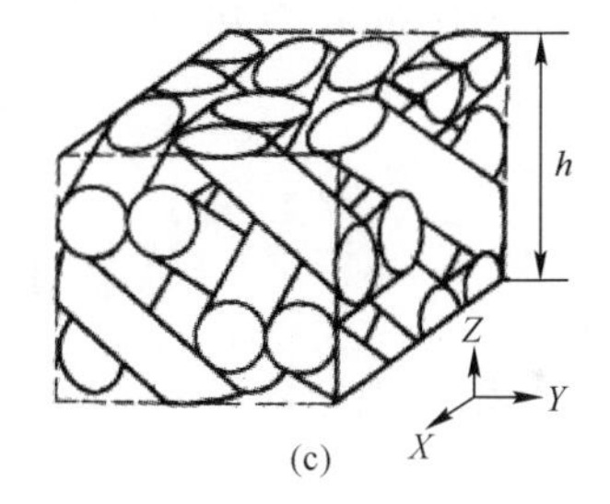

(c)

图 3-11　编织物内部结构的细观模型

（a）剖面的方向；（b）剖面图；（c）编织单元结构。

四步法一个编织循环内，出入编织物表面编织纱的横向位移要小于内部编织纱，而纵向位移则与内部编织纱一致，因此出入编织物表面编织纱的取向角要小于内部的取向角 γ。内部编织纱的取向角 γ、出入编织物表面编织纱的取向角 β 以及表面编织角 α 之间的关系参考图 3-12 可得

$$\tan\alpha=\frac{\tan\gamma}{2\sqrt{2}}=\frac{\tan\beta}{\sqrt{2}} \tag{3-26}$$

从图 3-12 中可以看出，表面编织角实际上是表面编织纱的取向角在该表面上的投影。每根编织纱总是周期性地在编织物的内部或表面出现，而从编织物的任何横截面看，有内部编织纱和表面编织纱之分，二者的取向角不同。

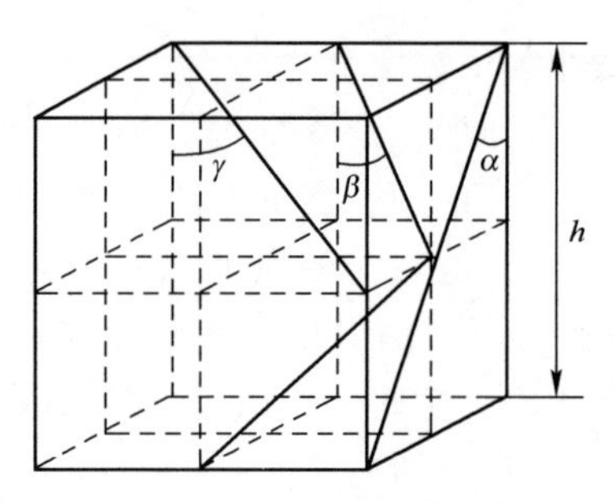

图 3-12　编织纱几个典型角度间的关系

一个 $m\times n$ 的编织物，内部编织纱的数量为$(m\times n-m-n)$，表面编织纱为 $2(m+n)$。若忽略表面的编织纱，仅以内部编织纱为代表来分析三维编织物的结构和性能，则仅在内部编织纱数量足够多的情况下才能有比较准确的结果。

了解了编织物的细观结构，就可以根据编织纱的直径计算编织物的外形尺寸。已知编织物主体部分编织纱在某一侧面的根数为 $k(k=m,n)$，则编织物在该面的尺寸为

$$W_k=d\times(\sqrt{2}k+1) \tag{3-27}$$

由图 3-10（c）可知，四步法编织物单胞和编织纱的体积分别为

$$U=h^3\tan^2\gamma \tag{3-28}$$

$$Y=\frac{8\pi\left(\frac{d}{2}\right)^2 h}{\cos^2\gamma} \tag{3-29}$$

则单胞的纤维体积分数为

$$V_f=\frac{\pi k}{gh}\sqrt{h^2+16d^2} \tag{3-30}$$

考虑到内部编织纱和表面编织纱在长度上的差距，编织物的纤维体积分数为

$$V_f=\frac{\pi k}{h(6.828+1.172c_i)}\left[c_i\sqrt{h^2+16d^2}+(1-c_i)\sqrt{h^2+4d^2}\right] \tag{3-31}$$

式中　c_i——内部编织纱数量占整体编织纱的比例；

k——纱线的纤维填充因子。

3.3　孔隙与碳化硅纤维预制体结构关系

SiC/SiC 复合材料制备过程中由于纱线自身相互加压、纱线的空间路径以及相邻层经纱的反演对称特性，共同导致复合材料中独特的孔隙分布特征。

通过利用图像处理软件 VG 的自适应中值滤波、迭代最佳阈值对 SiC/SiC 复合材料中的孔隙进行处理统计后，得到用于孔隙量化分析的二值图像，为其后的精确定量分析提供支撑。

3.3.1　孔隙与 2.5D 结构关系

从图 3-13 中可以发现，基体和纱线束中同时存在孔隙，很明显可以看出，①基体孔隙比纤维束中存在的孔隙含量更多，且体积更大；②孔隙缺陷大部分位于经纱和纬纱交接的基体上，并随机分布；③纱线束中的孔隙均匀分布，仅存在少量缺陷；④经纱和纬纱围成“扁长椭圆形”巨型孔隙（图 3-13 中 A），并且这种巨型孔隙分布在经纱与纬纱交接处下侧；⑤由于内部纬纱被相邻经纱反锁，因此纬纱集结于一起形成双凸透镜形横截面，此时最外侧的两根纬纱未被反锁，只是被外部的经纱挡住，所以在挤压作用下向两侧铺展，形成不规则孔隙 B。这些孔隙产生的主要原因是复合材料特殊的制备工艺中存在的夹具挤压、纱线自身相互挤压、纱线的空间路径以及和相邻层经纱的反演对称特性共同作用导致的。这种现象也被张立同团队[22]研究的 2.5D SiC/SiC 复合材料所证实。

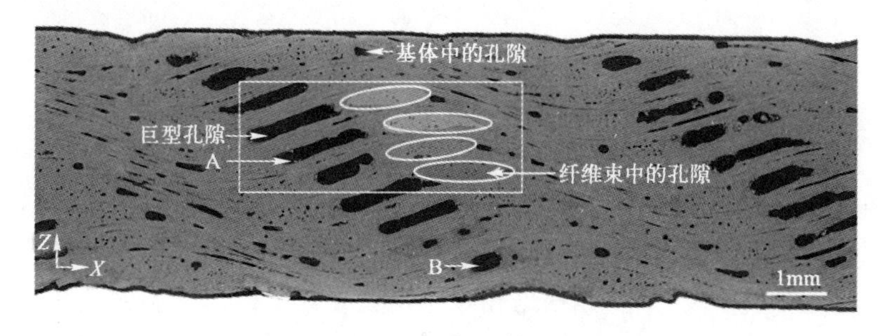

图 3-13　2.5D 机织 SiC/SiC 试样沿经向截面的 CT 图像

为了更能明显地观测到 2.5D 机织 SiC/SiC 复合材料中孔隙的分布，利用软件 VG 中的 VGDefX 算法进行孔隙的提取以及统计分析。由于基体及纱线体素的灰度强度较低，可以很容易将孔隙体素区分开。提取孔隙的具体步骤如下：

（1）首先按照上文中提及的预处理操作，对导入文件的扫描结果进行预处理，使得孔隙区域和复合材料区域有很强的区分性，并对体素内噪声信息进行清除。

（2）确保需要提取的复合材料扫描图在场景树中突出显示，选择表面测定菜单选项中的高级（传统）模式执行对复合材料中的孔隙进行分析，并将材料定义选择为自动，从而区别孔隙及复合材料。

（3）在起始轮廓修复下选择删除所有孔隙，从而防止内部孔隙被排除在分析之外。并将搜索距离旋转框中的数值设置为 4 体素，方便后续在正确的分辨率下对孔隙分析的正确判别。

（4）利用 VGDefX 算法执行孔隙率分析操作，确保在算法字段选择 VG-DefX，并且在分析模式字段中选择孔隙。

（5）为了区分孔隙与复合材料，对提取的孔隙进行可视化操作，即设置可视化中的透明度，从而提取出孔隙［图 3-14（b）］，并得到了复合材料的孔隙率为 9.04%，孔隙体积的分布在 0～5mm^3范围内，默认情况下，较大的孔隙显示为红色，较小的孔隙显示为蓝色。

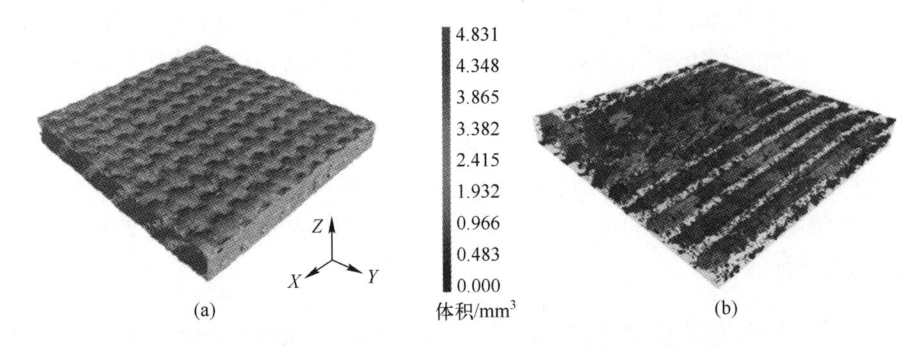

图 3-14　2.5D 机织 SiC/SiC 试样 CT 图像（见彩插）

（a）微型 CT 扫描下 2.5D 机织 SiC/SiC 复合材料；（b）提取的复合材料中的孔隙。

对孔隙可视化操作完成后，通过统计模块，利用 Origin 软件进行孔隙参数的量化分析，运用数学方法获得孔隙体积及孔隙的分布，完成对复合材料孔隙的量化分析。图 3-15 是根据孔隙体积分布累积概率绘制的柱状直方图，用于直观地观测分析复合材料中孔隙的体积大小以及分布情况。

图 3-15（a）显示了 10^{-6}～10mm^3范围的孔隙体积分布累积概率。对于体积规模为 0.1～10mm^3的孔隙，观察到几乎所有的巨型孔隙均以 0.01～0.1mm^3的规模分布。图 3-15（b）～（d）分别显示了分布在 10^{-5}～$10^{-4}mm^3$、10^{-4}～$10^{-3}mm^3$和 10^{-6}～$10^{-5}mm^3$的孔隙体积。可以观察到，大多数小孔分布在 10^{-5}～$10^{-4}mm^3$（58.05%）范围内，其次是分布在 10^{-4}～$10^{-3}mm^3$和 10^{-6}～$10^{-5}mm^3$之间的孔隙，分别占 23.05%和 11.54%。

基于对孔隙的统计分析以及对复合材料的孔隙形貌观测（图 3-16），假定 2.5D 机织 SiC/SiC 复合材料中存在两种不同的孔隙，即处于经纱和纬纱交叉点的巨型孔隙和位于基体其他位置的小孔隙（图 3-17）。为了确定巨型孔隙的具体分布，在一个纬纱纤维束内随机选取 4 组截面，扫描以 1/4 纬纱的

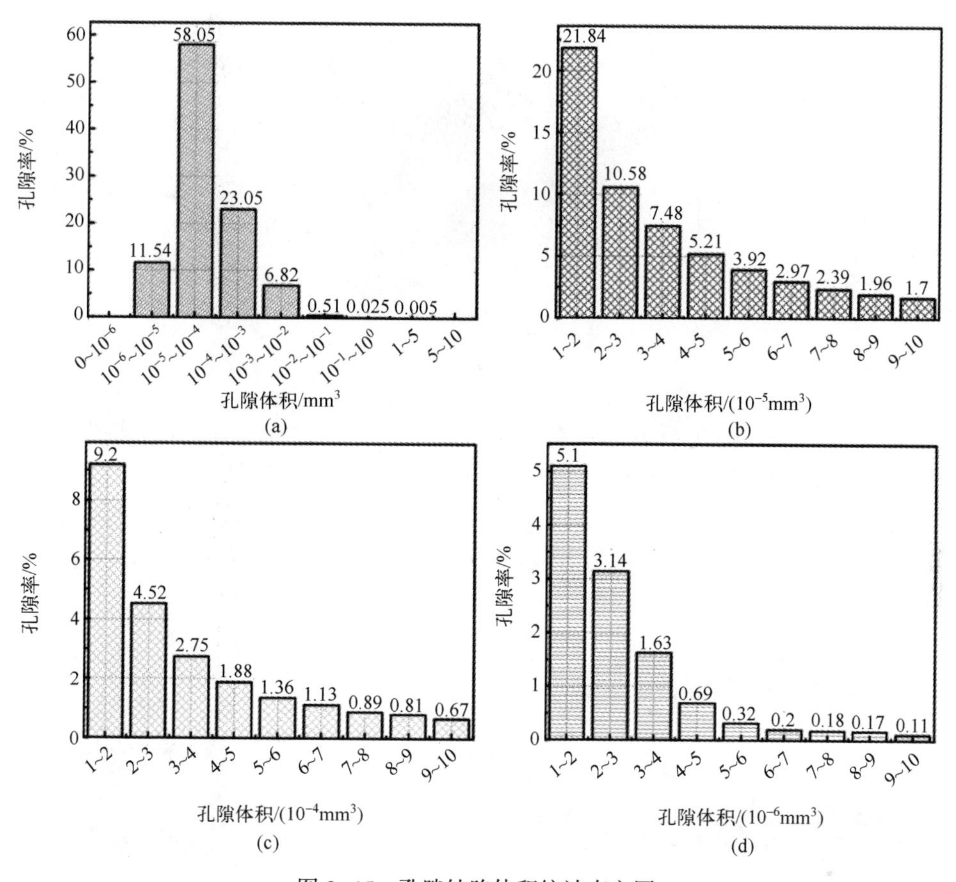

图 3-15　孔隙缺陷体积统计直方图

（a）$10^{-6}\sim10$mm^{3}范围的孔隙体积分布累积概率；（b）$10^{-5}\sim10^{-4}$mm^{3}范围的孔隙体积分布累积概率；（c）$10^{-4}\sim10^{-3}$mm^{3}范围的孔隙体积分布累积概率；（d）$10^{-6}\sim10^{-5}$mm^{3}范围的孔隙体积分布累积概率。

间隔进行，随之发现，在一个纬纱间隔内这种巨型孔隙的宽度与纬纱的宽度几乎一致。因此，通过几何建模和随机算法相结合的方法来实现同时包含“巨型孔隙”和“小孔隙”的 2.5D 机织 SiC/SiC 复合材料模型重构，具体生成方法（图 3-18）如下：

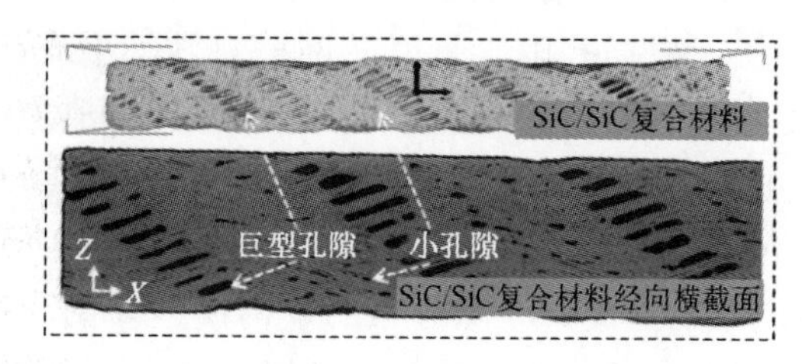

图 3-16　2.5D 机织 SiC/SiC 复合材料中的孔隙分布

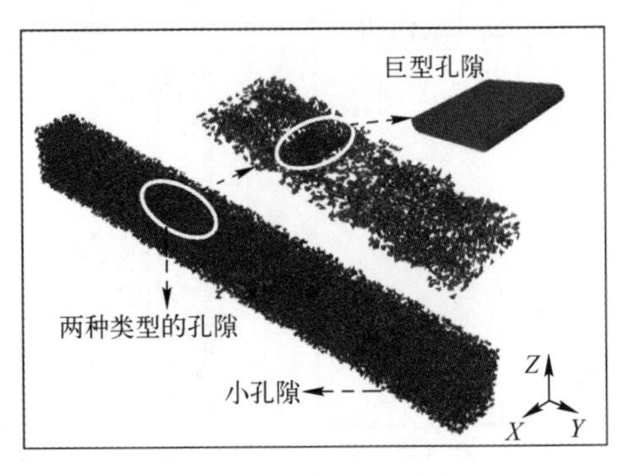

图 3-17　两种类型的重构孔隙

（1）巨型孔隙生成方法：根据统计的纱线数据，在 Solidworks 软件中建立 2.5D 机织模型，在纱线模型建立的同时，根据在 VG 软件中的“巨型孔隙”参数统计，建立一组经纱下方的巨型孔隙模型，随后利用布尔操作的方法，在基体中将“巨型孔隙”剔除［图 3-18（a）］。

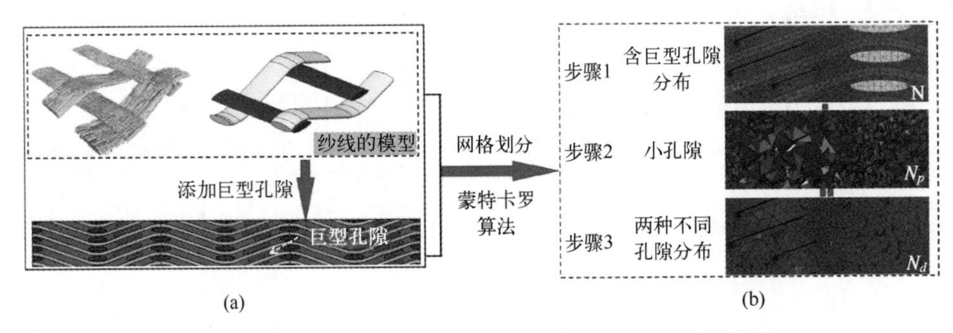

图 3-18　2.5D 机织 SiC/SiC 复合材料中不同孔隙重构流程

（a）巨型孔隙；（b）均匀小孔隙。

（2）小孔隙生成方法：上述研究结果表明，超过 80%小孔隙的体积处于 $10^{-5}\sim10^{-4}mm^3$ 范围内。基于此，首先，将 Solidworks 软件中建立的去除大孔隙的 2.5D 机织 SiC/SiC 复合材料模型导入到 ABAQUS 软件中，将纱线、基体进行分组，并划分网格，此时基体的网格总数为 N；其次，利用 MATLAB 子程序嵌入一个随机模块，根据孔隙含量以及网格总数，生成孔隙的矩阵分布，此时孔隙的网格数为 N_p；最后，在基体总网格中将小孔隙的网格删除，生成去除孔隙后新的基体，此时新的基体的网格数为 N_d，即 $N_d=N-N_p$。

图 3-19 所示为真实 2.5D 机织 SiC/SiC 复合材料微型 CT 图像［图 3-19（a）、（b）］与含不同孔隙分布的重构模型［图 3-19（c）、（d）］的对比。值得注意的是，当经纱与相邻经纱相交时，巨型孔隙会消失，此时

仅有基体中小孔隙存在［图 3-19（a）、（d）］。结果表明，重构的含不同孔隙分布的 2.5D 机织 SiC/SiC 复合材料与真实微型 CT 扫描提取图像一致性较好。

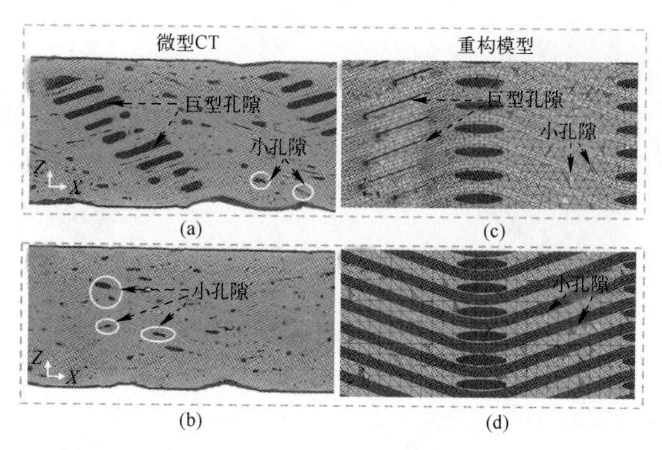

图 3-19　真实孔隙分布与重构孔隙在不同位置的分布

3.3.2　孔隙与三维编织结构关系

基于上述 2.5D 机织 SiC/SiC 复合材料孔隙统计的方法，对三维六向编织 SiC/SiC 复合材料的孔隙分布进行了统计分析。图 3-20 所示为通过微型 CT 扫描得到的孔隙体积分布剖面示意图。

由图 3-20 可知，复合材料基体中的孔隙主要是位于六向纱下方编织节点处呈条带状的体积较大的孔隙，另外图 3-20 中六向纱上存在少量束内小孔隙。

图 3-20　三维六向编织 SiC/SiC 复合材料的孔隙分布图

复合材料微型 CT 扫描结果如图 3-21（a）所示，孔隙分布情况如图 3-21（b）所示。由图 3-21 可知，三维六向编织 SiC/SiC 复合材料内部以体积较大的孔隙为主，小孔隙较少。

基于微型 CT 扫描结果可以得到各个孔隙的体积等参数，对这些数据进行定量统计，得到了图 3-22 中的孔隙缺陷体积统计直方图。图 3-22（a）是孔隙总体统计结果。可以看出，孔隙总体分布在 $10^{-6}\sim20\text{mm}^3$ 范围内。其中 1~

10mm³的孔隙占比最多，达到了 54.65%，其次是占比为 32.77%的 10~20mm³的孔隙，最后是 0.1~1mm³的孔隙，为总孔隙的 8.96%，而 10^{-6}~0.01mm³的孔隙加起来仅为 1.03%。

图 3-21 三维六向编织 SiC/SiC 复合材料形貌

（a）SiC/SiC 复合材料；（b）SiC/SiC 复合材料内部孔隙。

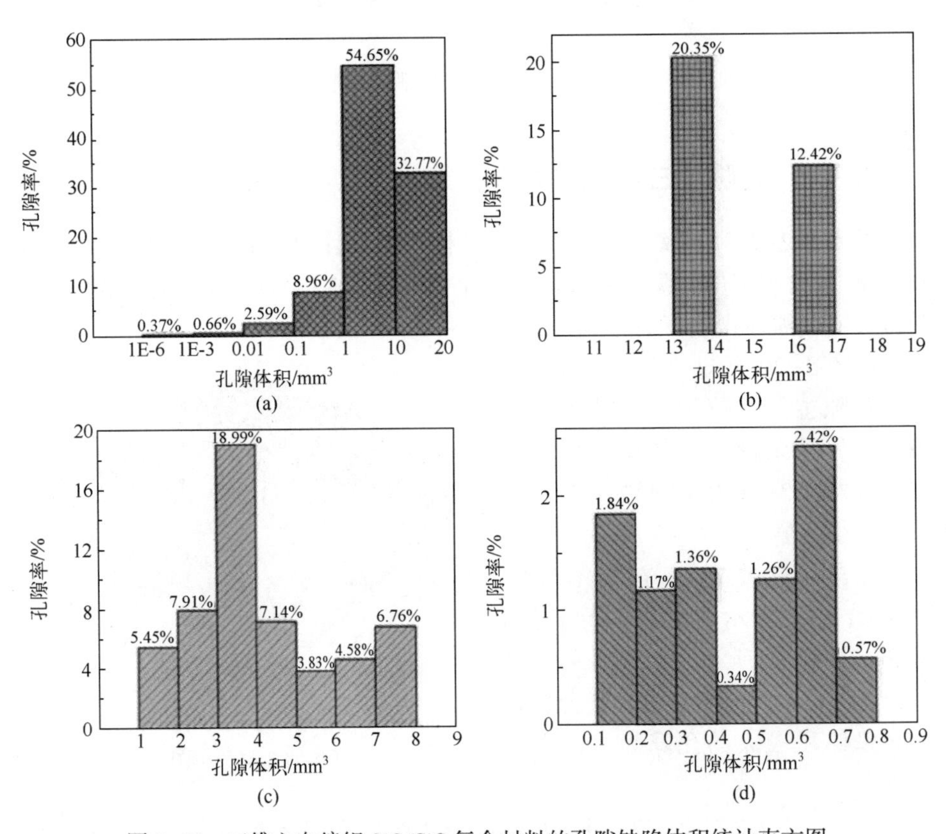

图 3-22 三维六向编织 SiC/SiC 复合材料的孔隙缺陷体积统计直方图

（a）10^{-6}~20mm³范围的孔隙体积分布的累积概率；（b）10~20mm³范围的孔隙体积分布的累积概率；（c）1~10mm³范围的孔隙体积分布的累积概率；（d）0.1~1mm³范围的孔隙体积分布的累积概率。

为分析三维六向编织复合材料的细观结构，特做以下几点假设：①预制体在编织过程中工艺稳定，在一定长度范围内无工艺参数变动；②理想状态下，平米编织角取值为 45°；③假设四向纱横截面形状为六边形，五向纱横截面形状为正方形，六向纱横截面形状为正方形。四向纱、五向纱和六向纱在空间内均沿着直线延长，并且挤压作用于四向纱和五向纱；④由于纱线挤压，四向纱、五向纱和六向纱具有不同的纱线填充因子。在此基础上，参照上述 3. 3. 1 节 2. 5D 机织复合材料的建模方法，基于对三维六向编织复合材料孔隙的统计分析以及微型 CT 扫描结果。获取的含随机孔隙缺陷三维六向编织 SiC/SiC 复合材料细观模型如图 3-23 所示。图 3-23（a）为含孔隙基体的生成，图 3-23（b）为含孔隙三维六向编织复合材料细观生成。

图 3-23　含随机孔隙缺陷三维六向编织 SiC/SiC 复合材料细观模型
（a）含孔隙基体的生成；（b）含孔隙三维六向编织复合材料细观生成。

3.4 复杂异形预制体成型工艺

目前，以纺织预制体结构增强的 SiC/SiC 陶瓷基复合材料主要用于火焰筒、涡轮外环、燃烧屏、火焰稳定器和涡轮导叶等航空热端静止部件。这些复杂异型构件成型涉及了变密度、不等层织造和回转体中心非对称织造等核心预成型技术。

3.4.1 增减纱线技术

增减纱线是实现复杂异型构件“近净体”成型的最为典型技术。通常，为了满足预制件横截面尺寸、形状的变化，需要在织造的过程中巧妙地变化纱线的排列或数量，避免预制件在增加或减少纱线后内部结构出现缺陷，造成应力集中或出现贯穿性的孔洞，保证织物的连续性和织物的结构变化均匀。本书仅以加纱技术实现 2.5D 结构预制件的近净体成型为例，其方法主要包括加列加纱法、加层加纱法和层列组合加纱法。

1. 加列加纱法

加列加纱法适用于织造纬向横截面上宽度变化的织物，如异型锥壳体结构，其不同纬向横截面上内外直径变化较大，若从锥壳体顶部开始织造，则需要不断地增加接结经纱的列数，以保证织物经密沿轴向均匀一致，此时选择的加列加纱法可以实现的最小变化距离为 1/2 纬密的倒数。由 2.5D 织物的结构特征可知，在织机上接结经纱的列数应为偶数，两列为一组，因此加纱也是成组地加入。而在成组的加列加纱工艺中，又分为整组整列和错位两种加纱法。顾名思义，整组整列加纱法是两列一组的接结经纱线同时加入到织物纱线排列中参与引纬织造，如图 3-24（a）所示。图中黑色纱线是增加的部分。错位加列加纱法则是将两列一组的接结经纱各相对地加入半组纱线，如图 3-24（b）所示。图中黑色部分为第 1 次的加纱部分，而灰色部分为第 2 次的加纱部分。

2. 加层加纱法

加层加纱法适用于纬向横截面上厚度变化的织物，在实际织造的过程中增加接结经纱的层数也就相应增加了纬纱数，并且在一定的范围内，成梯度地加入整行的接结经纱，而不是将所需要增加的层数一次性地加入，从而更有利于实现厚度方向上织物尺寸的均匀过渡，如图 3-25 所示的加层加纱法。

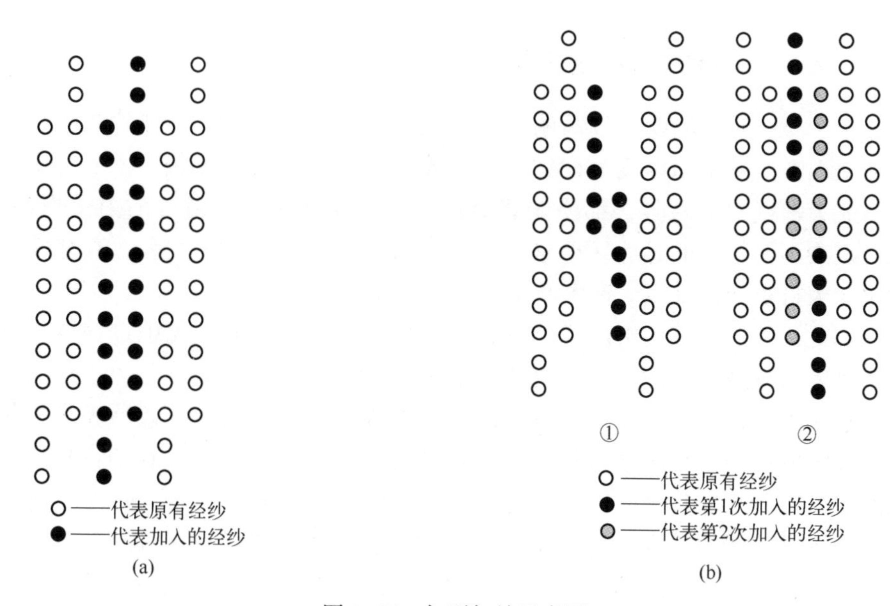

图 3-24　加列加纱示意图
（a）整组整列加纱；（b）错列加纱。

3. 层列组合加纱法

对于纬向横截面的宽度和厚度都变化的织物，加列和加层加纱法进行有机结合，即层列组合的加纱法。这样，可以满足像变厚度锥壳体织物直径和厚度同时变化的要求。

基于以上增减纱技术，获得的典型回转体如图 3-26 所示。

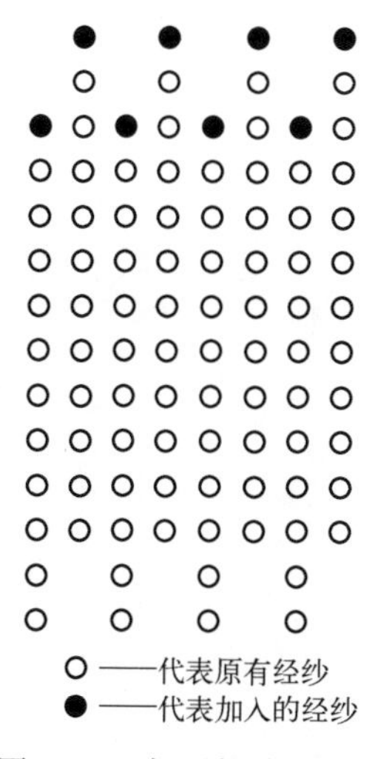

图 3-25　加层加纱示意图

图 3-26　基于增减纱技术 2.5D 回转体预制体

3.4.2 厚度方向变密度技术

对于那些对性能要求较高的一体化三维织物，仅仅通过增减纱或纱线的表面交织来实现不同厚度方向的密度变化，并不是最好的方法。很多应用在航空航天领域中的材料，都要能够经受住高温及各种拉压弯剪的力学损伤，这对织物不同密度的过渡区要求甚高，如果三维织物的连续性差，其整体性能也会大打折扣，难以实现生产要求。

因此，针对三维变密度织物难以成型以及连续性不好、编织过程增减纱复杂且难以整经的问题，以三维四步法编织为基础，将编织纱分为里层编织纱和加密外层编织纱，让里层编织纱和加密外层编织纱的纱线按顺序交换位置，使加密层的纤维部分与非加密部分编织在一起[23]。其中，在加密外层编织纱中选三股纱的其中一股与里层编织纱中的一股纱按照运动轨迹交换位置。

换纱纱线运动方向一致，防止撞纱和绞纱，换纱纱段变化且换纱位置不变，一直都是加密外层编织纱的三股纱中的一股纱与里层编织纱中的一股纱交换位置，编织角度随着织物厚度的变化而随之变化，其中里层编织纱和加密外层编织纱的行数根据编织要求确定。更需要说明的是，里层编织纱的纱线运动方向不一定是单独的，由于里层编织纱的直径小，其运动速度相对较慢。里层编织纱和加密外层编织纱的四部分在运动的过程中，每一大步换纱区交换一次，一个循环包含八小步的四大步，换纱区交换四次。

图 3-27 是截取其中的一部分行列数，具体行列数可根据需要进行设置，本技术的三维编织方法中的里层编织纱选用了 3 行 7 列纱、加密外层编织纱 b 选用了 4 行 7 列纱。

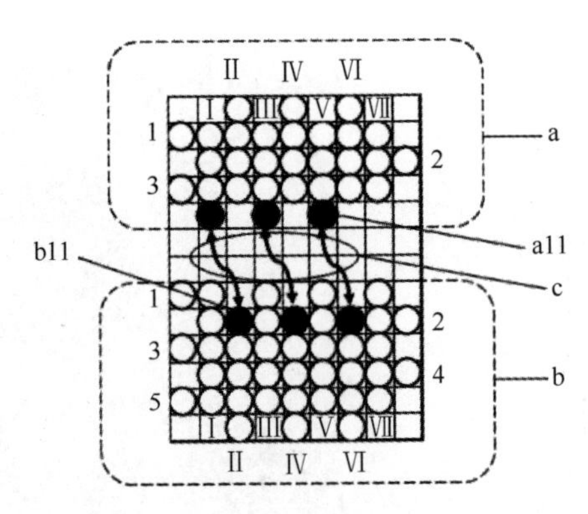

图 3-27 加厚度方向变密度技术

该沿厚度方向变密度织物的三维编织方法在三维四步法的编织基础上，将编织纱分为里层编织纱 a 和加密外层编织纱 b，根据编织件的尺寸规定里层编织纱 a 和加密外层编织纱 b 的密度大小，从而排列纱线。里层编织纱 a 和加密外层编织纱 b 又分为主纱段和后置边缘倒纱。换纱区 c 是里外层进行换纱的区域，保证里外层连接紧密。需要说明的是，换纱区 c 所对应的里层编织纱 a 和加密外层编织纱 b 的换纱纱段 a1、b1 可根据四步法的编织规律，换纱位置不变但换纱纱段在变，一直都是加密外层编织纱 b 的三股纱中的一股纱与里层编织纱 a 的一股纱交换位置。换纱区 c 的纱线运动方向一致，不容易撞纱和绞纱。在四部分运动的过程中，每一大步换纱区 c 交换一次，一个循环包含八小步的四大步，换纱区 c 交换 4 次。

该三维编织方法的具体操作步骤如下：

第一步：里层编织纱 a 部分的第 a1、a3 两行的纱向右走一步，加密外层编织纱 b 部分的第 b1、b3、b5 行的纱向右走一步，里层编织纱 a 和加密外层编织纱 b 同时运动，然后里层编织纱 a 和加密外层编织纱 b 的换纱部分进行换纱。

第二步：里层编织纱 a 部分的第 aⅠ、aⅢ、aⅤ列的纱向下走一步，加密外层编织纱 b 部分的第 bⅡ、bⅣ、bⅥ列的纱向下走一步，里层编织纱和加密外层编织纱同时运动，然后里层编织纱 a 和加密外层编织纱 b 的换纱部分进行换纱。

第三步：里层编织纱 a 部分的第 a2 行的纱向左走一步，加密外层编织约 b 部分的第 b2、b4 行的纱向左走一步，里层编织纱 a 和加密外层编织纱 b 同时运动，然后里层编织纱 a 和加密外层编织纱 b 的换纱部分进行换纱。

第四步：里层编织纱 a 部分的第 aⅡ、aⅣ、aⅥ列的纱向上走一步，加密外层编织纱 b 部分的第 bⅠ、bⅢ、bⅤ列的纱向上走一步，里层编织纱和加密外层编织纱同时运动，然后里层编织纱 a 和加密外层编织纱 b 的换纱部分进行换纱。

按照以上 4 个步骤如此循环编织，可让里外层纱线连接紧密。

上述步骤中的换纱部分的换纱位置不变但换纱纱段变化，一直都是加密外层编织纱 b 的三股纱中的一股纱与里层编织纱 a 的一股纱交换位置。

另外，对于上下厚度方向密度都有变化的部分，可合理改变里外层的花节大小，如果里层比较密，可将外层的几股纱分到里层，按照图 3-27 中的方式交替编织。

3.4.3 不等层织造技术

四步法三维编织织物是最常用的一类编织结构，它以四步法编织技术为基础，将纤维束按照一定规律进行相互缠绕，形成由多个方向纤维束穿插交错的“空间网状”结构，消除“层”的概念，彻底弥补了其他结构在厚度方向上强度和模量性能较差，层间剪切强度和损伤容限水平较低等缺陷。同时，四步法三维编织技术还具有优良的自适应性，不仅可以织造出矩形和管状横截面等常规结构的织物，还可以织造出 T 形梁、L 形梁或工字梁等异型横截面织物甚至是变截面织物。但传统四步法编织技术仅仅针对与等层织物编织，只能满足单一编织式样，存在不灵活的问题。

为解决传统四步法编织形式单一和不灵活的问题，实现四步法不等层织物一体化编织[24]，其具体操作步骤如图 3-28 所示。其中，行数为 m，列数为 n，四步法三维编织预制件可以表示为“四步法 $m \times n$ 编织”。四步法 $m \times n_1$ 与 $m \times n_2$编织，即 n_1与 n_2层织物通过四步法进行一体化编织。以 $m=9$、$n=4$ 和 $m_1=5$、$n_1=4$ 为例，具体的操作步骤如下：

第一步：9 层织物的第 1 列和第 3 列分别向下运动一个步进距离，第 2 列向上运动一个步进距离；同时 5 层织物第 2 列和第 4 列分别向下运动一个步进距离，第 2 列向上运动一个步进距离。

第二步：9 层织物的第 2、4、6、8 行分别向右运动一个步进距离，第 3、5、7、9 行分别向左运动一个步进距离；同时 5 层织物的第 2、4 行分别向右运动一个步进距离，第 3、5 行分别向左运动一个步进距离。

第三步：按横向运动后，将 5 层编织 2 位置上的纱线转移到 9 层编织的 1 位置上；依次将 9 层编织 3 位置上的纱线转移到 5 层编织的 2 位置上；将 5 层编织上 4 位置上的纱线转移到 9 层编织的 3 位置上；将 9 层编织 5 位置上的纱线转移到 5 层编织 4 位置上；将 9 层编织 6 位置上的纱线转移到 9 层编织的 5 位置上。

第四步：9 层织物的第 1 列和第 3 列分别向上运动一个步进距离，第 2 列向下运动一个步进距离；同时 5 层织物第 2 列和第 4 列分别向上运动一个步进距离，第 2 列向下运动一个步进距离。

第五步：9 层织物的第 2、4、6、8 行分别向左运动一个步进距离，第 3、5、7、9 行分别向右运动一个步进距离；同时 5 层织物的第 2、4 行分别向左运动一个步进距离，第 3、5 行分别向右运动一个步进距离。

第六步：按横向运动后，将 5 层编织的 2 位置上的纱线转移到 9 层编织的 1 位置上；依次将 9 层编织 3 位置上的纱线转移到 5 层编织 2 位置上；将 5 层编织的 4 位置上的纱线转移到 9 层编织的 3 位置上；将 9 层编织 5 位置上的纱线转移到 5 层编织 4 位置上；将 9 层编织 6 位置上的纱线转移到 9 层编织的 5 位置上。

第七步：换纱之后恢复位置。不断重复上述 6 个步骤再加上打紧运动和织物输出运动就可以完成编织过程。

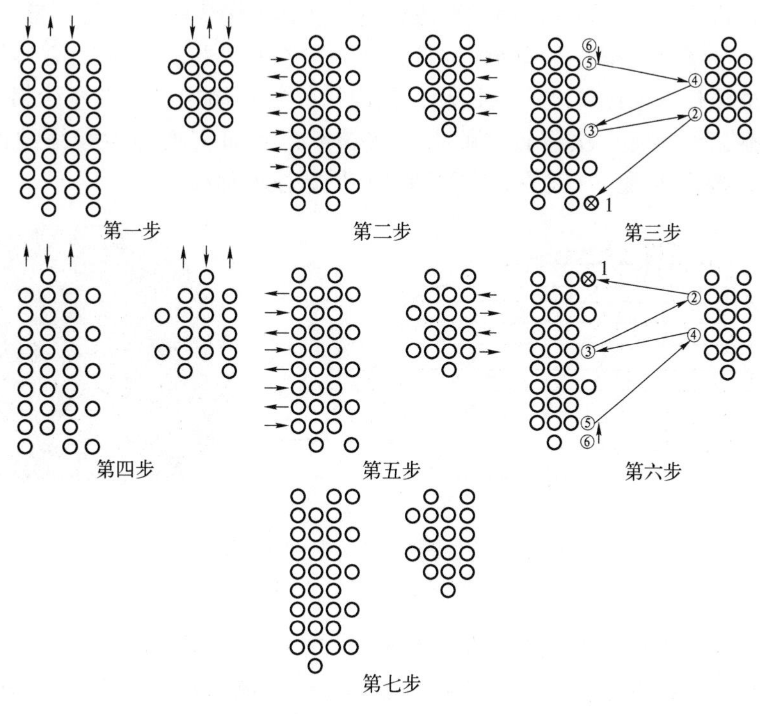

图 3-28　不等层织造技术

3.4.4　回转体中心非对称织造技术

在实际应用中，中心对称回转体三维编织的方法已经足够成熟，采用三维 n 向编织可以制造出圆筒、圆柱、球壳等多种中心对称回转体。但是使用传统三维编织技术无法解决中心非对称回转体编织不同步的问题，中心非对称回转体的一体化成型存在巨大技术难点，针对此问题，张典堂[25]提出了实现其编织结构的具体方案。

如图 3-29 所示，该结构的编织方法为整体多层三维 2.5D 编织结构的改进，在传统的 2.5D 编织结构之上，通过加经纱和纬纱形成的新结构。假设以编织点为中心，将圆周角平均分成 N 份（将分好的份数定义为 N1、N2、N3……），中心非对称回转体垂直距离每 10cm 高为横截面，将中心非对称回转体分成不同大小的平面中心非对称图形 S 份（将分好的横截面定义为 S1、S2、S3……），相邻两个平面之间的母线距离 d（长轴端分为 D1、D2、D3……，短轴端分为 d1、d2、d3……），计算每个横截面上（N1、N2、N3……）的弧长，根据经密需要进行分别加经纱；根据纬密正常编织，计算 D 与 d 之间相差纬纱根数，进行额外加纬，加纬应保证均匀分布在弧长 D 上。编织步骤为：将经纱的一端固定在挂纱杆上，另一端通过橡皮筋或弹簧等连接载体连接到 2.5D 编织机的钉子上，将中心非对称回转体的最高点为起始编织点，操作 2.5D 编织机根据已有搭顶技术进行顶部编织运动，按设计好的运动规律，将经纱相互进行位置变换，每变换一次位置，就引一次纬纱，从而实现经纱和纬纱的一次“交织”。根据步骤一所述设计方法进行不同区段的加纬加经。

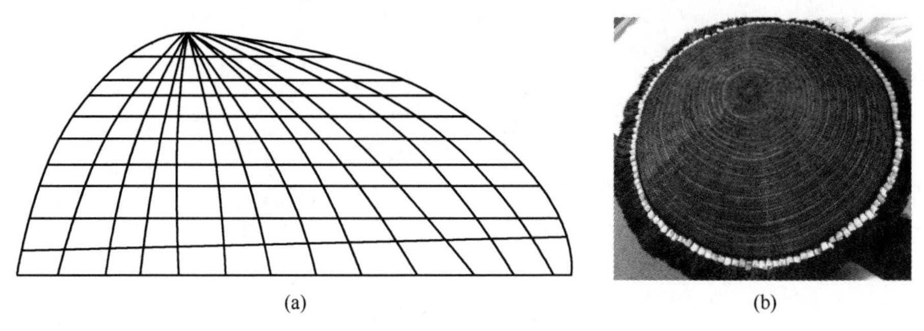

(a) (b)

图 3-29　三维编织中心非对称回转体结构

（a）结构示意图；（b）实物图。

在额外加纬时，长轴端始终正常编织，短轴端的衬纬纱不参与编织，而是浮于织物结构表面，成为浮长线，然后编织一圈后正常编织，等短轴端结构稳定后，剪去浮长线，最终实现结构件的织造。

3.5 小　结

随着装备应用环境更加苛刻及多功能化的需求，预制体构件趋向尺寸大型化、结构复杂化、整体轻量化，这就对陶瓷基复合材料预制体的设计及制造提出了迫切需求。针对热结构部件性能要求，开展材料细观结构、孔隙缺陷和 SiC 纤维预制体结构关系、复杂异型预制体成型工艺等研究，提升复杂异型多维立体复合材料的结构效率，保障陶瓷基复合材料结构的可靠性。

参考文献

[1] 韩笑. SiC/SiC 复合材料力学性能的高温稳定性研究 [D]. 南京：南京航空航天大学，2018.

[2] BUNSELL A R，PIANT A. A review of the development of three generations of small diameter silicon carbide fibres [J]. Journal of Materials Science，2006，41 (3)：823-839.

[3] 张良成，彭中亚，郭双全，等. 航空发动机陶瓷基复合材料涡轮部件研究进展 [J]. 航空维修与工程，2016 (12)：41-43.

[4] 罗征．采用 LPVCS 为前驱体制备 SiC/SiC 复合材料及其高温性能研究［D］．长沙：国防科技大学，2014．

[5] 赵爽，杨自春，周新贵．前驱体浸渍裂解结合化学气相渗透工艺下二维半和三维织构 SiC/SiC 复合材料的结构与性能［J］．材料导报，2018，32（16）：2715-2718．

[6] 谭僖，刘伟，曹腊梅，等．不同纤维预制体结构对 SiC/PyC/SiBCN 复合材料力学性能的影响［J］．航空材料学报，2017（4）：45-51．

[7] 张长瑞．陶瓷基复合材料——原理、工艺、性能与设计［M］．长沙：国防科技大学出版社，2001．

[8] WANG Y，LI Y，SUO T，et al. In-plane mechanical behavior and failure mode of a 2D-SiC/SiC composite under uniaxial dynamic compression［J］. Ceram Int，2018，44（16）：20058-20068.

[9] 蒋丽娟，侯振华，周寅智．预制体结构及界面对三维 SiC/SiC 复合材料拉伸性能的影响［J］．复合材料学报，2020，37（3）：642-649．

[10] IKARASHI Y，OGASAWARA T，AOKI T. Effects of cyclic tensile loading on the rupture behavior of orthogonal 3-D woven SiC fiber/SiC matrix composites at elevated temperatures in air［J］. Journal of the European Ceramic Society，2019，39（4）：806-812.

[11] LUO Z，CAO H，REN H，et al. Tension-tension fatigue behavior of a PIP SiC/SiC composite at elevated temperature in air［J］. Ceram Int，2016，42（2）：3250-3260.

[12] 于新民，周万城，罗发，等．SiC/SiC 复合材料的力学性能［J］．航空材料学报，2009（3）：93-7．

[13] ZHENG L，ZHOU X，YU J，et al. Mechanical properties of SiC/SiC composites fabricated by PIP process with a new precursor polymer［J］. Ceram Int，2014，40（1）：1939-1944.

[14] 赵爽，杨自春，周新贵．不同界面 SiC/SiC 复合材料的断裂行为研究［J］．无机材料学报，2016，31（1）：58-62．

[15] 潘影．平纹布和斜纹布铺层结构对 SiC_f/SiC 过滤材料性能的影响［D］．南京：南京航空航天大学，2018．

[16] 果立成，廖锋，李志兴，等．机织复合材料损伤演化研究进展［J］．中国科学：技术科学，2020（7）：876-896．

[17] 梅辉，成来飞，张立同，等．2 维 C/SiC 复合材料的拉伸损伤演变过程和微观结构特征［J］．硅酸盐学报，2007（2）：137-43．

[18] 张典堂．三维五向编织复合材料全场力学响应特性及细观损伤分析［D］．天津：天津工业大学，2016．

[19] GEREKE T，CHERIF C. A review of numerical models for 3D woven composite reinforcements［J］. Compos Struct，2019，209：60-6.

[20] ZHANG D，CHEN L，WANG Y，et al. Finite Element Analysis of Warp-Reinforced 2.5D Woven Composites Based on a Meso-Scale Voxel Model under Compression Loading［J］. Applied Composite Materials，2017，24：911-929.

[21] 高雄，胡侨乐，马颜雪，等．不同结构厚截面三维机织碳纤维复合材料的弯曲性能对比［J］．纺织学报，2017，38（9）：66-71.
[22] 成来飞，张立同，梅辉．陶瓷基复合材料强韧化与应用基础［M］．北京：化学工业出版社，2018.
[23] 宜兴市新立织造有限公司．一种沿厚度方向变密度织物的三维编织方法：CN201910367177.8［P］．2019-09-27.
[24] 宜兴市新立织造有限公司．一种实现四步法不等层织物一体化编织的编织方法：CN201910365887.7［P］．2019-10-11.
[25] 宜兴市新立织造有限公司．一种中心非对称回转体的三维编织方法：CN201910367022.4［P］．2019-09-20.

第4章

SiC/SiC 复合材料制造技术

SiC/SiC 复合材料具有轻质、耐高温、环境性能优异等特点，是高马赫数空天飞行器、高推重比航空发动机等新型航空航天装备热端部件的优选材料。优异的室温、高温和环境等力学性能是 SiC/SiC 复合材料实现工况下应用的基础，也是设计选材的前提；材料的连接和装配等质量因素是 SiC/SiC 复合材料结构和功能设计的重要依据，也是影响 SiC/SiC 复合材料的结构稳定性和服役寿命的重要原因。上述材料性能及质量因素对 SiC/SiC 复合材料的制造技术提出了较高的要求：一方面要求 SiC/SiC 复合材料成型工艺优化最大程度地实现近净成型，降低构件的加工余量，提升构件的结构稳定性和服役寿命；另一方面通过组分和微结构调控，优化材料的综合性能，提升材料的稳定性。SiC/SiC 复合材料制备的基本流程如图 4-1 所示，首先基于构件的结构特征和使用工况，实现纤维预制件的织造；将纤维预制件置于模具中，通过模压或模具自锁结合力，实现纤维预制件的预定型；通过原位化学反应或直接沉积等工艺在纤维预制件表面制造热解碳（PyC）界面层、氮化硼（BN）界面层以及复合界面层，实现纤维与基体之间的结合强度的调节；进而采用模压，优化致密化初期纤维预制件内部孔隙结构和组分（一般针对 PIP 工艺），提升材料的致密度；最后通过气相或液相反应，实现陶瓷基体的致密化，获得结构致密、力学性能优异的 SiC/SiC 复合材料及构件坯体，并进行后续加工、涂层制备等工序。

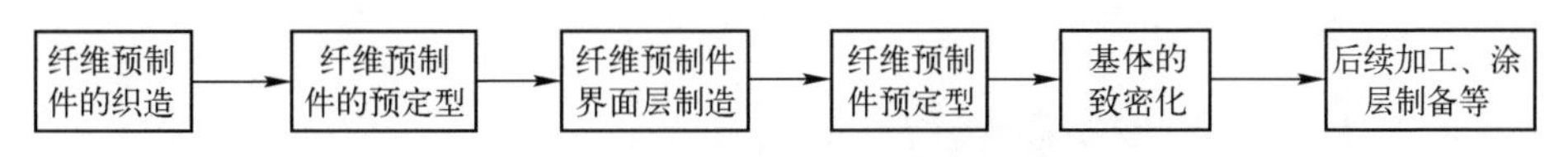

图 4-1　SiC/SiC 复合材料制备的基本流程

本章按照 SiC/SiC 复合材料制造技术工序展开论述，分为预定型技术、界面层制造技术和基体致密化技术三部分。其中，预定型技术针对制备工艺的不同，在界面层制造前后工序中均可存在，该技术基于纤维预制件的织造方式、构件结构特征以及陶瓷基复合材料制备工艺等综合因素，通过模具定型或模压等途径，该技术与纤维预制件的织造相结合，共同实现 SiC/SiC 复合材料制造初期的定型；界面层制造的目的是通过在纤维预制件表面引入层状结构物质，调节纤维与基体之间的结合强度，通过应力释放和载荷传递，提高材料的损伤容限，实现材料增强增韧；基体致密化是使 SiC/SiC 复合材料具备满足使用要求的密度、强度、模量等特性的重要工序，也是实现 SiC/SiC 复合材料近净成型的关键。综上所述，预定型、界面层制造和基体致密化 3 个 SiC/SiC 复合材料制造工序，实现了纤维预制件到具有一定型面特征的材料及构件坯体的制备，为实现 SiC/SiC 复合材料的工程化应用提供材料基础和技术支撑。

4.1　预定型技术

在陶瓷基复合材料致密化初期纤维预制件完成织造后，预制件刚度有限导致定型程度较弱，如界面层制造过程中未提前进行纤维预制件定型，纤维预制件受到自身有限刚度和界面层制造过程流场等因素的影响，在纤维表面制造热解碳（PyC）界面层、氮化硼 BN 界面层或复合界面层过程中，纤维预制件刚度随之提升，该过程易引起材料的不确定变形。基于上述分析，纤维预制件制造界面层之前，常基于预制件的结构特征和反应流场等因素，采用模具自锁结合力实现纤维预制件的预定型。

纤维预制件表面的界面层厚度一般不高于 1μm，对纤维预制件的致密化程度有限，完成界面层制造的纤维预制件内部仍存在大量的孔隙，包括毫米级别的大孔、微米级别的小孔。在 PIP 工艺制备 SiC/SiC 复合材料过程中，仅通过真空或加压浸渍过程的材料内部孔隙和前驱体溶液外部的压力差，难以实现均匀和高效的致密化[1-3]，采用模压辅助前驱体浸渍裂解工艺，能够有效定型同时提高致密化初期纤维预制件的密度，使材料内部的孔隙均匀化，更重要的是可以消除首循环致密化过程可能产生的闭孔，提升后续浸渍过程和致密化过程的质量与效率[4]，上述工序也归属于预定型。

4.1.1　典型结构模具设计

SiC/SiC 复合材料化学气相沉积界面层、真空/加压浸渍、预制件模压和高温裂解等工序一般采用同一模具，这要求模具的设计必须综合考虑化学气相沉积流场、前驱体溶液浸渍流场、模压过程变形控制以及高温裂解过程陶瓷化收缩等多重因素。

4.1.1.1　SiC/SiC 复合材料模具设计过程中的变形控制

SiC/SiC 复合材料的变形在整个材料制备过程中均有所体现，主要归因于以下两个方面：

1. 有机前驱体无机化过程中的松弛和收缩效应

以应用最广泛的 SiC 陶瓷前驱体–固态聚碳硅烷为例，加热过程中会出现流动性的变化，导致纤维预制件呈现一定的松弛效应，特别是在固态聚碳硅烷软化点附近温域；高温裂解过程中固态聚碳硅烷的密度（约为 $1.0g/cm^3$）远低于陶瓷基体（约为 $2.6g/cm^3$）的密度，体积收缩率高达 70%[4]。此外，高温裂解过程通常伴随大量溶剂的挥发和裂解产生小分子的逸出，易导致纤维预制件塌陷变形，进而引起收缩。上述 SiC 陶瓷前驱体的松弛和收缩效应均会引起纤维预制件一定程度的变形。

2. SiC/SiC 复合材料与定型模具之间不匹配性引起的变形

SiC/SiC 复合材料的裂解温度一般高于 1000℃，为保证其定型模具的结构稳定性，一般选择耐温能力和可加工性优异的石墨为模具材料。在高温裂解过程中，SiC/SiC 复合材料与定型模具之间存在一定程度的热膨胀系数不匹配，使得 SiC/SiC 复合材料与定型模具之间产生了剪切应力，在复合材料构件厚度方向形成一个剪切应力梯度，应力梯度的存在以及模具脱除后残余应力的释放，使得材料在室温下的自由形状与预期的理想形状之间会产生一定程度的不一致[5]。

因此 SiC/SiC 复合材料的变形是材料成型过程中需要考虑的重要因素，基于 SiC/SiC 复合材料不同致密化阶段的工艺特征，采用优化的模具设计是实现 SiC/SiC 复合材料变形控制的重要途径。模具设计主要包括以下两种方式：①综合应用多触点贴合压紧设计与纵向加压设计，使得膨胀变形区域处于外侧受拉、内侧受压的应力状态，变形区内侧和外侧变形趋势相反，变形量相互抵消，从而减小预制件的变形量；②模具补偿法，即通过预制件在致密化过程中的变形量，在设计模具时，采用变曲率设计，预先引入预制件在致密化过程中的变形量，抵消预制件的变形量[5]。

4.1.1.2　SiC/SiC 复合材料模具设计过程中的流场控制

对于结构单一的平板类或回转体结构，模具可采用相对均一的流道设计，流道的数量和管径主要由构件的尺寸特征决定，特别是面积与厚度的比例。对于大型复杂构件而言，模具设计还需考虑界面层制造过程中的气相前驱体以及致密化过程中 SiC 陶瓷前驱体在模具中的流动与分布，避免由于气相或液相前驱体分布不均而导致的致密化死角，模具设计主要考虑以下几个原则。

（1）曲率变化较大或厚度方向较大是导致浸渍阻力增加的重要原因，可适当增加流道的数量和管径尺寸。

（2）在非平板类构件模具设计过程中，在保证模具力学强度的前提下，流道可沿着构件表面的法向进行设计，缩短前驱体溶液浸渍的距离，提高浸渍效率。

（3）模具设计在考虑浸渍效果的前提下，还应兼顾多次或长时致密化后 SiC/SiC 复合材料坯体与模具脱离效率。

基于变形控制途径和流场控制原则，平板类制件的典型模具如图 4-2 所示。模具基本单元包括上模、下模、定位装置、可调锁紧装置和流道等。上模与下模提供平板制件成型所需的近净尺寸型腔，同时模具上下表面提供压紧基准；定位装置保证上模与下模之间相对位置的精准锚定，并为合模过程提供压合路径；可调锁紧装置起压合状态的锁定作用，并可通过微调实现型面变形补偿；流道为前驱体充分渗透提供保障。

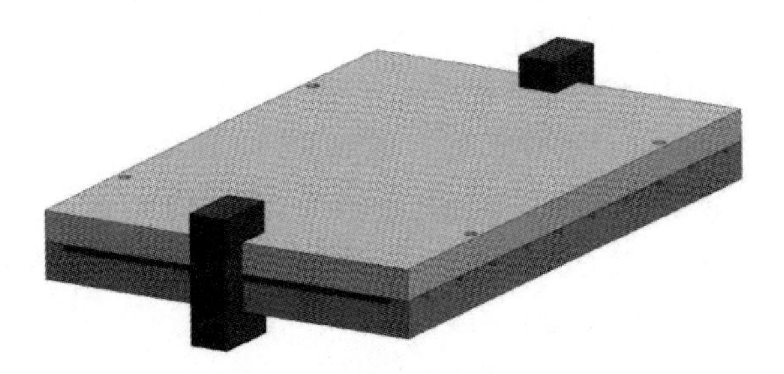

图 4-2　平板类制件的典型模具

4.1.2 影响预定型工艺的因素

模压过程主要的控制因素包括温度、压力以及上述两个因素的变化过程。其中，控制温度的目的是实现聚合物前驱体浸渍裂解工艺（PIP）固态聚碳硅烷聚合物前驱体分子软化过程中，促进前驱体的均匀分散分布以及减少闭孔的形成；或者采用模压工艺实现液态聚碳硅烷交联固化过程中的纤维预制件固化定型。

以 PIP 工艺制备的 SiC/SiC 复合材料为例，采用模压工艺可使材料各循环密度均高于未经模压的材料，未进行模压的 SiC/SiC 复合材料内部纤维束或预制件层间存在一定程度的基体富集区域，该区域纤维数量较少，存在部分沿纤维束方向毫米级裂纹和孔洞，成为应力集中的起源，也是后期引起变形的重要因素。

如图 4-3 所示，经过不同压力（2MPa、4MPa、6MPa、8MPa）的模压操作，相较于未进行模压（模压压力为 0MPa）的 SiC/SiC 复合材料，材料密度均有所提升，纤维束方向大尺寸孔隙数量随之减少，降低孔洞、裂纹等缺陷源带来应力集中的概率，提升 SiC/SiC 复合材料的损伤容限。此外，随着模压压力的增加，材料的密度先增加后降低，孔隙率先降低后增加，即当模压压力过高时，材料密度的降低和孔隙率的增加，归因于过高的模压压力。在促进内部结构紧密的同时，造成纤维的损伤和二次裂纹的产生以及脱除定型模具后预制件体积回弹。

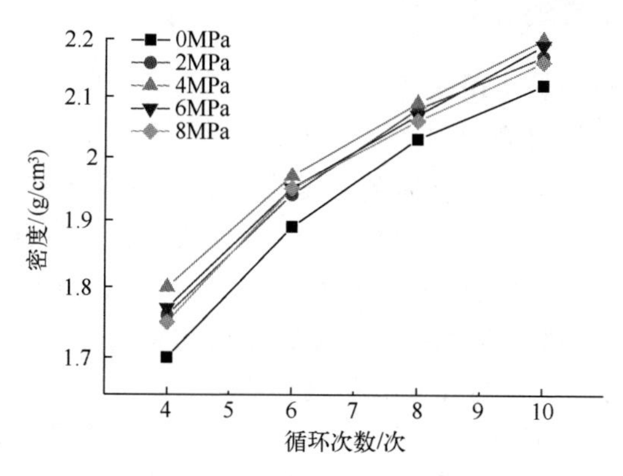

图 4-3　SiC/SiC 复合材料制备过程中的密度-循环次数曲线

如图 4-4 所示，不采用模压工艺的 SiC/SiC 复合材料弯曲强度和拉伸强度分别为 381.20MPa 和 220.76MPa；采用模压工艺（模压压力 2～8MPa）的 SiC/SiC 复合材料力学性能均有所提升。随着模压压力的增加，SiC/SiC 复合材料力学性能先增加后降低，其中模压压力在 4MPa 时，力学性能较为优异，上述变化规律与材料密度的变化规律相吻合。当模压阶段的前期模压压力较小时，模压操作对基体的致密化提升因素占优；当后期模压压力较大时，模压操作对纤维性能的损伤因素占优。在上述基体的致密化和纤维的损伤两种

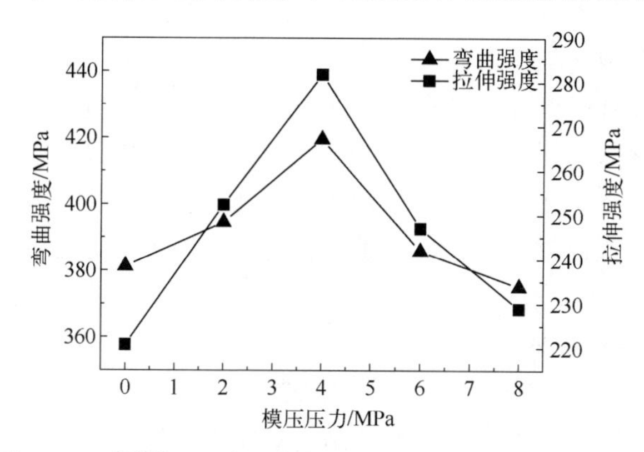

图 4-4　不同模压压力下制备的 SiC/SiC 复合材料力学性能

作用机制相互竞争下，导致 SiC/SiC 复合材料力学性能出现先增加后降低的变化规律。

4.2 界面层制造技术

4.2.1 界面层的作用机制

4.2.1.1 界面层的作用途径

SiC/SiC 复合材料体系内部引入界面层的最主要目的是调节纤维与基体之间的结合强度，充分发挥裂纹偏转、微裂纹的形成、纤维脱黏、纤维桥联、纤维拔出等能量耗散机制，增强复合材料的韧性，这是界面层的力学作用机制，也是评价界面层优劣的最重要因素[6-7]；其次，界面层通过将纤维增强陶瓷基复合材料中的纤维和基体结合起来，复合材料的强度本身比基体的强度高，且复合材料的应变能力高于其中任何组元，这主要归因于高强度、高模量纤维引入陶瓷基体中，增加了复合材料的强度。外部载荷在复合材料内部传递的有效性是影响材料力学性能的重要因素，主要取决于纤维与基体之间的模量差异、纤维的体积分数以及纤维与基体之间的界面结合。因此，纤维与基体之间的界面结合对载荷传递作用的功效也是评价界面层优劣的重要因素。

界面层的应力释放和载荷传递作用同时施加于 SiC/SiC 复合材料承载过程，特别是界面层的应力释放作用使 SiC/SiC 复合材料具有类似普通金属的“假塑性”力学行为，其非线性行为包括基体开裂以及基体开裂产生的裂纹偏转、纤维桥联和应力重新分布等途径，以增加弹性变形。因此，与脆性陶瓷相比，SiC/SiC 复合材料可以有效抵抗局部损伤和非弹性变形，而不会发生灾难性的破坏，即相比单体陶瓷具有更大的应变能力和损伤容限。如图 4-5 所示，陶瓷基复合材料在外部载荷作用下的力学行为主要包括裂纹偏转、微裂纹形成、界面解离、纤维脱黏、纤维拔出和纤维断裂等形式，其中纤维拔出是最重要的能量释放途径。界面解离是纤维脱黏、纤维拔出和纤维断裂的前提条件，上述能量释放途径及其发挥效果对 SiC/SiC 复合材料力学行为影响较大。

4.2.1.2 界面层的设计原则

界面层在 SiC/SiC 复合材料力学性能强化和韧化过程中的主要作用是提供界面解离和纤维脱黏实现裂纹偏转机制。其作用过程如 4-6 所示。应力-位移曲线在较高的应变水平下仍具有非线性响应和特征，具体承载过程为：在外

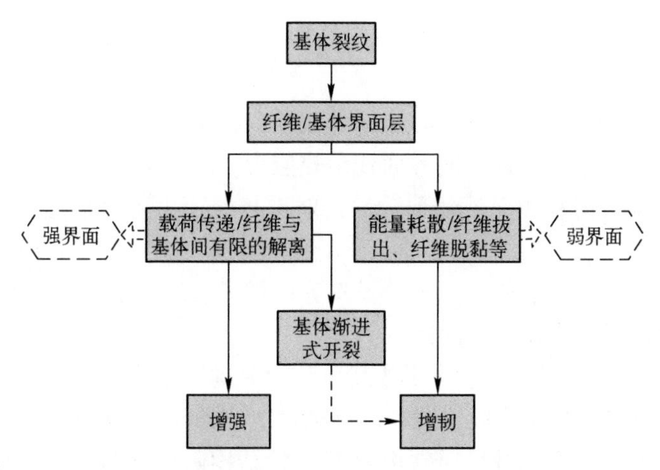

图 4-5　界面层设计与复合材料力学性能的关系

部施加应力较小时，应表现为弹性变形；随着施加应力的增加，基体开始产生微裂纹，微裂纹开始积累和开裂，弱结合的纤维和基体可以桥接裂纹和滑动，消散应变能，如果没有实现纤维在基体中拔出，应变能将不会耗散，并形成应力集中，导致纤维脆性断裂失效；进而纤维逐渐断裂，复合材料强度达到最大；随着复合材料持续承载，强度并未急速减小，而是呈现波折、台阶式的缓慢下降趋势。

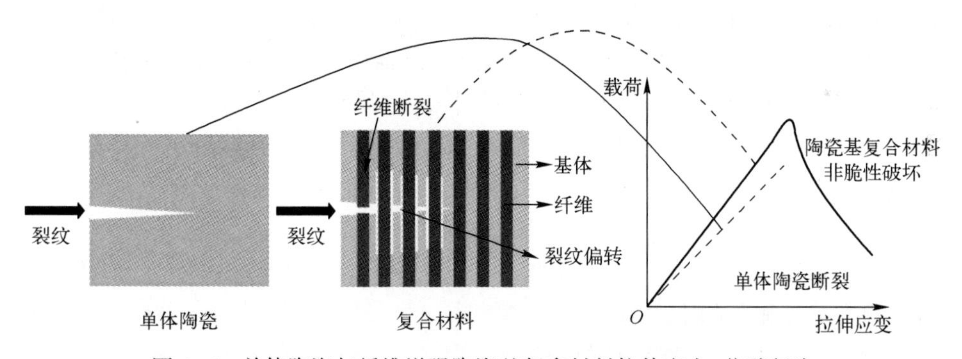

图 4-6　单体陶瓷与纤维增强陶瓷基复合材料拉伸应力-位移行为

因此从材料设计的角度出发，纤维增强陶瓷复合材料的关键问题是如何促使纤维周围的基体裂纹发生偏转以及如何控制纤维在基体中的滑移阻力。由于纤维与基体之间有很强的化学结合，直接将陶瓷纤维引入陶瓷基体通常会得到脆性复合材料，基体裂纹直接穿透纤维，无裂纹偏转。使得纤维与基体之间产生弱结合的主要方法是在陶瓷纤维周围使用界面层使得裂纹发生偏转和滑动摩擦。

基于前述分析，SiC/SiC 复合材料的韧性很大程度源于界面层，理想的界面层应具有以下功能[8-11]：

（1）在制备过程中抑制或阻止物理收缩和化学反应对陶瓷纤维损伤。

（2）缓解纤维与基体之间界面残余热应力。

（3）在复合材料遭受外部载荷冲击时，将载荷由基体传递至纤维，起到载荷传递作用。

（4）改善界面结合强度，充分发挥界面解离、纤维拔出等能量耗散机制，使复合材料断裂时呈现假塑性特征。

界面层是影响陶瓷基复合材料力学性能关键因素之一，因此受到了众多陶瓷基复合材料研制单位的重视。能够满足上述条件的 SiC/SiC 复合材料用界面层材料并不多，该类材料通常由典型层状结构陶瓷材料组成，层间结合力较弱，常用的主要有热解碳（PyC）界面层、氮化硼（BN）界面层以及基于上述两种界面层制造的复合界面层[8-9,12]。

4.2.2 界面层的制备工艺

SiC 纤维通过一维、二维和三维缝合或编织形式成为纤维预制体，在纤维预制体表面制备组分和结构可控的界面层是实现 SiC/SiC 复合材料结构和性能稳定的重要前提。界面层组分和结构应在批次间与批次内具有很高的可重复性，同时纤维束或纤维编织织物上的界面层应该是连续的。没有界面层作用的纤维在低应力下发生断裂，容易被氧化，从而引起 SiC/SiC 复合材料的性能下降；同时界面层组分和结构的不均匀性，也导致材料性能离散性的提高，不利于材料和构件的性能稳定性。制备组分和结构可控的界面层，其难点主要包括纤维的本征性能、预制体的结构以及沉积过程的反应控制，具体表现如下：

（1）细直径（$<20\mu m$）的纤维束在上浆剂的作用下紧密排列，界面层制备过程中存在显著的束内阻力。

（2）在纤维预制体缝合或编织过程中，在纤维束间形成一定数量的纤维搭接结构，形成反应束间阻力。

（3）由于预制件的结构特征，在预制件不同厚度方向上形成扩散或吸附反应的差异。

SiC/SiC 复合材料的界面层制备工艺包括原位化学反应和直接沉积两种。原位化学反应工艺指化学物质在纤维表面发生反应，形成所需的成分或形态，形成的化学物质可以通过纤维或基体的固有成分或选择添加剂来得到界面层，界面层需要非常精确的热处理，这依赖于反应物的扩散机制和反应物的均匀分布，并且具有可重复性。

直接沉积工艺主要通过化学气相渗透（CVI）使用气态物质的气相扩散，在纤维表面发生化学反应，并将反应产物沉积在纤维基底上。沉积反应由热、无线电、频率、等离子体或光子能量驱动。对化学反应和由此产生的涂层组成与均匀性取决于对反应物的化学反应、反应压力、气体流速、温度均匀性和纤维结构中的局部扩散条件的控制。可通过CVI工艺制备碳化物、氮化物、氧化物等界面层，界面层厚度可以从纳米到几微米，这取决于沉积速率和时间[13]。该技术可以根据纤维与基体不同的本征特性以及材料的应用工况进行设计和调控，是目前陶瓷基复合材料界面层制备最重要的制备工艺。直接沉积工艺可以实现对界面层组分和结构的控制，是目前应用最广泛的界面层制备工艺，但是该工艺对设备要求高，特别是高温加热系统、尾气过滤系统和处理系统。

此外，界面层制备工艺还包括溶胶凝胶、聚合物前驱体制备等方式。其中溶胶凝胶工艺制备界面层主要通过金属烷氧化物在醇水溶剂混合物介质中发生水解反应生成金属-氧化物-金属凝胶，干燥后去除溶剂和反应产物，干燥的凝胶被热转化为致密的氧化物。硅、铝、锆的烷烃类通常适用于生产单氧化物和混合氧化物陶瓷复合材料，界面层的厚度一般通过溶胶-凝胶反应循环数决定。曹峰等[14]采用溶胶-凝胶技术，以正硅酸乙酯、三氯化铝和硝酸铝为基本原料，在碳纤维表面制备了均相的氧化物涂层，并研究了界面层对纤维性能的影响；桂佳等[15]以$ZrOCl_2 \cdot 8H_2O$采用溶胶凝胶法在SiC纤维表面制备氧化锆界面层，考察了前驱体溶胶和烧结温度对界面层的影响。溶胶-凝胶制备界面层的优势在于反应温度相对较低、反应较温和，但该工艺溶胶-凝胶干燥和转化过程中发生的高收缩体积，易导致孔洞、裂纹等缺陷，影响界面层结构的完整性。

聚合物前驱体工艺制备界面层通常由碳和硅基低聚物组成，其反应基团可以通过热或催化的方式交联[13,16]。聚合物前驱体在纯溶剂或稀释的溶液中涂覆在纤维上，通过聚合物固化-高温裂解等工序实现有机聚合物向无机陶瓷产物的转化。采用该工艺可制备碳、碳化硅、氮化硅等界面层。在高温裂解工序中由于前驱体密度明显小于其裂解产物，界面层因体积收缩易出现结构缺陷，与溶胶凝胶工艺相同，界面层的厚度一般通过高温裂解循环次数实现。一般而言，溶胶凝胶工艺适合制备氧化物陶瓷界面层，聚合物前驱体工艺适合研制碳化物和氮化物等组分的界面层。

4.2.3 界面层对复合材料性能的影响

4.2.3.1 热解碳界面层的沉积过程

热解碳是目前应用最为广泛的陶瓷基复合材料界面层。最初的研究源于对纤维表面原位生成的碳界面层的研究，该碳界面层具备弱界面结合的特征，有助于提升材料的韧性，进而研究人员开始通过在纤维表面沉积热解碳的方式制备热解碳界面层，进一步拓展界面层的应用范围[7,10,17]。

具有热解碳界面的 SiC/SiC 复合材料具有优良的室温力学性能，热解碳层间具有极低的模量，因此界面结合属于是弱结合，界面层的存在减少了由于纤维和基体之间的热膨胀差异而引起的界面应力。SiC/SiC 复合材料中热解碳界面层的最佳厚度为 0.10~0.30μm。

采用 CVI 工艺在不同沉积条件下制备 PyC 层，根据晶相偏光下的不同区别，热解碳的结构包括粗糙层（RL）、光滑层（SL）和各向同性结构（ISO）。3 种结构的层面间距（d_{002}）、表观晶粒尺寸（L_c）及 3 种结构热解碳的物理常数如表 4-1 所示。可以看出，粗糙层晶态层间间距最小，晶粒尺寸最大，密度最高，为高织构结构；光滑层热解碳次之，各向同性热解碳层间距最大、密度最低，晶粒尺寸最小，为低织构结构。因此，粗糙层结构的高织构热解碳为界面层理想的结构[18-20]。

表 4-1 3 种结构的层面间距、表观晶粒尺寸及三种结构热解碳的物理常数

结　　构	层间间距 /(10^{-10}m)	表观晶粒尺寸 /(10^{-10}m)	密度 /(g/cm^3)	表观密度 /(g/cm^3)
RL	3.37	385	1.86	2.07
SL	3.41	125	1.79	1.92
ISO	3.43	90	1.64	1.67

热解碳界面层由气态碳氢化合物经高温热解反应在基底上沉积形成的碳材料，该过程的影响因素主要包括沉积温度、沉积压力及气体流速等，在乙炔、丙烯、甲烷、丙烷、天然气等碳源气体中甲烷最易控制，工艺也相对成熟[16]。以丙烷为碳源分别在 900℃、1000℃ 和 1100℃ 下进行沉积，得到的 PyC 沉积结果如表 4-2 所示，在相同的气体流量、沉积时间的试验条件下，沉积温度为 1000℃ 可得到理想结构的 PyC，高于或低于此温度，大多都得到石墨化程度较低的光滑层结构的热解碳或各向同性的 PyC 结构[21-22]。

沉积压力是制备 PyC 界面层的另一个重要工艺参数。根据粒子充填理论，压力过低，气体反应的中间产物没有足够的时间芳构化，碳原子不能形成有

序的片层结构；压力过高，气体的反应速度必然加快，形核机制占据主导地位，直接导致石墨微晶排列的有序度下降，因此，适当的沉积压力是沉积出高织构热解碳的必要条件。从表 4-3 中可以看出，系统沉积压力的大小直接与热解碳的微观结构密切相关，当沉积压力为 2.0kPa 时，所得到的热解碳层间距最低，石墨化程度达到 75%，在沉积温度、气体流速等参数不变的条件下，2.0kPa 的系统压力为较优的压力工艺参数。

表 4-2　不同沉积温度下得到的 PyC 结构

温度/℃	900	1000	1100
微观结构	SL	RL	ISO

表 4-3　沉积压力对 PyC 界面层 XRD 结构参数的影响

系统压力/kPa	衍射峰 2θ/(°)	层间距 d_{002}/nm	晶粒尺寸/nm
0.1	26.12	0.3382	13.6
2.0	26.24	0.3376	17.4
5.0	26.20	0.3382	14.5
15	26.08	0.3394	11

在沉积温度、沉积压力和沉积区体积不变的情况下，沉积气体流速与滞留时间密切相关，其与沉积工艺参数的关系如式（4-1）所示。

$$\tau=\frac{V}{Q}\times\frac{T_0}{T}\times\frac{P}{P_0} \tag{4-1}$$

式中　V——沉积区体积；

Q——前驱体流量（流速×时间）；

T、P——反应温度和压力，$T_0=298$ K，$P_0=101$kPa。

滞留时间直观上描述的是反应气体在沉积基底表面流过的时间，滞留时间越短，说明反应物在等温区内停留的时间越短，可以发生热解碳沉积的时间也越短。因此，滞留时间也可以表述为“有效反应时间”，表征前驱体在等温区内的反应时间。在沉积温度、压力等工艺参数不变的情况下，采用增大气体流量的办法来增加气体在炉内的流速，用单位时间、单位炉体横截面积的气体流过的质量来表示。实验结果如表 4-4 所示。当气体流速为 0.10g/(h・mm^2) 时，PyC 获得了较高的石墨化度，而在较高或较低的流速下，其石墨化度均有所降低，其原因与上述滞留时间对材料晶体有序度的影响原理相同，因为气体流速快意味着滞留时间短；反之，则滞留时间长。

表 4-4　气体流速对 PyC 界面层 XRD 结构参数的影响

样　号	气体流速/(g/(h · mm^2))	沉积温度/℃	层间间距 d_{002}/nm	石墨化度/%
1	0. 2	1000	0. 3375	75. 8
2	0. 1	1000	0. 3373	77. 4
3	0. 05	1000	0. 3379	70. 8

图 4-7 所示为不同形貌的热解碳界面层。该界面层以丙烷为碳源，在 2D 编织的 Cansas 3301 SiC 纤维预制体上制备，界面层厚度分别为 0. 05μm、0. 10μm、0. 15μm、0. 20μm 和 0. 25μm。进而以聚碳硅烷二甲苯溶液为浸渍剂，采用聚合物前驱体浸渍裂解工艺完成 SiC/SiC 复合材料的致密化。

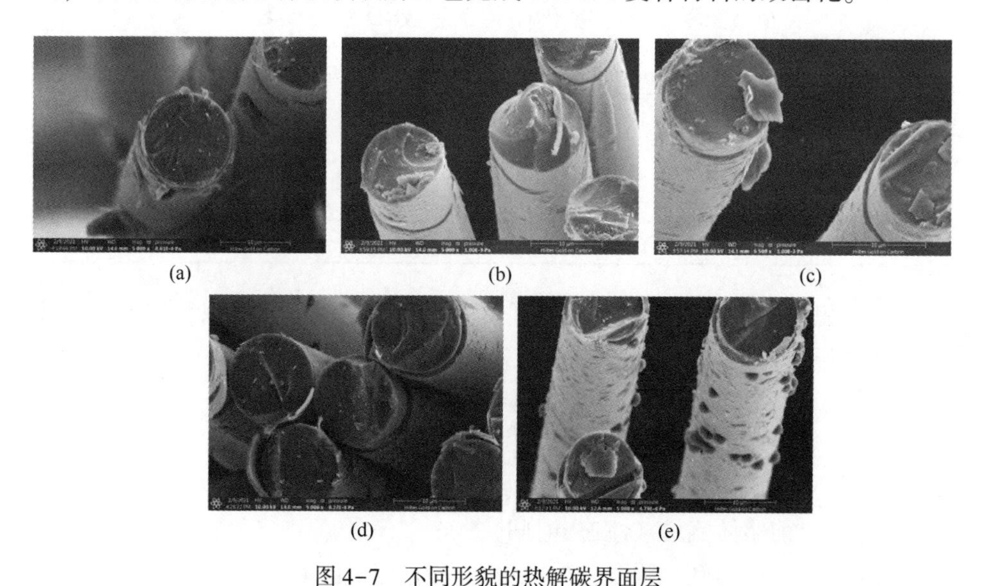

图 4-7　不同形貌的热解碳界面层

(a) 0. 05μm；(b) 0. 10μm；(c) 0. 15μm；(d) 0. 20μm；(e) 0. 25μm。

当界面层平均厚度≤0. 20μm 时，结构较为致密，表面较为光滑；当界面层厚度增加至 0. 25μm 时，部分界面层表面出现鼓包状沉积物，这可能归因于沉积过程纤维表面缺陷导致化学活性点分布不均匀，形成局部沉积速率过大，这类鼓包状沉积物改变了原有的界面结合强度，导致 SiC/SiC 复合材料力学性能离散性增加。

4. 2. 3. 2　热解碳界面层对 SiC/SiC 复合材料性能的影响

不同厚度热解碳界面层制备的 SiC/SiC 复合材料力学性能测试结果如

图 4-8 所示，SiC/SiC 复合材料致密化次数为 10 次。当界面层厚度为 0.05μm 时，弯曲强度平均值仅为 338MPa，随着界面层厚度增加至 0.10μm 和 0.15μm，弯曲强度迅速增加至 397MPa 和 393MPa，说明该制备工艺条件下通过纤维桥联、裂纹偏转和纤维拔出等途径释放由于制备工艺或者复合材料各向异性引起的内部应力，有利于材料力学强度的提升。当界面层厚度继续增加至 0.20μm 和 0.25μm 时，材料弯曲强度分别下降至 342MPa 和 329MPa，仅相当于界面层厚度为 0.10μm 样品的 86.15% 和 82.87%，这可能归因于界面层厚度的增加在延长裂纹拓展途径的同时，弱化了载荷传递的能力。此外，由 SiC/SiC 复合材料的弯曲模量测试结果可知，当界面层厚度由 0.05μm 增加至 0.25μm 时，材料弯曲模量基本保持不变，这可能归因于 SiC/SiC 复合材料致密化过程相近，而材料模量主要由受力过程初期的应力-位移曲线计算获得，即基体的作用明显高于纤维和界面层的作用。

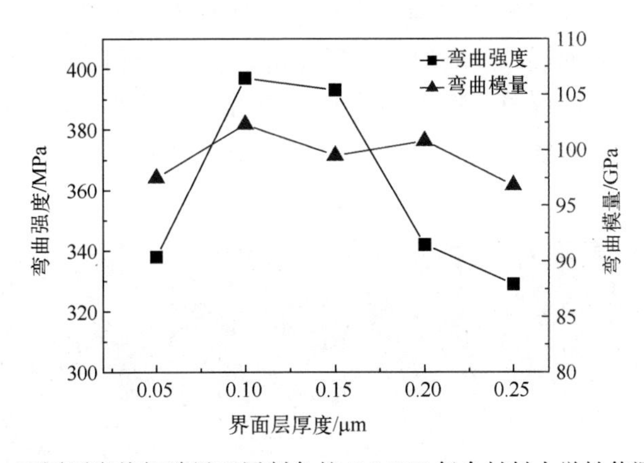

图 4-8　不同厚度热解碳界面层制备的 SiC/SiC 复合材料力学性能测试结果

图 4-9 为上述 5 种界面层制备的 SiC/SiC 复合材料截面形貌。当热解碳界面层厚度为 0.05μm，SiC/SiC 复合材料弯曲变形较小，受拉面为破坏的起始面，裂纹拓展路径在厚度方向的层间偏折和分叉现象较少，SiC/SiC 复合材料截面纤维拔出较少，表现为纤维束的整体拔出和断裂，纤维逐次拔出现象不明显，这主要归因于采用化学气相沉积工艺制备热解碳过程中，不同位置纤维预制体的渗透和扩散阻力差异较大，特别是纤维束间与纤维束外部的差异，这不利于实现热解碳界面层的均匀性，难以在层状结构热解碳界面层中通过裂纹偏转、纤维桥联等方式释放尖端应力，失去层状结构界面层的增强增韧作用。当界面层厚度增加至 0.10μm 和 0.15μm 时，SiC/SiC 复合材料剪切变形逐渐增加，裂纹在试样受拉面和试样层间均有所呈现，特别是裂纹沿着弯

曲载荷加载点沿倾斜方向贯穿试样，在试样层间方向出现一定程度的偏折和分叉现象，这说明 SiC/SiC 复合材料在外部弯曲载荷下的受力行为综合了拉伸破坏和剪切破坏两种形式。此外，在 SiC/SiC 复合材料截面上，纤维出现大量逐次拔出，且纤维拔出的长度较大，这有利于充分发挥界面层增强增韧作用，更重要的是纤维拔出部分表面附着一定的 SiC 陶瓷基体，说明热解碳界面层与纤维和基体的结合力相当，界面可以逐次有效地实现脱黏，有助于改善界面处裂纹偏转的情况。此外，纤维/界面/基体之间适宜的结合强度能够在改善材料脆性的前提下，实现外部载荷的有效传递，有助于提升 SiC/SiC 复合材料的强度和韧性。当热解碳厚度进一步增加至 0.20μm 和 0.25μm 时，SiC/SiC 复合材料变形逐渐增加，裂纹呈现无序状态，裂纹分布于整个断裂面，试样层间结构大量被破坏，加载后期剪切变形更加明显，因此 SiC/SiC 复合材料横截面假塑性断裂行为特征显著。此外，在 SiC/SiC 复合材料横截面上存在大量的纤维逐次拔出和纤维桥联现象，特别是纤维拔出的长度有所增加，这可能归因于热解碳界面层厚度增加带来裂纹偏转途径的延长，进而促进 SiC/SiC 复合材料内部应力的释放。但界面层厚度的增加在促进材料内部应力释放的同时，引起界面脱黏强度的下降，过弱的界面结合会影响载荷传载从而降低材料的强度。

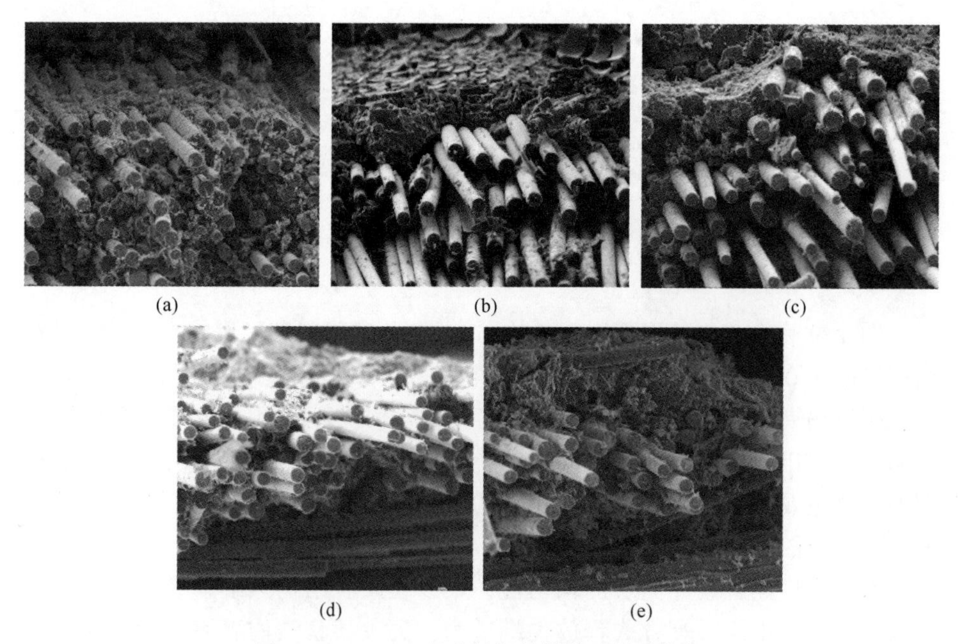

图 4-9　SiC/SiC 复合材料的横截面形貌分析

(a) 0.05μm；(b) 0.10μm；(c) 0.15μm；(d) 0.20μm；(e) 0.25μm。

为了进一步表征 SiC/SiC 复合材料力学行为，特别是外部载荷作用下的破坏机理，将 5 种 SiC/SiC 复合材料遭受弯曲载荷时的应力-位移曲线（图 4-10）进行分析。

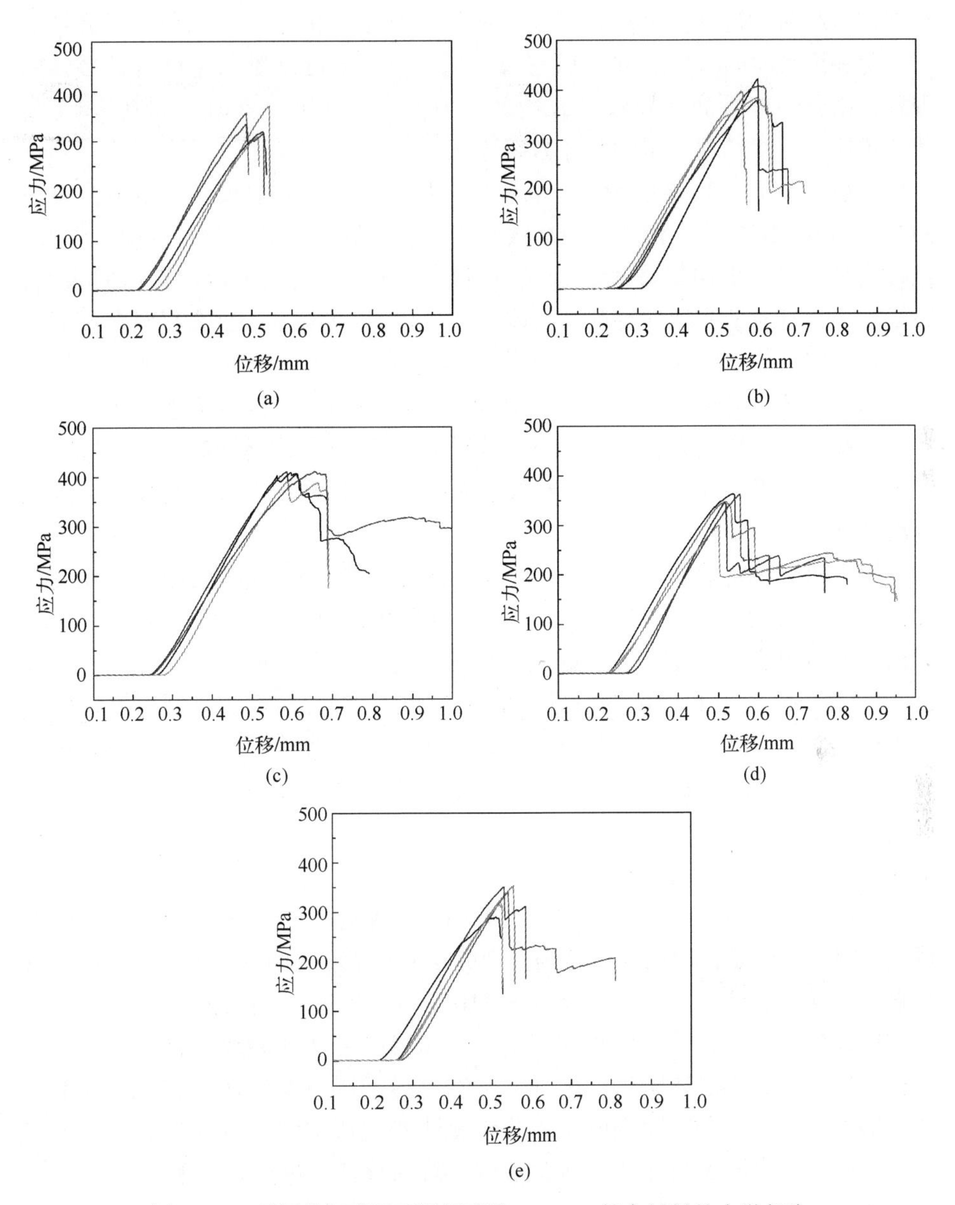

图 4-10　不同热解碳界面层厚度的 SiC/SiC 复合材料的力学行为

（a）0.05μm；（b）0.10μm；（c）0.15μm；（d）0.20μm；（e）0.25μm。

当热解碳界面层厚度较小（0.05μm）时，弯曲强度和弯曲模量试验测试值分别为338MPa和98GPa，应力-位移曲线表现出显著的线性关系，即SiC/SiC复合材料在外部载荷作用下，基体先于纤维和界面层受到冲击发生开裂，外部冲击载荷通过基体迅速传递至界面层和纤维，化学气相沉积过程流场的不均匀和沉积时间较短，界面层较薄，甚至出现部分纤维与基体直接接触的现象，结合强度较高，导致承载达到最大值后，纤维、界面层和基体剥离，载荷迅速降低，呈现典型的脆性断裂特征。

当热解碳界面层厚度为0.10μm时，弯曲强度和弯曲模量测试值分别为397MPa和102GPa。在弯曲载荷加载开始至载荷值达到最大的过程中，应力-位移曲线表现为阶梯式过渡平台区或阶梯式下降，且该平台位移区间较宽，力学行为具有典型假塑性特征。具体力学过程为：SiC/SiC复合材料在外部弯曲载荷作用下首先因拉应力发生变形，引起SiC基体在外部载荷加载点发生开裂，当外部载荷通过基体进一步延伸至材料内部时，材料承受明显层间剪切应力和面内剪切应力，层间出现明显纤维桥联、裂纹偏转和基体脱黏破坏，上述行为有利于裂纹传递和应力释放，在应力-位移曲线上表现为应力台阶式逐次降低。

当界面层厚度增加至0.15μm时，弯曲强度和弯曲模量分别为393MPa和100GPa，其应力-位移曲线与界面层厚度为0.10μm的样品相似，均表现出较宽位移区间的阶梯式过渡平台区或阶梯式下降，区别在于抗变形能力进一步提升，SiC/SiC复合材料的韧性进一步得到加强。当热解碳界面层厚度进一步增加至0.20μm和0.25μm时，SiC/SiC复合材料保持优异韧性，外部载荷达到最大值后均出现明显的阶梯式过渡平台或阶梯式下降区。特别是当界面层厚度为0.20μm时，抗变形能力非常优异，该部分形变主要归因于界面厚度的增加有利于裂纹偏转途径的延长以及剪切行为的发生，特别是层间剪切和面内剪切行为导致裂纹很容易穿过纤维束向多层基体逐层扩展，吸收大量的能量。值得注意的是，界面层厚度为0.20μm和0.25μm的SiC/SiC复合材料弯曲强度出现一定降幅，分别下降至342MPa和329MPa，这主要归因于SiC基体传递载荷的能力高于热解碳界面层，界面层厚度增加导致复合材料致密化过程中前驱体溶液浸渍阻力的增加，特别是界面层热解碳沉积在SiC纤维束内部形成一定的闭合孔隙，前驱体溶液无法实现渗透浸渍，即界面层厚度的增加会造成前驱体溶液转化为SiC基体含量的降低，进而对材料载荷传递的能力造成一定影响，导致SiC/SiC复合材料弯曲强度下降。

综上所述，当热解碳界面层厚度较低时，界面结合强度较高，断裂破坏主要由拉应力引起，破坏行为呈现典型的脆性断裂特征；随着界面层厚度的增加（如 0.10μm 和 0.15μm），界面结合强度适中，纤维和界面层的增强增韧作用逐渐体现，材料断裂破坏包含拉伸破坏和剪切破坏，且断裂途径通过层内和层间的偏着与分叉贯穿整个试样厚度方向，破坏行为具有典型的假塑性特征；当界面层过厚时，前驱体溶液浸渍阻力增加，影响 SiC/SiC 复合材料致密化过程，不利于外部载荷的传递，导致材料力学强度的下降。上述分析与 SiC/SiC 复合材料形貌分析相吻合，即合适的界面层厚度和结构有利于通过纤维桥联、裂纹偏转和纤维拔出等途径，释放由制备工艺或复合材料各向异性引起的内部应力，进而提升材料性能的提升。

4.2.3.3　氮化硼界面层的沉积过程

六方氮化硼一方面具有与石墨碳类似的层状结构和机械性能；另一方面氮化硼（BN）界面层具有良好的抗氧化性，可以显著提高陶瓷基复合材料的抗氧化性[23-24]。通过化学气相渗透技术，氮化硼可以在纤维束、布或预制体上沉积，其气相前驱体主要包括三氯化硼或三氟化硼、氨和氢。不同的沉积温度可在涂层中产生不同的结晶结构；沉积温度低于 900℃时导致非晶态的氮化硼，中温区产生小颗粒多晶六方氮化硼，高温区（>1300℃）可得到高度有序排列、大晶粒的氮化硼。与热解碳界面层沉积过程主要依靠甲烷、丙烷等前驱体气体的扩散和裂解生成热解碳界面层不同，三氯化硼的沉积气源体系较为复杂，主要涉及三氯化硼气体与氢气的还原反应、氨气的分解反应，以及 B 和 N 元素的合成，其反应体系所涉及的化学方程式可能为

$$BCl_3(g)+NH_3(g)=\!=\!=BN(s)+3HCl(g) \tag{4-2}$$

$$2NH_3(g)=\!=\!=N_2(g)+3H_2(g) \tag{4-3}$$

$$2BCl_3(g)+3H_2(g)=\!=\!=2B(s)+6HCl(g) \tag{4-4}$$

$$BCl_3(g)+H_2(g)=\!=\!=BHCl_2(g)+HCl(g) \tag{4-5}$$

$$2BCl_3(g)+H_2(g)=\!=\!=2BCl_2(g)+2HCl(g) \tag{4-6}$$

$$BCl_3(g)+H_2(g)=\!=\!=BCl(g)+2HCl(g) \tag{4-7}$$

$$2BCl_2(g)+H_2(g)=\!=\!=2BCl(g)+2HCl(g) \tag{4-8}$$

氮化硼界面层的工艺参数主要包括沉积温度、沉积时间以及氮化硼界面层的渗透性和均匀性等。以 $BCl_3-NH_3-H_2-Ar$ 为反应体系，表 4-5 列举了不同温度下 10h 内所得到的涂层厚度。研究表明，随着沉积温度的增加，涂层的沉积速率也有较大幅度的提高。氮化硼涂层的沉积速率可由涂层厚度与沉积时间的比值来表征。

表 4-5 不同温度下氮化硼涂层的沉积厚度与沉积速率

温度/℃	800	1000	1200
沉积厚度/μm	0.5	2.0	6.0
沉积速率/μm/h	0.05	0.2	0.6

对于 800℃、1000℃、1200℃，涂层厚度与沉积时间符合式（4-9）中的函数关系：

$$X^2 = K \cdot t \quad (4-9)$$

式中 K——速率常数；

X——涂层厚度；

t——沉积时间。

K 值与温度之间的函数关系符合 Arrhenius 方程：

$$K = A\exp(E_a/RT) \quad (4-10)$$

式中 A——常数；

E_a——表观活化能；

R——气体常数；

T——沉积温度。

对于给定的 BN 反应，当将沉积温度从 T_1 升高到 T_2 时，通过速率常数增加的倍数即可计算出应该的表观活化能，如式（4-11）所示。

$$\ln(K_2/K_1) = -E_a/[R(1/T_2 - 1/T_1)] \quad (4-11)$$

当沉积温度由 800℃提高到 1000℃时，通过表 4-5 中的数据计算可得该反应体系的表观活化能 E_a 为 157.4kJ/mol。T. Matsuda 等[25]报道了 $BCl_3-NH_3-H_2$ 体系在 1200~2000℃范围内，表观活化能为 134kJ/mol，略低于本实验中计算出的 157.4kJ/mol 的表观活化能。BN 涂层的沉积过程受前驱体气体在衬底的表面反应、表面扩散、反应产物在沉积表面的吸附以及气相副产物的解吸附作用控制。S. Le Gallet[26]等的研究指出，对于 $BCl_3-NH_3-H_2$ 体系，沉积机理与前驱体气体 NH_3 及 BCl_3 的通气量有关。当 NH_3 过量时，动力学过程是由 BCl_3 气体向衬底表面扩散的过程控制的，而当 NH_3 不足时，由化学反应和质量传输过程共同控制。

图 4-11 为 800℃和 1200℃下沉积的 BN 涂层形貌 SEM 照片。在 800℃时，BN 涂层表面相对平整，表面有凸胞尺寸的晶粒。随着沉积温度增加到 1200℃，凸胞长大，BN 涂层表面变得较为平整。

对 800℃沉积的 BN 涂层选取特定区域进行 EDS 分析，如图 4-12 所示。涂层中除了 B、N 元素，还含有一定量的 O 元素，这主要是由于 BN 为乱层结构（t-BN），其晶化程度不高，BN 具有一定的吸潮性，它会吸附空气中的 O_2

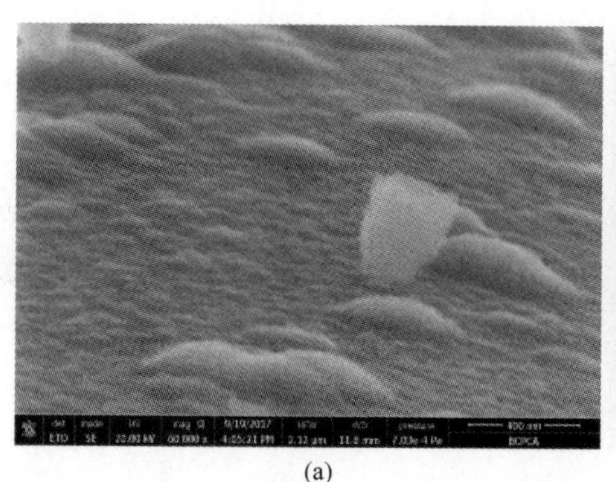

(a)

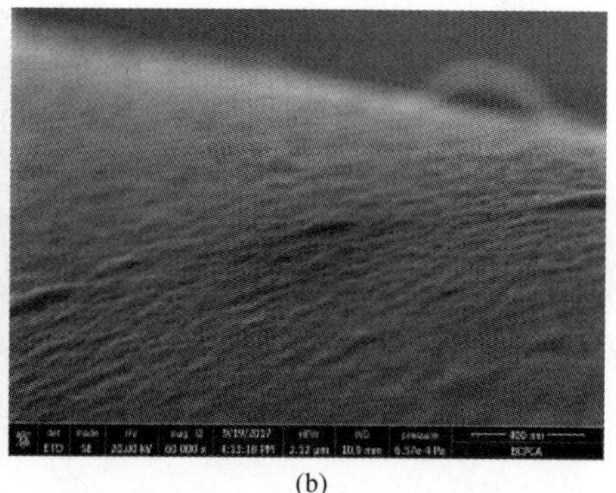

(b)

图 4-11　BN 涂层形貌 SEM 照片

（a）沉积温度 800℃；（b）沉积温度 1200℃。

或 H_2O 而潮解。BN 的这种吸潮性会导致涂层中 O 元素的增加。

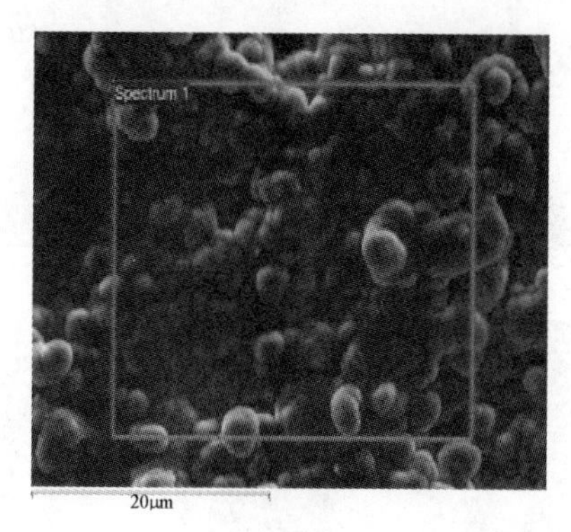

元素	质量分数/%	原子分数/%
B	42.25	49.16
N	48.52	43.57
O	9.23	7.26

图 4-12　沉积的 BN 涂层形貌及 EDS 能谱分析

以 BCl_3-NH_3 为原料，采用化学气相沉积工艺，在 Cansas 3301 SiC 纤维［预制体（2D 编织）］表面制备氮化硼界面层，设计厚度为 0.20μm、0.40μm、0.60μm、0.80μm、1.20μm、1.60μm。图 4-13 所示为不同形貌的氮化硼界面层。当界面层设计厚度≤1.20μm，氮化硼（BN）界面层表面光滑，结构致密，在测试表征区域能够均匀覆盖纤维表面，这有助于实现 BN 界面层沉积过程的均匀性和稳定性。当界面层厚度超过 1.20μm 时，界面层由多层层状结构组成，这主要归因于沉积过程中纤维预制件和流场的相对位置的多次调整。此外，界面层表面出现显著的乱层结构，其中微米级馒头状凸起最为显著，这可能归因于化学气相沉积过程中化学活性点的变化，导致沉积过程的不均匀性逐渐凸显。

图 4-13　不同形貌的氮化硼界面层

(a) 0.20μm；(b) 0.40μm；(c) 0.60μm；(d) 0.80μm；(e) 1.20μm；(f) 1.60μm。

4.2.3.4　氮化硼界面层对 SiC/SiC 复合材料性能的影响

采用聚合物前驱体浸渍工艺制备的不同厚度碳化硼（BN）界面层的 SiC/SiC 复合材料力学性能如图 4-14 所示。随着 BN 界面层的增加，SiC/SiC 复合材料弯曲强度和弯曲模量基本出现先增长后降低的趋势。前期研究表明，BN

界面层的作用机制包括载荷传递和应力释放，上述两种作用机制与BN界面层的厚度关系密切，并在一定程度上处于竞争关系。弯曲模量更多体现的是SiC/SiC复合材料外部载荷作用下，材料抵抗变形的能力，因此层状BN界面层厚度过大，内部裂纹拓展的途径增加的同时，降低了陶瓷基体抵抗变形的能力。

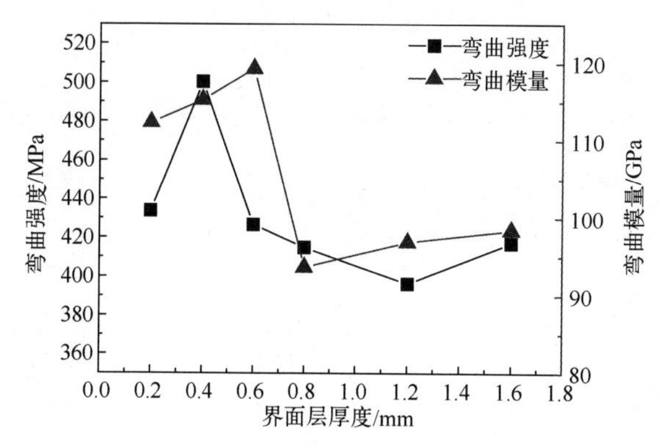

图4-14 不同厚度BN界面层的SiC/SiC复合材料力学性能

图4-15为不同厚度BN界面层制备SiC/SiC复合材料的应力-位移曲线。当氮化硼界面层厚度为0.20μm时，SiC/SiC复合材料弯曲强度较高，达到433.56MPa，但此时应变较小，这主要归因于SiC/SiC复合材料在外部载荷作用下，裂纹在基体和界面层中偏转途径较小，限制了界面层增强增韧作用的发挥。随着界面层厚度增加至0.40μm，SiC/SiC复合材料弯曲强度达到最大值500.24MPa，此时BN界面层的载荷传递和应力释放效应，达到较好的平衡，这可能是SiC/SiC复合材料成型优化的工艺参数。随着界面层厚度由0.60μm进一步增加到1.60μm，弯曲强度变化较小，这可能是因为载荷传递和应力释放两种作用机制相对平衡，但是SiC/SiC复合材料的应力-位移曲线中外部载荷达到最大之后，阶梯式下降的趋势越来越显著，其中一个重要表现即为曲线中应变的逐渐变大，这主要归因于SiC/SiC复合材料在加载方向和层间方向出现大量裂纹，裂纹偏转的途径包括纤维束间以及纤维束与基体界面处的行为有关，这对发挥能量耗散机制、增强材料韧性断裂行为具有促进作用。

与热解碳界面层制备的SiC/SiC复合材料力学行为相比，采用BN界面层的SiC/SiC复合材料弯曲强度最高时（界面层厚度为0.40μm），材料应力-位移曲线的假塑性断裂行为不显著，这主要归因于SiC纤维/BN界面层/SiC基

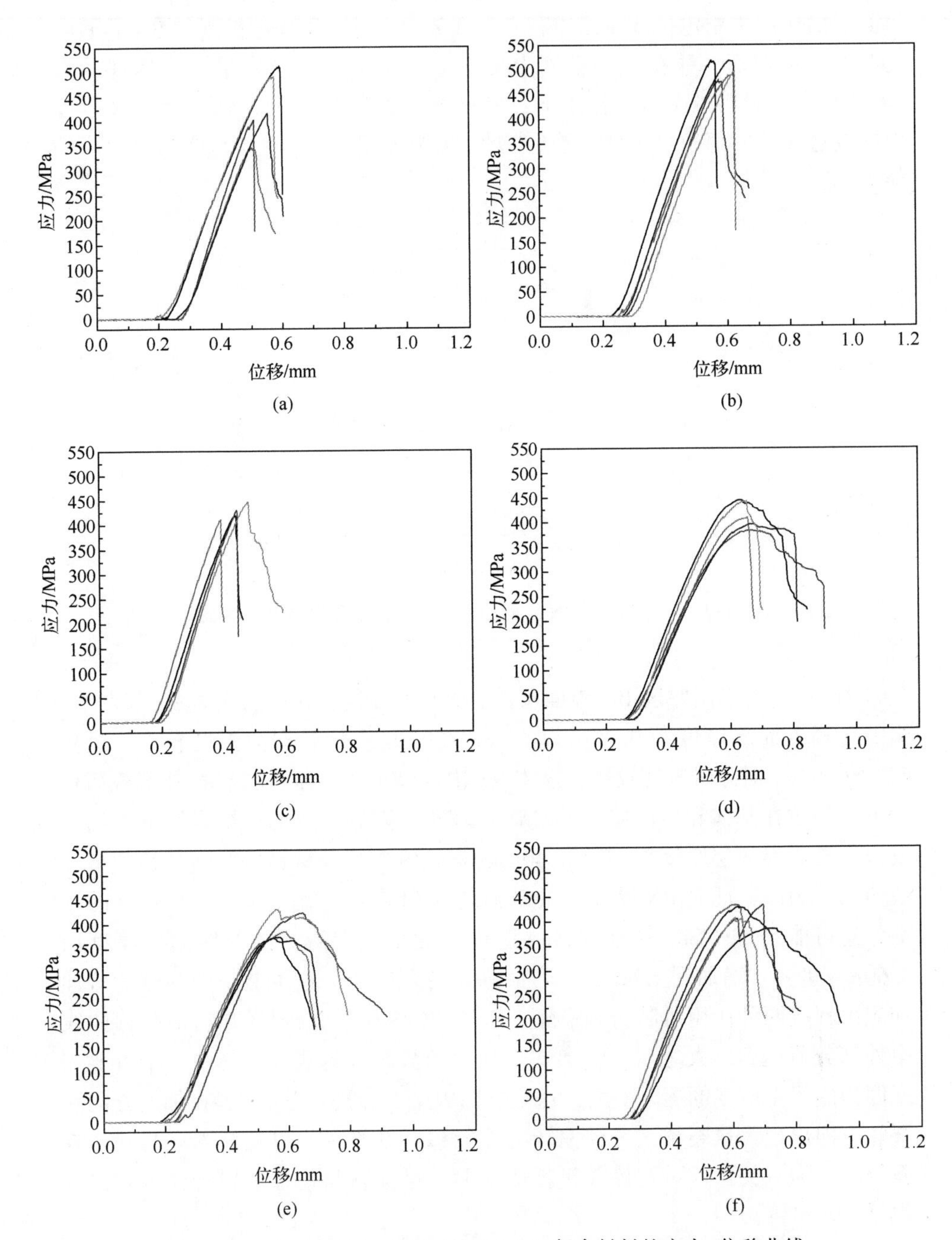

图 4-15　不同厚度 BN 界面层的 SiC/SiC 复合材料的应力-位移曲线

(a) 0.20μm；(b) 0.40μm；(c) 0.60μm；(d) 0.80μm；(e) 1.20μm；(f) 1.60μm。

体的结合方式和结合强度差异。图4-16和图4-17分别为带PyC界面层和BN界面层的SiC/SiC复合材料断裂形貌。PyC界面层与SiC纤维和SiC基体结合强度相当，在外部载荷作用下，逐次发生纤维/基体界面解离、纤维桥联增韧、纤维断裂和纤维断头拔出等现象，具体表现为界面层在纤维与基体均有大量黏连，上述过程都将吸收能量，使得材料的强度和韧性增加。BN界面层与SiC/SiC复合材料内部结构之间的结合方式和结合强度与PyC界面层差异明显。BN界面层与SiC基体的结合强度明显高于与SiC纤维的结合强度，表现为界面层在基体中的附着量明显大于在纤维上的附着量，即纤维拔出部分表面表现出光滑致密的结构，界面层的分裂多发生在纤维与基体断裂处，上述行为一定程度上限制了纤维/基体界面解离、纤维桥联等能量耗散机制的发挥。

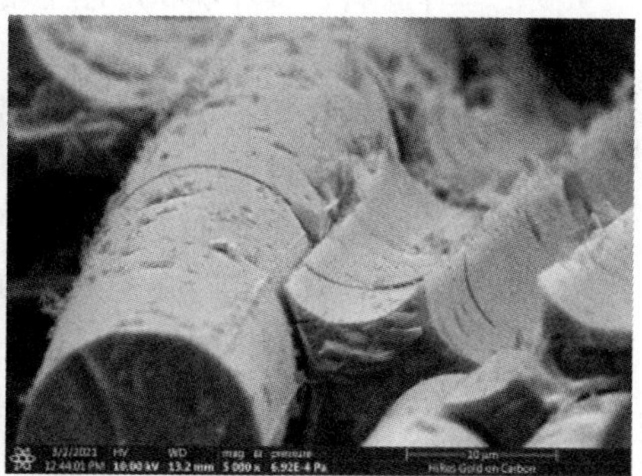

图4-16　PyC界面层厚度为0.20μm的SiC/SiC复合材料断裂形貌

图4-17　BN界面层厚度为0.60μm的SiC/SiC复合材料断裂形貌

因此，当采用BN界面层制备SiC/SiC复合材料时，界面结合强度的优化成为影响材料力学性能的重要内容，也是目前研究的热点和重点。

4.3 基体致密化技术

4.3.1 基体设计

在陶瓷基复合材料构件服役过程中，基体先于界面层和纤维遭受外部载荷冲击，在经历弹性形变后，材料内部逐渐形成微裂纹、裂纹偏转、纤维桥联等载荷传递或应力释放的方式，这是陶瓷基体设计和选择的基础；同时在高温环境媒介中，陶瓷基体材料或其反应产物应保持优异的组分和结构稳定性，这对提升陶瓷基复合材料环境性能及其构件的稳定性意义重大。

SiC 陶瓷基体因其力学性能和化学相容性优异，成为目前陶瓷基复合材料最重要的基体材料，其环境稳定性主要体现在高温区间（>1200℃）。在该温域，SiC 陶瓷基体氧化产物 SiO_2结构致密，流动性适中，能够有效保护内部纤维免遭外部氧化媒介的侵蚀，但在低温域（800~1200℃），SiC 陶瓷基体的氧化速率比较低，且缓慢氧化生成的 SiO_2呈粉末状，难以依靠 SiC 氧化形成的 SiO_2保护膜来有效地填充材料内部氧气扩散和渗透的通道，导致纤维被氧化。此外，陶瓷基复合材料不可避免地存在一部分孔隙，氧气通过孔隙入侵复合材料内部，造成该材料纤维损伤严重。同时，SiC 陶瓷基体在高于 1400℃的环境中，发生相结构变化，由 β-SiC 转变为 α-SiC，影响了 SiC/SiC 复合材料结构的稳定性。如图 4-18 所示，提升 SiC 陶瓷基体抗氧化和稳定性最有效的方法是针对航空发动机热端构件使用工况采用不同的多元陶瓷基体组分，充分发挥各陶瓷基体组元之间的协同抗氧化功能，提升材料本身的协同抗氧化能力。在低温防氧化阶段，常见的陶瓷基体组分包括 B_4C、B_2O_3、BN 等，高温防氧化阶段为 SiO_2、Si_3N_4等，超高温防氧化阶段为 ZrC、ZrB_2、ZrO_2、$MoSi_2$、HfC、HfB_2、TaC 等。

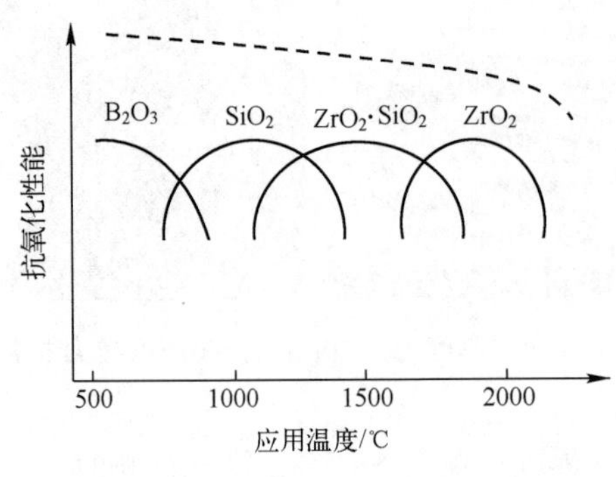

图 4-18　不同陶瓷基体抗氧化性能示意图

本节主要讨论 SiC 陶瓷基体的选择及致密化控制，含硼、锆等超高温组分的陶瓷基体制备及评估在第7章中进行阐述。

4.3.1.1　固态聚碳硅烷

固态聚碳硅烷是 PIP 工艺制备 SiC/SiC 复合材料最常见的陶瓷基体前驱体，一般将其溶解在苯系溶剂中，配成具有特定浓度和黏度的前驱体溶液，进而进行浸渍-裂解等工序，实现基体的致密化。黏度、陶瓷化收率和无机化温度是固态聚碳硅烷作为陶瓷基体前驱体需要重点关注的因素。

1. 固态聚碳硅烷前驱体溶液浓度的影响

前驱体溶液的浓度对浸渍过程阻力和高温裂解过程陶瓷收率影响较大，具体表现为：前驱体浓度的提升，引起浸渍液黏度的增加，进而导致浸渍过程阻力的增加，影响浸渍效率；同时，前驱体浓度的增加有利于提升 SiC 陶瓷前驱体无机化过程的陶瓷收率，进而提升 SiC/SiC 复合材料的致密化效率和致密度[22]。上述两种作用此消彼长，对制备的 SiC 陶瓷基体及 SiC/SiC 复合材料的结构和力学性能均有重要的影响。

室温下固态聚碳硅烷溶液（溶剂为二甲苯）黏度和浓度的关系曲线如图4-19所示。研究表明，固态聚碳硅烷溶液的黏度随浓度的增加呈现先缓慢增长后快速增长的趋势。当固态聚碳硅烷溶液的浓度低于60%（质量分数）时，固态聚碳硅烷溶液的黏度增长趋势较为缓慢，PCS 浓度为40%（质量分数）时，黏度为6.5mPa·s，PCS 浓度为60%（质量分数）时，黏度缓慢增长至150mPa·s；当固态聚碳硅烷溶液的浓度大于60%（质量分数）时，溶液黏度急剧增加，浓度为65%（质量分数）和70%（质量分数）时，黏度分别增加至771mPa·s 和5400mPa·s，特别是 PCS 浓度为70%（质量分数）时，溶液几乎失去流动性。

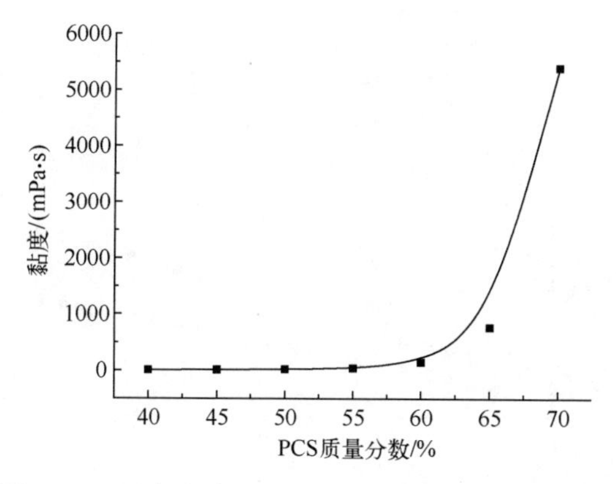

图4-19　固态聚碳硅烷溶液黏度和浓度的关系曲线

2. 固态聚碳硅烷的氧化行为

碳化硅在氧化气氛下的主要氧化反应可以通过热力学计算得出。热力学数据见热力学计算软件 HSC Chemistry 5.0[27]。在有氧条件下，SiC/SiC 复合材料发生的主要的氧化反应有

$$\frac{2}{3}SiC+O_2(g)=\!=\!=\frac{2}{3}SiO_2+\frac{2}{3}CO(g) \qquad \Delta G^0=-615.95+0.05139t \tag{4-12}$$

$$\frac{1}{2}SiC+O_2(g)=\!=\!=\frac{1}{2}SiO_2+\frac{1}{2}CO_2(g) \qquad \Delta G^0=-591.24+0.08156t \tag{4-13}$$

$$SiC+O_2(g)=\!=\!=SiO(g)+CO(g) \qquad \Delta G^0=-46.06497-0.042t \tag{4-14}$$

式中 ΔG^0——标准吉布斯自由能（kJ/mol）；

t——温度（℃）。

根据以上关系式可以绘出图 4-20，在 0~2000℃范围内，式（4-12）~式（4-14）的标准吉布斯自由能均小于零，故反应均可以发生。式（4-12）和式（4-13）中反应自由能的绝对值较高，均远大于式（4-14）的标准吉布斯自由能。所以在高温有氧环境下，式（4-12）和式（4-13）反应优先发生，即碳化硅与氧气反应生成二氧化硅和小分子气体，二氧化硅在较高温度下（1000℃以上）时，表现为一定流动性的熔融状态，可以在材料表面延展成二氧化硅薄膜，阻碍氧向材料内部的扩展速度，限制碳化硅的进一步氧化；大量小分子气体从二氧化硅薄膜内部逸出，如果二氧化硅的流动性适宜，可以迅速弥补气体释放形成的孔隙，反之薄膜失去封填材料孔隙、抑制氧气渗透的作用。

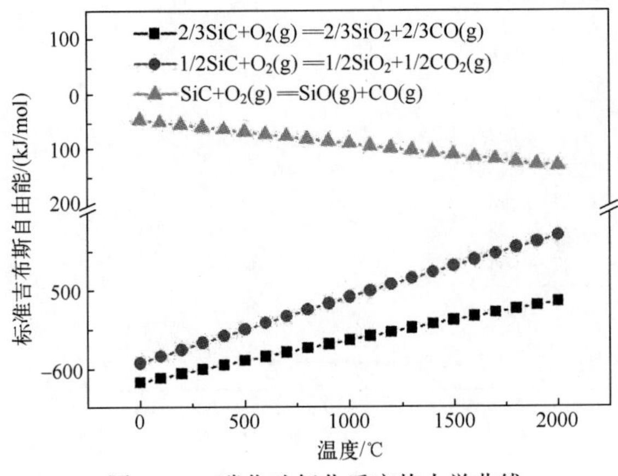

图 4-20　碳化硅氧化反应热力学曲线

图 4-21 和图 4-22 分别为固态聚碳硅烷裂解产物碳化硅陶瓷不同温度下氧化形貌和 XRD 图谱。由固态聚碳硅烷高温裂解制备的碳化硅陶瓷特征峰出现在 2θ 为 36.17°、60.45°和 71.89°等位置，说明碳化硅主要以 β-SiC 相（2θ=36.23°，JCPDS 01-073-1708）存在，产物表面较为粗糙，表面有较多的孔隙。当氧化温度升高至 800℃时，产物中出现二氧化硅的特征峰（2θ=22.15°，JCPDS 01-082-1554），此时碳化硅陶瓷开始与氧气反应生产二氧化硅，因氧化反应程度较低，氧化产物表面尚未出现明显疏松结构；当温度上升至 1000℃时，氧化反应加剧，氧化产物结构失去致密性，表面形成大量孔隙；随着氧化温度升高至 1200℃，二氧化硅流动性逐渐增加，均匀地铺展在产物表面和内部孔隙中，形成较为致密的二氧化硅薄膜，能够抑制材料进一步氧化，此时材料具有优异的抗氧化性能。当氧化温度升高至 1400℃时，产物中二氧化硅的特征峰（2θ=22.15°）较为尖锐，此时薄膜层二氧化硅开始有 α-SiC 相析出（2θ=24.59°，JCPDS 00-039-1196），氧化产物表面出现明显的晶体状物质堆积，

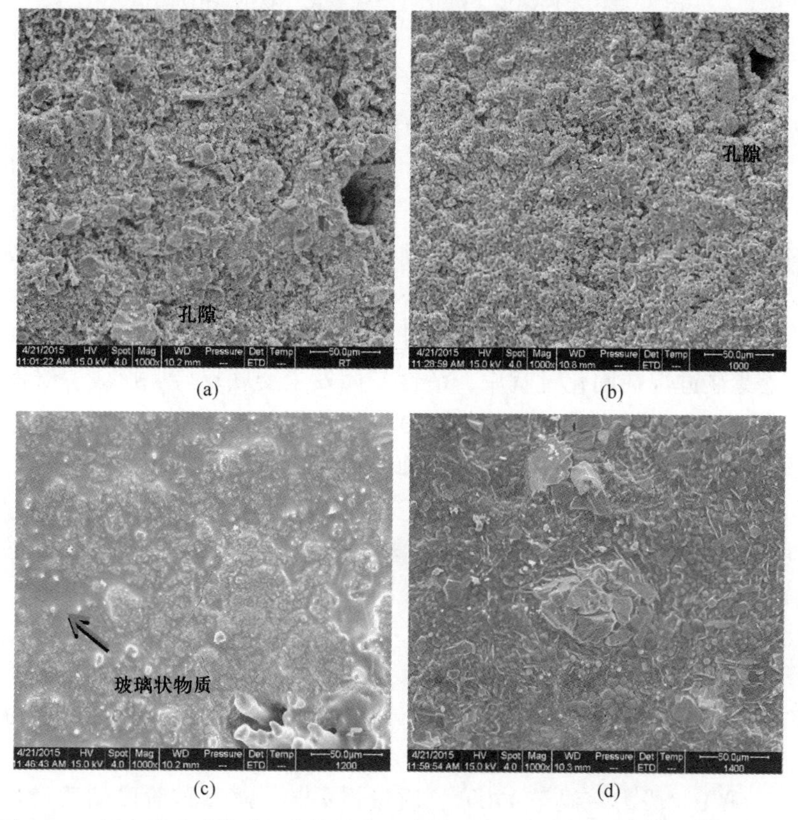

图 4-21　固态聚碳硅烷裂解产物碳化硅陶瓷氧化产物形貌不同温度下氧化形貌

（a）室温；（b）1000℃；（c）1200℃；（d）1400℃。

产物表面较为致密，晶体状堆积物之间出现明显的界面和少量的缝隙，说明晶型的转变容易引起薄膜层开裂，材料在该温度下使用时长时稳定性需要进一步考察。

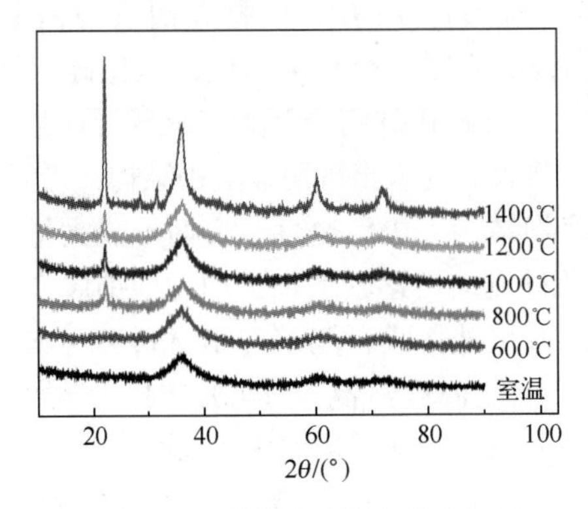

图 4-22　不同温度下碳化硅陶瓷氧化产物的 XRD 图谱

4.3.1.2　液态聚碳硅烷

固态聚碳硅烷需溶解在苯系溶剂中使用，因稳定性优异、制备工艺成熟，是目前应用最广泛的 SiC 陶瓷前驱体。引入苯系溶剂在提升流动性的同时，降低了单循环致密化的陶瓷收率：一方面延长了致密化周期；另一方面增加了材料内部孔隙率。针对上述问题，国内相关企业开始研制陶瓷产率较高的液态聚碳硅烷，该陶瓷前驱体在室温下具有很好的流动性，液态聚碳硅烷良好的流动性对浸渍过程较为有利，这也是获得高质量 SiC/SiC 复合材料的前提。液态聚碳硅烷在固化过程中，活性基团发生交联反应，形成三维网络结构，一方面减少有机小分子的挥发，有助于获得较高的陶瓷产率；另一方面降低液态聚碳硅烷陶瓷化过程中由于前驱体体积收缩导致的塌陷变形，这对 SiC/SiC 复合材料的变形控制至关重要[24]。

如图 4-23 所示，剪切黏度随温度变化曲线，液态聚碳硅烷黏度在前期基本维持不变，为 40~80mPa·s，但其黏度为 129℃时急剧上升，显示树脂开始发生化学交联反应。

图 4-24 和图 4-25 分别为液态聚碳硅烷高温裂解过程失重曲线和不同温度下裂解产物的红外谱图。研究表明，液态聚碳硅烷的失重过程分为 3 个阶段：

(1) 第 1 阶段为室温至 170℃，质量损失 5.92%，该阶段的质量损失主要归因于部分活性较低、不参与自聚合反应的小分子低聚物的逸出以及液态聚碳硅烷的固化反应。

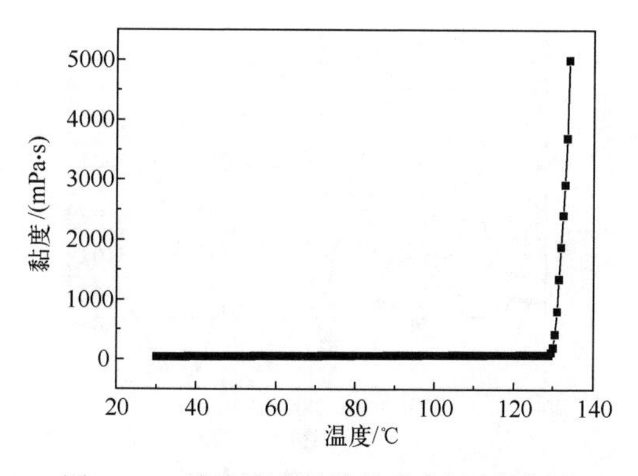

图 4-23　液态聚碳硅烷的黏度-温度曲线

（2）第 2 阶段为 170～500℃，质量损失 3.10%，该阶段质量损失主要归因于液态聚碳硅烷在由有机物向无机物转化过程中侧链或支链上的小分子断键逸出，逐渐实现裂解反应。

（3）第 3 阶段为 500～1500℃，该区间内失重速率减缓，质量损失 7.75%，该阶段无机化转变基本完成，同时 SiC 陶瓷由无定形状态逐渐转变为短程有序的结构。

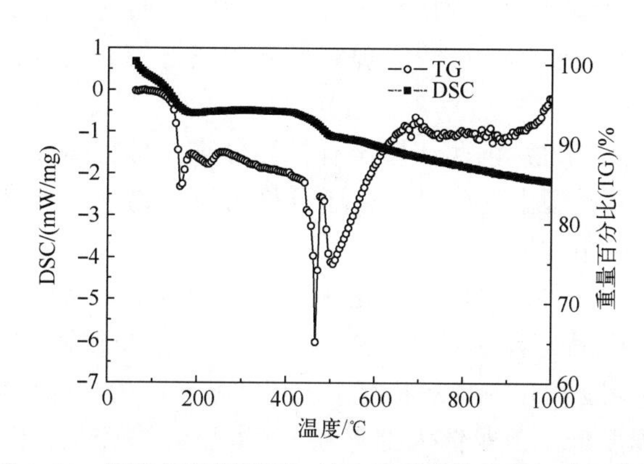

图 4-24　惰性气氛保护下，液态聚碳硅烷的裂解升温曲线

由图 4-25 可知，随着裂解温度的升高，液态聚碳硅烷中 Si-H（2050～2150cm^{-1}）的红外光谱特征峰逐渐向低波数方向移动，强度随温度的升高逐渐降低，直至在 750℃和 850℃裂解产物中已经无法检出，这说明该温度阶段基本完成小分子的释放以及结构的重排和转变等反应，基本实现有机物向无机物的转化，这与液态聚碳硅烷高温裂解过程失重相吻合。

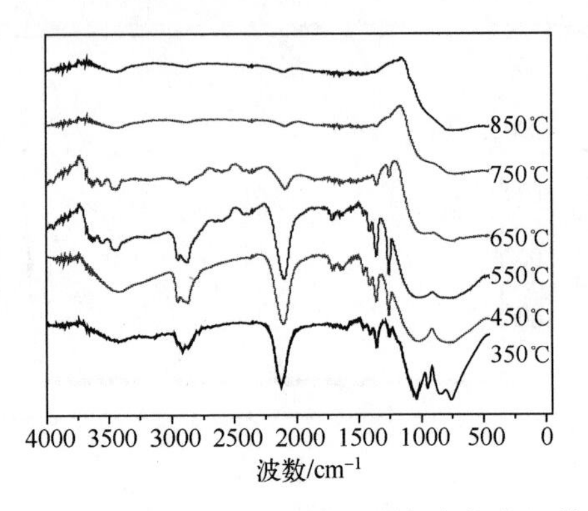

图 4-25　液态聚碳硅烷不同温度下裂解产物的红外光谱图

4.3.2　致密化工艺控制

4.3.2.1　PIP 工艺致密化工艺控制

PIP 工艺的基本过程是：利用液相或液态陶瓷前驱体浸渍纤维预制件，交联固化成型后经高温裂解转化为陶瓷基体，然后重复浸渍—固化—裂解过程数个周期以最终制得致密陶瓷基复合材料[25]。其主要优点如下：

(1) 分子的可设计性。利用有机合成的手段，通过分子设计可以合成出所需组成与结构的前驱体，进而实现对最终陶瓷材料的组成、结构与性能的设计。

(2) 良好的工艺性。前驱体属于有机高分子，具有高分子工艺性能好的优点。可作为粉体成型中的胶黏剂，还可移植聚合物基复合材料的成型工艺制备复杂形状的应用构件。

(3) 良好的加工性。前驱体转化法制备陶瓷可获得密度低、强度可满足加工需要的中间产品，容易对其实施精细加工，再经致密化得到最终产品。因此，前驱体转化法可以制备形状复杂、尺寸精度高的陶瓷材料。

(4) 制备温度低。前驱体大部分在 800℃ 已经陶瓷化，因此前驱体转化法制备陶瓷材料的温度一般为 800~1300℃，纤维所受热损伤程度小。

(5) 高温性能好。前驱体转化法制备陶瓷材料过程中无须引入烧结助剂，避免了烧结助剂对材料高温性能的不利影响。

(6) 可在前驱体中引入能抑制晶粒长大的其他组分，使得陶瓷的晶化温度提高，从而提高材料的高温性能。

PIP 工艺过程的致密化控制的途径包括界面层种类和结构调控、裂解温度调控、基体组分调控等多个维度。其中界面层种类和结构调控在 4.3 节中已经阐述，基体组分调控在 4.4 节和第 7 章中均有论述。

下面分别以 Cansas 3201 和 Cansas 3301 SiC 纤维为增强体，通过控制裂解温度来实现 SiC/SiC 复合材料性能的优化。裂解温度的选择要满足两个条件：①裂解温度要高于陶瓷基体的陶瓷化温度，从而保证聚合物陶瓷前驱体完成有机聚合物向无机物的转变，前驱体陶瓷化温度在 800℃左右；②裂解温度要低于陶瓷纤维长期使用温度，根据纤维的长时耐温能力，Cansas3201 和 Cansas3301 SiC 纤维长期使用温度分别为 1200℃和 1350℃。表 4-6 和表 4-7 为不同裂解温度（1100℃、1200℃、1300℃）下制备的两种碳化硅纤维增强的 SiC/SiC 复合材料基本性能，复合材料界面层均为 PyC 界面层，厚度约为 0.15μm，致密化循环次数为 10 次。

表 4-6 不同裂解温度下制备的 SiC/SiC 复合材料基本性能（Cansas3201）

序号	裂解温度 /℃	弯曲强度 /MPa	弯曲强度标准差 /MPa	断裂韧性 /(MPa·m$^{1/2}$)	断裂韧性标准差 /(MPa·m$^{1/2}$)
1	1100	341.37	22.30	20.89	2.31
2	1200	375.28	19.26	22.20	1.88
3	1300	320.55	20.31	19.88	1.92

表 4-7 不同裂解温度下制备的 SiC/SiC 复合材料基本性能（Cansas3301）

序号	裂解温度 /℃	弯曲强度 /MPa	弯曲强度标准差 /MPa	断裂韧性 /(MPa·m$^{1/2}$)	断裂韧性标准差 /(MPa·m$^{1/2}$)
1	1100	365.21	19.81	21.25	1.87
2	1200	397.22	17.70	23.11	2.55
3	1300	373.12	22.60	23.98	2.01

采用 Cansas3201 SiC 纤维制备 SiC/SiC 复合材料，裂解温度对材料室温性能的影响较大，裂解温度为 1200℃时材料的性能最佳，该温度兼顾了 SiC 纤维的稳定性和基体无机化转变，裂解温度为 1300℃时材料强度下降较大，这主要归因于 Cansas3201 SiC 纤维在该温度下晶体颗粒逐渐长大，物相结构的变化导致纤维强度的下降，进而影响了 SiC/SiC 复合材料的力学性能；采用 Cansas3301 SiC 纤维制备 SiC/SiC 复合材料，1300℃以下裂解温度对材料室温性能的影响较小，裂解温度为 1200～1300℃时材料的性能较好，这主要归因于 Cansas3301 SiC 纤维晶粒较大，具有更好的高温结构稳定性，在裂解温度为 1100～1300℃时，纤维结构和力学性能变化较小，提升了 SiC/SiC 复合材料对制备工艺的适应性。

4.3.2.2 CVI 工艺过程的致密化控制

化学气相渗透（CVI）工艺是在化学气相沉积（CVD）基础上发展起来

的，两者的区别在于 CVD 工艺主要从外表面开始沉积，而 CVI 工艺则是反应气体通过孔隙扩散渗入内部沉积。其典型的工艺过程是将纤维预制体置于 CVI 设备中，气源（与载气混合的一种或数种气态前驱体）通过扩散或由压力差产生的定向流动输送至预成型体周围后向其内部扩散，此时气态前驱体在孔隙内发生化学反应，所生成的固体产物沉积在孔隙壁上，使孔隙壁的表面逐渐增厚。最常用于碳化硅基体制造复合材料的预陶瓷气体前驱体是甲基三氯硅烷（MTS），它根据反应进行分解：$CH_3Cl_3Si+H_2 \longrightarrow SiC+3HCl+H_2$，气相产物氯化氢气体通过扩散排出或通过载体气流排出。选择 MTS/H_2 为沉积碳化硅气源体系的因素主要包括：①MTS/H_2 体系研究较为成熟；②MTS 价格低廉；③MTS 分子中 Si、C 原子比为 1，不需要另加含硅或含碳物质，易得到化学计量的 SiC；④MTS/H_2 制备出的碳化硅具有良好的力学和抗氧化性能。只要 MTS/H_2 气体体系在沉积室通过扩散机制能够到达纤维预制体表面，陶瓷就会持续沉积，材料的孔隙率随着不断沉积的陶瓷基体而不断降低。在 CVI 过程中，陶瓷基体的不断沉积使得前驱体进入多孔预制体内部空间变得更加困难。不断增长的陶瓷基体使得材料中一些孔隙无法接近气相前驱体，形成了复合材料闭合孔隙。当预制体的表面孔完全闭合时，基体致密化停止。

图 4-26 为采用化学气相渗透工艺沉积的 SiC 微观形貌。可以看出，其表现为典型的菜花状形貌，通过 EDS 能谱分析，沉积的 SiC 的 Si、C 原子比为 1∶1.2~1∶1.05，接近化学计量比。

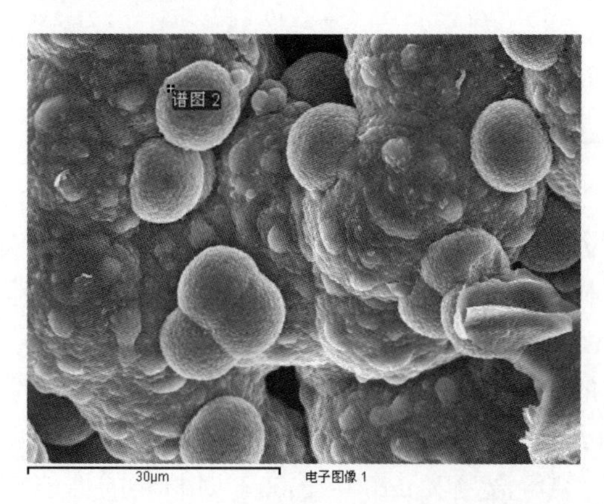

图 4-26　采用化学气相渗透工艺沉积的 SiC 微观形貌

采用 CVI 工艺制备的 SiC/SiC 复合材料的最终孔隙度为 10%~15%，密度为 2.45~2.55g/cm³。由 CVI 工艺制备的 SiC/SiC 复合材料的结构成分如图 4-27 所示。它由纤维、基体和孔隙组成。复合材料性能如表 4-8 所示。

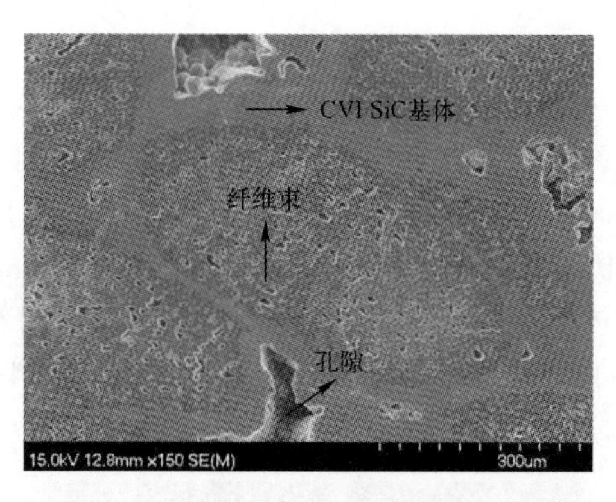

图4-27 由CVI工艺制备的SiC/SiC复合材料的结构成分

表4-8 CVI工艺制备的SiC/SiC复合材料

复合材料体系	纤维体积分数	试样选取方向	弯曲强度/MPa
2.5D SiC/SiC	40%~45%	经向	347±17
		纬向	471±39
2D SiC/SiC	42%	缝合方向	492±19
		垂直缝合方向	491±40

表4-8中结果表明，采用CVI工艺制备的SiC/SiC弯曲性能高，材料稳定性好，在纤维体积分数相同的情况下，CVI 2D SiC/SiC的弯曲性能高于CVI 2.5D SiC/SiC复合材料的弯曲性能。对于2.5D SiC/SiC复合材料而言，径向的弯曲性能略低于纬向的弯曲性能；对于2D缝合SiC/SiC复合材料，其缝合方向和垂直缝合方向的性能基本一致。研究表明，CVI工艺制备的SiC陶瓷是气相化学反应和表面反应相互作用的过程，反应过程极其复杂，沉积温度、反应物气体组成（H_2、MTS）等因素与制备产物的结构和性能有很强的影响关系。一般而言，温度越高，获得活化能的气体分子越多，生长速率越快，而沉积速率越快，形成的颗粒越大，此外沉积温度对SiC陶瓷的纯度也具有一定影响，特别是凝聚态碳的含量。H_2、MTS的比例也是影响SiC陶瓷的结构和性能的重要因素，H_2、MTS的比例超过3时，沉积速率随H_2的增加而降低产物组分和结构也随之改变，只要H_2、MTS的比例足够大（如12~15），就可以获得较为纯净的SiC陶瓷。

正如前述所说化学气相工艺制备的SiC陶瓷是极其复杂过程，其影响因素除沉积温度、反应物气体之外，还包括沉积压力、沉积室结构、沉积位置等多种因素，需结合实际条件和应用工况来探索CVI工艺制备的SiC陶瓷及SiC/SiC复合材料的优化工艺因素。

4.3.2.3 反应熔渗工艺过程的致密化控制

反应熔渗（MI）的基本工艺流程是：首先利用 CVI 或 PIP 工艺将 SiC 纤维预制体中引入碳源，随后液相硅或合金在毛细管力作用下渗进残留的气孔中，渗透过程中与基体碳反应生成 SiC 陶瓷基体。目前关于 MI 工艺过程的研究主要集中在扩散机理和溶解再析出机理[28-29]。根据 Singh and Behrendt 研究[30]，在碳化硅基体中至少有 5%的残留硅，残留硅对材料的韧性有较大影响。由 MI 工艺制备的 SiC/SiC 复合材料的结构成分如图 4-28 所示，基体中既有反应生成的 SiC 陶瓷，又存在未完全反应的碳。

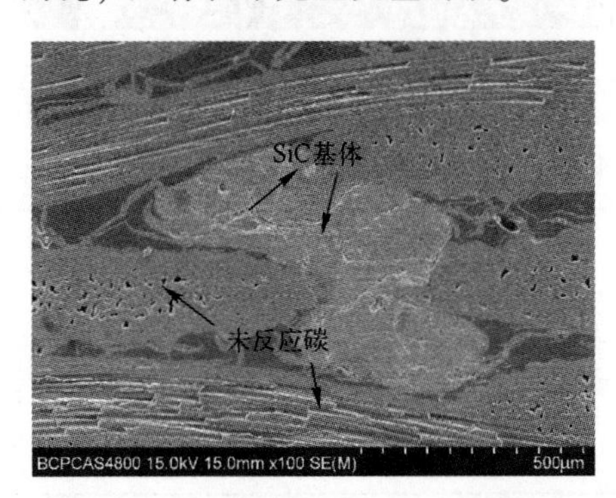

图 4-28 MI 工艺制备的 SiC/SiC 复合材料形貌

MI 工艺中反应温度、预制体结构、界面层结构等因素对材料性能影响较大[31]。MI 工艺一般在超过熔融硅的熔点（1414℃）温度并在毛细管壁的作用下渗透进入具有碳微孔的预制体中，液态硅与预制体的表面具有润湿性，硅熔体与碳反应形成 SiC 陶瓷基体。在液硅渗透过程中，熔融 Si 同预制体内部孔的润湿角直接影响熔融 Si 向内渗透的毛细管力，即渗透驱动力。在当前实验条件下，熔融 Si 与热解碳之间的润湿角为 5°~15°，这就表明此时熔融 Si 与碳之间具有良好的润湿性，在毛细管力驱动下熔融 Si 能够自发渗透进入多孔碳预制体的孔中。熔融 Si 在多孔预制体中的渗透深度能够通过下式计算[30]：

$$h=\left[t\left(\frac{\varepsilon_{\mathrm{p}}}{1-\varepsilon_{\mathrm{p}}}\right)\frac{r\lambda\gamma}{6.25\mu}\cos\theta\right]^{1/2} \tag{4-15}$$

式中 h——渗透深度（m）；

μ——熔体的黏度（mPa · s）；

r——预制体内部孔隙的半径（μm）；

γ——熔体的表面能（J/m^2）；

θ——熔体与颗粒间的润湿角；

λ——颗粒形状因子；

ε_p——预制体内部孔的体积分数（%）；

t——渗透时间（s）。

此外，多孔预制体的孔隙尺寸特征也是影响 MI 工艺的重要因素，孔隙太小，渗透通道就会被堵塞，导致渗透过早停止，孔隙大虽然有助于渗透，但可能导致不完全的化学相互作用，并形成具有高残余硅和未反应碳的结构。

图 4-29 为制备的 MI-SiC/SiC 复合材料横截面 SEM 照片。可以看出，除纤维束内有一些残留孔隙之外，复合材料内部整体的致密化程度高，纤维均匀地分布在复合材料内部。

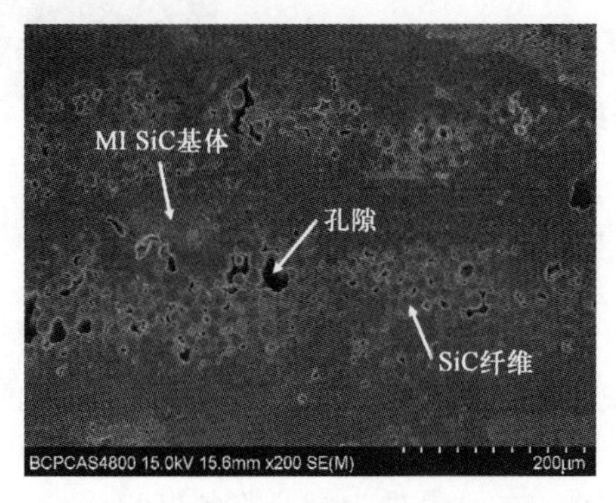

图 4-29　MI-SiC/SiC 复合材料横截面 SEM 照片

表 4-9 为采用 MI 工艺制备的 2D SiC/SiC 复合材料性能。

表 4-9　2D SiC/SiC 复合材料性能

本征性能	密度/(g/cm^3)	2.72±0.3
	气孔率/%	5±3
	热膨胀系数/(10^{-6}/K)	4.5±0.5
室温性能	弯曲强度/MPa	626±23
	拉伸强度/MPa	240.6±22
	拉伸断裂应变/%	0.49±0.04
高温性能	1200℃弯曲性能/MPa	467±54
	1200℃拉伸性能	207±10

图 4-30（a）为制备的 MI-SiC/SiC 复合材料的室温弯曲应力-位移曲线。应力-位移曲线表现出明显的线性-非线性特征，复合材料表现出非灾难性断裂，这表明复合材料在具有较好强度的同时，韧性较好。通过 SEM 分析，SiC 纤维在载荷作用下，通过裂纹的偏转，显示出韧性拔出，同时基体裂纹在纤

维增韧的作用下出现偏转，进一步增加了复合材料的韧性，如图 4-30（b）所示。

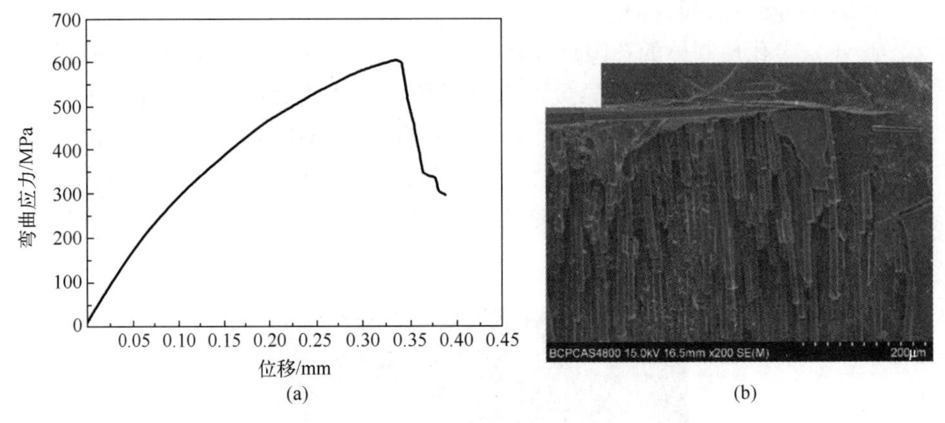

图 4-30 MI-SiC/SiC 复合材料弯曲应力-位移曲线和断口形貌
（a）弯曲应力-位移曲线；（b）断口形貌。

由表 4-9 可知，SiC/SiC 复合材料高温性能与室温性能相比均表现出不同程度的下降，这主要是由于 SiC/SiC 复合材料在高温下的应力状态与室温不同，复合材料基体、界面层和纤维的承载能力减弱，导致复合材料在受力的过程中过早开裂和失效，主要表现为复合材料断口形貌中纤维的拔出长度相较室温性能拔出长度减小。与由 PIP 和 CVI 工艺制造的复合材料相比，MI 工艺制备的最大优势在于可得到成本低、周期短、一次成型及孔隙率低的陶瓷基复合材料，该工艺适合小尺寸、薄壁构件的批量化生产。

4.4 小　　结

纤维预制件预定型、界面层制备、基体致密化是 SiC/SiC 复合材料制造过程中与构件的结构稳定性和服役寿命息息相关的因素：一方面通过制造工艺优化最大程度实现近净成型；另一方面通过组分和微结构调控，提升材料的稳定性。

在纤维预制件预定型时，需要重点考虑由有机前驱体无机化过程中的松弛和收缩效应以及 SiC/SiC 复合材料与定型模具之间不匹配性引起的变形、由构件结构和化学反应不均衡特点引起的流场变化等因素，通过优化预定型工艺，提高致密化初期纤维预制件的密度，降低致密化过程中的闭孔数量。

界面层兼具应力释放和载荷传递的功效，是提升 SiC/SiC 复合材料应变能力和损伤容限，实现具备材料“假塑性”力学行为特征的关键。常用的主要有热解碳（PyC）界面层、氮化硼（BN）界面层以及复合界面层。在进行界面层设计时，需要综合考虑界面层的组分和厚度，特别是界面层的厚度控制因纤维本征特性和界面层体系不同而有所差异。此外，还应考虑SiC/SiC复合材料的环境工况，在高温氧化环境下可考虑BN界面层或含SiC、BN结构的复合界面层。

陶瓷基体的选择需要兼顾材料使用环境和陶瓷固有性能，其致密化过程主要由聚合物前驱体浸渍裂解（PIP）工艺、化学气相渗透（CVI）工艺和反应熔渗（MI）工艺，根据工艺特点进行致密化过程调控，是实现材料微观结构控制的重要途径，也是提升材料结构稳定性的关键工序。

纤维预制件预定型、界面层制造、基体致密化3个SiC/SiC复合材料制造过程中的工序并不是孤立的，在材料制造过程中需要基于构件的结构特征和服役工况综合考虑，3个工序既有主有次，又相互补充，共同提升构件的结构稳定性和服役寿命。

参考文献

[1] 孟昭圳．2D-C_f/Si（B）CN复合材料的制备及性能研究［D］．哈尔滨：哈尔滨工业大学，2017.

[2] 唐俊华．C_f/SiC复合材料大尺寸薄壁构件精密成型设计与实现［D］．长沙：国防科技大学，2012.

[3] 曹英斌，张长瑞，陈朝辉．C_f/SiC陶瓷基复合材料发展状况［J］．宇航材料工艺，1999，29（5）：10-14.

[4] 郑文伟，陈朝辉，方晖．热模压辅助先驱体浸渍裂解制备C_f/SiC复合材料研究［J］．复合材料学报，2003，20（5）：44-48.

[5] 马军，胡斌，万建平．复合材料结构件变形分析与工程控制［J］．教练机，2017（4）：31-36.

[6] 王章文，张军，方国东．界面层对纤维增韧陶瓷基复合材料力学性能影响的研究进展［J］．装备环境工程，2020，17（1）：77-89

[7] 张冰玉，王岭，焦健．界面层对SiC_f/SiC复合材料力学性能及氧化行为的影响［J］．航空制造技术，2017（12）：78-83

[8] 卢国锋，乔生儒，许艳．连续纤维增强陶瓷基复合材料界面层研究进展［J］．材料工程，2014（11）：107-112.

[9] 江舟，倪建洋，张小锋．陶瓷基复合材料及其环境障涂层发展现状研究［J］．航空制造技术，2020（14）：48-64.

[10] CHEN M W，QIU H P，JIAO J，et al. Preparation of High Performance SiC_f/SiC Composites through PIP Process［J］. Key Engineering Materials，2013，544：43-47

[11] YU H J，ZHOU X G，ZHANG W，et al. Mechanical properties of 3D KD-I SiC_f/SiC

composites with engineered fibre-matrix interfaces [J]. Composites science and technology, 2011, 71 (5): 699-704.

[12] CHAI Y, ZHANG H, ZHOU X. Mechanical properties of SiC_f/SiC composites with alternating PyC/BN multilayer interfaces [J]. Advances in Applied Ceramics, 2017, 116 (7): 392-399.

[13] SCHOENLEIN L H, JONES R H, HENAGER C H, et al. Interfacial Chemistry-Structure and Fracture of Ceramic Composites [J]. MRS Proceedings, 1988, 120: 313.

[14] 曹峰, 彭平, 李效东. 氧化铝/氧化硅溶胶对碳纤维表面的处理及应用 [J]. 复合材料学报, 1999, 16 (1): 22-29.

[15] 桂佳, 罗发, 周旋. 溶胶-凝胶法在 SiC 纤维表面制备 ZrO_2界面层的研究 [J]. 精细化工, 2011, 28 (11): 1067-1070.

[16] XU H, LI L, ZHENG R, et al. Influences of the dip-coated BN interface on mechanical behavior of PIP-SiC/SiC minicomposites [J]. Ceramics International, 2021, 47 (11): 16192-16199.

[17] 于新民, 周万城, 郑文景, 等. 2.5 维碳化硅纤维增强碳化硅复合材料的力学性能 [J]. 硅酸盐学报, 2008, 36 (11): 1559-1563.

[18] REZNIK B, GERTHSEN D, HÜTTINGER K J. Micro-and nanostructure of the carbon matrix of infiltrated carbon fiber felts [J]. Carbon, 2001, 39 (2): 215-229.

[19] REZNIK B, HÜTTINGER K J. On the terminology for pyrolytic carbon [J]. Carbon, 2002, 40 (4): 621-624.

[20] FENG T, LIN H J, LI H J, et al. Optimizing PyC matrix interface to improve mechanical properties of carbon/carbon composites by rod-like SiOC ceramic [J]. Diamond and Related Materials, 2020, 102: 107673.

[21] ZHANG W G, HÜTTINGER K J. Densification of a 2D carbon fiber preform by isothermal, isobaric CVI: kinetics and carbon microstructure [J]. Carbon, 2003, 41 (12): 2325-2337.

[22] 白龙腾, 王毅, 杨晓辉. 工艺参数对 CVD 制备热解碳界面层厚度的影响 [J]. 火箭推进, 2014, 40 (3): 77-82.

[23] DAGGUMATIS, SHARMA A, PYDI Y S. Micromechanical FE analysis of SiC_f/SiC composite with BN interface [J]. Silicon, 2020, 12 (2): 245-261.

[24] DAI J, WANG Y, XU Z, et al. Effect of BN/SiC interfacial coatings on the tensile properties of SiC/SiC minicomposites fabricated by PIP [J]. Ceramics International, 2020, 46 (16): 25058-25065.

[25] MATSUDA T, NAKAE H, IRAI T. Density and deposition rate of chemical-vapour-deposited boron nitride [J]. Journal of materials science, 1988, 23 (2): 509-514.

[26] LE GALLET S, CHOLLON G, REBILLAT F, et al. Microstructural and microtextural investigations of boron nitride deposited from BCl_3-NH_3-H_2 gas mixtures [J]. Journal of the European Ceramic Society, 2004, 24 (1): 33-44.

[27] CHEN M W, QIU H P, JIAO J, et al. High temperature oxidation behavior of silicon carbide ceramic [C]. Key Engineering Materials. Trans Tech Publications Ltd, 2016, 680: 89-92.

[28] KÜTEMEYER M, SCHOMER L, HELMREICH T, et al. Fabrication of ultra high temperature ceramic matrix composites using a reactive melt infiltration process [J]. Journal of the European Ceramic Society, 2016, 36 (15): 3647-3655.

[29] FAVRE A, FUZELLIER H, SUPTIL J. An original way to investigate the siliconizing of carbon materials [J]. Ceramics International, 2003, 29 (3): 235-243.

[30] SINGH M, BEHRENDT D R. Reactive melt infiltration of silicon-molybdenum alloys into microporous carbon preforms [J]. Materials Science and Engineering: A, 1995, 194 (2): 193-200.

[31] DEZELLUS O, JACQUES S, HODAJ F, et al. Wetting and infiltration of carbon by liquid silicon [J]. Journal of materials science, 2005, 40 (9): 2307-2311.

第5章

SiC/SiC 复合材料加工技术

5.1 SiC/SiC 复合材料加工技术概述

SiC/SiC 复合材料加工是 SiC/SiC 复合材料零件制造过程中的重要工序之一，目的是使零件尺寸精度与表面质量达到设计要求。SiC/SiC 复合材料作为连续纤维织物增强复合材料，材料原始表面通常呈现为连续纤维纹路形貌进而表现出精度低、粗糙度高等特征，无法满足精密构件设计要求。针对该问题，当前主要通过近净尺寸成型结合加工来解决。

当前国内外有关陶瓷基复合材料的加工工艺主要分为传统机械加工和特种加工[1-8]。机械加工即采用金属材料的加工技术对陶瓷材料进行加工，主要包括铣削、切削、磨削、钻削等加工方法。特种加工则主要涉及特种工艺技术，如激光技术、超声波技术、高压水射流技术和电火花技术等。激光加工是利用超高能量密度的激光束产生的热效应使材料熔化、气化而去除，超声波加工是依靠工具高频振动带动磨粒去除材料，高压水射流技术是利用高速高压水射流冲击进行切削，电火花加工是利用成型工具和工件间的放电热效应实现去除加工。以上加工技术都有各自的优势与劣势（表 5-1），存在着精密性、高效性、低损伤性之间的矛盾。目前应用最广泛、最成熟的加工技术是机械加工技术，但仍需要解决加工精度、加工缺陷、加工成本等方面的问题；激光加工技术是应用于陶瓷基复合材料精密加工的最具有潜力的技术，亟待深入研究。

表 5-1　陶瓷基复合材料加工技术

加工技术	优　点	缺　点	应　用
机械加工	应用范围广，工艺简单，加工效率高	依赖金刚石刀具，刀具昂贵且磨损严重，一致性较差；易出现毛刺、崩边、撕裂等缺陷	型面加工、制孔、切边

续表

加工技术	优 点	缺 点	应 用
激光加工	可加工熔点高、硬度大和质脆的材料，不存在加工工具磨损问题，加工精度高	热影响严重，精细加工过程中难以避免微裂纹	制孔、切边
超声波加工	作用力小，因而加工质量好，表面损伤小	加工效率低，加工范围受限制	表面切削
高压水射流加工	无热影响	冲击力大，易崩边及损伤工件表面	切边粗加工
电火花加工	适合加工高脆、超硬陶瓷材料	电极磨损严重，加工成本高	制孔

国际上，尤其是欧美、日本等发达国家对陶瓷基复合材料的加工技术进行了深入研究且成果卓著[9-14]。在传统机械加工领域，特别是磨削加工技术方面，日本和德国处于世界前列。在特种加工技术领域，美国宾夕法尼亚大学、美国爱荷华州立大学、日本千叶工艺研究所、德国斯图加特大学、德国弗劳霍夫（Fraunhofer）生产技术研究院、俄罗斯科学院等都对激光加工技术进行了研究；日本东京大学和美国堪萨斯州立大学在超声波加工技术方面做了深入研究；日本、英国、比利时、西班牙对电火花加工结构陶瓷材料的研究报道较多。这些发达国家无论是在加工技术方面还是在加工设备的制造方面都走在世界前列，尤其在机床研发方面，德国钴领（Guhring）自动化有限公司、美国康涅狄格大学研发中心、日本三菱重工业股份有限公司等研发的机床设备精良。

5.1.1 SiC/SiC 复合材料加工特点

陶瓷基复合材料用于制造先进发动机热端构件或高超声速飞行器热结构件时，表面质量、尺寸精度和位置精度等的高低将严重影响零件的力学性能和使用寿命。通常航空发动机对 CMC 的加工要求至少 100μm 的分辨率，关键部位如冷却孔、密封槽等要求达到尽可能高的光洁度，避免微裂纹。但陶瓷基复合材料由于超高的硬度和材料本身的不均匀性以及较大的脆性而属于典型的难加工材料，质量不易保证。陶瓷基复合材料构件的工程化要求实现精密低损伤和高速低成本，这对陶瓷基复合材料精加工技术提出了迫切的需求。

机械加工是陶瓷基复合材料加工技术中最重要的内容，也是目前国内外针对陶瓷基复合材料精密加工应用最为广泛的工艺技术。虽然机械加工在金属领域已经是非常成熟的技术，但面对具有超高硬度和较高脆性的陶瓷基复合材料时，仍存在大量技术问题有待解决。国内相关标准对陶瓷基复合材料力学试样的尺寸精度要求一般可达0.05mm，目前机械加工针对试样级尺寸的陶瓷基复合材料的加工精度能稳定达到0.1mm，对于0.05mm精度的加工能实现但不稳定，存在不合格率高、效率低、成本高等问题，同时存在毛刺、崩边、撕裂等可能影响试验结果的缺陷。针对陶瓷基复合材料构件，设计要求型面尺寸精度一般可达0.2mm，对于孔的精度要求一般可达0.05mm，对于表面粗糙度要求一般为6.3μm而最高达3.2μm，目前机械加工针对构件级尺寸的陶瓷基复合材料的型面加工精度可以实现0.2mm的精度与3.2μm的粗糙度但存在一致性较差、效率低、成本高、加工缺陷较多等问题，针对孔的加工可以达到0.05mm的精度，但常需进行二次扩孔从而导致效率降低、成本升高且孔径一致性较差，加工边缘易出现毛刺、崩边、撕裂等缺陷，且对刀具的损耗非常严重，成本很高。

以激光加工技术为代表的特种加工技术的引入解决了机械加工技术长期以来刀具磨损严重、切口易崩块等问题，但同时也带来了新的难题，如强烈的热效应导致的热影响、纤维和基体材料分层、撕裂等加工缺陷等。以激光加工技术为例，如何降低激光加工过程中的热效应，从而减少甚至消除加工缺陷，一直是国内外研究工作者面临的重要课题。

5.1.2 SiC/SiC复合材料加工典型对象及应用趋势

SiC/SiC复合材料加工典型对象可分为三类：①针对外形轮廓的切边加工；②针对厚度方向型面的减薄加工；③针对孔、槽等特征结构的加工。

针对外形轮廓的切边加工技术的应用对象主要为SiC/SiC复合材料毛坯件为补偿构件成型过程外形偏差所预留的加工余量去除，实现零件外形轮廓的精加工；针对厚度方向型面的减薄加工技术的应用对象主要为SiC/SiC复合材料毛坯件为补偿构件成型过程厚度方向型面偏差所预留的加工余量去除，实现零件厚度方向型面的精加工；针对孔、槽等特征结构的加工技术的应用对象主要为SiC/SiC复合材料零件上的特征孔、槽等结构精加工。

随着SiC/SiC复合材料成型技术的不断发展，近净尺寸成型能力逐步提高，加工余量设置随之减少，切边加工与减薄加工的加工量逐步降低，该趋势有利于加工成本的降低，但同时对装夹精度与加工精度提出了更高要求，容错率降低，主要向高精度低损伤加工技术发展。

孔、槽等结构在零件中往往表现为应力集中部位，因而对加工缺陷更为敏感，同时孔、槽等结构加工属于去除量较大的加工类型，对加工成本与效率影响较大，该类加工主要向高效率低损伤加工技术发展。

当前，加工技术作为陶瓷基复合材料工程化应用中的重要一环，已支撑陶瓷基复合材料实现在航空航天多种构件上的应用。法国 SEP 公司建成了世界上第一座具有工业化生产规模的 SiC/SiC 和 C/SiC 复合材料制造厂，其陶瓷基复合材料加工水平世界领先。美国航空航天局（NASA）在《21 世纪的航空技术》报告中曾表示，在其发动机材料研究规划中要优先发展陶瓷基复合材料的制备工艺及其加工技术。2013 年，法国 Fives 公司收购了美国 MAG 公司（MAG 公司在高端、大型和复杂零件加工方案的制订和复合材料工艺方面处于世界领先水平），显示出法国对陶瓷基复合材料加工工艺的高度重视。我国在连续纤维增强陶瓷基复合材料方面的研究起步较晚，对于加工技术的研究与欧美等发达国家有很大差距，近年来随着国家对陶瓷基复合材料重视程度的不断提升，国内陶瓷基复合材料加工技术也随之日臻精进。

5.1.3　SiC/SiC 复合材料加工的主要特征参量

SiC/SiC 复合材料机械加工的主要特征参量包括加工精度、加工损伤、加工成本 3 个方面。

加工精度作为评估加工质量的直接特征参量，主要反映了加工件真实外形尺寸与设计尺寸的符合程度，也是加工件检测环节最为重要的指标参数，将对构件的装配特性、气动特性产生直接影响。加工精度是衡量加工工艺是否合格的基本判据，具体形式反映为长度尺寸、形位公差等。

加工损伤是评估加工对材料性能影响的重要特征参量，反映了加工过程对材料微结构产生的破坏程度，进而表现为造成材料性能退化的严重程度，是由材料级研制阶段过渡至构件级研制阶段的重要指标参数，将对构件的强度特性、服役特性产生重要影响。加工损伤是衡量加工工艺是否先进的基本判据，具体形式反映为加工缺陷等结构损伤、强度退化等性能损伤。

加工成本是评估加工在产品生命周期成本中占比的关键特征参量，反映了加工对产品工程化应用能力的影响，是 SiC/SiC 复合材料工程化应用研制阶段必须考虑的重要指标参数，将对构件的应用场景、产品竞争力等市场特性产生直接影响。加工成本是衡量加工工艺是否高效的基本判据，具体形式反映为耗材成本、时间成本等。

5.1.4 SiC/SiC 复合材料加工特征参量的检测与性能评估方法

针对加工精度的检测与评估，SiC/SiC 复合材料与其他传统材料基本一致，可选择常用计量器具进行测量，也可选用三坐标测量机、高精度三维扫描仪、工具显微镜等专用设备进行检测。对尺寸精度有特殊要求的场景，如针对精密装配设置的尺寸，也可采用专用检测工装进行检测。

针对加工损伤的检测，可以分为对结构的评估与对强度的评估。对结构的评估主要包括针对表面微观结构检测的光学显微镜、SEM 等手段，以及针对内部结构无损检测的 X 射线照相、CT 等手段；对强度的评估主要通过本体取样测试或设置随炉件进行测试的手段。

针对加工成本的评估，一方面需要对加工过程中产生的物质资源及能源消耗进行统计，获得直接耗材成本等数据；另一方面需要对加工占用的时间资源进行统计计算，获得加工时间成本数据。

5.2 SiC/SiC 复合材料加工机理及影响因素

5.2.1 机械加工 SiC/SiC 复合材料机理及影响因素

5.2.1.1 机械加工 SiC/SiC 复合材料机理

对于目前陶瓷基复合材料的机械加工方法，无论是铣削或车削，其最本质的特征仍然为磨削加工[15-17]。陶瓷基复合材料机械加工的材料去除过程与金属等韧性材料有很大不同。在金属切削中，材料的去除是通过塑性变形、流动并以金属切屑的形式被剪切下来。而陶瓷基复合材料由于增强纤维与陶瓷基体本身的硬而脆的特性，材料的去除是通过一系列的脆性断裂来实现的，切屑表现为粉末状。陶瓷基复合材料加工切削热的转移方式也不同于金属切削。在理想的金属切削过程中，切削区产生的大部分热量都被切屑带走，而在陶瓷基复合材料的切削过程中，由于陶瓷基复合材料的导热性很差，切削热无法及时转移，会导致热量积聚在刀具中。对陶瓷材料磨削机理的研究报道较多，主要根据力学理论分析陶瓷材料的去除机理，如应用压痕断裂力学，损伤力学等分析陶瓷的磨削机理。

无论是金刚石刀具表面的金刚砂还是硬质合金钻头，其刀具进行切削加工时的切削部位结构都可以简化示意为图 5-1。主切削刃及刀尖与工件的相互作用可以视为局部小范围的压痕过程与切向磨削力的综合作用过程。

压痕过程主要反映法向载荷的作用，即刀具切削部位沿法向侵入加工面的过程。陶瓷基复合材料属于脆性材料，其内部几乎不可能产生滑移或位错运动，因此其破坏方式主要为脆性断裂。当切削部位作用于加工面时，首先在加工面上产生压痕即塑性变形区，随着压力增大由塑性变形区将产生径向裂纹与横向裂纹，当横向裂纹扩展到工件自由表面或相邻横向裂纹相遇时，材料以脆性断裂形式从工件脱落，形成切屑，如图 5-2 所示。材料在塑性变形中的非均匀变形产生的残余应力是这些裂纹产生和扩展的主要影响因素，裂纹的形成和扩展受材料本征特性（机械性能和表面初始状态）、刀具特征（刀刃几何形状）以及加工工艺参数（接触载荷速度）的综合影响。

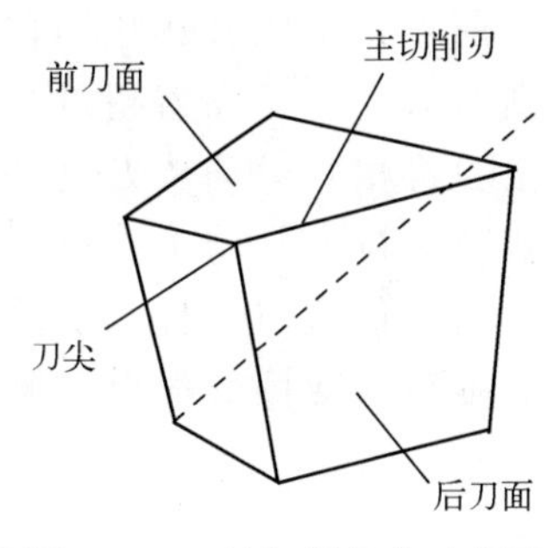

图 5-1　刀具切削部分示意图

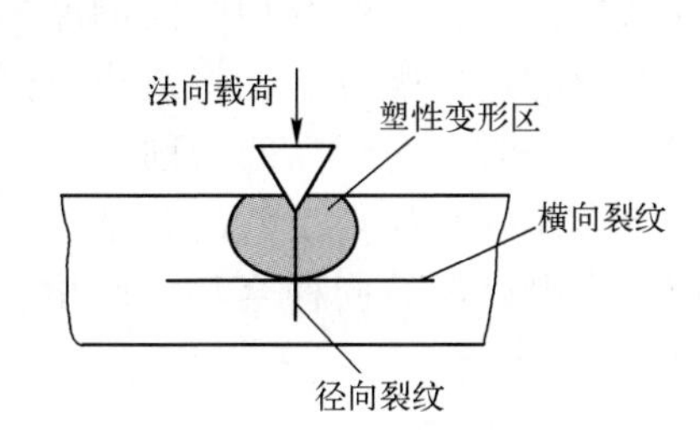

图 5-2　压痕断裂示意图

切向磨削力的作用过程主要反映切向载荷的作用，切向载荷主要来源于工件材料沿切向的剥离以及切屑与刀具之间的摩擦。其中切屑与刀具之间的摩擦是造成刀具磨损的重要原因之一，其与刀具特征（刀刃几何形状）以及加工工艺参数（切削速度）密切相关。对于陶瓷基复合材料，以上两个作用过程中，刀具的磨损原因主要可分为摩擦磨损与黏结磨损。

刀具的磨损过程通常可分为 3 个阶段（图 5-3）：初期磨损阶段（*OA* 段）、稳定磨损阶段（*AB* 段）、急剧磨损阶段（*BC* 段）。在陶瓷基复合材料加工过程中，通常将 *OB* 段的时间视为刀具寿命，在该时间内刀具可以稳定完成材料切削去除。当涉及高加工精度时，刀具寿命要同时将精度纳入考量范围。

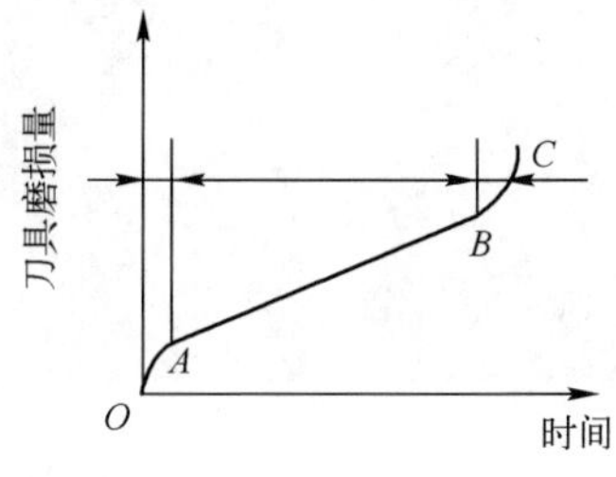

图 5-3　刀具磨损阶段示意图

通过试样级陶瓷基复合材料平板典型结构的外形加工及制孔，对金刚石铣刀与硬质合金钻头的刀具磨损形式进行了表征分析。金刚石铣刀采用表面涂覆金刚砂的磨棒式设计，其有效切削部位为金刚砂颗粒，如图 5-4 所示。通过对金刚石铣刀加工前后的形貌进行对比分析，发现金刚石铣刀的刀具磨损形式主要包括金刚砂颗粒的磨损以及金刚砂颗粒的脱落。金刚砂颗粒的磨损主要表现为金刚砂颗粒的钝化，如图 5-5 所示，金刚砂颗粒的尖角被磨损消耗钝化而失去切削能力，同时可见金刚砂表面因摩擦形成的沟痕，表现出典型的摩擦磨损形貌。金刚砂颗粒的脱落主要表现为金刚砂颗粒整体从刀具基材中剥离掉落，如图 5-6 所示，金刚砂颗粒钝化丧失切削能力后，其与工件及切削间的摩擦力急剧增大，当摩擦力超过金刚砂颗粒与基材的连接强度后，将造成金刚砂颗粒随着相对运动从刀具基材中整体脱出；同时，在较高的切削温度下，金刚砂颗粒容易与工件材料发生黏结，当金刚砂颗粒与工件的黏结强度大于金刚砂颗粒与刀具基材的黏结强度时，金刚砂颗粒同样会整体脱出，表现出典型的摩擦磨损以及黏结磨损特征。

图 5-4　金刚石铣刀典型形貌

图 5-5　金刚砂颗粒的典型磨损形貌

(a) 加工前；(b) 加工后。

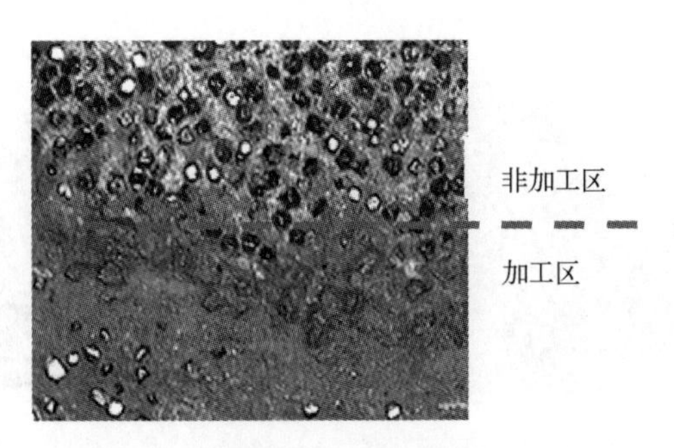

图 5-6　金刚砂颗粒的典型脱落形貌

硬质合金钻头采用麻花钻式设计，其切削部位包括中心钻尖以及前后刀面构成的主切削刃。通过对硬质合金钻头加工制孔前后的形貌进行对比分析，发现硬质合金钻头的刀具磨损形式主要包括前后刀面的磨损以及崩刃等。如图 5-7 所示，可见前刀面上有明显的月牙洼磨损与沟槽磨损，当切削速度高，切削厚度大时，在切削高温和切削压力的作用下，切屑在排出的过程中在刀具前刀面上逐渐磨出一个月牙形凹窝，即月牙洼磨损。后刀面直接与未加工表面接触，切削过程中与工件材料发生摩擦并产生很高的切削温度，工件材料与刀具材料容易发生黏结，快速流动的切屑将带走后刀面的材料，而表现出一定的黏结磨损特征。崩刃是指切削过程中在切削刃上出现的尺寸较小的缺口，主要有两种形成原因：其一为在刚开始切削时，由于刀刃刚进入工件材料，机床和工件的振动以及高速的摩擦会产生大量的热，导致该区域的温度急剧上升，此时刀具表层材料内部将产生热应力，同时切屑和工件材料的滑擦作用促使材料内部的缺陷处产生微裂纹并诱发疲劳，当疲劳达到一定程度时裂纹将开始扩展，形成宏观裂纹，此时刀具与工件材料产生相对摩擦时就会导致表层材料脱落，造成崩刃现象，如图 5-8（a）所示；其二为随着前刀面的磨损及月牙洼的扩展，磨损区域与刀刃之间的部位逐渐变窄，刀刃强

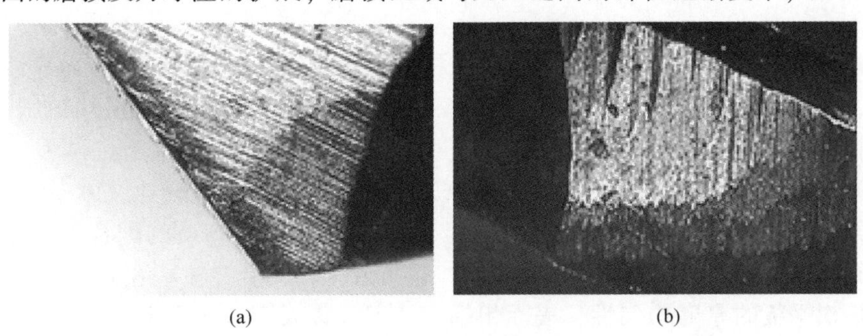

(a)　　(b)

图 5-7　前后刀面磨损形貌

（a）前刀面；（b）后刀面。

(a)

(b)

图 5-8 崩刃形貌
(a) 切削热致崩刃；(b) 磨损致崩刃。

度大为削弱，易导致切削刃崩刃而产生破损，如图 5-8 (b) 所示，阶梯状的磨损轨迹是由于随着切削时间的增加，刀具的磨损和塑性变形在增加，前刀面刀刃和工件材料的接触点上会受到持续循环的压应力，造成明显黏结现象，不断运动的切屑将某些区域内的黏结微粒撕裂并带走，最终形成阶梯状的磨损轨迹。

综上所述，陶瓷基复合材料加工时刀具的磨损原因主要包括摩擦磨损和黏结磨损。金刚石铣刀的磨损形式主要包括金刚砂颗粒的磨损及金刚砂颗粒的脱落，硬质合金钻头的磨损形式主要包括前刀面磨损、后刀面磨损及崩刃等。

5.2.1.2 机械加工 SiC/SiC 复合材料的影响因素

1. 型面加工

机械加工工艺参数是型面加工的重要影响因素，主要的加工工艺参数包括走刀路线、主轴转速、进给速率、切削深度、冷却液等。如何合理进行加工工艺参数的设计，有效控制刀具磨损，在保证良好加工质量的同时提高刀具寿命，是陶瓷基复合材料高精度低成本加工技术中需要突破的关键点。

以典型的 2.5D 结构 SiC/SiC 复合材料为例，材料具有典型的各向异性结构，其微观结构如图 5-9 所示。对其开展不同工艺参数下的机械加工试验，以探究各工艺参数对加工过程的影响。

采用刀径为 10mm 的金刚砂涂层端铣刀，并选取一致的主轴转速 (1000r/min)、进给速率 (300mm/min) 与切削深度 (0.3mm)，在冷却液的配合下，分别进行不同走刀路线的上型面加工试验，包括沿 X 轴、沿 Y 轴、沿 45°方向。试验后对平板的厚度均匀性、表面粗糙度、刀径以及刀具形貌状态进行表征。试验通过对厚度均匀性进行测量，表征刀具端面的磨损状态，厚度均匀性越佳，表明刀具端面磨损越少，刀具轴向尺寸保持越好；通过对表面粗糙度

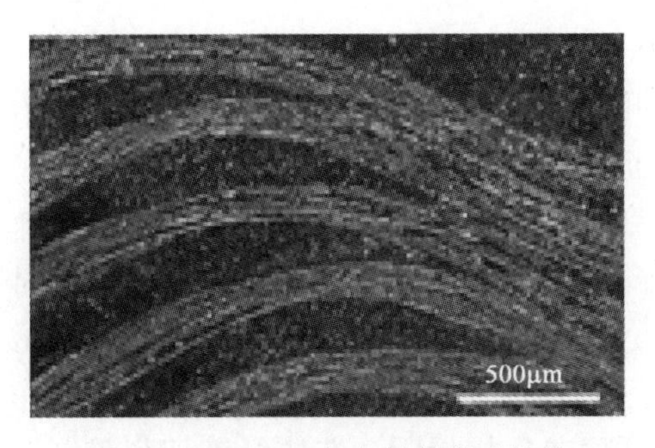

图 5-9 SiC/SiC 复合材料微观结构

进行测量，综合表征刀具端面及侧面的磨损状态，表面粗糙度越小，表明加工质量越高，刀具磨损越小；通过对刀径进行测量，对刀具径向方向的磨损进行表征，刀径变化越小，表明刀具表面磨损越小；通过对刀具表面形貌进行观测，如图 5-10 所示，直观表征刀具磨损状态，刀具磨损主要表现为金刚砂脱落，砂砾磨损。由试验结果可知，走刀路线会对刀具磨损产生影响，沿与纤维方向成 45°方向走刀能获得较小的刀具磨损，沿 *X* 向走刀刀具磨损最为严重。

图 5-10 刀具形貌状态

采用刀径为 10mm 的金刚砂涂层端铣刀，沿 *Y* 向，选取固定进给速度(300mm/min)、切削深度（0. 3mm)，通过设置不同的主轴转速，在冷却液的配合下分别进行型面加工试验，并对刀具磨损进行评价。由结果分析可知，主轴转速的提升有利于降低刀具磨损，原因在于当主轴转速较低时，刀具与复合材料接触的线速度较小，导致切削力较大，尤其在刀具磨损发展到一定阶段后更为明显，大的切削力意味着刀具承受更大的摩擦，是金刚砂脱落现象加剧，并对沙砾的磨损更为严重。

采用刀径为 10mm 的金刚砂涂层端铣刀，沿 Y 向，选取固定主轴转速（5000r/min）、切削深度（0.5mm），通过设置不同的进给速度，在冷却液的配合下分别进行型面加工试验，并对刀具磨损进行评价。由结果分析可知，进给速度的降低有利于降低刀具磨损，原因在于当进给速度较快时，刀具对复合材料沿刀路方向的作用力会增大，刀具在切削复合材料时，对复合材料产生较大挤压应力，额外的推挤应力一方面使得切削力增大，意味着刀具受到的摩擦力增大，另一方面刀具对纤维形成明显的弯曲作用力，使纤维的切断模式偏向弯曲折断而非剪切折断，造成纤维切削难度增大，导致刀具磨损加剧。

采用刀径为 10mm 的金刚砂涂层端铣刀，沿 Y 向，选取固定主轴转速（5000r/min）、进给速度（100mm/min），通过设置不同的切削深度，在冷却液的配合下分别进行加工试验，并对刀具磨损进行评价。由结果分析可知，切削深度的减小有利于降低刀具磨损，原因在于当切削深度过大时，刀具对复合材料的接触面积显著增大，从而导致刀具的切削力增大，同时由于复合材料包裹刀具面积增大，加工过程中产生的热量不易散出，导致刀具磨损进一步加剧。

采用刀径为 10mm 的金刚砂涂层端铣刀，沿 Y 向，选取固定主轴转速（5000r/min）、进给速度为（100mm/min）、切削深度（0.4mm），分别在有冷却液配合和无冷却液配合的情况下进行加工试验，并对刀具磨损进行评价。由结果分析可知，加工过程中冷却液的加入可以显著缓解刀具磨损，原因在于刀具与复合材料高速切削时会产生大量的热，如果热量无法及时被带走，会造成刀尖温度的急剧升高，直接导致刀尖迅速磨损而失效，使切削力增大而使材料切削困难，导致刀具磨损进一步加剧。冷却液的加入可以及时对加工部位降温，带走加工区域的热量，降低刀具磨损，延长刀具寿命。

2. 制孔

以典型 2.5D 结构的 SiC/SiC 复合材料平板为试验对象，探究材料表面状态、制孔工艺等因素对材料加工的影响。

采用刀径为 3mm 的金刚石刀具进行钻削制孔试验。采用一把刀具进行两个孔的连续制孔试验，通过对两次制孔后的孔径精度、刀径进行测量，表征刀具磨损状态，孔径精度越高，刀径变化越小，表明刀具磨损越小；通过对刀具表面形貌进行观测，如图 5-11 所示，直观表征刀具磨损状态，刀具磨损主要表现为崩刃、刀面磨损。选取固定轴向进给速度（1mm/min）、主轴转速（1000r/min），在冷却液的配合下，分别从精加工后的表面与毛坯状态表面进行制孔试验，并对刀具磨损进行评价。由结果分析可知，精加工后的表面更利于制孔过程中刀具磨损的控制，原因在于对于毛坯状态的加工表面，材料结构特性使表面为凹凸不平的粗糙状态，当钻头在接触待加工表面时，会承受不均匀的受力状态，在刀刃上形成较多应力集中点，容易导致崩刃现象的发生；当加工表面为平整的精加工后状态时，刀具在入孔过程中为均匀受力过程，利于保护刀具，减小刀具磨损。

图 5-11　刀具磨损形貌状态

采用刀径为 3mm 的金刚石刀具，在精加工后的表面进行制孔，固定轴向进给速度（1mm/min），通过设置不同的主轴转速，在冷却液的配合下分别进行加工试验，并对刀具磨损进行评价。由结果分析可知，主轴转速的提升有利于降低刀具磨损，原因在于当主轴转速较低时，刀具与复合材料接触的线速度较小，导致切削力较大，尤其在刀具产生一定磨损后更为加剧，大的切削力意味着刀具承受大的摩擦力，导致加工过程中出现崩刃、刀面磨损严重。

采用刀径为 3mm 的金刚石刀具，在精加工后的表面进行制孔，固定主轴转速（1000r/min），通过设置不同的轴向进给速度，在冷却液的配合下分别进行加工试验，并对刀具磨损进行评价。由结果分析可知，轴向进给速度对刀具磨损有显著影响。当轴向进给速度过低时，由于制孔时间过长，导致刀具长时间磨损消耗，在加工末期刀具磨损累积，切削能力降低；当轴向进给速度过快时，刀具与复合材料的切削力较大，更易出现崩刃现象，刀具磨损严重。

5.2.2　激光加工 SiC/SiC 复合材料机理及影响因素

激光去除材料的机制主要有两种：①热加工机制，激光加热材料，使材料熔化、气化；②光化学机制，激光能量直接用于克服材料分子间的化学键，使材料分解为细小的气态分子或原子。对于连续激光或长脉冲，其单个脉冲持续时间远大于电子与晶格的耦合时间，脉冲作用期间能量主要通过热传递的形式重新分布。因此长脉冲激光与材料相互作用将产生热效应，损伤以热熔性为主，对于表现出明显的各向异性的复合材料，由于增强纤维的分布与取向不同以及层间强度低等不利因素，对陶瓷基复合材料进行去除加工时，由于强烈的热效应，将在加工区域产生热影响区、分层、崩块等加工缺陷，如图 5-12 所示。而对于超快激光如皮秒激光，其单个脉冲能量在皮秒级，即脉冲作用时间接近于热扩散时间，即皮秒能量尚不能以热能的形式进行扩散。辐照区域得到很高的能量后，温度急剧上升，并将远远超过材料的熔化和气化温度值，使得辐照区域材料发生高度电离，最终使得作用区域内的材料以等离子向外喷发的形式得以去除。可以通过控制皮秒激光的能量密度，使等离子体的喷发几乎带走原有全部热量，作用区域内的温度获得骤然下降，大致恢复到作用前的温度状态，严格限制热效应的产生。

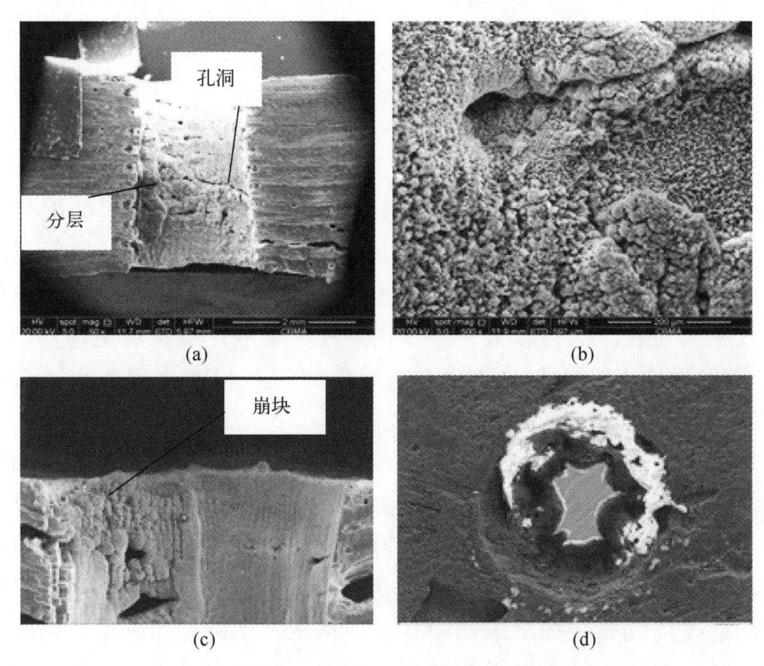

(a) (b) (c) (d)

图 5-12　激光加工陶瓷基复合材料缺陷种类

（a）孔洞、分层；（b）孔壁重铸物；（c）崩块；（d）孔入口重铸物。

另外，激光加工由于其固有的聚焦特性，去除边存在明显的锥度如图 5-13 所示。从而导致加工的连接孔及构件轮廓边缘的精度难以保证。因此，选择合适的激光加工工艺是提高激光加工复合材料质量的关键。

在纤维增强复合材料与激光相互作用机理方面，国内外学者基于理论与

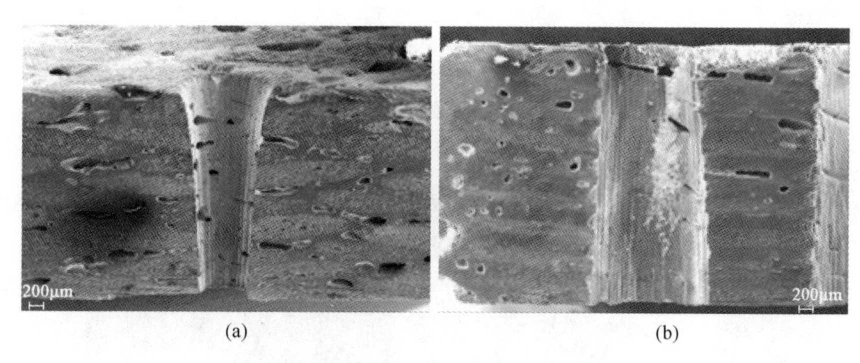

(a)　　(b)

图 5-13　激光加工陶瓷基复合材料锥度
（a）正锥度；（b）负锥度。

实验进行了大量探索。吴恩启等[18]理论研究了碳纤维增强复合材料的热传导规律，推导出了复合材料内部纤维束平面内热扩散系数与相位梯度的关系。纤维编织复合材料具有各向异性的特点，纤维束方向会直接影响热传导规律，且复合材料的热扩散系数与编织方式和基体材料分布相关。Allheily[19]等研究了高能量激光对碳纤维增强复合材料的烧蚀机制，发现碳纤维增强复合材料对激光辐照产生的热量具有很强的隔绝作用，主要原因在于碳纤维能够承载并吸收热量，层间基体材料的烧蚀可以有效降低激光能量的积累。

Zhai[20]等使用波动光学仿真软件分析了 C/SiC 复合材料原始表面粗糙度对激光加工效果的影响，仿真结果表明 C/SiC 复合材料原始表面形貌对激光刻蚀效果有显著影响，激光辐照在 C/SiC 复合材料表面凸起的不同位置时，电场会发生偏移或减弱，电场强度的不均匀分布导致 C/SiC 复合材料表面不同区域的刻蚀形貌存在差异。

为了研究不同参数的激光对纤维增强复合材料的作用机理，Takahashi[21]等分别使用波长 1064nm 的红外激光和 266nm 的紫外激光对碳纤维增强复合材料进行了加工，分析了激光与纤维增强复合材料的作用机理。波长较长的红外激光主要依靠热作用去除材料，加工区域边缘存在热影响区，而波长较短的紫外激光则依靠光化学作用去除材料，加工区域边缘热影响区比较小，如图 5-14 所示。Zhai[22]等使用重复频率为 200kHz 的脉冲激光对 SiC/SiC 复合材料进行了表面加工，实验结果表明较高的重复频率有利于提高加工速度，但是过大的光斑重叠率会导致脉冲间的热积累现象显著。这种热效应对 SiC/SiC 复合材料加工是不利的，会导致材料表面氧化及加工精度下降。

研究人员利用仿真计算软件从热力学、波动光学等不同角度对激光与 CMC-SiC 相互作用机理进行了探讨，通过实验研究了激光波长、脉冲重复频率等加工参数对刻蚀效果的影响。但是，依靠单一能场的固定化方法难以较

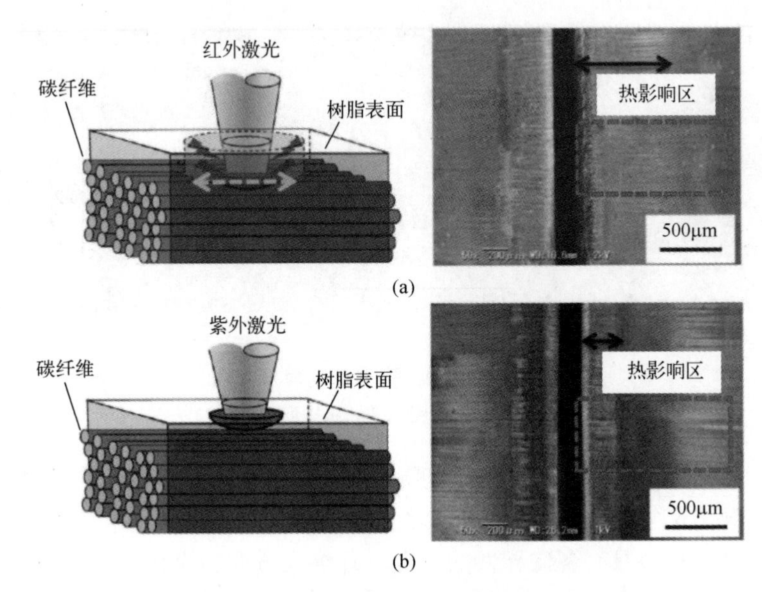

图 5-14　不同波长激光的作用效果对比

（a）红外激光；（b）紫外激光。

为全面地揭示激光与 CMC-SiC 材料的耦合光、热、力等因素的作用机理。

另外，脉冲宽度是影响激光束与材料相互作用的重要因素，脉冲激光包括长脉冲激光（>100ns）、短脉冲激光（10ps ~ 100ns）及超短脉冲激光（<10ps），不同脉宽激光与 CMC-SiC 的作用机理不同。连续激光及大功率长脉冲激光作用下，CMC-SiC 的材料去除主要依靠热累积所引起的熔化与气化；纳秒激光属于短脉冲激光，在 CMC-SiC 加工中产生的热作用相对较小，CMC-SiC 的刻蚀过程中包含光热与光化学两种作用；皮秒及飞秒激光的脉冲宽度极短，CMC-SiC 表面刻蚀中几乎不存在热作用。在光化学作用下，材料连续吸收光子能量后发生电离，产生的等离子体高速喷射而出，CMC-SiC 的材料去除通过相爆炸、库伦爆炸、光子机械破损等效应的耦合作用完成。因此，超短脉冲激光凭借脉冲持续时间短、峰值功率密度高的特性，可用于实现 CMC-SiC 的非热熔性冷加工。

5.2.3　其他特种加工 SiC/SiC 复合材料机理及影响因素

5.2.3.1　超声波技术

超声辅助加工是利用超声波振子引发有关工具出现高频与小振幅直线振动，通过材料表面与高速磨砂粒子撞击，实现材料微去除，超声波加工原理如图 5-15 所示。超声辅助加工技术作用力小，对工件表面损伤小，加工质量较好，不存在热影响区，但是其加工效率较低，且预制成型工具成本高，适用于打孔和型腔成型加工等。姜庆杰[23]针对 C/SiC 复合材料加工困难的问题，提出了超声扭转振动铣削的加工方法，以传统铣削加工为参照，在超声扭转振动铣削刀具运动学分析基础上，选取不同工艺参数进行对比试验，重点研究了超声扭转条件下与传统铣削条件下切削力的变化规律、加工表面质量、表面粗糙度及刀具磨损状况，对于探索陶瓷基复合材料的加工刀具的选择有重要指导意义。马付建[24]应用自行研制的超声辅助切削装置对三维编织 C/C 复合材料进行了超声辅助车削与普通车削试验，结果表明应用超声辅助车削可以显著提高材料表面加工质量，同时降低切削力、切削温度和刀具磨损等。

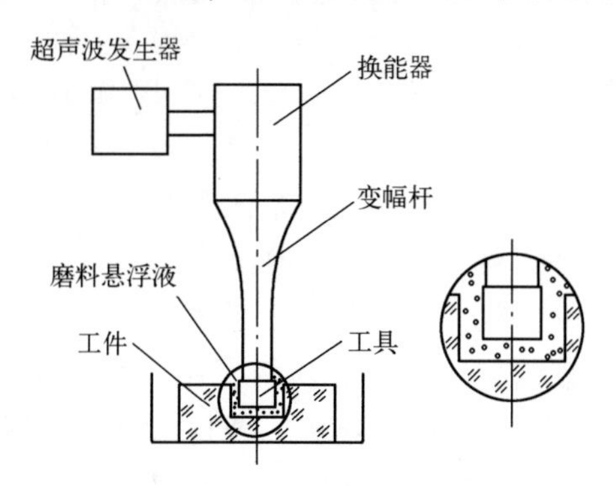

图 5-15　超声波加工原理

5.2.3.2　高压水射流技术

高压水射流加工是在较高的工作压力下，在高速流动的水流中加入一定数量的磨料颗粒后而形成的一种液固两相高速射流，能切割金属及非金属材料。高压水射流加工的优点是加工速度快、成本低、效率高、对环境没有污染，并且在加工过程中免去了更换刀具的步骤，不需要预先钻孔、开槽等加工辅助工序或复杂的加工步骤就可以在材料任意点开始加工，并且精确加工出复杂特殊形状；缺点是容易造成加工区域边缘撕裂。张运祺[25]对高压水射流切割复合材料的工作原理以及切割装置做了系统介绍，该法是冷态切割，对材料无热影响，加工精度较高。国内已有制造商生产先进的高压水射流设备，其设备利用高压水射流原理，结合智能软件及精密多轴运动系统，大大提高了切割效率和切割精度。

图 5-16 是常用的高压水射流设备示意图，它具有供水装置、增压装置、高压水路系统、磨料供给系统、喷头、接收装置等。

通过增压系统，可将水压提高至 700MPa 甚至以上。高压水通过水路系统进入喷头，主要在真空卷吸作用下，磨料与高压水在喷头内的混合腔内混合

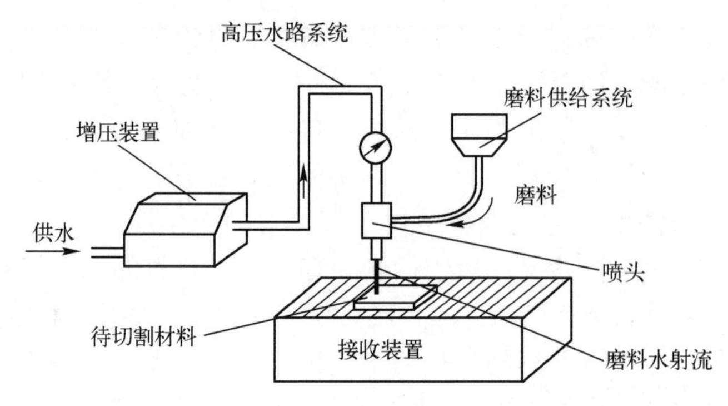

图 5-16　高压水射流设备示意图

后，从仅有数十微米到几毫米的混合喷嘴中喷出，其速度可以达到声速的两三倍，因而磨料水射流具有极高的动能。遇到陶瓷靶材后，巨大的磨料水射流的动能造成陶瓷的原子之间共价键或离子键键断裂，宏观表现为裂纹横向、径向、环状扩展，同时磨料、水楔入裂纹，加速了裂纹扩展。当裂纹相遇，扩展至表面，材料得以去除。该过程反复进行并累积，陶瓷材料得以钻销。磨料水射流中主要是磨料起到了冲蚀切割作用，而水除了作为磨料的载体，也具有动能，可以起到一定的切割作用。磨料水射流钻销陶瓷时，破坏机理包括沿晶和穿晶断裂、气蚀破坏，并伴有塑性变形。影响水射流加工性能的外部因素包括了水射流压力、靶距、磨料种类和尺寸、冲击角度等。众多研究结果表明，提高水射流压力，可增加陶瓷材料的钻孔或切割深度。减小磨料水射流喷头与靶材之间的距离，起初可以起到增加钻孔或切割深度的作用，但是当靶距缩小到一定程度，继续减小靶距，切割深度变化不明显。除了外部因素，影响磨料水射流切割性能的还取决于陶瓷的机械强度、断裂韧性等材料内部因素。

5.2.3.3　电火花技术

电火花加工（electro-discharge machining，EDM）是利用工具电极和工件电极间脉冲放电产生的电蚀现象实现对材料的加工。其优点是在加工过程中，工件和工具间无直接接触，无机械力，不存在刀具磨损问题，但是在精密加工领域，电火花加工技术对材料有严重的热影响。根据所加工陶瓷材料的导电性的差异，可选择不同的电火花加工方式：对于导电陶瓷材料，传统电火花加工技术就可以实现加工；对于非导电性陶瓷材料，不能直接作为电极，一般采用电解液法和高电压法。纪仁杰等[26]对非导电陶瓷材料的电火花加工进行了研究，提出一种基于辅助电极的电火花电弧复合加工方法，并对该方法的原理和特点进行了深入研究。

5.3　SiC/SiC 复合材料机械加工工艺

5.3.1　机械加工工艺国内外现状

机械加工即采用金属材料的加工技术对陶瓷材料进行加工，主要包括铣削、切削、磨削、钻削等加工方法。对于传统机械加工的研究主要是集中在刀具选择和加工工艺。王平等[16]以 C/SiC 复合材料喷管为例，阐述了纤维增强陶瓷基复合材料车削加工难点，并提出了解决方案：采用先车削后磨削的机械加工工艺，通过在车削过程中选用不同材质的刀具以及采用合适的切削用量的方法，成功完成了对陶瓷基复合材料喷管连接部位的车削加工。周大华等[27]通过大量的工艺试验，设计了合理可行的 C/SiC 复合材料型面数控加工工艺，并从工艺系统控制、刀具选择、切削参数计算和走刀路径优化等方面研究了 C/SiC 复合材料的型面加工工艺。毕铭智[28]以 C/SiC 复合材料为研究对象，系统研究了制孔和铣削过程中刀具选择、典型缺陷成因及评价及加工工艺参数的设定，采用不同刀具对 C/SiC 复合材料进行钻削和铣削对比试验，最终确定 C/SiC 复合材料最佳钻削制孔和最佳铣削刀具。中国航空制造技术研究院复合材料技术中心[29]研究了机械加工对 SiC/SiC 复合材料表面形貌的影响，采用磨削工艺对 SiC/SiC 复合材料进行加工后其表面不平整，存在微裂纹，加工过程产生的微裂纹会在材料使用的应力循环过程中缓慢扩展，影响材料的使用寿命，故实际使用过程中，需根据加工效果、加工效率、加工成本、合理优化加工过程。

5.3.2　机械加工精度、损伤、成本评估与控制

5.3.2.1　机械加工缺陷分类评价及成因

陶瓷基复合材料机械加工中典型的加工缺陷有毛刺、撕裂、崩块、分层、微裂纹等。

毛刺缺陷是指在纤维增强陶瓷基复合材料的加工表面附近出现成片未能整齐切断的纤维束和表面区域性微小不规则纤维断头等加工缺陷。单位面积上毛刺越多、所占面积越大，表明加工质量越差。毛刺缺陷的成因主要有两个方面：①因为 SiC 陶瓷纤维本身性质为易剪切断裂而不易拉伸断裂，所以钻削过程中纤维受力为拉伸方向的区域中更容易出现纤维拔出或不规则断头等现象；②由于刀具磨损，刀刃不够锋利难以整齐切断纤维，造成毛刺缺陷。另外发现在孔的出口端更容易出现毛刺缺陷，这是因为出口端的表层纤维外

侧没有约束，加之钻头的轴向力作用下纤维受力均处于拉伸状态，不易被整齐切断。

撕裂缺陷是指在纤维增强陶瓷基复合材料的加工表面附近出现较大面积区域的成束纤维与基体分离的加工缺陷。撕裂缺陷通常是毛刺缺陷进一步发展演变的结果。撕裂缺陷的成因主要来自于两个方面：①因为陶瓷基复合材料本身的各向异性与材料的不均匀性，由于增强纤维在陶瓷基复合材料中分布与取向的不均匀性，造成材料内部孔隙分布的不均以及材料不同位置层间强度的不均匀性，在孔洞分布较为密集和层间强度较弱的部位的加工过程中，容易发生成束纤维与基体的分离，造成撕裂缺陷；②与毛刺缺陷的成因类似，随着刀具的磨损，不够锋利的刀刃切割纤维时容易将成束的纤维带出，使其与基体产生剥离，造成撕裂缺陷。

崩块缺陷是指加工区域表面尤其是端面附近加工区域会出现表层纤维与基体的缺失而形成小缺口的加工缺陷。崩块缺陷的成因主要存在以下几个方面的因素：①由于陶瓷基复合材料的致密化工艺特点，材料本身致密化程度不高，材料内部存在大量孔隙，当加工过程恰好使材料内部固有孔隙暴露在材料表面时，就会因为孔隙处材料本身的缺失而表现为崩块缺陷，但该类崩块缺陷的尺寸较小且出现的概率较小；②由于陶瓷基复合材料的制备工艺特点，在 PIP 工艺过程中会生成大量小分子物质从基体中逸出，从而造成制备的复合材料中存在较多孔隙而致密化程度不高，再加之 SiC 本身硬而脆的特性，当高速转动的刀具接触材料表面，并开始进入材料时，如果加工应力过大而超过材料的强度极限，则会导致在入刀附近区域产生大量微裂纹并迅速扩展，最终发展形成大裂纹，一旦大裂纹生长超过扩展的临界尺寸，会造成材料发生脆性断裂而崩裂脱落，表现为崩块缺陷；另外，当撕裂缺陷较为严重时，随着材料撕裂缺陷的恶化，表层纤维在拉伸应力下被刀具撕扯而与基体分离，最终造成表层材料的缺失而出现崩边现象。

分层缺陷是指加工区域表面或者端面附近加工区域产生层间的撕裂或剥离现象，多发生于二维编织结构的陶瓷基复合材料。由于二维陶瓷基复合材料层与层之间没有纤维增强，层间力学性能较差，当加工应力过大时，尤其当刀具磨损严重而刀刃容易对纤维造成撕扯时，会造成材料薄弱的层间优先生成微裂纹并迅速扩展，最终造成分层缺陷。

微裂纹是指在陶瓷基复合材料的加工表面附近出现微裂纹的加工缺陷。该类缺陷的出现是因为材料本身的不均性以及脆性，在加工过程中刀具会对材料产生周期性的冲击作用，当冲击力过大时，冲击作用会引起加工表面以及端面产生大量微裂纹。

5.3.2.2　机械加工精度的影响因素

陶瓷基复合材料机械加工过程中对加工精度产生影响的因素较为复杂，大致可以分为刀具以及设备的影响、工艺参数的影响。下面通过对陶瓷基复合材料机械加工去除机理的分析，以此为出发点对影响加工精度的因素进行分析研究。

对于目前陶瓷基复合材料的机械加工方法，无论是铣削或车削，其最本质的特征仍然为磨削加工，所以从磨削机理出发，分析陶瓷基复合材料的加工去除机理。对于刀具及设备方面的影响因素，因设备精度决定的加工精度的部分暂且不做研究，主要从刀具方向入手，通过陶瓷基复合材料平面、曲面以及孔等典型结构的机械加工，通过采用千分尺等量具或精密测量仪器对加工试验件进行尺寸测量，由此对相应的刀具特征进行分析，建立刀具选择与加工精度之间的关系。对于工艺参数方面的影响因素，主要从刀路设计、主轴转速、进给速率、切削深度、冷却液的使用等方面出发，通过陶瓷基复合材料平面、曲面以及孔等典型结构的机械加工，通过采用千分尺等量具或精密测量仪器对加工试验件进行尺寸测量，由此对相应的工艺参数进行分析，建立工艺参数与加工精度之间的关系。

由磨削机理分析可知刀具对于加工精度的影响都可归结为刀具或磨粒与工件之间切削作用力的影响，刀具越锋利，切削力越小，则加工精度越高。

1. 刀具对加工精度的影响

分别采用端铣刀、球刀、圆鼻刀的金刚石刀具对陶瓷基复合材料的平面结构和曲面结构进行加工。对加工的尺寸精度进行测量分析。结果表明：在加工平面结构时，端铣刀、球刀与圆鼻刀的加工尺寸精度表现接近，但端铣刀凭借与工件较大的接触面积，加工效率最优，圆鼻刀次之，球刀效率较低。在加工曲面结构时，端铣刀受刀具形状限制从而加工能力有限，尤其在曲率较大区域，其加工分辨率过低甚至无法完成加工要求；而圆鼻刀凭借刀具形状可获得更优的曲面加工精度；球刀具有最优的曲面加工精度，因其与工件的接触可看作点接触，具有最高的加工分辨率与最低的加工应力，可获得最佳加工精度。

机械加工常用的刀具材质一般包括普通高速钢、硬质合金、金刚石等。分别采用这几种材质的端铣刀对陶瓷基复合材料的平面结构进行加工。对加工的尺寸精度进行测量分析。结果表明：普通高速钢因寿命过短而无法胜任陶瓷基复合材料的加工；硬质合金刀具具有一定的刚度与尺寸精度，但在加工陶瓷基复合材料时，会很快钝化与磨损，造成加工精度的大幅下降；金刚石刀具表现出最优的加工特性，在加工开始区域拥有极佳的加工精度，在加工结束区域精度稍有下降。

陶瓷基复合材料制孔通常有中心钻、麻花钻、铰刀等刀具种类，中心钻主要用于孔加工的预制定位，引导麻花钻进行孔加工，铰刀是具有直刃或螺旋刃的旋转精加工刀具，通过铰削工件上已钻削加工后的孔，用于提高孔的加工精度和降低加工表面粗糙度。分别单独采用麻花钻，配合使用中心钻、麻花钻、铰刀进行陶瓷基复合材料平面结构件的制孔，对制孔的精度进行测量分析。结果表明：单独采用麻花钻制得的孔，孔的位置精度较差，这是因为陶瓷基复合材料本身具有很高的硬度，并且由于表层增强纤维的存在，使入孔处的材料表面平整度不够，容易使麻花钻的定心发生偏移，导致位置精度下降；另外单独采用麻花钻制得的孔径精度不高，尤其在进行连续制孔过程中，孔与孔的孔径离散度较大，这主要是由于刀具磨损，造成加工精度下降。而通过中心钻的配合使用，在打孔位置预制定位，引导钻头进行准确定位，孔位置精度较高；通过铰刀的配合使用，对已打的孔进行铰削，使孔径精度及均一性大大提高。

2. 机械加工工艺参数对加工精度的影响

走刀路线的选择在加工连续纤维增强复合材料时是非常重要的一个关键工艺参数，陶瓷基复合材料也不例外。刀路的设计不仅关系到加工缺陷的控制，同时关系到加工精度的控制。一方面，走刀方向与纤维走向的夹角与切削效果之间存在一定的关系，合理的切削角度有利于纤维束的整齐剪断，表现出较高的加工精度，而切削角度不佳时，可能造成对纤维的撕扯，尤其是在刀具磨损后表现得尤为明显，导致加工精度下降。所以合理的刀路设计是保证加工精度的一个重要因素。

主轴转速是机械加工中重要的参数之一，在刀径一定的情况下，主轴转速越高代表刀刃切削材料时的线速度越大。通过采用不同主轴转速对陶瓷基复合材料平面结构件进行外形加工，发现主轴转速较高时，加工表面质量较优，因而加工精度较高；当主轴转速下降到一定程度时，加工表面出现大量毛刺、撕裂等缺陷，加工精度受到影响。结果表明，较高的主轴转速有利于陶瓷基复合材料的加工。

进给速率一方面影响着加工的效率，另一方面对加工精度也有影响。当进给速率较大时，刀具与工件之间的作用力较大，刀刃对材料的挤压作用明显，切削力大，不利于加工精度的提高，所以要在加工效率允许的情况下，选择较低的进给速率。

切削深度与进给速率属于同一类型的加工参数，其对加工同样存在着加工效率与加工精度两方面的影响。切削深度较大时，刀具与工件间的作用力较大，一方面对于工件的装夹稳定性提出了更高的要求，另一方面对于刀具以及机床的刚性与稳定性提出了更高要求，这些因素都有可能导致加工精度的下降。

冷却液的使用对加工质量会产生显著影响，由于加工过程产生的大量切削热会使刀具迅速磨损，使加工精度大大降低。所以陶瓷基复合材料的加工需要使用冷却液及时带走切削热，为刀具降温，保证加工精度。

综上所述，陶瓷基复合材料加工精度的影响因素主要分为刀具方面与工艺参数方面两大部分，加工过程中需根据加工精度要求，选择合理的刀具以及工艺参数。陶瓷基复合材料加工质量受刀具的影响因素主要包括刀具形状、刀具材料、刀具配合等方面。可以根据加工对象的结构特征选用合理的刀具形状，以满足加工效率与加工质量的双重需求。金刚石刀具在陶瓷基复合材料的加工方面表现出更大的优势。在以制孔为代表的典型加工过程中，合理的刀具配合使用能够有效提高加工质量。陶瓷基复合材料加工质量受加工参数的影响因素主要包括走刀路线、主轴转速、进给速率、切削深度、冷却液等方面。走刀路线建议选择与纤维排布呈 45°的方向；冷却液建议在加工过程中配合使用；对于切削加工，在主轴转速、进给速率、切削深度 3 个参数中，按照影响大小排序为主轴转速>进给速度>切削深度，主轴转速对加工质量的影响最大，高的主轴转速、低的进给速度及低的切削深度有利于铣削加工质量的提高；对于钻削加工，高的主轴转速及合适的轴向进给速度是制孔质量高的保证。

5.4 SiC/SiC 复合材料激光加工工艺

5.4.1 激光加工工艺国内外现状

5.4.1.1 连续及长脉冲激光加工工艺现状

为了实现短时间内大去除量的高效加工，大功率长脉冲激光器被应用于纤维增强复合材料的激光加工中。Liu 等[30]对连续激光辐照下碳纤维增强复合材料的热机械响应进行了实验研究，结果表明材料的层间破坏是由热载荷引起的。在连续激光的辐照下，材料表层基体热解，由于热应力集中，材料出现了明显的层间开裂，如图 5-17 所示。Luan 等[31]研究了碳纤维增强复合材料在高功率 CO_2 激光辐照下的烧蚀行为，研究发现微结构的生成与演化主要取决于激光光斑辐照区域局部温度的差异，光斑中心区域较高的温度会导致碳纤维发生剧烈的烧蚀。

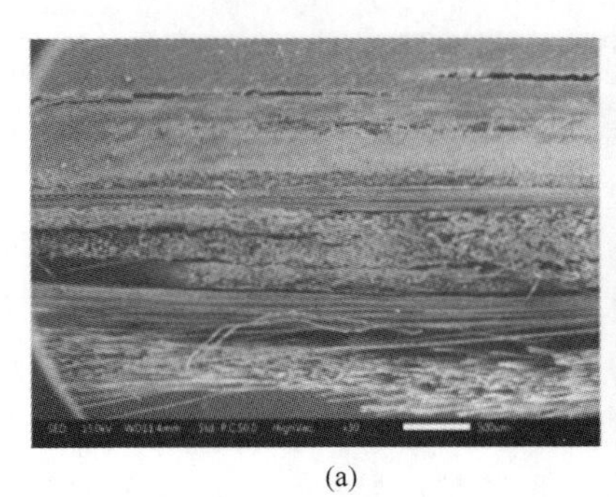

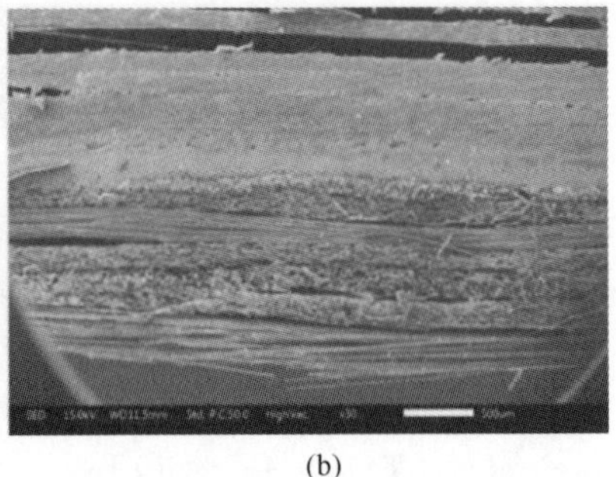

(a) (b)

图 5-17 不同功率激光导致的层间开裂

(a) 500W；(b) 1000W。

为了改善连续激光辐照纤维增强复合材料造成的层间开裂，国内外学者利用脉冲激光进行了复合材料的烧蚀去除研究。Pan 等[32]利用大功率毫秒激光器对 C/SiC 复合材料进行了单脉冲及多脉冲的烧蚀实验，毫秒激光烧蚀同样给材料带来了巨大的热冲击载荷及温度梯度，随着激光功率密度的增加，光斑中心区域的烧蚀现象越来越严重且出现了表面裂纹，数量众多的球形 SiC 颗粒沉积在烧蚀区域边缘。C/SiC 复合材料基体与纤维的烧蚀不规则，导致加工区域形貌杂乱无章，如图 5-18 所示。Marimuthu 等[33]研究了 SiC 增强复合材料在毫秒激光打孔过程中的成孔机理，通过高速相机观察发现毫秒激光加工中存在着明显的熔融体喷射现象，且伴随有等离子体产生，从孔口喷出的熔融体主要由烧蚀过程中产生的蒸汽压力驱动。过强的热作用导致孔口及侧壁形貌不规则，严重影响了加工质量。

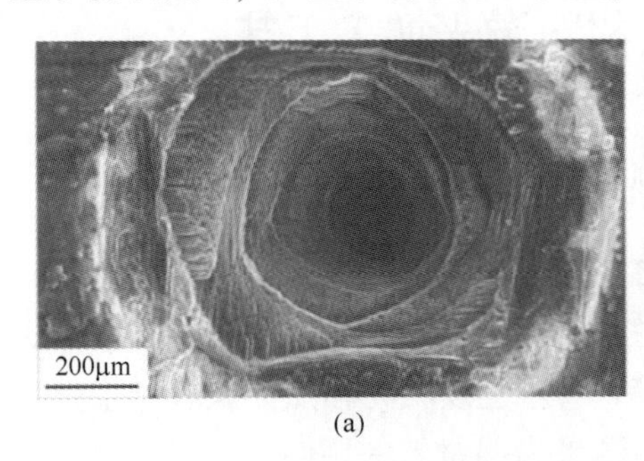

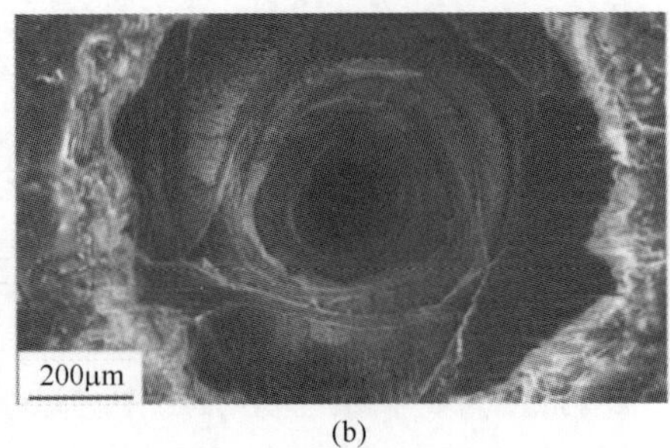

(a) (b)

图 5-18 不同脉冲数激光作用下的 CMC-SiC 表面形貌

(a) 50 个脉冲；(b) 100 个脉冲。

CMC-SiC 由多层纤维编织而成，在激光加工中会产生与一般均质材料不同的缺陷。Wu 等[34]利用脉冲激光对 C/SiC 复合材料进行了沿垂直纤维、平行纤维、纤维中轴 3 种扫描方向的加工实验，在加工参数相同的前提下，扫描方向不同得到的微结构形貌尺寸不同，并且在微结构中发现了纤维断裂、基体缺失及微裂纹等加工缺陷。Hejjaji 等[35]在碳纤维增强复合材料的激光打孔过程中也发现了明显的基体缺失，造成这种现象的原因是碳纤维具有较高的热传导率，在激光辐照过程中材料吸收的热量沿纤维传导至基体材料，大量的热吸收导致基体材料被烧蚀。同时，加工区域边缘基体材料缺失导致的纤维外露现象尤为明显。

在 CMC-SiC 的激光加工过程中，表面氧化同样是一项需要重点控制的加工缺陷。SiC 是 CMC-SiC 的主要构成成分，受到脉冲辐照所产生的热作用影响会生成 SiO_2，即材料表面发生氧化。Wu 等[34]在空气环境中使用脉冲激光对 C/SiC 进行了加工，经过对实验结果的观测，发现加工区域的底部、侧壁及边缘都覆盖有白色颗粒物，如图 5-19 所示。能谱分析表明沉积的颗粒物的主要成分是 C、Si 和 O。Dang 等[36]制备了 4 种不同成分的 C/SiC 复合材料，并对激光烧蚀过程中的材料组织演变进行了表征。在激光辐照的高温低氧环境中，不同成分 C/SiC 复合材料的加工区域边缘均产生了氧化，同时在光斑中心区域发现了残留针状碳纤维和无基体的纳米碳层，说明 C/SiC 复合材料中心区域发生了明显的石墨化。

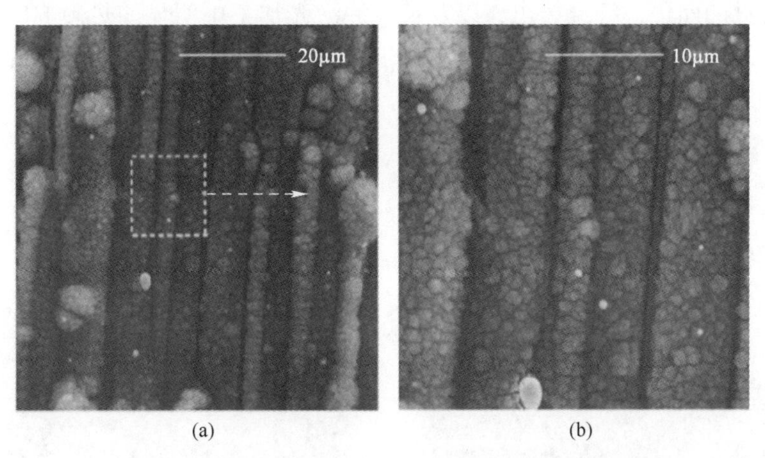

图 5-19　空气环境中激光加工 C/SiC 复合材料时的氧化现象
（a）加工区域；（b）局部放大图。

在长脉冲激光加工过程中，激光诱导等离子体的电离程度不高，材料去除主要依靠热累积所引起的熔化与气化，加工过程中热作用非常明显。CMC-SiC 由多层纤维编织而成，纤维能够承载并吸收热量，热应力集中会导致材料产生分层、基体缺失及微裂纹等加工缺陷。在 CMC-SiC 的激光加工过程中，表面氧化同样是一项需要重点控制的加工缺陷。

5.4.1.2 超短脉冲激光加工工艺现状

为了控制 CMC-SiC 中由激光热作用导致的加工缺陷，利用超短脉冲激光对 CMC-SiC 进行精密加工成为国内外学者研究的热点。蔡敏等[37]对比了纳秒激光和皮秒激光的 SiC/SiC 复合材料加工效果，结果表明：纳秒激光加工过程中材料表面同样存在热影响区，导致激光辐照区域产生了重铸层、分层及微裂纹等缺陷；利用皮秒激光加工，相对纳秒激光，SiC/SiC 复合材料的加工质量有显著提高，激光辐照区域未发现热影响区，即重铸层、分层、微裂纹等缺陷在皮秒激光加工中得到了有效抑制。Liu 等[30]利用皮秒激光开展了 C/SiC 复合材料的微孔加工实验，研究发现：当激光功率密度较低时，孔内形成的反冲气压同样较低，导致孔内碎屑不能有效喷出；升高激光功率密度后，加工过程中孔内产生强烈的冲击波，形成的反冲高压使得碎屑从孔内高速向外喷射，微孔加工质量明显提高。Moreno 等[38]开展了飞秒激光加工纤维增强复合材料的实验研究，发现内部基体材料的尺寸和形状对激光加工质量存在较大影响。在飞秒激光参数的合理调控下，纤维增强复合材料获得了良好的加工质量。Zhai 等[22]在 SiC/SiC 复合材料上利用飞秒激光进行了多种微结构的制备研究，检测报告显示 SiC/SiC 复合材料加工区域轮廓清晰，没有出现机械加工常见的崩边、纤维拔出，以及长脉冲激光加工中明显的热影响区。为了验证加工效果，利用飞秒激光在 SiC/SiC 复合材料表面制备了大面积的微槽结构，加工效果如图 5-20 所示。

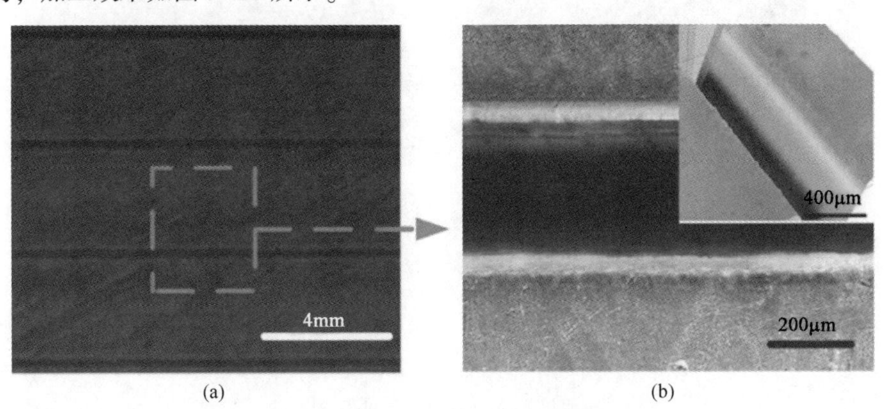

图 5-20 SiC/SiC 复合材料的飞秒激光加工效果

(a) 加工区域；(b) 局部放大图。

5.4.1.3 工艺优化现状

为进一步提高材料的加工质量，国内外学者在激光加工过程中尝试提出了多种优化方法。针对厚度较大的碳纤维增强复合材料的激光切割方法，Herzog 等[39]按照激光焦点移动方式将其划分为 3 种：焦点固定切割方式的切割深度最浅，焦点纵向进给切割方式的切割深度有所加深，但是材料的各向异性会导致切口内激光发生多次反射，所以这两种切割方式都存在切口弯折现象，焦点平移配合纵向进给切割方式的加工质量最高，切割深度最深可达13mm。Wang 等[40]对空气环境中超音速气流和静态条件下 C/SiC 复合材料的激光烧蚀行为开展了实验研究，对比不同条件下的实验结果可以发现，超音速气流的机械冲蚀作用增加了激光对 C/SiC 复合材料的烧蚀速率，同时，超音速气流带来的冷却效果及剪切应力使烧蚀表面变得平滑。为了避免 SiO_2 氧化层的出现，可以在激光加工的同时施加惰性气体保护，常用的惰性气体包括氮气和氩气。但是，Nasiri 等[41]研究发现氮气在高温环境下会和 SiC 及其氧化物发生化学反应，生成 Si_3N_4。因此，可以选择氩气作为激光加工过程中的保护气体，用于有效抑制 C/SiC 复合材料的表面氧化。

激光复合制造技术将激光与其他能场或工艺结合到同一加工过程中，对于金属、陶瓷等材料，可以产生比单种能场更优的加工效果。Kang 等[42]发现超声振动能够降低激光加工中熔池的温度及材料的氧化速率，从而有效地抑制了重铸层的形成。Ho 等[43]通过施加静电场削弱等离子体团聚并加速喷溅颗粒物运动，提高了超短脉冲激光打孔过程中的材料去除率。Lu 等[44]研究了外部电磁场同时作用下材料的激光加工效果，实验结果表明电磁场对等离子体的运动有影响，且提升了材料加工质量。上述研究表明，激光的多能场复合加工有助于提高激光加工的质量和效率。

针对不同表面微结构研究最佳光束扫描路径优化算法，可以有效提高激光加工质量的一致性及可重复性。在激光加工过程中，辅助以高速气流或惰性气体可以避免 SiO_2 氧化层的出现。在激光加工过程中，合理使用辅助物理环境，能够起到降低等离子团聚、减小热应力、增加材料去除率等效果。但是，相关研究均处于概念化的探索阶段，缺乏系统的理论研究，还无法将这些辅助加工技术实际应用于 CMC-SiC 的激光加工中。

5.4.2 激光加工效率与精度、损伤的关系

5.4.2.1 连续激光加工陶瓷基复合材料

采用 CO_2 激光加工设备（最大功率 4kW，波长为 10600nm，连续激光）在厚度为 3mm 的 SiC/SiC 复合材料平板试样上进行切割试验。图 5-21 为选取切割功率为 1300W，在不同切割速度下切割复合材料后入口和出口的显微组织形貌照片。结果显示，入口切缝边缘较为平直，而切缝出口平直度较差。切缝入口和出口边缘均有烧蚀。当激光切割速度为 2m/min 时，复合材料未被完全切透，出口仅有不连续的切割孔洞出现，随着切割速度降低到

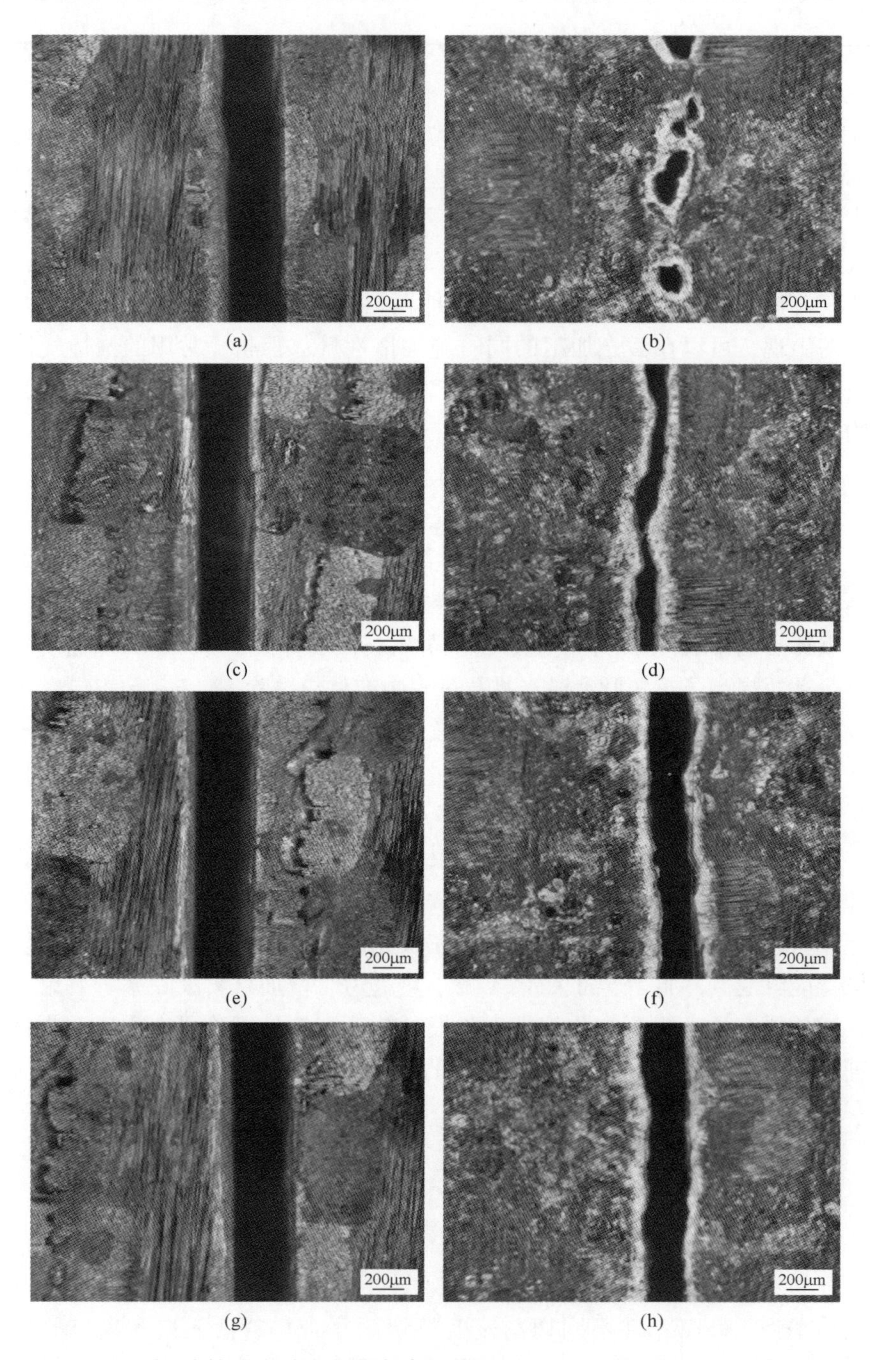

(a) (b) (c) (d) (e) (f) (g) (h)

图 5-21　在不同切割速度下切割复合材料后入口和出口的显微组织形貌照片

(a) 2m/min 入口；(b) 2m/min 出口；(c) 1.6m/min 入口；(d) 1.6m/min 出口；(e) 1.2m/min 入口；(f) 1.2m/min 出口；(g) 0.8m/min 入口；(h) 0.8m/min 出口。

1.6m/min，复合材料被完全切透，但出口切缝较窄平直度不好。继续降低切割速度到 1.2m/min 和 0.8m/min 时，出口切缝平直度变好，出口切缝宽度也明显变大。

图 5-22 为复合材料激光切割后入口和出口宽度随切割速度变化的关系曲线。从图中可以看出，切缝入口随切割速度的增大而减小，但变化不明显。切缝出口在速度和 0.8m/min 和 1.2m/min 变化不大，随着速度的增加明显减小。

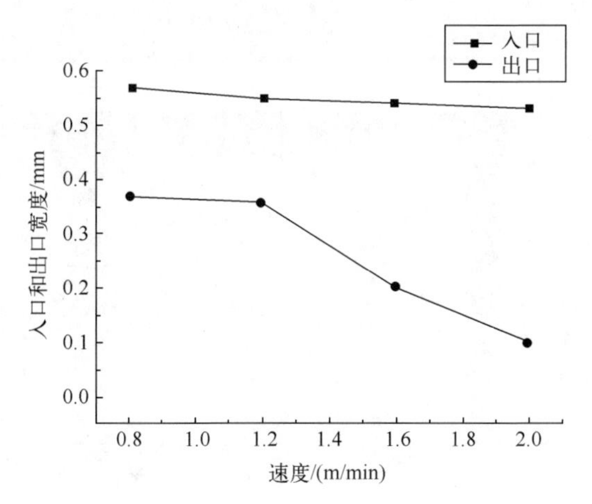

图 5-22　复合材料激光切割后入口和出口宽度随切割速度变化的关系曲线

图 5-23 为在不同切割速度下切割复合材料后纵截面的显微组织形貌照片。结果显示，不同切割速度下切缝均存在一定的锥度，且存在一定宽度的白色区域，与原始组织明显不同，这是由于 CO_2 激光在切割过程中，对切缝边缘组织产生一定程度的热损伤，热影响区宽度为 0.1~0.3mm。

结果表明，连续激光加工陶瓷基复合材料的加工精度及损伤与加工速度密切相关。激光加工能力与激光作用时间正相关，过快的加工速度因加工能力有限而不利于加工精度的保证，而过缓的加工速度不利于加工效率的提升，另外更长的加工时间会导致更严重的热致损伤。所以在工程化应用中需要针对加工对象特征设置合理的加工速度，同时满足精度、损伤及效率的加工要求。

5.4.2.2　超快激光加工陶瓷基复合材料

图 5-24 为选用毫秒激光器，激光功率为 85W 条件下，在 10mm/min、50mm/min 和 100mm/min 不同切割速度下切缝入口和出口的显微组织照片。结果显示，切缝入口边缘较为平直，在速度低为 10mm/min 时，切缝出口的平直度较好，随着切割速度的增大，切缝出口的平直度变差。与连续激光相

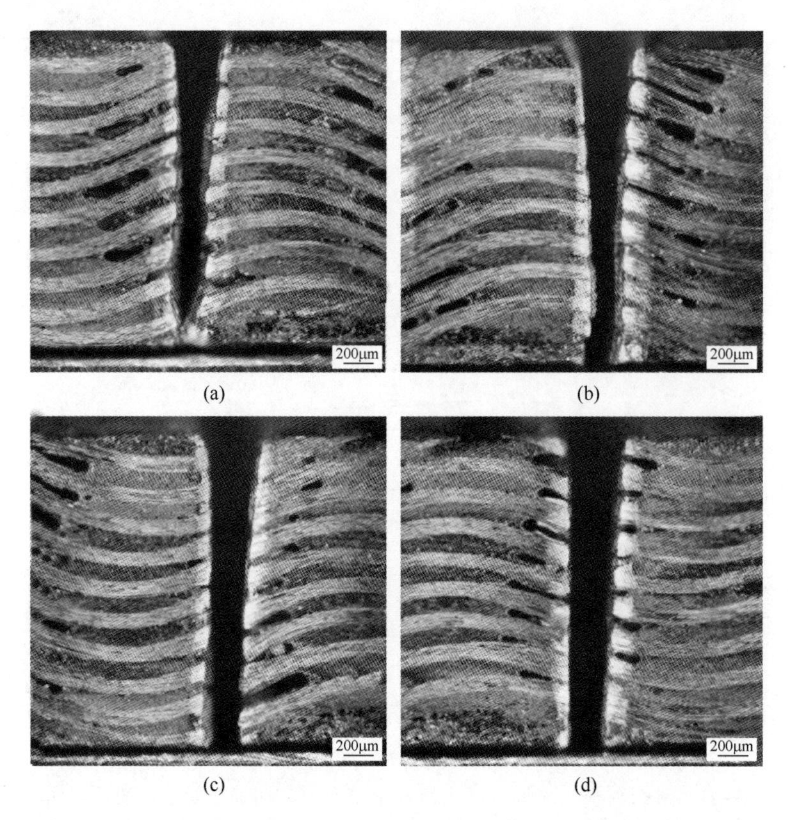

图 5-23　在不同切割速度下切割复合材料后纵截面的显微组织形貌照片

（a）2m/min；（b）1.6m/min；（c）1.2m/min；（d）0.8m/min。

比，切缝入口和出口边缘烧蚀程度均减小。图 5-25 为毫秒激光切缝入口和出口宽度随切割速度的变化曲线。从图中可以看出，切缝入口随切割速度的增大略有减小。但切缝出口随着切割速度的增大而减小。

图 5-26 为在不同切割速度下毫秒激光切割复合材料后纵截面的显微组织形貌照片。结果显示，在切割速度为 10mm/min 时，切缝呈负锥度，当切割速度增大到 50mm/min 和 100mm/min 时，切缝锥度减小。与连续激光相比，切缝边缘的热影响区明显减小。

结果表明，超快激光加工陶瓷基复合材料的加工精度与加工速度密切相关。过低的加工速度一方面不利于加工效率的提高，另一方面会导致加工产生锥度现象，且锥度大小受加工速度影响明显；过高的加工速度因单位时间内加工能力有限而不利于加工精度的保证，尤其对于切割出口一侧影响显著。超快激光比连续激光加工损伤明显降低，这是因为超快激光的热效应比连续激光显著降低。

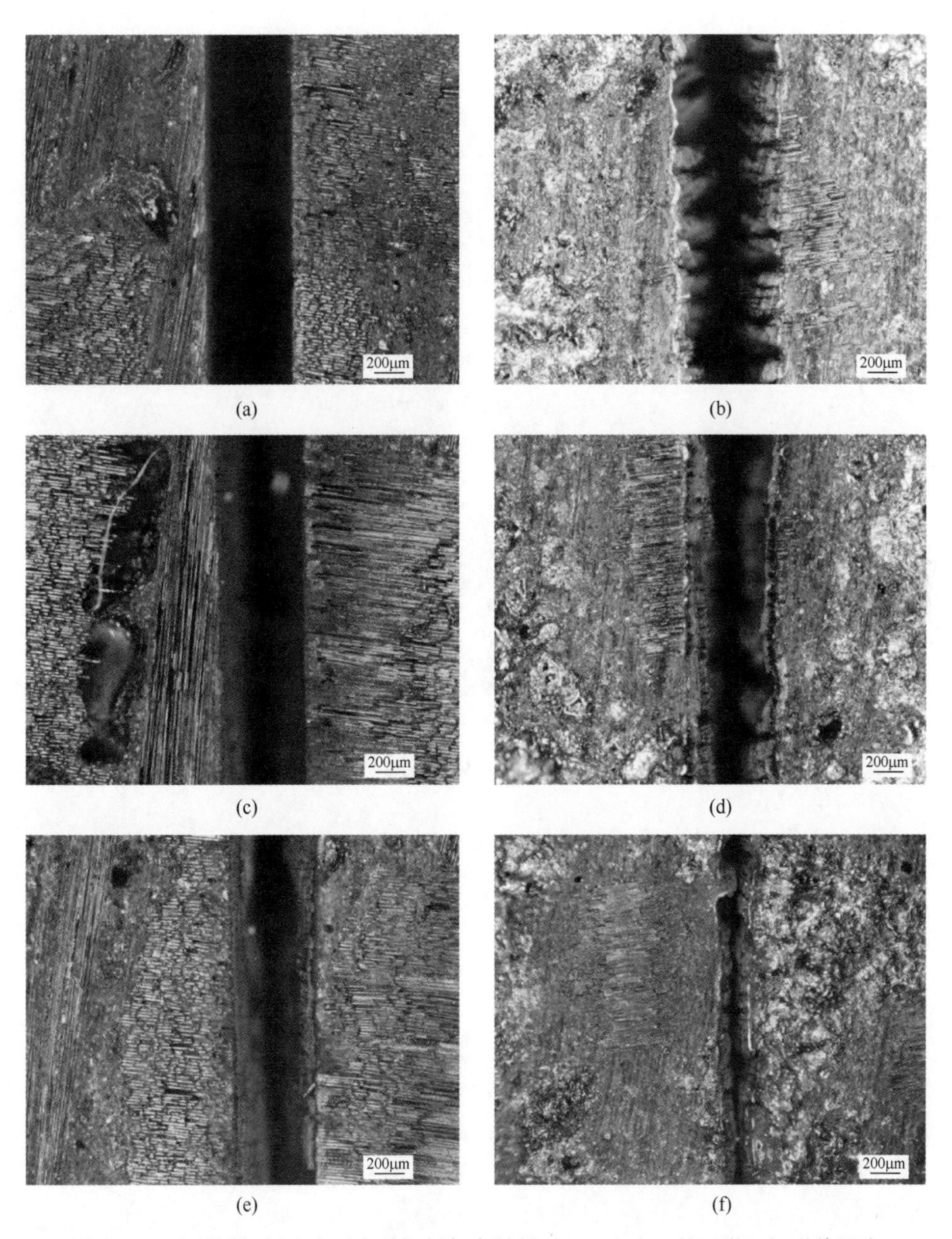

(a)　(b)　(c)　(d)　(e)　(f)

图 5-24　在不同切割速度下毫秒切割复合材料后入口和出口的显微组织形貌照片

（a）10mm/min 入口；（b）10mm/min 出口；（c）50mm/min 入口；（d）50mm/min 出口；（e）100mm/min 入口；（f）100mm/min 出口。

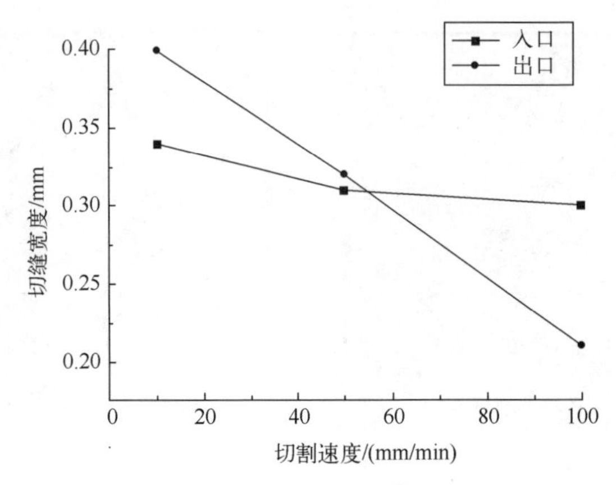

图 5-25　毫秒激光切割入口和出口宽度随切割速度的变化曲线

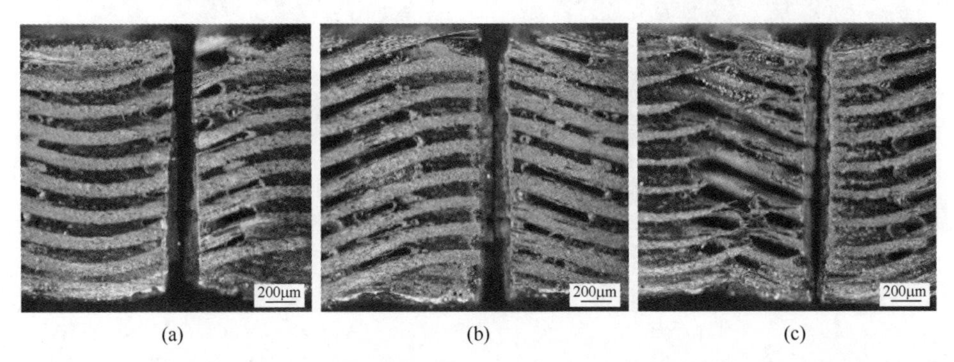

(a)　(b)　(c)

图 5-26　在不同切割速度下毫秒激光切割复合材料后纵截面的显微组织形貌照片
（a）10mm/min；（b）50mm/min；（c）100mm/min。

5.4.3　激光切边与制孔工艺

5.4.3.1　连续激光切割工艺

图 5-27 为采用 CO_2激光加工设备在厚度为 3mm 的 SiC/SiC 复合材料上切缝入口的显微组织照片。图 5-27（a）为在速度为 1.6m/min，功率为 1300W 条件下的显微组织形貌照片，结果显示，入口处的切缝 1 宽度为 0.45mm，切缝边缘较为平直。但切缝表面边缘存在撕裂、掉块等激光加工缺陷，图 5-27（b）为图 5-27（a）切缝边缘的放大照片，切缝边缘撕裂严重，且有熔化产生重铸物附着在表面，图 5-27（c）为切缝侧壁表面的显微组织形貌照片，结果显示切缝内壁表面被陶瓷复合材料熔化产生的熔化重铸物完全覆盖，以上现象均表明 CO_2激光存在显著的热效应，进而造成较为严重的热致缺陷。通过改变激光加工速度和辅助压力，进而减小激光作用时间达到控制热效应的目的，图 5-27（d）为激光工艺优化后的切缝照片，可以看出切缝入口边缘的

质量明显改善，熔化飞溅物减小，不存在撕裂现象。

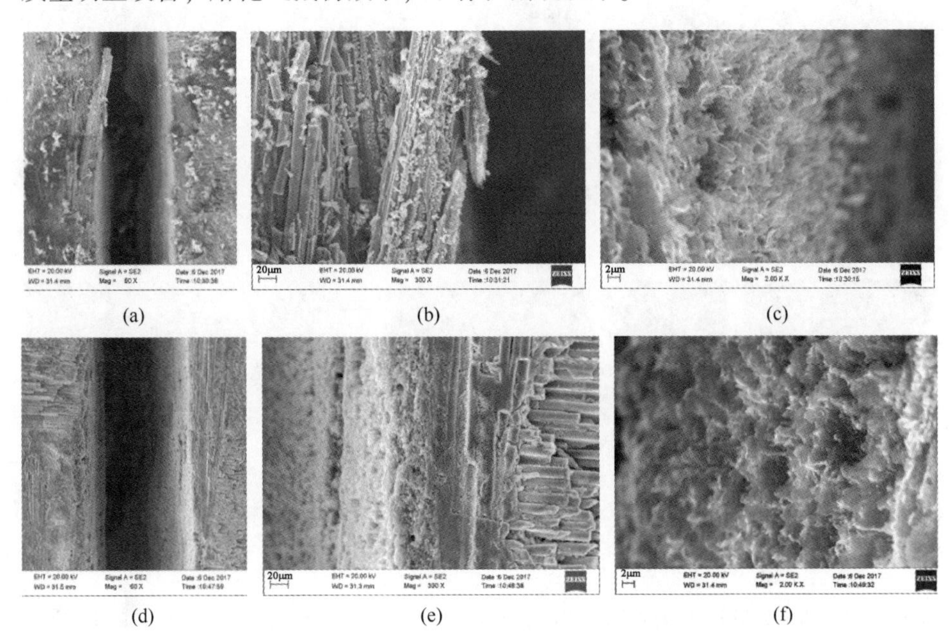

图 5-27　采用 CO_2激光加工设备在厚度为 3mm 的 SiC/SiC 复合材料切缝入口的显微组织照片

（a）优化前切缝；（b）优化前切缝边缘放大照片；（c）优化前切缝内壁放大照片；（d）优化后切缝；（e）优化后切缝边缘放大照片；（f）优化后切缝内壁放大照片。

5.4.3.2　毫秒激光切割工艺

图 5-28 为采用毫秒激光加工设备在厚度为 3mm 的 SiC/SiC 复合材料切缝入口的显微组织照片。图 5-28（a）为在速度为 10mm/min，功率为 85W 条件下入口处切缝的显微组织形貌，入口处切缝宽度为 0.29mm，切缝边缘较平直。切缝边缘在扫描电镜下显示为白色衬度烧蚀物，宽度约为 0.08mm；图 5-28（b）为图 5-28（a）切缝边缘的放大照片，有明显烧蚀现象；图 5-28（c）为切缝侧壁表面的显微组织形貌照片，结果显示切缝内壁表面被陶瓷复合材料熔化产生的熔化重铸物完全覆盖，以上现象表明毫秒激光存在明显热效应，对加工区域会产生烧蚀类缺陷。

图 5-28（d）为通过改变辅助气体种类，工艺优化后的切缝照片，可见，切缝边缘的质量明显改善，无明显烧蚀痕迹，这是因为辅助气体一方面可改善加工区域热环境，另一方面可抑制烧蚀产物形成。图 5-28（e）为图 5-28（d）的放大照片，切缝边缘质量较好，无明显的飞溅重铸物，图 5-28（f）为切缝侧壁表面的显微组织形貌照片，与图 5-28（c）形貌相同，内壁均被熔化产生的熔化重铸物完全覆盖，表明辅助气体的收益在加工表面更显著，而在内壁收

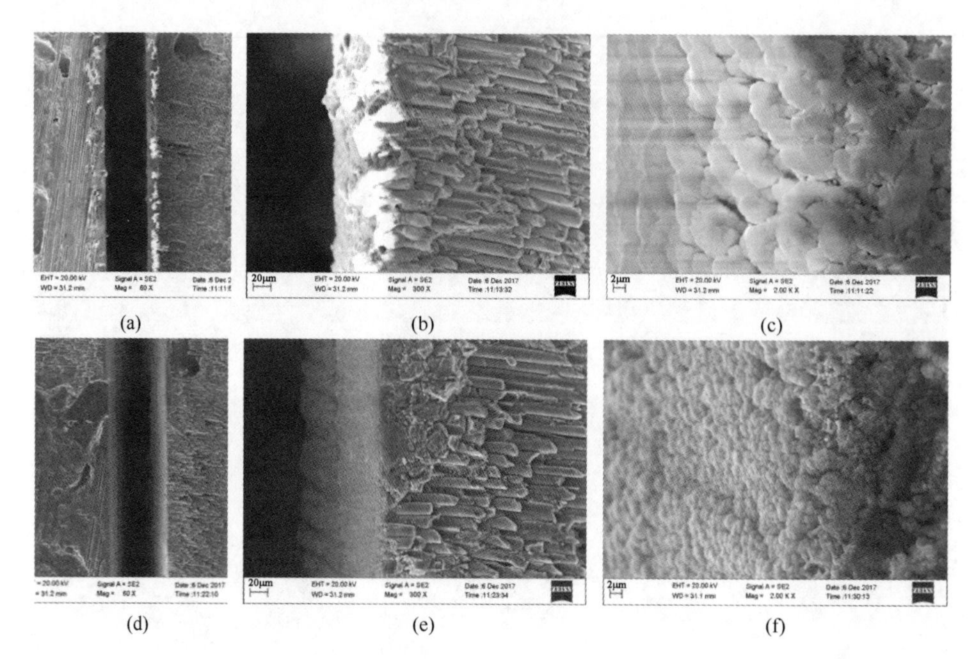

图 5-28 采用毫秒激光加工设备在厚度为 3mm 的 SiC/SiC 复合材料切缝入口的显微组织照片
(a) 优化前切缝；(b) 优化前切缝边缘放大照片；(c) 优化前切缝内壁放大照片；
(d) 优化后切缝；(e) 优化后切缝边缘放大照片；(f) 优化后切缝内壁放大照片。

效较小，原因可能为辅助气体无法有效深入到内部加工区域。

5.4.3.3 纳秒激光制孔工艺

图 5-29 为采用纳秒激光在不同工艺条件下制孔后入口的显微组织形貌照片。结果显示，纳秒激光在激光加工速度低的条件下，小孔入口边缘存在在扫描电镜下衬度为白色的激光烧蚀区域，如图 5-29 (a) 所示。对孔边缘进一步放大，如图 5-29 (b) 所示，可以看到小孔边缘组织有明显组织损伤，损伤周围也存在飞溅物附着在复合材料表面，表明纳秒激光仍存在一定的热效应，尤其在作用时间较长的情况下，热量累计后依然会造成材料烧蚀缺陷。通过提高激光加工速度和加工方式，减小激光作用时间，抑制热效应，对工艺进行优化，图 5-29 (c) 为激光工艺优化后的制孔照片。结果显示，纳秒激光工艺改善后，小孔入口边缘质量明显提高，无明显激光烧蚀区域，进一步对小孔边缘放大，如图 5-29 (d) 所示，小孔边缘也无明显组织损伤，仅有少量飞溅物附着在复合材料表面，表明纳秒激光可以通过工艺控制实现热效应的有效抑制，从而显著降低加工损伤。

进一步对纳秒激光制孔的内壁进行表征分析，图 5-30 为采用纳秒激光两种工艺条件下制孔后纵剖面的显微组织形貌照片。结果显示：纳秒激光在未

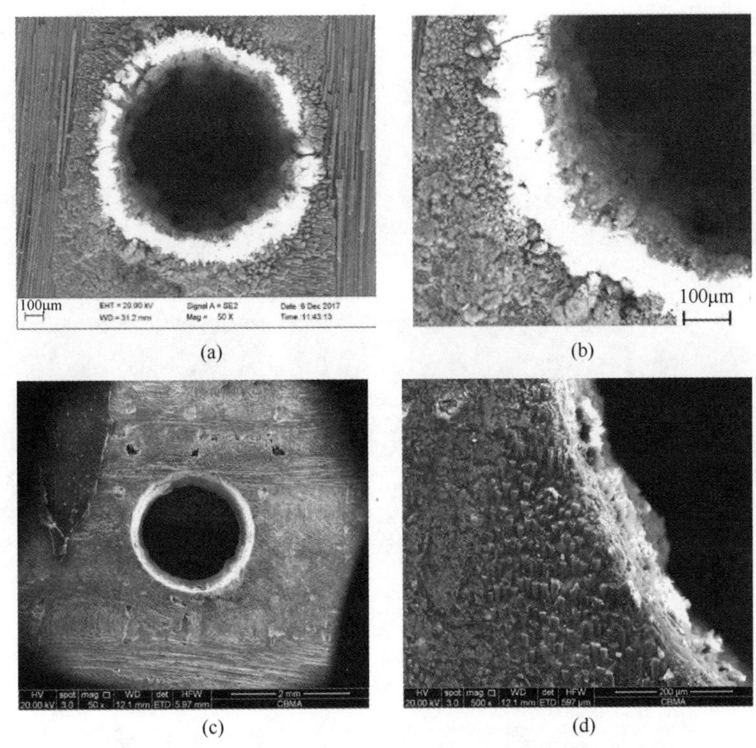

图 5-29　采用纳秒激光在不同工艺条件下制孔后入口的显微组织形貌照片

（a）优化前入口；（b）优化前孔边缘放大照片；

（c）优化后入口；（d）优化后孔边缘放大照片。

改善条件下，孔内壁存在在扫描电镜下衬度为白色的烧蚀物。对孔边缘进一步放大，存在一定分层、掉块现象，如图 5-30（b）所示。图 5-30（c）为孔内壁的放大照片，可以看到大量熔化物重铸物附着在孔内壁。图 5-30（d）为纳秒激光在工艺改善后制孔纵剖面的显微组织形貌照片，结果显示，纳秒激光工艺改善后，孔的纵剖面边缘平直度有所改善，小孔内壁质量也明显有所提高。对孔边缘进一步放大，只在孔的一侧边缘存在一定的热影响区，如图 5-30（e）所示。图 5-30（f）为孔内壁的放大照片，可以看到孔内壁有熔化重铸物附着，但工艺改善后内壁重铸物明显有所减少。表明提高加工速度等工艺优化方法，不仅可抑制加工表面热效应，对内部加工区域同样有效。

5.4.3.4　皮秒激光制孔工艺

图 5-31（a）为采用皮秒激光在不吹气条件下制孔后入口的显微组织形貌照片。结果显示，皮秒激光在不吹气条件下，小孔边缘存在在扫描电镜下衬度为白色的激光烧蚀区域，如图 5-31 所示。对孔边缘进一步放大，如图 5-31（b）所示，可以看到小孔边缘组织有明显损伤，损伤周围也存在飞溅

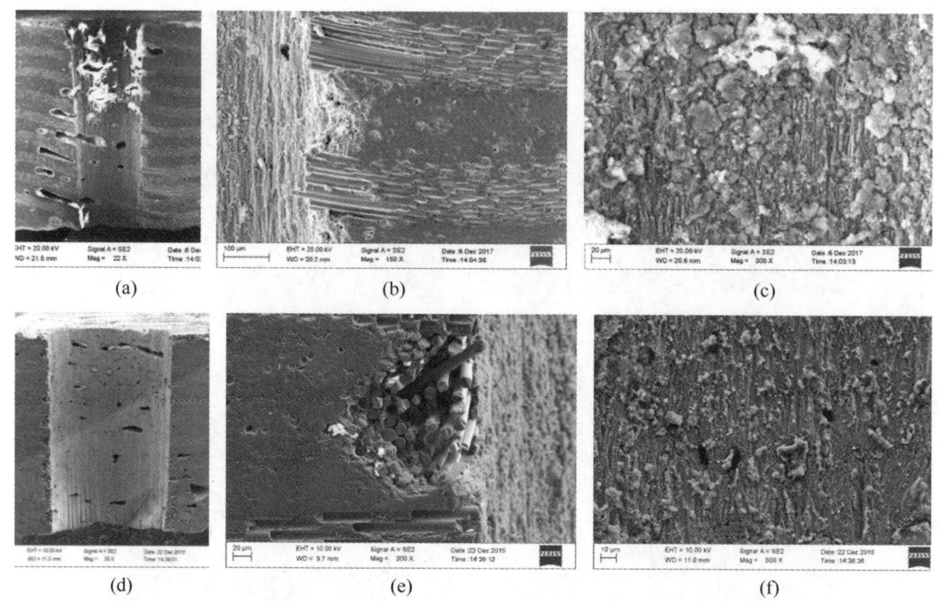

图 5-30　采用纳秒激光两种工艺条件下制孔后纵剖面的显微组织形貌照片

（a）优化前纵剖面；（b）优化前孔边缘放大照片；（c）优化前孔内壁放大照片；（d）优化后纵剖面；（e）优化后孔边缘放大照片；（f）优化后孔内壁放大照片。

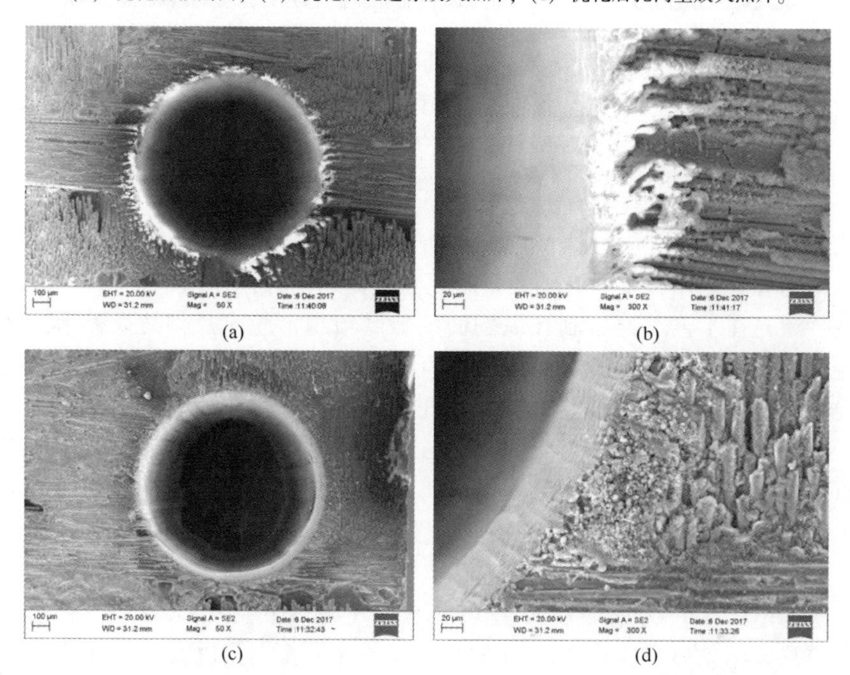

图 5-31　采用皮秒激光在不吹气和吹气条件下制孔后入口的显微组织形貌照片

（a）不吹气制孔；（b）不吹气制孔边缘放大照片；（c）吹气制孔；（d）吹气制孔边缘放大照片。

物附着在复合材料表面，表明皮秒激光在不吹气的条件下，会有显著的热量积累并可导致烧蚀等热致缺陷。图 5-31（c）为通过添加辅助气体吹气，皮秒激光改善制孔工艺后入口的显微组织形貌照片。结果显示，皮秒激光在吹气条件下，小孔边缘质量较好，无明显激光烧蚀区域，进一步对小孔进行放大，如图 5-31（d）所示，小孔边缘无明显组织损伤，表面有少量飞溅物附着在复合材料表面，表明吹气可有效带走加工热量，避免热致缺陷的产生。

进一步对皮秒激光制孔的内壁进行表征分析，图 5-32 为采用皮秒激光在不吹气和吹气条件下制孔后纵剖面的显微组织形貌照片。结果显示，皮秒激光在不吹气和吹气条件下制孔均有一定的锥度，皮秒激光在不吹气条件下制孔，孔的纵剖面边缘平直度较差，如图 5-32（b）所示，孔内壁质量较差，熔化产生重铸物附着在内壁，如图 5-32（c）所示。而皮秒激光在吹气条件下制孔，制孔边缘较平齐，无明显组织缺陷，如图 5-32（e）所示。图 5-32（f）为内壁放大照片，孔内壁较为光滑，能清晰观察到碳纤维和基体组织，无明显组织缺陷，说明吹气可以有效地将加工表面及内部的热量带走，从而改善加工热影响，提高加工质量。

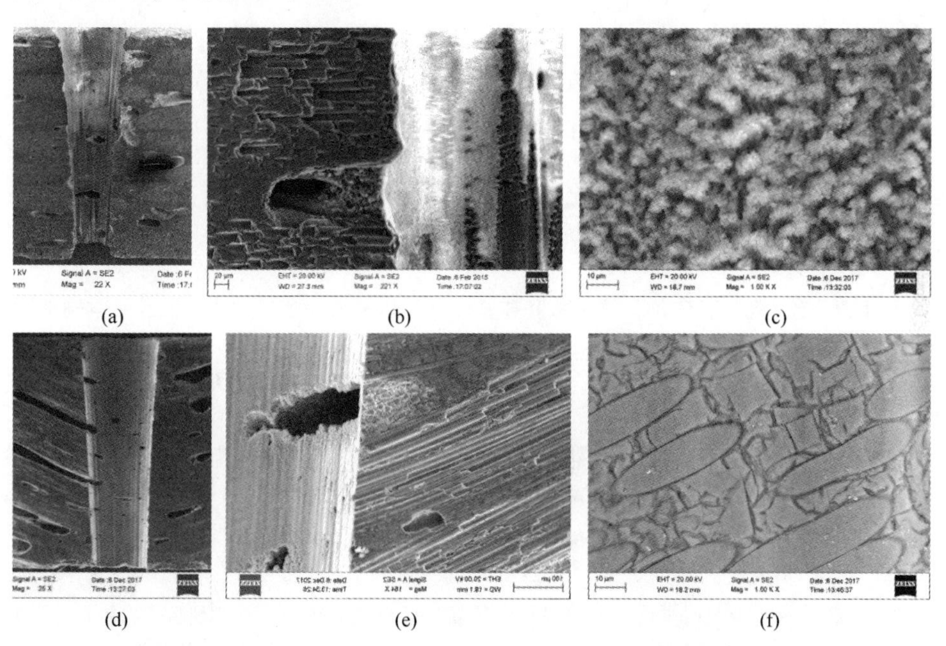

图 5-32　采用皮秒激光在不吹气和吹气条件下制孔后纵剖面的显微组织形貌照片

（a）不吹气纵剖面；（b）不吹气孔边缘放大照片；（c）不吹气孔内壁放大照片；（d）吹气纵剖面；（e）吹气孔边缘放大照片；（f）吹气孔内壁放大照片。

5.5 小　　结

本章对 SiC/SiC 复合材料加工技术进行了研究现状简介、原理概述与工艺分析，重点介绍了机械加工工艺与激光加工工艺，分析了加工精度、加工损伤与加工效率之间的关系以及工艺优化方法。为 SiC/SiC 复合材料加工技术提供工艺基础与工程经验参考。

参考文献

[1] 翟兆阳，梅雪松，王文君，等．碳化硅陶瓷基复合材料激光刻蚀技术研究进展［J］．中国激光，2020，47（06）：24-34.

[2] 赵凡．超声辅助磨削碳化硅纤维增强碳化硅陶瓷基复合材料试验研究［D］．大连：大连理工大学，2019.

[3] 刘瑞军，桓恒，赵晨曦，等．超短脉冲激光加工陶瓷基复合材料制孔研究［J］．电加工与模具，2019（02）：55-58.

[4] 范文倩．航空发动机中的复合材料加工［J］．世界制造技术与装备市场，2019（2）：73-74.

[5] 任云明．磨料水射流加工结构陶瓷及陶瓷基复合材料的研究［J］．内燃机与配件，2018（15）：116-118.

[6] 王健健．陶瓷基复合/硬脆材料旋转超声制孔损伤机理与抑制策略［D］．北京：清华大学，2017.

[7] 冯岫，戚亮．陶瓷基复合材料旋转超声加工特性研究［J］．工具技术，2016，50（10）：39-41.

[8] 丁凯，苏宏华，傅玉灿，等．陶瓷基复合材料超声辅助加工技术［J］．航空制造技术，2016（15）：42-49，56.

[9] 王晶，成来飞，刘永胜，等．碳化硅陶瓷基复合材料加工技术研究进展［J］．航空制造技术，2016（15）：50-56.

[10] 王超，李凯娜，陈虎，等．纤维增强陶瓷基复合材料加工技术研究进展［J］．航空制造技术，2016（03）：55-60.

[11] 张立峰．陶瓷基复合材料界面强度与磨削过程材料去除机理研究［D］．天津：天津大学，2016.

[12] 孙超，张志金，傅军英．耐高温陶瓷基复合材料电火花加工技术研究［C］//中国机械工程学会特种加工分会．第 16 届全国特种加工学术会议论文集（上）．厦门，2015.

[13] 赵桐．陶瓷基复合材料异型孔槽加工技术研究［D］．大连：大连理工大学，2015.

[14] 魏臣隽，刘剑，许正昊，等．纤维强化陶瓷复合材料的电火花加工［J］．电加工与模具，2015（1）：25-29，33.

[15] 张文武，张天润，焦健．陶瓷基复合材料加工工艺简评［J］．航空制造技术，2014（6）：45-49.
[16] 王平，张权明，李良．C/SiC陶瓷基复合材料车削加工工艺研究［J］．火箭推进，2011，37（2）：67-70.
[17] 荆君涛．陶瓷基复合材料零部件的复杂曲面加工技术研究［D］．哈尔滨：哈尔滨工程大学，2009.
[18] 吴恩启，石玉芳，李美华，等．编织碳纤维复合材料平面内热传导规律研究［J］．中国激光，2016，43（07）：168-173.
[19] ALLHEILY V，LACROIX F，EICHHORN A，et al. An experimental method to assess the thermo-mechanical damage of CFRP subjected to a highly energetic 1.07 μm-wavelength laser irradiation［J］. Composites Part B：Engineering，2016，92：326-331.
[20] ZHAI Z，WANG W，ZHAO J，et al. Influence of surface morphology on processing of C/SiC composites via femtosecond laser［J］. Composites Part A：Applied Science and Manufacturing，2017，102：117-125.
[21] TAKAHASHI K，TSUKAMOTO M，MASUNO S，et al. Heat conduction analysis of laser CFRP processing with IR and UV laser light［J］. Composites Part A：Applied Science and Manufacturing，2016，84：114-122.
[22] ZHAI Z，WEI C，ZHANG Y，et al. Investigations on the oxidation phenomenon of SiC/SiC fabricated by high repetition frequency femtosecond laser［J］. Applied Surface Science，2020，502：144-131.
[23] 姜庆杰．C/SiC复合材料超声扭转振动辅助铣削研究［D］．沈阳：沈阳航空航天大学，2015.
[24] 马付建．超声辅助加工系统研发及其在复合材料加工中的应用［D］．大连：大连理工大学，2013.
[25] 张运祺．高压水射流切割原理及其应用［J］．武汉工业大学学报，1994（4）：13-18.
[26] 纪仁杰，刘永红，于丽丽，等．电火花磨削非导电工程陶瓷实验研究［J］．电加工与模具，2007（06）：11-14.
[27] 周大华，范海旭，王振来．C/SiC纤维增强陶瓷材料型面数控加工工艺研究［J］．航天制造技术，2012（5）：10-13.
[28] 毕铭智．C/SiC复合材料钻、铣加工技术的试验研究［D］．大连：大连理工大学，2013.
[29] 焦健，王宇，邱海鹏，等．陶瓷基复合材料不同加工工艺的表面形貌分析研究［J］．航空制造技术，2014（6）：89-92.
[30] LIU Y C，WU C W，HUANG Y H，et al. Interlaminar damage of carbon fiber reinforced polymer composite laminate under continuous wave laser irradiation［J］. Optics and Lasers in Engineering，2017，88：91-101.
[31] LUAN X，YUAN J，WANG J，et al. Laser ablation behavior of Cf/SiHfBCN ceramic matrix

composites [J]. Journal of the European Ceramic Society, 2016, 36 (15): 3761-3768.

[32] PAN S, LI Q, XIAN Z, et al. The effects of laser parameters and the ablation mechanism in laser ablation of C/SiC composite [J]. Materials, 2019, 12 (19): 3076.

[33] MARIMUTHU S, DUNLEAVEY J, LIU Y, et al. Characteristics of hole formation during laser drilling of SiC reinforced aluminium metal matrix composites [J]. Journal of Materials Processing Technology, 2019, 271: 554-567.

[34] WU M L, REN C Z, XU H Z. Comparative study of micro topography on laser ablated C/SiC surfaces with typical uni-directional fibre ending orientations [J]. Ceramics International, 2016, 42 (7): 7929-7942.

[35] HEJJAJI A, SINGH D, KUBHER S, et al. Machining damage in FRPs: Laser versus conventional drilling [J]. Composites Part A: Applied Science and Manufacturing, 2016, 82: 42-52.

[36] DANG X, YIN X, FAN X, et al. Microstructural evolution of carbon fiber reinforced SiC-based matrix composites during laser ablation process [J]. Journal of Materials Science & Technology, 2019, 35 (12): 2919-2925.

[37] 蔡敏，张晓兵，张伟，等. SiC/SiC 复合材料纳秒激光和皮秒激光制孔质量的对比研究 [J]. 航空制造技术，2016 (19): 52-55.

[38] MORENO P, MÉNDEZ C, GARCÍA A, et al. Femtosecond laser ablation of carbon reinforced polymers [J]. Applied Surface Science, 2006, 252 (12): 4110-4119.

[39] HERZOG D, JAESCHKE P, MEIER O, et al. Investigations on the thermal effect caused by laser cutting with respect to static strength of CFRP [J]. International journal of machine tools and manufacture, 2008, 48 (12-13): 1464-1473.

[40] WANG J, MA Y, LIU Y, et al. Experimental investigation on laser ablation of C/SiC composites subjected to supersonic airflow [J]. Optics & Laser Technology, 2019, 113: 399-406.

[41] NASIRI P, DORANIAN D, SARI A H. Synthesis of Au/Si nanocomposite using laser ablation method [J]. Optics & Laser Technology, 2019, 113: 217-224.

[42] KANG K, KOH Y K, CHIRITESCU C, et al. Two-tint pump-probe measurements using a femtosecond laser oscillator and sharp-edged optical filters [J]. Review of Scientific Instruments, 2008, 79 (11): 114-901.

[43] HO C C, CHANG Y J, HSU J C, et al. Optical emission monitoring for defocusing laser percussion drilling [J]. Measurement, 2016, 80: 251-258.

[44] LU S, LU Q, DONG Q, et al. Particle-in-cell simulations of magnetic reconnection in laser-plasma experiments on Shenguang-II facility [J]. Physics of Plasmas, 2013, 20 (11): 112-110.

第 6 章

SiC/SiC 复合材料热防护涂层

当前传统高温合金材料的使用温度和服役性能已接近极限（1100℃），且密度较大，难以满足下一代航空发动机的设计要求。在各类新型耐高温（1100℃以上）材料中，SiC/SiC 复合材料具有低密度、高比强、高比模、耐高温等优点，同时克服了 SiC 陶瓷断裂韧性低和抗外部冲击载荷性能差的先天缺陷，在先进航空发动机热端部件上的应用趋势日益明显，已成为高性能先进航空发动机高温材料的发展方向。SiC/SiC 复合材料热端部件不仅能减少航空发动机热端部件气体冷却需求，还能减轻发动机重量、提升推重比、改进部件的耐久性。GE 公司和 CFM 公司已开始大规模生产 SiC/SiC 复合材料部件，将 SiC/SiC 复合材料用于 LEAP、GE9X 航空发动机燃烧室火焰筒内外环、高压涡轮外环和导向器的制造，提高发动机性能和效率。当飞机长期在盐雾腐蚀介质下飞行和停放，发动机热端部件表面会发生腐蚀，如出现蚀点、蚀沟、掉块等，从而降低发动机性能和使用寿命，因此需要在 SiC/SiC 复合材料表面制备热防护涂层。

6.1 热防护涂层概述

6.1.1 SiC/SiC 复合材料服役时面临的挑战

如图 6-1 所示，当航空发动机服役时 SiC/SiC 复合材料热端部件在发动机高温燃气环境下主要面临 3 种腐蚀：高温水氧腐蚀、高温熔盐腐蚀和高温 $CaO-MgO-Al_2O_3-SiO_2$（CMAS）腐蚀。这些腐蚀会使 SiC/SiC 复合材料性能迅速衰退，导致部件过早地失效，目前最有效的途径是在复合材料表面制备热防护涂层，该涂层能够在复合材料和高温燃气环境间建立一道屏障，减小发动机环境对复合材料性能的影响，保证 SiC/SiC 复合材料热端部件长期可靠地服役。

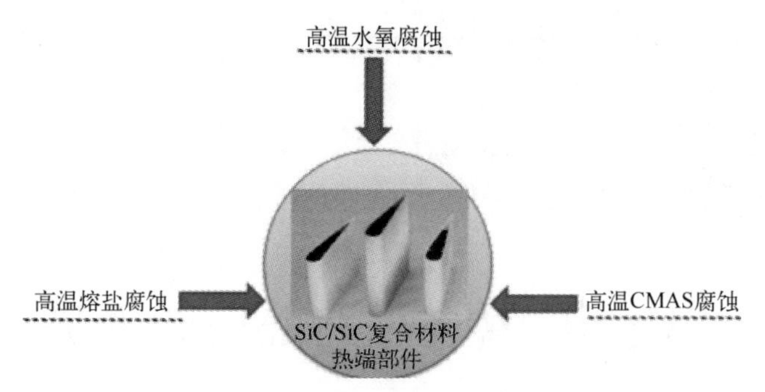

图 6-1 航空发动机服役时 SiC/SiC 复合材料面临 3 种腐蚀

6.1.1.1 高温水氧腐蚀

航空发动机的燃气含有一定量的水蒸气，高温下 SiC 氧化生成的 SiO_2，SiO_2与水蒸气反应生成挥发性 $Si(OH)_4$，导致材料性能迅速衰退，因此 SiC/SiC 复合材料在高温水氧耦合的燃气环境下存在性能退化问题，通称高温水氧腐蚀。高温水氧腐蚀的反应式如下：

$$2SiC+3O_2(g) = 2SiO_2+2CO(g) \tag{6-1}$$

$$SiO_2+2H_2O(g) = Si(OH)_4(g) \tag{6-2}$$

图 6-2 是 SiC 陶瓷在 90%空气和 10%水蒸气环境下 1200℃、100h 水氧腐蚀后的微观形貌图，高温水氧耦合环境下 SiO_2 氧化层已无法起到保护作用，SiC 腐蚀严重[1]。NASA 的研究还表明在 1200℃、10atm、气流速度 300m/s 的燃气环境下，SiC 陶瓷表面腐蚀速率约为 500μm/kh。

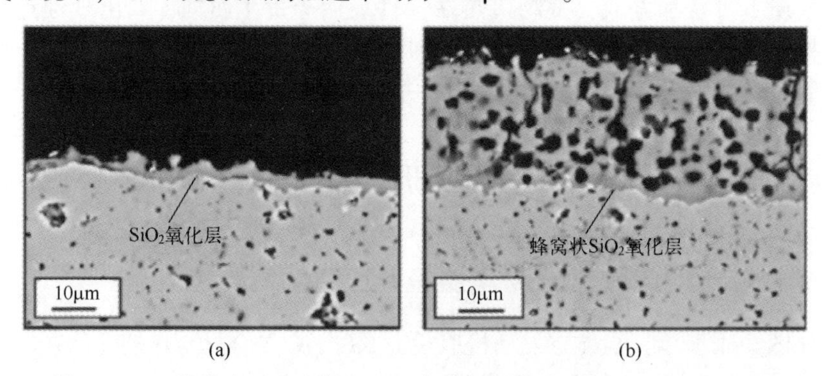

图 6-2 SiC 陶瓷在 90%空气和 10%水蒸气环境下 1200℃、10atm、100h 水氧腐蚀后的微观形貌图

（a）刚开始氧化的 SiC；（b）氧化 100h 后的 SiC。

6.1.1.2 高温 CMAS 腐蚀

飞机在起飞和降落过程中，沙粒和火山灰等颗粒物在高速气流作用下不可避免地被吸入发动机内，主要成分为 CaO、MgO、Al_2O_3、SiO_2（简称 CMAS），

CMAS 在高温下会熔融腐蚀 SiC/SiC 复合材料，导致材料性能的迅速衰退。

美国海军航空系统司令部的研究表明[2]，在 1200℃、空气环境下、CMAS 组分的摩尔分数分别为 35%CaO、10%MgO、7%Al_2O_3、48%SiO_2时高温腐蚀 10h 后，采用 Hi-Nicalon 系列和 Sylramic 系列 SiC 纤维、MI 工艺制备的 SiC/SiC 复合材料的室温弯曲强度保留率分别为 69%和 86%，表 6-1 是两种试样的具体参数。

表 6-1　两种 MI 工艺制备的 SiC/SiC 复合材料[2]

材料	纤维预制体	纤维体积分数	界面层	制造商
SiC/SiC 复合材料试样 1	2D 编织结构，Sylramic SiC 纤维	33%	BN	GE
SiC/SiC 复合材料试样 2	2D 编织结构，Hi-Nicalon 纤维	39%	BN	GE

6.1.1.3　高温熔盐腐蚀

海洋大气环境中含有大量的 NaCl 盐雾，吸入发动机后与燃气的硫化物反应生成 Na_2SO_4，在高温下（900℃以上）会熔融腐蚀 SiC/SiC 复合材料，导致材料性能的迅速衰退。NASA 先进燃气轮机（advanced gas turbine）项目的研究表明[3]，在 1000℃、4atm、气流速度 94m/s，燃料中硫含量约为 0.05%、Na 离子含量为 2μg/g 的盐雾环境下高温腐蚀 40h 后 0，α-SiC 陶瓷的室温弯曲强度保留率仅为 73%~77%，图 6-3 为试样高温腐蚀试验后的微观形貌图。

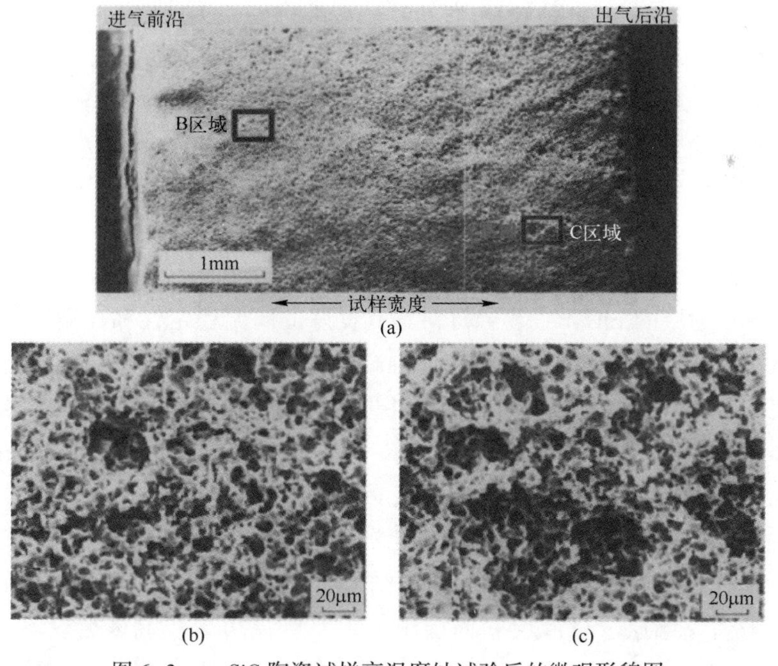

图 6-3　α-SiC 陶瓷试样高温腐蚀试验后的微观形貌图

（a）试样腐蚀后表面宏观形貌；（b）B 区域的高倍微观形貌；（c）C 区域的高倍微观形貌。

6.1.2 热防护涂层的种类与作用

解决上述3种腐蚀问题最有效的途径就是在SiC/SiC复合材料表面制备一种多层结构的复合热防护涂层，该涂层能够在SiC/SiC复合材料和高温燃气环境（腐蚀性介质、高速气流冲刷等）间建立一道屏障，减小发动机环境对SiC/SiC复合材料性能的影响，保证SiC/SiC复合材料热端部件长期可靠地服役。根据制备工艺和用途的不同，复合热防护涂层主要包含以下几个种类的涂层。

6.1.2.1 成分梯度SiC涂层

受制备工艺条件制约，采用PIP工艺制备的SiC/SiC复合材料中的SiC基体纯度不高，C/Si原子比为1.1~1.15，并且还含有孔隙和裂纹，而孔隙和裂纹在高温氧化环境中成为氧进入复合材料的通道，削弱了复合材料在高温热力氧化环境中的整体抗氧化能力，制约了SiC/SiC复合材料在高推重比航空发动机上的长寿命应用。

通过脉冲化学气相沉积工艺在SiC/SiC复合材料表面制备出一种高纯、低缺陷、耐高温、低氧扩散系数且与基体材料具有良好匹配性的成分梯度SiC抗氧化涂层，该涂层的组分由内而外分别是富碳SiC、高纯SiC、富硅SiC。相比于传统的高纯SiC涂层，其优势在于富C的SiC层能够实现与SiC/SiC复合材料的良好结合，致密高纯的SiC层用来阻隔氧气通道、满足涂层抗氧化要求，富硅SiC层高温下与空气中的O_2反应生成SiO_2，愈合高温热震时产生的微裂纹，同时具有与硅的良好化学相容性，实现与后续EBC涂层黏结层的良好结合。

6.1.2.2 环境障涂层

含SiC涂层的SiC/SiC复合材料具有良好的高温稳定性和高温力学性能，但对水/氧/盐耦合的高温燃气环境腐蚀缺乏有效的防护，使SiC/SiC复合材料性能迅速衰退，导致复合材料热端部件失效，为此必须采用环境障涂层（environmental barrier coating，EBC）对SiC/SiC复合材料进行防护，解决SiC/SiC复合材料由于高温腐蚀造成的性能退化问题。

通过等离子喷涂或电子束物理气相沉积等方法在SiC/SiC复合材料表面制备出一种高温水氧、熔盐和CMAS腐蚀的多层结构EBC涂层[4-5]，该涂层通常由一般由黏结层、过渡层和面层组成。黏结层可以提高复合材料基体与EBC涂层的结合强度，起到抗氧化、提高涂层高温韧性和裂纹自修复的作用。过渡层的热膨胀系数与其他各层相近、与各层的化学相容性较好，起到改善各层间热膨胀匹配和化学相容的作用，提高涂层的整体可靠性和寿命。面层具有优异的高温稳定性和抗高温氧化性能，更重要的是还具有优异的耐高温水氧、熔盐和 CMAS 腐蚀性能。

6.1.2.3　EBC/可磨耗一体化涂层

航空发动机在运行时为了减小涡轮叶片与外环之间的径向气流间隙、减少发动机内部气体泄漏以获得最大压差、保证发动机的稳定性和安全性，需要在涡轮外环表面制备可磨耗封严涂层来控制和调节叶片与外环间的径向间隙。对于 SiC/SiC 复合材料涡轮外环而言，此构件不仅需要在表面制备 EBC 涂层，还需在 EBC 涂层上制备可磨耗封严涂层，这就是 EBC/可磨耗一体化涂层[6-7]。

为满足 SiC/SiC 复合材料涡轮外环的应用需求，环境障/可磨耗一体化涂层以稀土硅酸盐材料（如 BSAS）为耐高温基相材料，掺杂聚苯酯作为造孔材料、高温固体减磨材料控制涂层的切削磨损性能、优化涂层的表面硬度，通过等离子喷涂在 EBC 涂层上制备可磨耗封严涂层（多孔结构的 EBC 涂层），涂层孔隙率控制在 20%~30%，表面洛氏硬度(HR45Y)≤75。

6.1.2.4　EBC/热障一体化涂层

随着先进航空发动机涡轮前温度不断地升高，SiC/SiC 复合材料构件表面的最高服役温度也从 1200℃提升至 1600℃，而目前 SiC 纤维增强改性 SiC 基体的复合材料最高使用温度为 1450℃，这就要求涂层还需具有约 150℃的隔热性能，这需要在 EBC 涂层上制备热障涂层，这就是 EBC/热障一体化涂层[8-11]。

对于 SiC/SiC 复合材料而言，由于涂层和基体同为陶瓷材料，两者间的热膨胀系数相近，因此不需要特别制备柱状晶微观结构来提高热障涂层的应变极限。目前热障涂层属于前沿的研究方向，涂层的材料体系尚未有定论，通常采用难熔金属氧化物掺杂技术以提高面层材料的耐温性。

6.2　EBC 涂层

国外对 SiC/SiC 复合材料 EBC 涂层的研究已超过 30 年，系统分析了 EBC 涂层的材料体系、组织结构和各组分的作用[12-14]，并已经在 LEAP 和 GE9X 航空发动机上实现了工程化的应用，主要研究机构包括美国航空航天局（NASA）、通用电气（GE）公司、罗尔斯·罗伊斯（Rolls-Royce）公司、欧瑞康美科（Oerlikon Metco）公司，主要发展历程如图 6-4 所示。

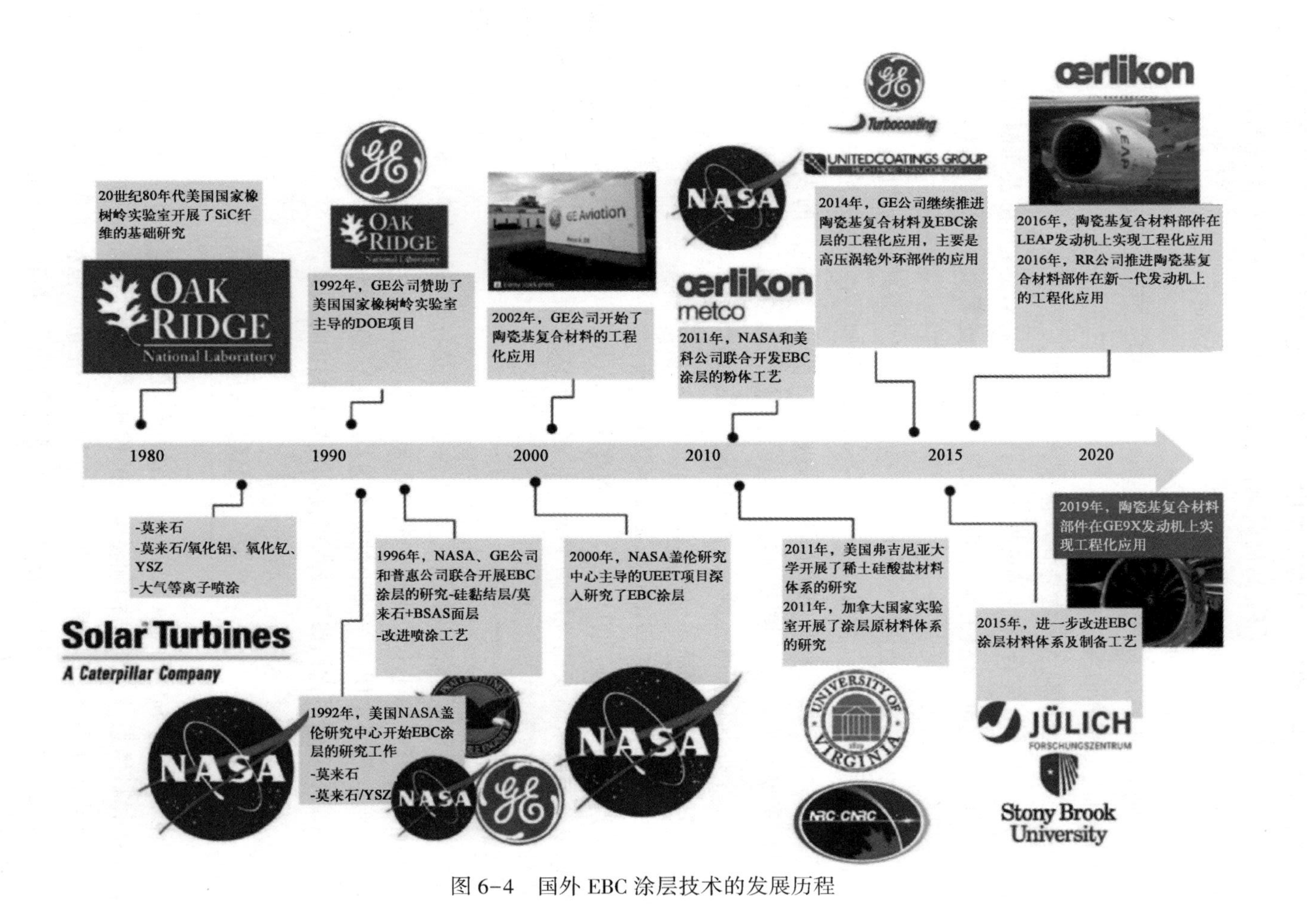

图 6-4　国外 EBC 涂层技术的发展历程

6.2.1 EBC涂层的国内外研究进展

表6-2是NASA Glenn研究中心总结的SiC/SiC复合材料EBC涂层体系的发展历程，截至目前，EBC涂层体系经历了六代的发展[5]。第一代EBC涂层的主体材料以莫来石（Mullite）和钡锶铝硅酸盐（BSAS）为主。第二代的EBC涂层研发以耐更高温度和耐腐蚀为首要目标，其中稀土硅酸盐成为最主要的材料体系。后续EBC涂层研发还是围绕着稀土硅酸盐体系进行了掺杂改性和多组分设计，并没有实质性地改变材料体系。

表6-2 NASA Glenn研究中心总结的SiC/SiC复合材料EBC涂层体系的发展历程

	第一代	第二代	第三代	第四代	第五代	第六代
发动机部件	燃烧室	燃烧室/涡轮导片	燃烧室/涡轮导片	涡轮导片/转子叶片	涡轮导片/转子叶片	机翼部件
表层	BSAS	稀土硅酸盐	$(Hf,Yb,Gd,Y)_2O_3$ ZrO_2/HfO_2+稀土硅酸盐 ZrO_2/HfO_2+BSAS	RE-HfO_2 铝硅酸盐	RE-HfO_2-X先进表层，RE-HfO_2-梯度氧化硅	先进EBC
过渡层	—	—	RE-HfO_2/ZrO_2多层体系	纳米梯度氧化物/硅酸盐	—	—
EBC	莫来石+BSAS	莫来石	稀土硅酸盐，RE-Hf莫来石	稀土掺杂莫来石-HfO_2，稀土硅酸盐	多组分稀土硅酸盐体系	自愈合多组分稀土硅酸盐
黏结层	Si	Si	氧化物+Si	HfO_2-Si-X，SiC纳米管掺杂Si	HfO_2-Si-X	RE-Si-X
表层温度	1315℃	1315℃	1480℃	1480℃	1650℃	1650℃
黏结层温度	1350℃	1350℃	1450℃	1450℃	1480℃+	1480℃+

NASA开发的含有BSAS面层的第一代EBC涂层已经通过了发动机的试车考核，最高使用温度可达1250℃，带EBC涂层的SiC/SiC复合材料燃烧室衬套服役寿命达14000h以上[5]，但该涂层体系在1200℃时，BSAS与SiO_2反应生成玻璃相。这些玻璃相熔融温度较低（约1300℃），会造成涂层的早期失效。此外，喷涂后的Mullite涂层在1200℃时发生了相变，并有明显的体积收缩，造成内应力增加，导致涂层过早开裂和失效。图6-5为NASA开发的Si/Mullite+BSAS/BSAS三层结构EBC涂层经过90%空气/10%H_2O高温水氧腐蚀试验后电镜照片。

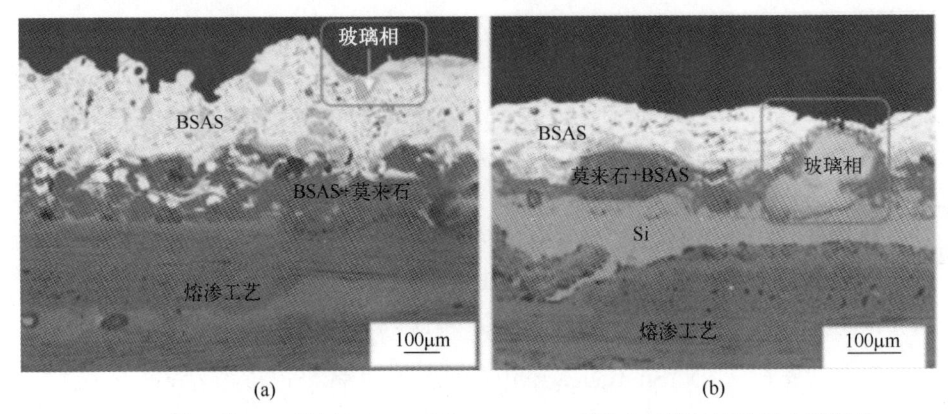

图 6-5　第一代 EBC 涂层经 90% 空气/10%H_2O 高温水氧腐蚀试验后电镜照片

（a）1316℃、1000h 水氧腐蚀；（b）1400℃、300h 水氧腐蚀。

NASA Glenn 研究中心研究表明[5]，一些稀土硅酸盐具有高熔点（1800℃以上）、与 SiC/SiC 复合材料相近的热膨胀系数、低热导率、优良的抗高温水氧腐蚀性能，在 1400℃与硅黏结层、稀土氧化物掺杂硅黏结层的化学相容性好，因此取代 BSAS 成为第二代环境障涂层过渡层和面层材料。综合考虑涂层材料和基体之间热膨胀系数的匹配性以及材料与涂层制备的成熟性等问题，目前对稀土硅酸盐体系 EBC 涂层的研究主要集中在 Yb_2SiO_5、$Yb_2Si_2O_7$、Er_2SiO_5、Gd_2SiO_5等材料上。图 6-6 是典型的第二代 EBC 涂层。

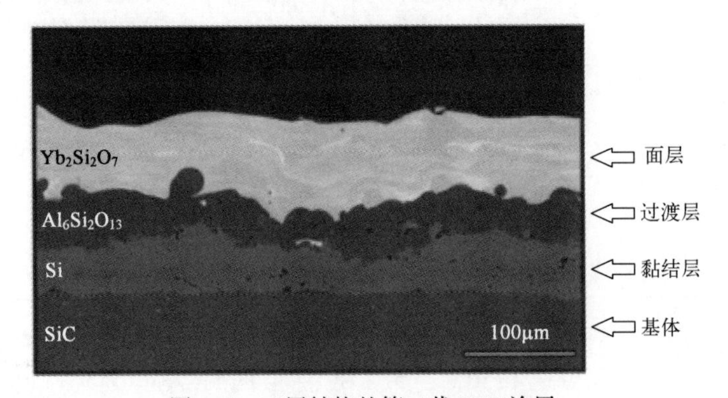

图 6-6　三层结构的第二代 EBC 涂层

高推重比先进航空发动机对第三代 EBC 涂层提出了耐更高温度的要求，问题的关键是将黏结层最高使用温度提升至 1450℃。NASA 通过粉体掺杂改性技术，在硅黏结层中掺杂难熔金属氧化物、SiC 纳米管或稀土氧化物以提高黏结层的耐温性，图 6-7 是含 HfO_2-Si 黏结层的 EBC 涂层经高温水氧腐蚀试验后的微观形貌图。

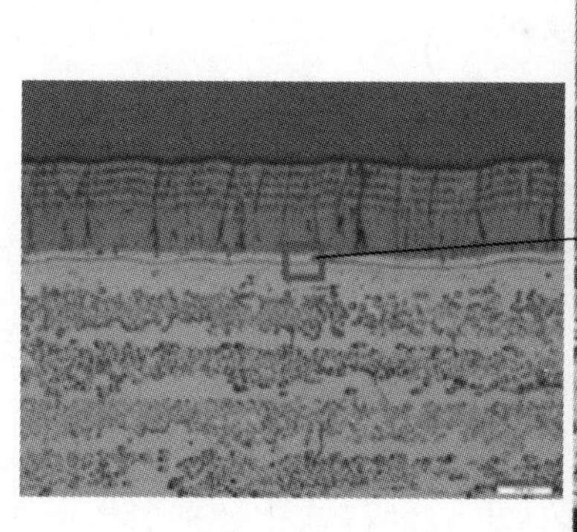
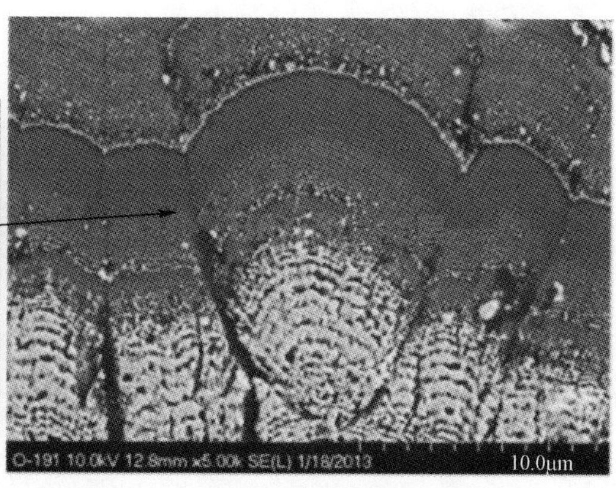

图 6-7　1480℃、100h 高温水氧腐蚀后 EBC 涂层的微观形貌图

6.2.2　复合材料基体表面处理

在制备热防护涂层前，需要对 SiC/SiC 复合材料基体进行一些表面处理，以增加涂层与基体的结合强度，主要有以下几种处理工艺。

6.2.2.1　基体表面修复

由于 SiC/SiC 复合材料致密化工艺的局限性，完成制备的复合材料内有 5~15%（体积分数）的孔隙，经过机械加工和磨削后，会在复合材料的表面形成一些小面积、深孔型表面缺陷；同时，由于 SiC/SiC 复合材料纤维预制体编织和构件成型工艺的局限性，制备完成的复合材料会有褶皱，经过机械加工和磨削后，会在复合材料的表面形成一些大面积、浅层型表面缺陷；如果直接在有表面缺陷的复合材料基体上沉积环境障涂层，会降低涂层与复合材料基体的结合强度、缩短涂层的服役寿命，同时复合材料构件的形面尺寸和粗糙度也无法保证。

基于上述问题，在制备 EBC 涂层前，采用料浆法与碳化硅原位反应工艺的组合式方法实现 SiC/SiC 复合材料表面缺陷修复（图 6-8），该方法具有以下优点：①采用料浆法制备用于修复的浆料前驱体，可以根据不同表面缺陷的特点调节浆料前驱体中各组分配比以得到合适的黏度，从而达到较好的缺陷填充效果；②采用碳化硅原位反应法，通过高温裂解工艺实现修复浆料与复合材料的一体化反应，使得修复区域与复合材料基体的黏结强度高、化学相容性好、物理性能匹配，解决了修复区域易脱落、服役寿命短的问题。

6.2.2.2　基体表面毛化处理

涂层沿界面或界面附近区域开裂剥落是涂层材料的主要失效形式，采用等离子喷涂工艺沉积环境障涂层前，需要采用喷砂或激光蚀刻的方法对复合材料基体表面进行毛化处理，以增强涂层与复合材料基体的结合强度和抗热

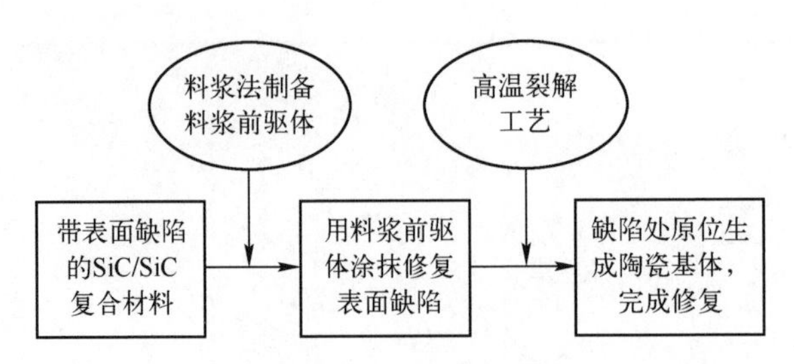

图 6-8　SiC/SiC 复合材料表面缺陷修复工艺流程图

冲击性能，延长涂层的服役寿命。

如采用传统刚玉砂，通过喷砂工艺对基体表面进行毛化处理时，由于 SiC/SiC 复合材料的表面硬度较大，当喷砂压力小于 0.2MPa 时，基体表面的粗糙度无法达到要求，但当喷砂压力过大，容易造成基体开裂和脱块，因此需采用硬度较高的 SiC 砂砾。

采用激光蚀刻工艺对基体表面进行毛化处理，通过离散化处理界面区域的应力分布，增加涂层与基体的界面结合强度。相比传统的喷砂工艺，激光蚀刻对 SiC 涂层作用类似冷加工，热输入很少，对 SiC 涂层不会造成类似裂纹、热影响区等损伤，同时又具有蚀刻纹路的可设计性，能针对性地改善涂层与基体的结合强度，图 6-9 所示为采用激光蚀刻工艺的 SiC/SiC 复合材料表面形貌图。

图 6-9　采用激光蚀刻工艺的 SiC/SiC 复合材料表面形貌图

6.2.2.3　基体表面改性

为了解决 SiC/SiC 复合材料服役时，由于长期高温氧化导致复合材料力学性能下降的问题，通常采用化学气相沉积工艺在复合材料表面沉积一层纯碳化硅涂层。但由于纯碳化硅涂层的热膨胀系数小于复合材料基体的热膨胀系数且高温韧性差，涂层在高温环境下服役一段时间后容易开裂和剥落，最终导致复合材料直接暴露在高温燃气环境，同时直接在纯碳化硅涂层上沉积多层结构的 EBC 涂层，也会由于纯碳化硅涂层自身的开裂和剥落，以及与 EBC 涂层热膨胀不匹配，使得涂层整体失效，最终导致复合材料直接暴露在发动机高温燃气环境下。

采用脉冲化学气相沉积工艺对基体表面 SiC 涂层的成分进行梯度改性（图 6-10），在 SiC/SiC 复合材料表面制备富碳 SiC/高纯 SiC/富硅 SiC 涂层，以改善基体/SiC 涂层/EBC 涂层间的热匹配性和化学相容性，提高基体的抗高温氧化性，增加 SiC 涂层与黏结层的结合强度。

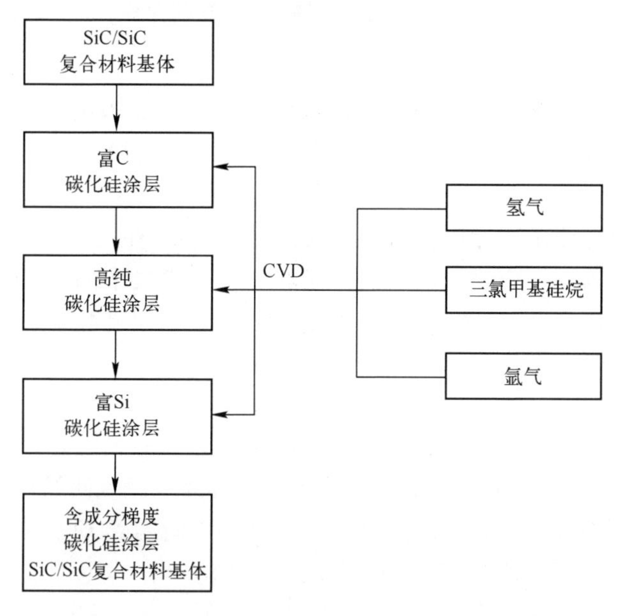

图 6-10　CVD SiC 涂层改性技术工艺流程图

纯 SiC 具有极低的氧扩散系数（$<0.016\mathrm{cm}^2/\mathrm{S}$）是氧阻挡层的首选材料，氧阻挡层是复合涂层中最关键的一部分，既需要与封堵层进行匹配，也需要与表面 EBC 涂层进行复合，除此之外还需要对构件进行全覆盖，且厚度控制在一定范围内以降低涂层内应力。为了提高基体/SiC 涂层/EBC 涂层的结合效果，将氧阻挡层设计为成分梯度变化，高致密且成分梯度变化的氧阻挡层是

整个热防护涂层中关键的一个环节。图 6-11 是致密 SiC 氧阻挡层电镜照片，从图中可以看出使用 CVD 工艺制备的 SiC 涂层可以实现对 SiC/SiC 复合材料的全包覆保护，且 SiC 涂层十分致密。

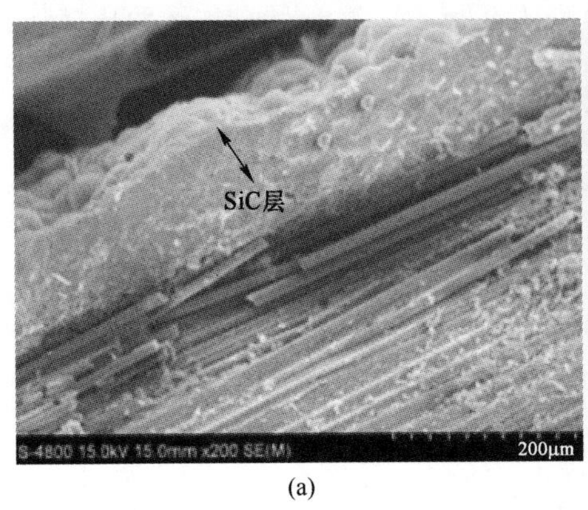

(a)

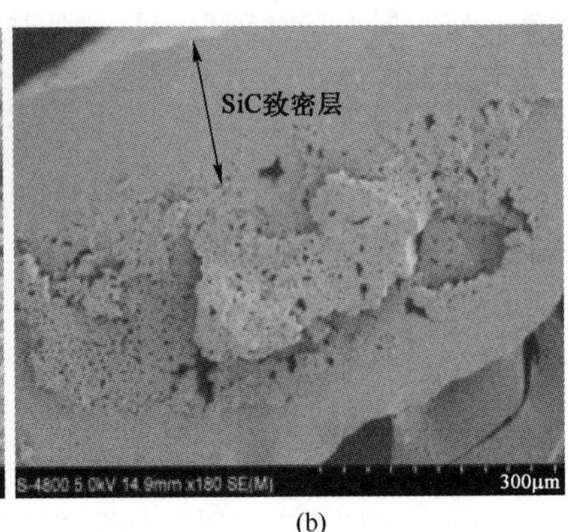

(b)

图 6-11 致密 SiC 氧阻挡层电镜照片
（a）为侧视图；（b）为截面图。

在一定的温度范围内，调节原料气体的配比，获得组成成分变化的 SiC 涂层，由于基体材料采用 PIP 工艺制备的，其中含有游离碳，故在复合材料表面先覆盖一层富 C 的 SiC 膜层既能够实现涂层与 SiC 纤维的良好结合，又能满足涂层抗氧化要求，然后再制备一层致密高纯的 SiC 层，用来阻隔氧气通道，然后再覆盖一层富硅 SiC 涂层，能够实现与空气中的 O_2 反应生成 SiO_2，愈合高温热震时产生的微裂纹，同时与后续 EBC 涂层硅黏结层具有良好的热膨胀系数和化学相容性。

图 6-12 是 $H_2/MTS=7$ 的 CVD SiC 涂层的 XRD 图谱，可以看出涂层中含有较多 C，这主要是由于在反应过程中 H_2 的含量比较低，导致没有足够的 H 元素与 Cl 结合而生成 HCl，从而促使 Cl 元素与含 Si 的基团结合，导致游离 Si 含量减少，同时反应 $CH_4+Cl_2 \longrightarrow C(ad)+HCl$ 向右移动，使 C 含量增加。图 6-13 是 $H_2/MTS=12$ 的 CVD SiC 涂层的 XRD 图谱，可以看出涂层中含有较多 Si，这是因为当 H_2 含量较高时，在 H_2 的作用下，可能发生反应 $SiCl_4+H_2 \longrightarrow Si(ad)+HCl$，使 SiC 涂层富 Si。图 6-14 是 $H_2/MTS=10$ 的 CVD SiC 涂层的 XRD 图谱，可以看出涂层的成分是高纯 SiC，说明通过调整气体配比，可以获得高纯 SiC 涂层。

基于以上分析，在一定压力和沉积温度下可以通过改变气体组分比例制备出成分梯度变化的 SiC 涂层，以实现 SiC/SiC 复合材料的基体表面改性。

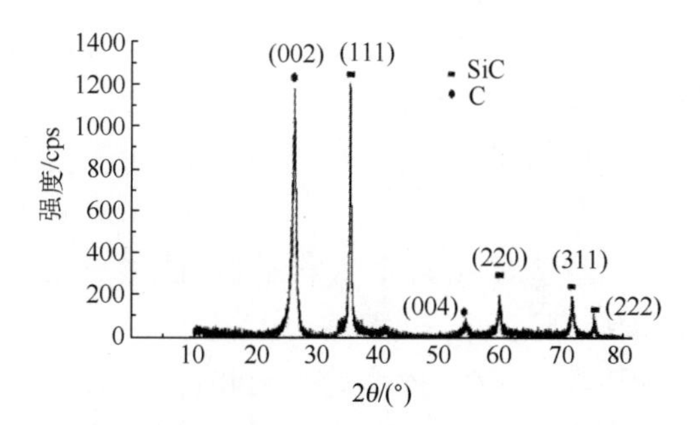

图 6-12 富碳 SiC 涂层 XRD 图谱（H_2/MTS=7）

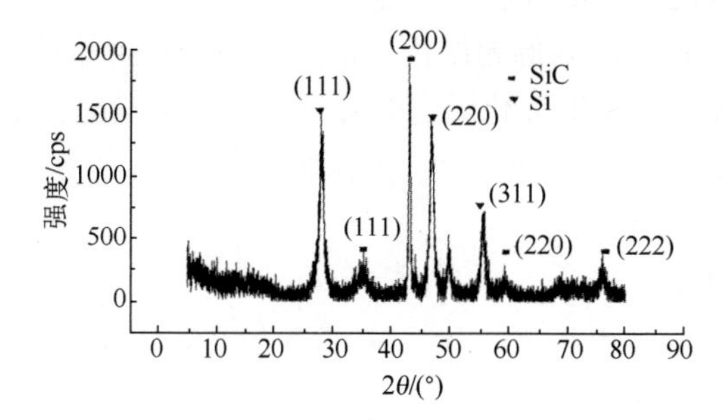

图 6-13 富硅 SiC 涂层 XRD 图谱（H_2/MTS=12）

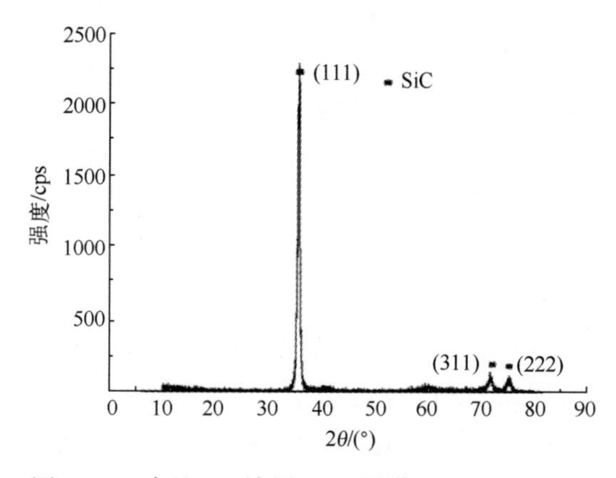

图 6-14 高纯 SiC 涂层 XRD 图谱（H_2/MTS=10）

6.2.3 EBC 涂层的结构与材料体系设计

EBC 涂层需设计成多层结构的复合涂层系统，主要由黏结层、过渡层和面层组成，作用如下：

（1）黏结层的作用是增加涂层与基体的结合强度，提高涂层的高温韧性、抗氧化性和裂纹自修复能力。

（2）过渡层的作用是改善各层间的热膨胀匹配，缓解各层间的组织应力和热应力，进而提高涂层的寿命和抗热震性能。

（3）面层的作用是抗高温水氧、熔盐和 CMAS 腐蚀，阻止腐蚀介质侵入涂层内部。

EBC 涂层的主要作用是对 SiC/SiC 复合材料构件提供氧化和腐蚀防护，在材料体系选择上需考虑以下条件：

（1）材料热膨胀系数与 SiC/SiC 复合材料相近，热膨胀匹配良好。

（2）材料本身必须惰性，氧渗透率低，与水蒸气反应活化能要高，且具有良好的抗高温熔盐和 CMAS 腐蚀性能。

（3）材料具有良好的高温相结构稳定性，不易发生相变。

（4）材料与基体、SiO_2氧化层之间有较好的化学匹配，不发生反应。

（5）材料具有较低的弹性模量，以降低涂层的内应力，保证涂层有一定的应变容限。

（6）具有较低的热导率。

（7）具有较低的弹性模量，保证涂层具有一定的应变容限，降低涂层的内应力。

（8）具有较强的抗烧结能力。

首先在 SiC/SiC 复合材料上沉积一层硅黏结层。硅黏结层的设计目的类似于多层结构热障涂层中使用的富铝金属黏结层，当富铝金属黏结层暴露在氧气环境下时，会生成保护作用的氧化铝物质，用以阻挡氧化作用的进一步侵蚀；相似地，当硅黏结层暴露在氧气环境下时，会生成保护作用的二氧化硅，从而抑制氧化物质进一步进入复合材料基体。此外，硅具有较好的高温韧性和较好的黏结性，因此硅是作为 EBC 黏结层的首选材料。

稀土硅酸盐包括稀土单硅酸盐（Re_2SiO_5）和稀土焦硅酸盐（$Re_2Si_2O_7$）两类。在稀土焦硅酸盐中，大多稀土焦硅酸盐在 1300～1500℃条件下会发生晶型相变，不同晶型密度构造差异会造成涂层体积变化和内应力集中，导致涂层失效。$Lu_2Si_2O_7$和 $Yb_2Si_2O_7$是具有较强相稳定性的两种稀土焦硅酸盐，在 900～1700℃范围内无相变发生。其中，β-$Yb_2Si_2O_7$的相稳定温度可达 1850℃以上，高温相稳定性优异。同时，$Yb_2Si_2O_7$的热膨胀系数较低（$(3.7\sim4.5)\times10^{-6}/K$），与 EBC 涂层中硅黏结层的热膨胀系数（$(3.5\sim4.5)\times10^{-6}/K$）十分接近，具有优异的热匹配性。此外，由于 β-$Yb_2Si_2O_7$具有良好的室温和高温力学性能，还具有一定的损伤容限，具有明显的塑性变形行为，因此是 EBC 涂层过渡层材料的最佳选择。

在稀土单硅酸盐中，当 Re 原子半径较大时（Re＝La、Ce、Pr、Nd、Pm、

Sm、Eu、Gd)，稀土单硅酸盐易形成低温相结构（$X1-Re_2SiO_5$），高温条件下会发生相变，高温稳定性较差。当 Re 原子半径较小时（Re = Dy、Ho、Er、Sc、Tm、Yb、Lu)，稀土单硅酸盐易形成高温相结构（$X2-Re_2SiO_5$）。其中，Yb_2SiO_5的热膨胀系数为$(3.5\sim4.5)\times10^{-6}/K$，与 EBC 涂层中的 $Yb_2Si_2O_7$过渡层和硅黏结层相近，同时相对于 $\beta-Yb_2Si_2O_7$，其与水蒸气反应的活化能更高，具有更好的抗高温水氧腐蚀性能，因此是 EBC 涂层面层材料的最佳选择。

6.2.4 EBC 涂层的制备

采用化学共沉淀-煅烧法制备 Yb_2SiO_5和 $Yb_2Si_2O_7$这两种 EBC 涂层用稀土硅酸盐粉体材料，然后用真空等离子喷涂硅黏结层，大气等离子喷涂 $Yb_2Si_2O_7$过渡层和 Yb_2SiO_5面层，最后得到耐 1350℃的 EBC 涂层。

6.2.4.1 EBC 涂层用硅酸盐粉体材料的制备

采用化学共沉淀-煅烧法，由稀土无机盐溶液中金属阳离子与正硅酸乙酯水解缩聚反应的产物 SiO_2共沉淀，得到的共沉淀物经过滤、洗涤和干燥后得到前驱体，前驱体再经过煅烧处理而成为稀土硅酸盐粉体。由于反应在溶液中进行，混合均匀度高，可达分子级别。共沉淀法仅通过简单的工艺和普通合成设备，就能得到比表面积很大的超细粉末，化学计量准确，制得的粉末颗粒粒径小、分布均匀、粉体纯净，经球磨、团聚、喷雾干燥、烧结致密化等常规热喷涂粉末制备工序后即可用于等离子喷涂工艺。粉体材料合成技术属于国际先进水平，制备出的粉体质量稳定，适合批量生产，工艺流程如图 6-15 所示。

表 6-3 是合成 Yb_2SiO_5和 $Yb_2Si_2O_7$粉体材料所用原材料。

表 6-3 稀土硅酸盐粉体合成所需主要原材料

试剂名称	分子式
氧化镱	Yb_2O_3
盐酸	HCl
正硅酸乙酯（TEOS）	$Si(OC_2H_5)_4$
氨水	$NH_3 \cdot H_2O$
无水乙醇	CH_3CH_2OH
去离子水	H_2O

将稀土硅酸盐前驱体粉末置于高温氧化炉，在 1200℃温度条件下进行煅烧（保温时间为 10h）得到 Yb_2SiO_5、$Yb_2Si_2O_7$粉体材料，Yb_2SiO_5和 $Yb_2Si_2O_7$

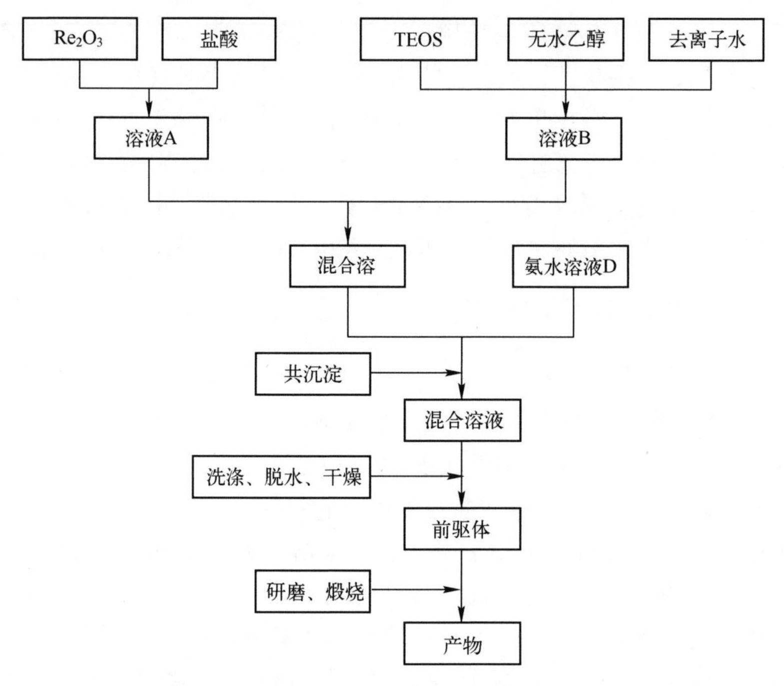

图 6-15　EBC 涂层用硅酸盐粉体材料的制备工艺流程图

粉体材料 XRD 图谱分别如图 6-16 和图 6-17 所示，从图中可以看出这两种粉体材料的晶型均为单斜晶。

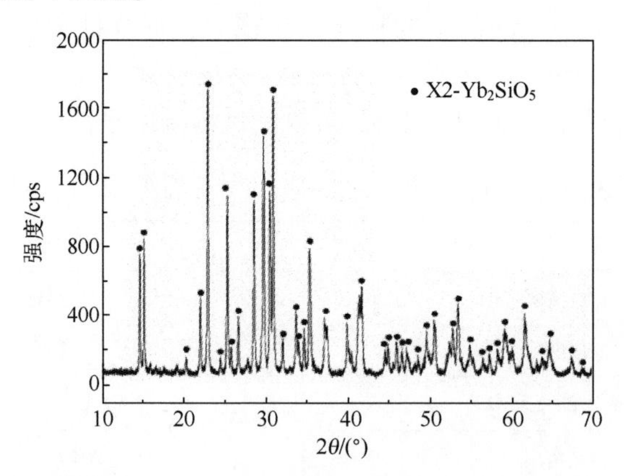

图 6-16　Yb_2SiO_5粉体材料的 XRD 图谱

图 6-18 为 Yb_2SiO_5粉体材料的 SEM 形貌图及其组成元素的分布图，从图中可以看出采用化学共沉淀-煅烧法制备的粉体材料中 Yb、Si、O 三种组成元素分布均匀。

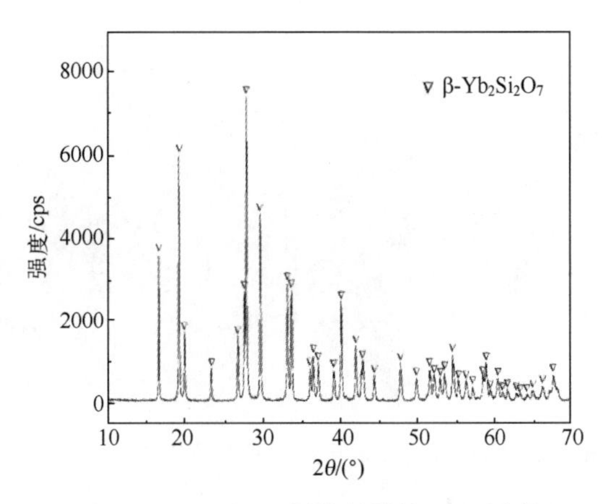

图 6-17　$Yb_2Si_2O_7$粉体材料的 XRD 图谱

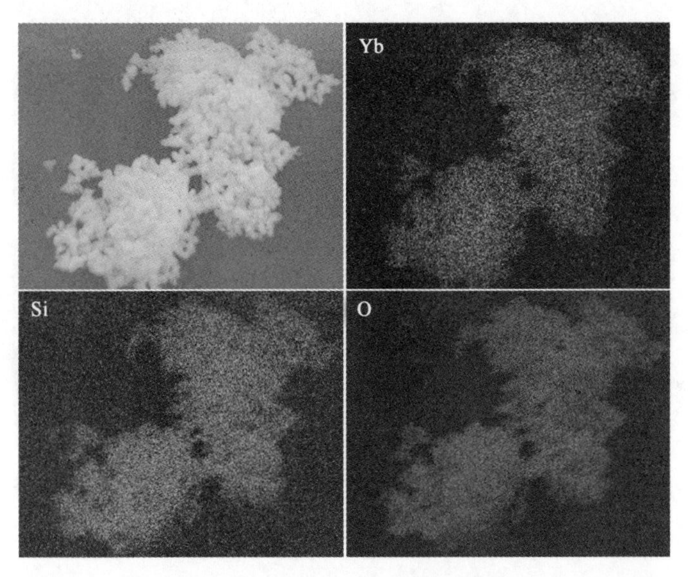

图 6-18　Yb_2SiO_5粉体材料的 SEM 形貌图及组成元素的分布图

为进一步分析 Yb_2SiO_5粉体材料的微观结构特征，采用透射电子显微镜对 Yb_2SiO_5粉体材料进行了表征。如图 6-19 所示，结果显示煅烧出来的 Yb_2SiO_5粉体呈纳米晶结构，粒度达到了 100nm 级别，且粒径分布均匀。

近似地，图 6-20 为 $Yb_2Si_2O_7$粉体材料的 SEM 形貌图及其组成元素的分布图，从图中可以看出采用化学共沉淀-煅烧法制备的粉体材料中 Yb、Si、O 三种组成元素分布均匀。

将上述化学共沉淀-煅烧法制备的原粉经喷雾造粒、等离子球化后即可制

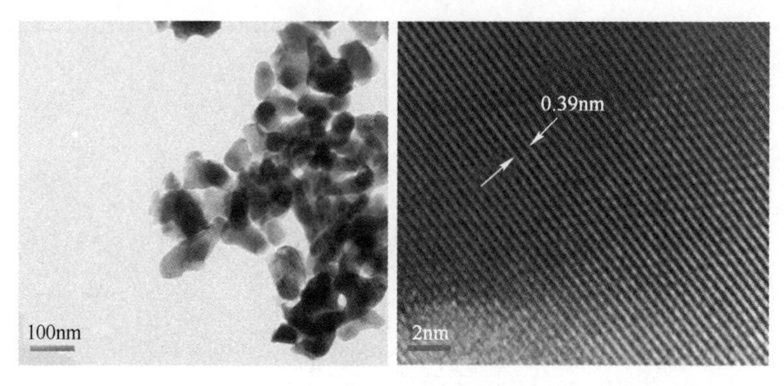

图 6-19　Yb_2SiO_5粉体材料的 TEM 形貌及高分辨图像

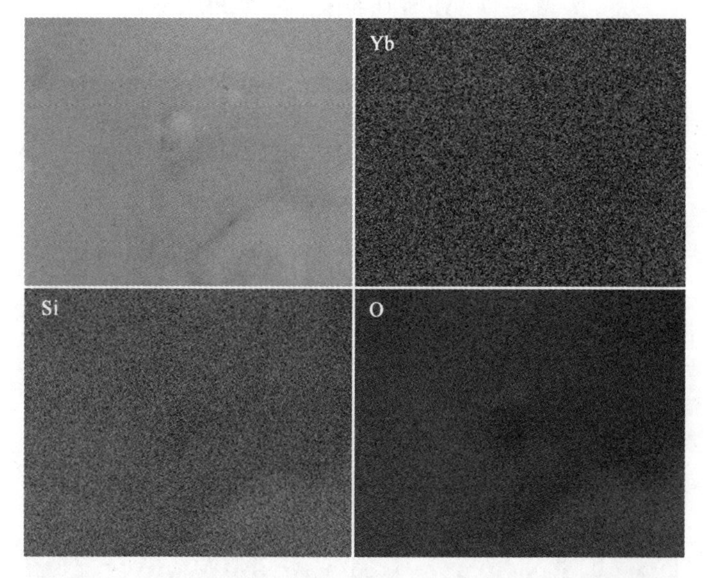

图 6-20　$Yb_2Si_2O_7$粉体材料的 SEM 形貌图及组成元素的分布图

备成适合于等离子喷涂工艺制备 EBC 涂层的球形粉体材料。图 6-21 为经喷雾造粒后的 Yb_2SiO_5球形粉体材料典型低倍形貌。

如图 6-22 所示，喷雾造粒后 Yb_2SiO_5粉体再经过等离子球化工艺进行致密化处理后，最终得到可用于等离子喷涂的 Yb_2SiO_5粉体。

综上所述，采用该工艺所制备的粉体高纯无杂质，粉体粒径为 30～50μm，等离子球化后粉体球形度好，流动性好，适合等离子喷涂。

6.2.4.2　等离子喷涂工艺制备 EBC 涂层

采用等离子喷涂工艺在硅黏结层上制备硅酸镱体系的过渡层和面层，通过研究基体温度、喷涂功率、喷涂距离、工作气体流量、送粉速率、喷涂线

(a)　　(b)

图 6-21　喷雾造粒后的 Yb_2SiO_5 球形粉体材料典型低倍形貌

（a）粉体的光学显微镜照片；（b）粉体的 SEM 照片。

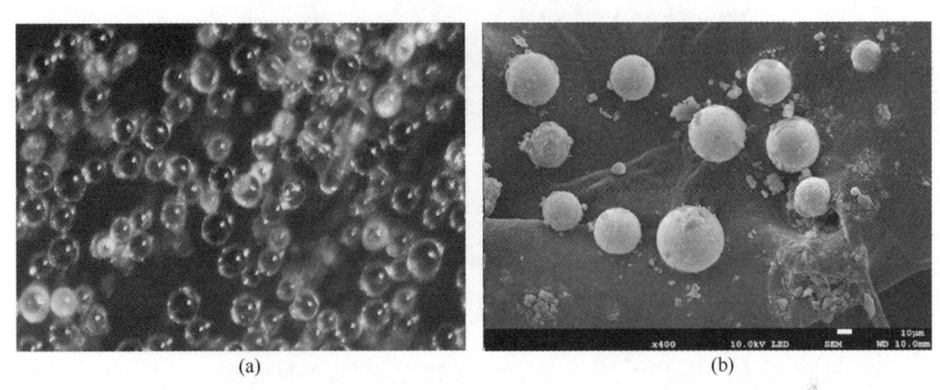

(a)　　(b)

图 6-22　等离子球化后的 Yb_2SiO_5 球形粉体材料低倍形貌

（a）粉体的光学显微镜照片；（b）粉体的 SEM 照片。

速度等喷涂工艺参数对涂层组分和结构的影响，以期获得结晶度高、孔隙率低的 EBC 涂层。

1. 真空等离子喷涂硅黏结层

采用真空等离子喷涂硅黏结层，然后对涂层形貌进行表征。图 6-23 是真空等离子喷涂硅黏结层表面形貌，图中涂层表面均由熔融较好的片层组成，且有闭气孔的存在。图 6-24 是硅黏结层的截面微观形貌，其中硅黏结层的较为致密，分析软件测定涂层气孔率≤3%。

2. 大气等离子喷涂 $Yb_2Si_2O_7$ 过渡层和 Yb_2SiO_5 面层

采用相同的参数大气等离子喷涂 $Yb_2Si_2O_7$ 过渡层和 Yb_2SiO_5 面层，然后对涂层形貌和组分进行表征。

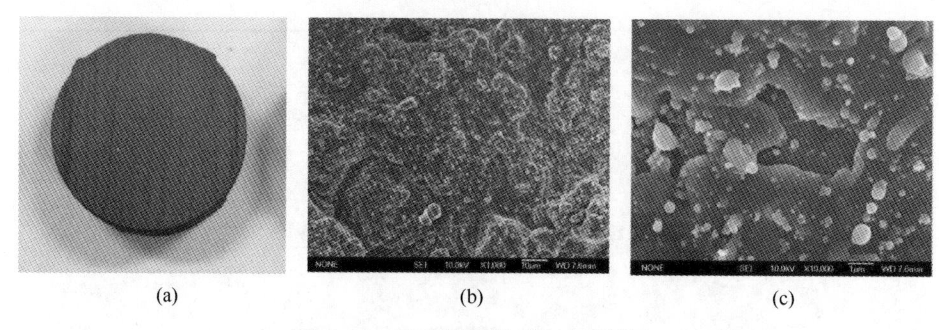

图 6-23　真空等离子喷涂硅黏结层

（a）试样照片；（b）低倍表面微观形貌；（c）高倍表面微观形貌。

图 6-24　真空等离子喷涂硅黏结层的截面微观形貌

图 6-25 是大气等离子喷涂 $Yb_2Si_2O_7$ 过渡层的表面形貌，从图中可以看出涂层表面均由熔融较好的片层组成，且有少量气孔。图 6-26 是涂层的截面微观形貌，从图中可以看出 $Yb_2Si_2O_7$ 过渡层较为致密，通过分析软件测

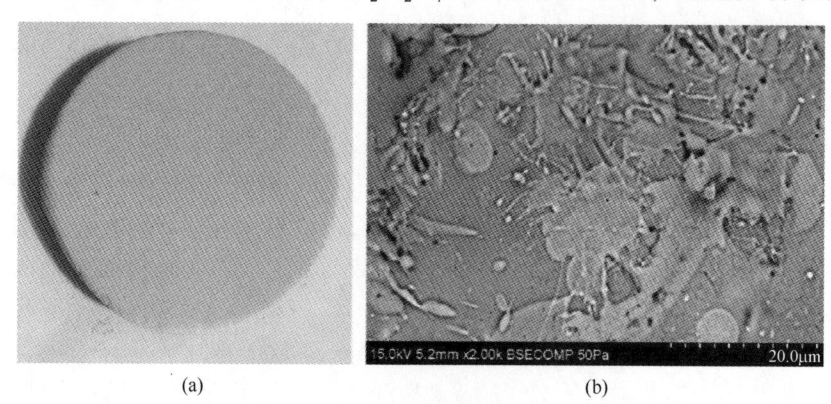

图 6-25　大气等离子喷涂 $Yb_2Si_2O_7$ 过渡层

（a）试样照片；（b）表面微观形貌。

定涂层气孔率≤5%。此外，从图中可以看出涂层中有 $Yb_2Si_2O_7$ 和 Yb_2SiO_5 两种组分存在，这主要是由于喷涂时 $Yb_2Si_2O_7$ 粉体中二氧化硅受热挥发造成的。

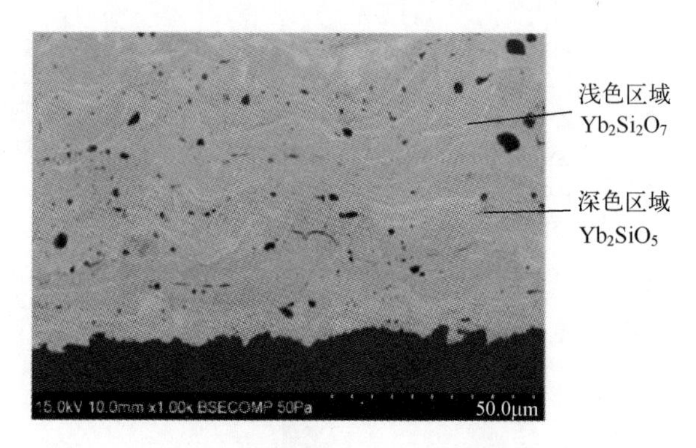

图 6-26　大气等离子喷涂 $Yb_2Si_2O_7$ 过渡层的截面微观形貌

喷涂态 $Yb_2Si_2O_7$ 涂层的差示扫描量热（DSC）结果如图 6-27 所示。随着测试温度的升高，DSC 曲线有尖锐的放热峰出现，这主要是由于涂层中非晶相组分再次晶化造成的，初始结晶温度约为 1038℃。

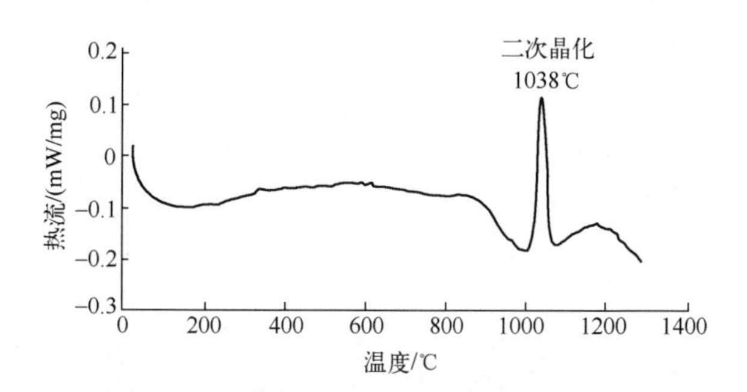

图 6-27　喷涂态 $Yb_2Si_2O_7$ 涂层的 DSC 结果

此外，喷涂态 $Yb_2Si_2O_7$ 涂层的 XRD 图谱如图 6-28（a）所示，经过 1300℃、10h 热处理后 $Yb_2Si_2O_7$ 涂层的 XRD 图谱如图 6-28（b）所示。从图中可以看出涂层中有大量非晶相存在，这是由于等离子喷涂时粉体材料经历了高温-速冷的过程，导致了非晶相的产生。经过 1300℃、10h 的热处理后，非晶相再次晶化。

如图 6-29 所示，对刚喷完的涂层进行真空或惰性气氛热处理、热处理温度为涂层材料的再结晶温度，可以提高涂层的结晶度，改善涂层应力分布和微观组织结构，增强涂层高温稳定性。

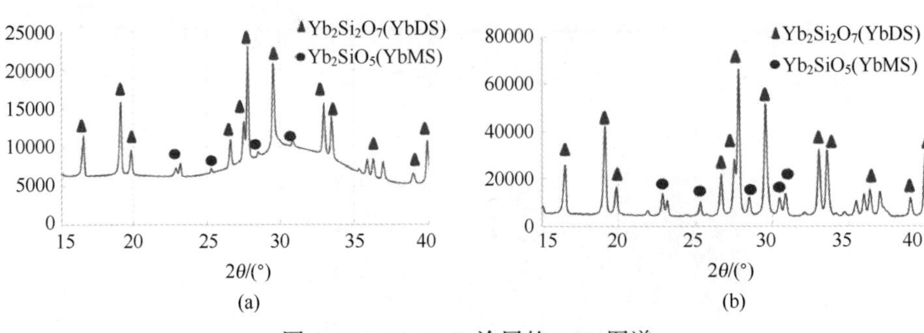

图 6-28　$Yb_2Si_2O_7$涂层的 XRD 图谱

（a）喷涂态 $Yb_2Si_2O_7$涂层；（b）经过 1300℃、10h 热处理后 $Yb_2Si_2O_7$涂层。

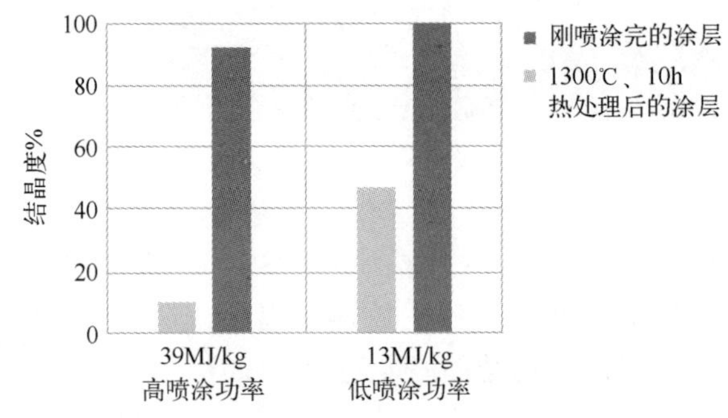

图 6-29　热喷涂功率和热处理工艺对 $Yb_2Si_2O_7$涂层非晶相含量的影响

图 6-30 是热处理前后 $Yb_2Si_2O_7$ 涂层微观组织结构对比图，从图中可以看出，经过热处理后，涂层内部大部分的微裂纹和气孔都在烧结作用下愈合，涂层的高温性能得到了提升。

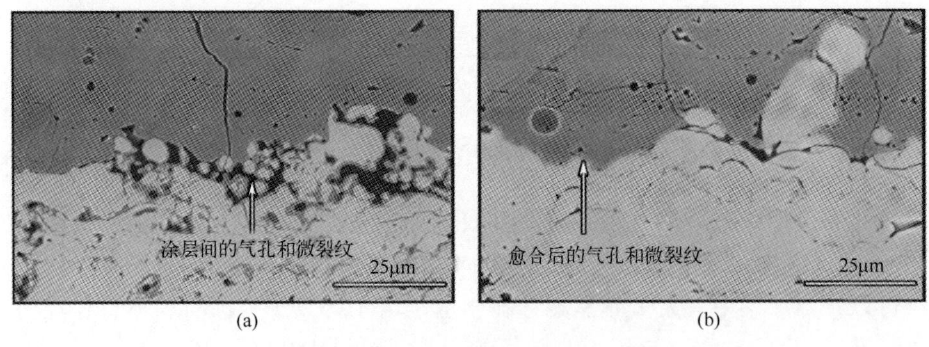

图 6-30　热处理前后 $Yb_2Si_2O_7$涂层微观组织结构对比图

（a）喷涂态 $Yb_2Si_2O_7$涂层；（b）经过 1300℃、10h 热处理后的 $Yb_2Si_2O_7$涂层。

EBC 涂层截面低倍形貌如图 6-31 所示，可以看出硅黏结层与 $Yb_2Si_2O_7$过渡层、$Yb_2Si_2O_7$过渡层与 Yb_2SiO_5面层间界面结合良好。

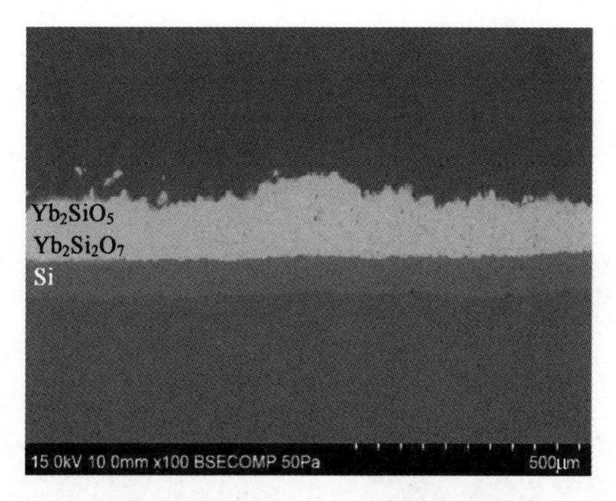

图 6-31 EBC 涂层截面低倍形貌

6.2.5 EBC 涂层的性能评价与测试

6.2.5.1 涂层的室温结合强度

黏结层与复合材料基体的结合强度是 EBC 涂层的关键指标，如图 6-32 所示，喷涂前采用激光蚀刻工艺对基体试样进行表面粗糙化处理，然后采用真空等离子喷涂硅黏结层，最后按《热喷涂涂层结合强度试验方法》(HB5476—1991) 测试黏结层与基体的结合强度，结果显示涂层与基体的室温结合强度的平均值为 20.3MPa，最大值为 25.6MPa。

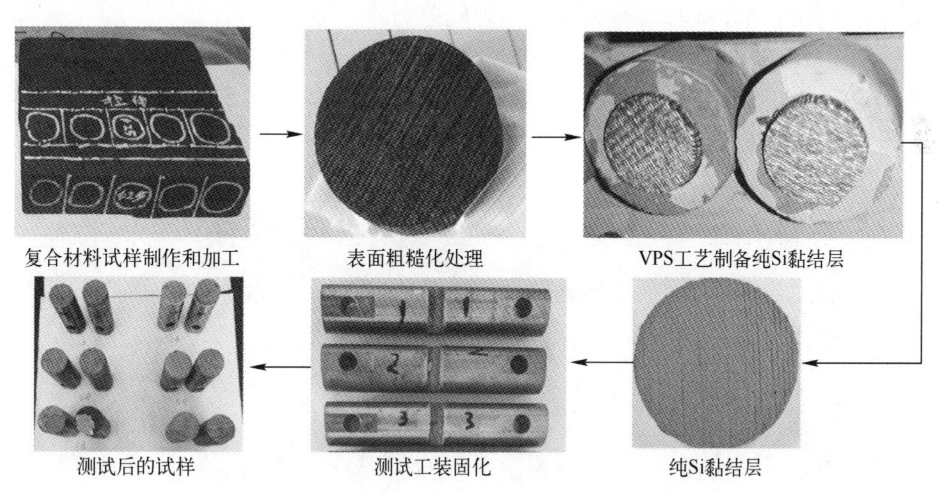

图 6-32 硅黏结层与复合材料基体的结合强度测试

EBC 涂层与复合材料基体的结合强度是另一项关键指标，如图 6-33 所示，喷涂前采用相同的激光蚀刻工艺对基体试样进行表面粗糙化处理，然后采用真空等离子喷涂硅黏结层、大气等离子喷涂硅酸镱过渡层和面层，最后按《热喷涂涂层结合强度试验方法》(HB5476—1991) 测试 EBC 涂层与基体的结合强度，结果显示涂层与基体的室温结合强度的平均值为 17.6MPa，最大值为 19.2MPa，失效出现在过渡层与黏结层之间的界面。

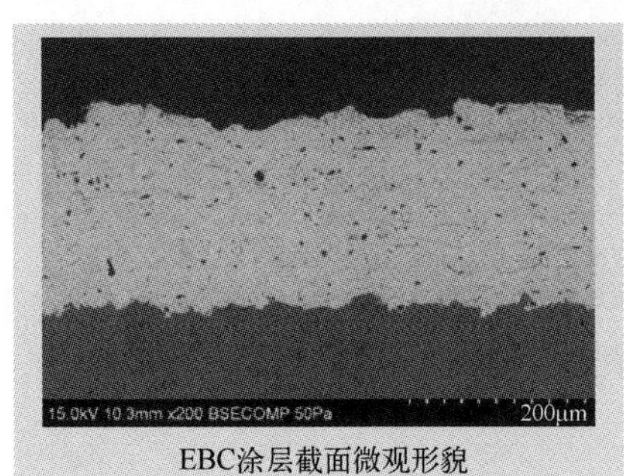

EBC涂层截面微观形貌

EBC涂层结合强度测试后

图 6-33　EBC 涂层与复合材料基体的结合强度测试

6.2.5.2　涂层的抗热震性能

采用《耐火制品　抗热震性试验方法　第 3 部分：水急冷裂纹判定法》(YB/T 376.3—2004) 考察 EBC 涂层在苛刻条件下的抗热震性能。方法如下：待炉温升至 1350℃时，把试样放入管式炉中保温 20min 后迅速取出，并投入 25℃的冷水中，冷却 5min 后从水中取出样品，用压缩空气吹干，观察表面涂层状态；如此循环试验，直到涂层出现脱落为止。

如图 6-34 (a) 所示，经过 10 次 1350℃-水冷循环试验后，涂层表面完好无剥落。如图 6-34 (b) 所示，经过 20 次 1350℃-水冷循环试验后，部分试样的涂层出现开裂剥落。

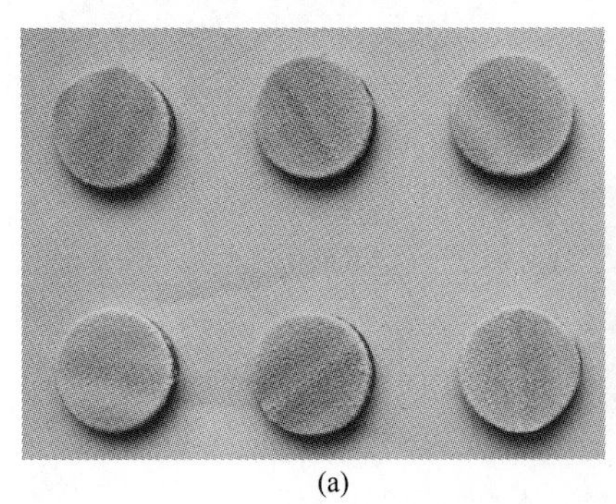
(a)

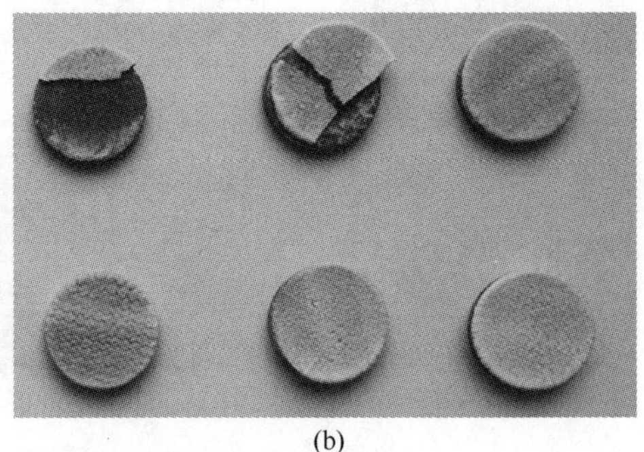
(b)

图 6-34　1350℃-水冷试验后试样照片
(a) 10 次循环试验；(b) 20 次循环试验。

采用《涂层热震试验方法　第一部分：高温炉加热法》(Q/AVIC 06016.1) 考察 EBC 涂层在风冷条件下的抗热震性能。方法如下：待炉温升至 1350℃时，把试样放入管式炉中保温 20min 后迅速取出，并投入 25℃的冷水中，冷却 5min 后从水中取出样品，用压缩空气吹干，观察表面涂层状态；如此循环试验，直到涂层出现脱落为止或者热震次数到 500 次。从图 6-35 可以看出，经过 500 次 1350℃-风冷循环试验后，涂层完好无剥落。

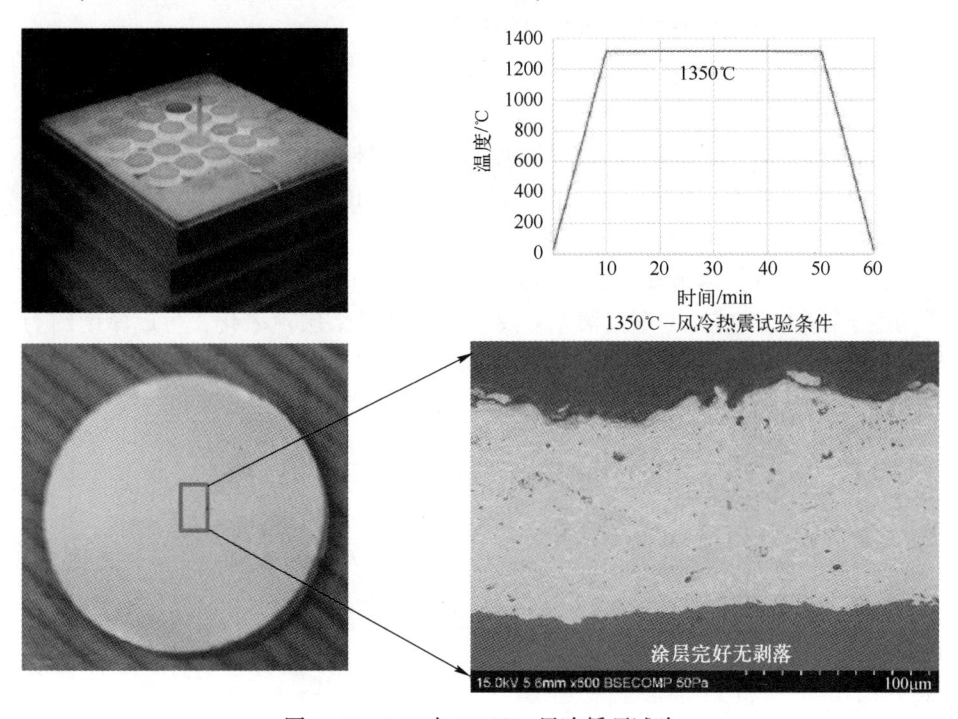

图 6-35　500 次 1350℃-风冷循环试验

对于 $Si/Yb_2Si_2O_7/Yb_2SiO_5$ 体系，在热震循环过程中的失效主要有以下 3 个原因：①涂层内部的 Y 形分叉裂纹，当相邻的分叉裂纹彼此接触时会导致涂层脱落；②贯穿裂纹在 $Si/Yb_2Si_2O_7$ 界面分叉，从而产生层间横向界面裂纹，导致涂层脱落；③贯穿裂纹的存在为腐蚀性物质提供了通道，使得 Si 黏结层被氧化形成 SiO_2 热生长氧化物（TGO）层。Richards 等[15-16]的研究结果表明，Si 黏结层氧化形成 SiO_2，高温下非晶 SiO_2 结晶为 β-方英石相的 SiO_2 TGO 层；在 220°C 时方英石相 SiO_2 由 β 相转变为 α 相，并伴随约 4.5%的体积收缩，导致 TGO 层被破坏，最终使得涂层脱落。

当 $Yb_2Si_2O_7$ 作为中间层时，由于其热膨胀与各涂层匹配良好，且具有较低的弹性模量，同时 $Yb_2Si_2O_7$ 涂层还具有以孪晶和位错为主的良好塑性变形，具有良好的损伤容限，因此热震过程中未产生明显的贯穿裂纹，提高了涂层的抗热震性能。

图 6-35 是 $Si/Yb_2Si2O_7/Yb_2SiO_5$ 体系经 500 次风冷热震后的照片。可以看出，经 500 次热震后，涂层表面保持完整，显示良好的抗热震性能，涂层各层之间以及涂层与基体之间结合良好，未出现剥落，说明该体系的 EBC 涂层不但具有良好的抗热震性能，还具有良好的抗裂纹扩展性能。

6.2.5.3 涂层的抗高温水氧腐蚀性能

对样品进行高温水氧腐蚀试验，将样品置于 1350℃ 的高温管式炉中进行高温水氧腐蚀试验。实验过程中，水蒸气发生装置产生的水蒸气与空气混合，然后通入管式炉中，经过放置样品的恒温区域对样品产生高温水氧腐蚀作用。实验中混合气体流速约为 5cm/s，水蒸气含量为 10%。

如图 6-36（a）所示，经过 1350℃、100h 高温水氧腐蚀后，硅黏结层被氧化，生成厚度约为 6μm 的 SiO_2 热生长氧化物（TGO）层；如图 6-36（b）所示，经过 1350℃、200h 高温水氧腐蚀后，硅黏结层被氧化，生成厚度约为 11.3μm 的 SiO_2 热生长氧化物（TGO）层。此外，TGO 层都出现了纵向开裂，这为氧化物质进一步侵入硅黏结层提供了快速通道。

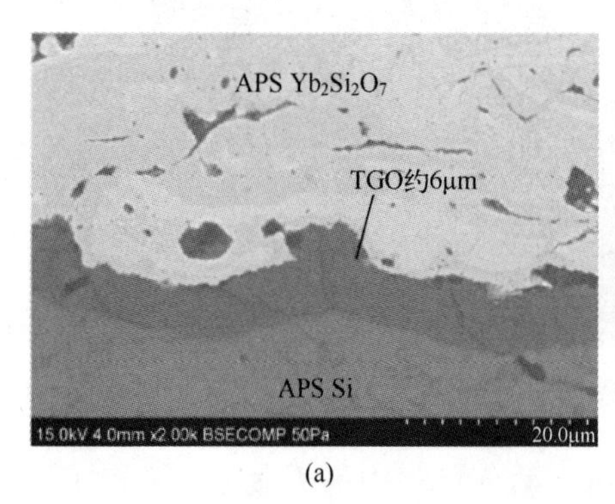

(a)

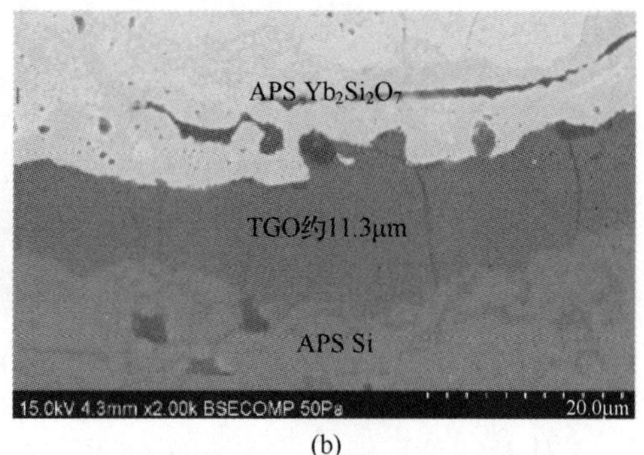

(b)

图 6-36 1350℃高温水氧腐蚀试验后涂层截面电镜照片
（a）1350℃、100h；（b）1350℃、200h。

6.2.5.4 涂层的耐高温性能

晶粒长大是 EBC 涂层在高温环境的重要结构演化现象，对涂层进行高温热处理，分析涂层晶粒变化趋势，表征涂层的耐高温性能。图 6-37 为 $Yb_2Si_2O_7$ 涂层经 1300℃、1400℃、1500℃ 分别高温热处理 50h 后的表面形貌。从图中可以看出，涂层经热处理之后有明显的晶粒长大现象，说明高温热处理促进原子扩散，且随热处理温度升高，原子迁移速率增加。

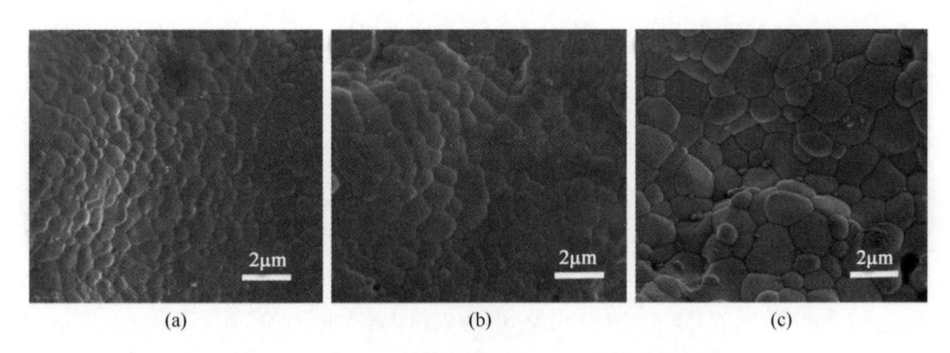

图 6-37　$Yb_2Si_2O_7$涂层热处理 50h 后的晶粒形貌

（a）1300℃、50h；（b）1400℃、50h；（c）1500℃、50h。

近似地，图 6-38 为 Yb_2SiO_5涂层经 1300℃、1400℃、1500℃分别高温热处理 50h 后的表面形貌。从图中可以看出，与 $Yb_2Si_2O_7$涂层类似，经高温热处理的 $Yb_2Si_2O_7$涂层发生明显晶粒长大现象。

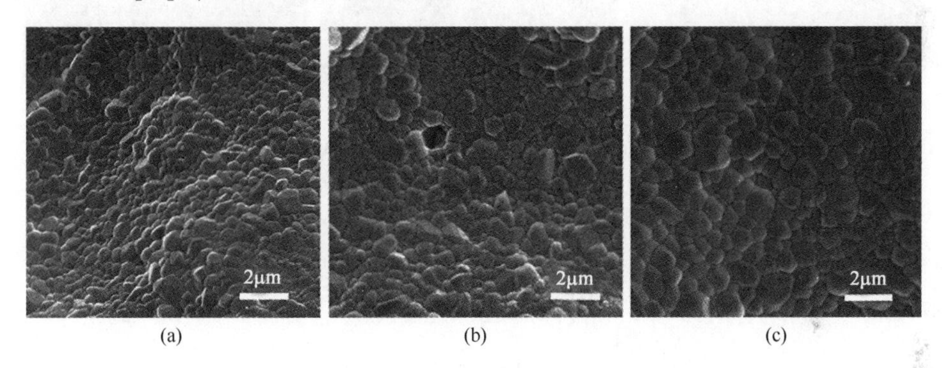

图 6-38　Yb_2SiO_5涂层热处理 50h 后的晶粒形貌

（a）1300℃、50h；（b）1400℃、50h；（c）1500℃、50h。

图 6-39 是 $Yb_2Si_2O_7$涂层经不同温度高温热处理后的截面形貌。当热处理温度为 1300℃和 1400℃时，涂层存在层状结构并有一些气孔；当热处理温度升高至 1500℃，涂层的层状结构几乎消失，小的球形闭气孔成为涂层的主要缺陷。

图 6-40 是 Yb_2SiO_5涂层经不同温度高温热处理后的截面形貌。当热处理温度为 1300℃和 1400℃时，涂层存在层状结构并有一些气孔；但与 $Yb_2Si_2O_7$涂层不同的是，当热处理温度升高至 1500℃，涂层的层状结构依然存在，这说明 Yb_2SiO_5涂层的耐高温能力更优，同时小的球形闭气孔成为涂层的主要缺陷。

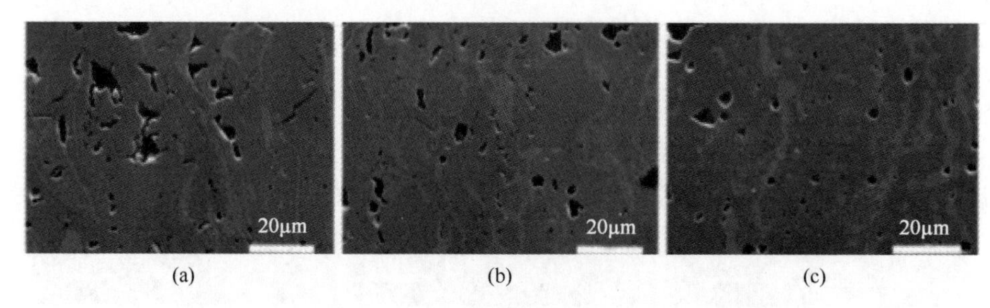

图 6-39 $Yb_2Si_2O_7$涂层经不同温度热处理 50h 后的截面形貌

(a) 1300℃、50h;(b) 1400℃、50h;(c) 1500℃、50h。

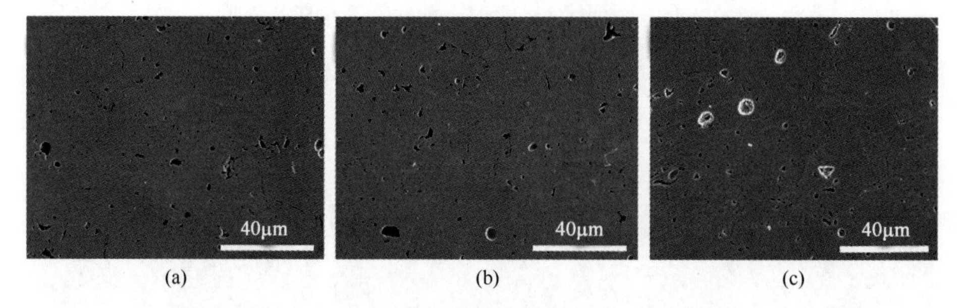

图 6-40 Yb_2SiO_5涂层经不同温度热处理 50h 后的截面形貌

(a) 1300℃、50h;(b) 1400℃、50h;(c) 1500℃、50h。

6.3 小 结

本章以 SiC/SiC 复合材料热防护涂层为研究对象，从复合材料基体表面处理、涂层结构设计、梯度成分抗氧化涂层和 EBC 涂层制备，以及涂层性能测试与表征等方面展开研究与讨论。采用脉冲化学气相沉积工艺制备成分梯度 SiC 涂层，利用化学共沉淀-煅烧法合成 EBC 涂层粉体，并通过等离子体喷涂技术制备 EBC 涂层，研究了喷涂态硅酸镱涂层的结构和基本性能，比较了硅酸镱涂层经高温热处理后微结构和结晶度等性能的差异，表征了 EBC 涂层在高温水氧环境下的耐腐蚀性能，探究了高温环境下涂层结构的演化过程，为 SiC/SiC 复合材料热防护涂层提供了较为完整的技术路线和工艺流程。

随着 SiC/SiC 复合材料构件的服役寿命要求越来越长、服役环境越来越苛刻，其热防护涂层技术也变得愈发重要，未来涂层性能将向着耐更高温、多功能和长寿命的方向发展。

参考文献

[1] MORE K L, TORTORELLI P F, FERBER M K, et al. Observations of Accelerated Silicon Carbide Recession by Oxidation at High Water - Vapor Pressures [J]. Journal of the American Ceramic Society, 2000, 83 (1): 211-213.

[2] FAUCETT D C, CHOI S R. Strength degradation of oxide/oxide and SiC/SiC ceramic matrix composites in CMAS and CMAS/salt exposures [C]//Asme Turbo Expo: Turbine Technical Conference & Exposition. 2011: 497-504.

[3] FOX D S, SMIALEK J L. Burner Rig Hot Corrosion of Silicon Carbide and Silicon Nitride [J]. Journal of the American Ceramic Society, 2010, 73 (2): 11.

[4] 范金娟，常振东，陶春虎，等. Si/Mullite/Er_2SiO_5 新型环境障涂层的 1350℃氧化行为 [J]. 材料工程，2014 (10): 90-95.

[5] ZHU D M. Advanced Environmental Barrier Coatings for SiC/SiC Ceramic Matrix Composite Turbine Components [M]//Engineered Ceramics. New York: John Wiley & Sons, 2015.

[6] STEINKE T, MAUER G, VAßEN R, et al. Process design and monitoring for plasma sprayed abradable coatings [J]. Journal of Thermal Spray Technology, 2010, 19 (4): 756-764.

[7] FARAOUN H I, GROSDIDIER T, SEICHEPINE J L, et al. Improvement of thermally sprayed abradable coating by microstructure control [J]. Surface and Coatings Technology, 2006, 201 (6): 2303-2312.

[8] POERSCHKE D L, LEVI C G. Effects of cation substitution and temperature on the interaction between thermal barrier oxides and molten CMAS [J]. Journal of the European Ceramic Society, 2015, 35 (2): 681-691.

[9] KRAMER S, YANG J, LEVI C G, et al. Thermochemical interaction of thermal barrier coatings with molten CaO-MgO-$A1_2O_3$-SiO_2 (CMAS) deposits [J]. Journal of the American Ceramic Society, 2006, 89 (10): 3167-3175.

[10] SPITSBERG I, STEIBEL J. Thermal and environmental barrier coatings for SiC/SiC CMCs in aircraft engine applications [J]. Int. J. Appl. Ceram. Technol. 2004 (1): 291-301.

[11] POERSCHKE D L, HASS D D, EUSTIS S, et al. Stability and CMAS Resistance of Ytterbium-Silicate/Hafnate EBCs/TBC for SiC Composites [J]. Journal of the American ceramic society, 2015, 98 (1): 278-286.

[12] MORE K L, TORTORELLI P F, WALKER L R. High-Temperature Stability of SiC Based Composites in High-Water-Vapor-Pressure Environments [J]. Journal of the American Ceramic Society, 2003, 86 (8): 1272-1281.

[13] LEE K N, FOX D S, BAANAL N P. Rare earth silicate environmental barrier coatings for

SiC/SiC composites and Si_3N_4 ceramics [J]. Journal of the European Ceramic society, 2005, 25 (10): 1705-1715.

[14] NASIRI N A, PATRA N, HORLAIT D, et al. Thermal properties of rare-earth monosilicates for EBC on Si-based ceramic composites [J]. Journal of the American ceramic society, 2016, 99 (2): 589-596.

[15] RICHARDS B T, SEHR S, FRANQUEVILLE F, et al. Fracture Mechanisms of Ytterbium Monosilicate Environmental Barrier Coatings during Cyclic Thermal Exposure [J]. Acta Mater, 2016, 103: 448-460.

[16] RICHARDS B T, BEGLEY M R, WADLEY H N G. Mechanisms of Ytterbium Monosilicate/mullite/silicon Coating Failure during Thermal Cycling in Water Vapor [J]. J. Am. Ceram. Soc., 2015, 98: 4066-4075.

第 7 章

SiC/SiC 复合材料基体改性及其高温抗氧化性能

SiC/SiC 复合材料的服役环境往往十分复杂，如其作为航空发动机热端部件的工况环境下，必须解决在高温水氧耦合、燃气冲刷、循环加载应力等条件下的长时间使用问题[1]。而 SiC/SiC 复合材料在制备过程中，孔隙和裂纹等缺陷往往是不可避免的[2]。由于裂纹和孔隙等薄弱位置的存在，氧气和水等氧化介质可通过这些通道扩散到复合材料的界面和纤维处，而造成 SiC 纤维及其界面层的氧化损伤退化。纤维和界面是复合材料的承载和传载单元，其损伤会导致复合材料的性能下降，缩短碳化硅复合材料的使用寿命。为解决 SiC/SiC 复合材料热力氧耦合条件下的氧化退化问题，一方面是需要提升纤维和界面层本身的抗氧化能力，如通过控制纤维的氧含量以及引入硼元素等方式，改进碳化硅纤维本身的热稳定性；以及通过使用 BN 界面层代替易氧化的热解炭界面层，提升界面层的抗氧化能力等。而纤维和界面本身的改进固然重要，但提升 SiC/SiC 复合材料的寿命的关键是如何使纤维和界面层隔绝氧气和水等氧化介质。在工程应用中，环境障涂层（EBC）往往会沉积在材料表面，阻止氧化介质的进入。但由于 EBC 与组分间热膨胀系数的不匹配以及载荷的作用，EBC 和基体上不可避免地会出现裂纹[3]。提升复合材料寿命的最有效途径是改进基体，通过基体的改性使其具有抵抗高温氧化侵蚀以及自我修复损伤的能力，从而阻止氧化介质通过基体的缺陷进入材料内部而保护纤维和界面层不受损伤。本章将主要介绍 SiC/SiC 复合材料基体改性及其长寿命相关的研究进展，重点讨论 SiC/SiC 复合材料的氧化退化问题，碳化硅基体的改性方式及其主要机理，以及三种基体改性策略的应用等。

7.1 SiC/SiC 复合材料高温氧化行为及其机理

SiC/SiC 复合材料实现长寿命服役的目标一方面需要在工况环境下保持内

部结构的稳定；另一方面还需要具备一定的抵抗外部氧化介质侵入，保持内部结构不受外界影响变化的能力。相比于单一组分的材料，SiC/SiC 复合材料的高温氧化退化行为更为复杂，该过程是 SiC 纤维 、界面层、SiC 基体以及涂层等各组分氧化退化的综合结果。SiC/SiC 复合材料的高温氧化行为主要包括氧化介质向材料内部的扩散，以及氧化介质与材料组分之间的化学反应过程。而与 SiC/SiC 复合材料高温氧化行为相互伴随的是复合材料内部缺陷的扩展导致材料的氧化失效，尤其在存在循环载荷的条件下，后者往往会大大加速 SiC/SiC 复合材料的氧化失效。为了提高 SiC/SiC 复合材料的高温稳定性，需从其各组分结构组成的设计优化入手，抑制其高温氧化行为及其失效过程，从而最终实现 SiC/SiC 复合材料长寿命服役的目标。

7.1.1 SiC/SiC 复合材料的高温氧化行为

SiC/SiC 复合材料是一个复杂的整体，其高温退化行为由涂层、基体、纤维、界面层等组成结构中的短板决定。其中，纤维和界面层一般被认为是该结构体系最为脆弱的环节。SiC 纤维作为复合材料的“筋”，其高温稳定性直接决定了整个材料体系的上限。第一代 SiC 纤维由于具有较高的氧含量，在 1100℃以上纤维结构中 SiC_xO_y 相便开始分解，同时伴随 SiC 晶粒长大，陶瓷纤维强度急剧下降[4]。第二代 SiC 纤维具有较低的氧含量，可在温度低于 1250℃的有氧环境下表现出较好的热稳定性，但由于自由碳含量较高，更高温度下的抗氧化性能不佳。此外，二代 SiC 纤维在高温惰性条件下的拉伸-断裂行为被认为是受纤维中蠕变诱导的缺陷增长所控制[5]。第三代 SiC 纤维具有较低的氧含量及自由碳含量，碳硅比接近化学计量比 1∶1。相比于第一代和第二代 SiC 纤维，第三代 SiC 纤维的抗高温蠕变性和抗氧化性也更优异，可在 1400~1500℃的有氧环境下表现出良好的热稳定性。

SiC/SiC 复合材料内部的孔隙和裂纹往往是材料高温退化的起始之处。一方面，在 SiC/SiC 复合材料的制备过程中，必然会产生孔隙及裂纹；另一方面，材料在高温下由于热膨胀系数不匹配也会产生微裂纹等缺陷。外部载荷也会在 SiC/SiC 复合材料内部引入缺陷，在没有外载情况下，SiC/SiC 复合材料的基体裂纹宽度通常小于 1μm。而随着拉伸应力的增加，SiC/SiC 复合材料的基体裂纹宽度也随之增加（图 7-1）。而裂纹宽度除了受拉伸应力水平的影响，还与复合材料的温度有关，随着温度的上升，裂纹宽度会逐渐减小。空气、水等氧化介质即从以上这些缺陷处开始向材料内部扩散，逐渐使纤维和界面层发生氧化而失效。

对于不同界面层体系的 SiC/SiC 复合材料而言，其氧化退化过程和机理也

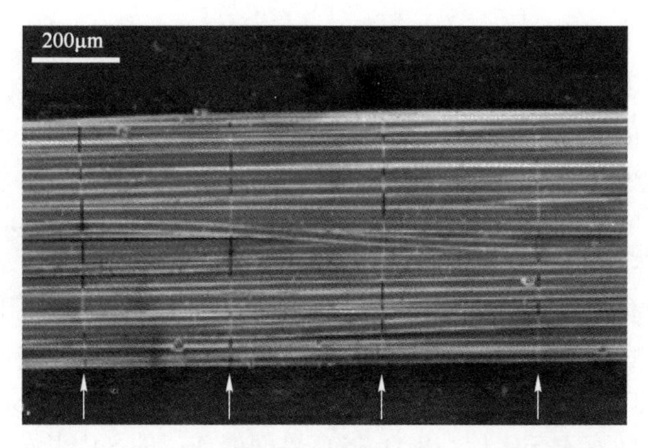

图 7-1　SiC/SiC 复合材料拉伸条件下的 SEM 图像[6]

是不同的。SiC/PyC/SiC 和 SiC/BN/SiC 复合材料是当前研究及应用最多的 SiC/SiC 复合材料体系，针对它们的氧化退化行为研究也是最多的。SiC/PyC/SiC 复合材料在 800℃以上纯氧气氛下的氧化退化行为可分为 3 个阶段[7]：①复合材料随着氧化时长的增加，质量快速下降，其主要原因为 PyC 界面与 O_2的快速反应；②质量下降的速率逐渐减慢；③质量渐进增长阶段。质量增加的原因主要为 SiC 基体与纤维发生被动氧化生成 SiO_2。另外，SiC 复合材料中的自由碳与 O_2反应生成二氧化碳，以及纤维中的 SiC_xO_y相的高温分解也是材料质量下降的部分原因[7]。在 700℃下该复合材料的质量线性减少，而没有增重的阶段出现，其主要是因为在该温度下，SiC 基体和纤维还没有开始反应。当温度高于 1100℃时，复合材料的质量随时间呈抛物线规律增加，而 PyC 界面几乎没有氧化，这主要是由于表面 SiC 基体的快速氧化封堵了基体上的孔隙[8]。除温度因素之外，水也会对 SiC 复合材料的氧化退化带来重要影响。水可与 SiC 材料反应生成 SiO_2，而后者又可与水继续反应生成可挥发的 $Si(OH)_4$。因此，水的存在加速了材料的氧化过程，并会导致复合材料结构疏松[9]。

SiC/BN/SiC 复合材料在 1000～1400℃的空气气氛下，SiC 基体将首先被氧化，生成 SiO_2和 CO/CO_2气体，而在所有 SiC 全部氧化完以后，BN 才被氧化生成 B_2O_3[10]。这种行为可能的原因：一方面是因为材料表面的 SiC 基体被氧化生成 SiO_2，封堵了孔隙和裂纹，阻止了 O_2的继续进入；另一方面，热力学计算表明，这种现象会发生在氧气含量有限的条件下。水的存在会对 SiC/BN/SiC 复合材料的氧化退化带来巨大影响[11-12]，在 20μL/L H_2O/O_2条件下，SiC/BN/SiC 复合材料的氧化退化主要受玻璃态硼硅酸盐的生成控制，而在高水分压的条件下，其氧化退化行为主要受 BN 界面层氧化生成并挥发硼酸

($H_xB_yO_z$)类气体而失重控制。SiC/BN/SiC 复合材料在含水条件下的氧化退化行为反映了 BN 结构对于水蒸气较高的敏感性。

异质元素的引入可以显著影响 SiC 材料的高温氧化退化行为，如硼元素的引入被认为可加速 SiC 氧化，而形成比 SiC 单独暴露在氧化环境中时更厚的氧化物层[13-14]。这可能是由于在 B_2O_3-SiC 界面，B_2O_3可对 SiOC 层进行蚀刻并通过 O_2的进入及反应使该层不断得到补充。如图 7-2 所示，在 SiC 材料刚开始暴露于氧化环境时，SiC 因被氧化形成 SiO_2而快速增重，而其氧化可快速达到 SiC 材料底部。由于 B_2O_3蚀刻而不断暴露出新鲜的 SiC 表面，而后者由于被氧化成 SiOC 而更易被 B_2O_3进一步蚀刻掉。之后，由于 SiOC 层逐渐与 B_2O_3的反应而转变为 SiO_2层，B_2O_3-SiC 界面处加速的 SiC 表面氧化过程得以快速减缓。随着 SiC 被氧化产生大量 SiO_2，B_2O_3-SiC 界面处的 B_2O_3浓度降低，SiO_2 溶解到 B_2O_3- SiO_2界面处的氧化硼玻璃层中形成硼硅酸盐玻璃层。而随着硼硅酸盐玻璃表面由于氧化硼挥发而富含 SiO_2 时，材料由较慢的增重逐渐转变为减重。之后在很长一段时间内，富含 SiO_2的硼硅酸盐玻璃相可减慢 O_2的扩散，使 SiC 由于 O_2的难以进入而导致氧化速率被减慢。

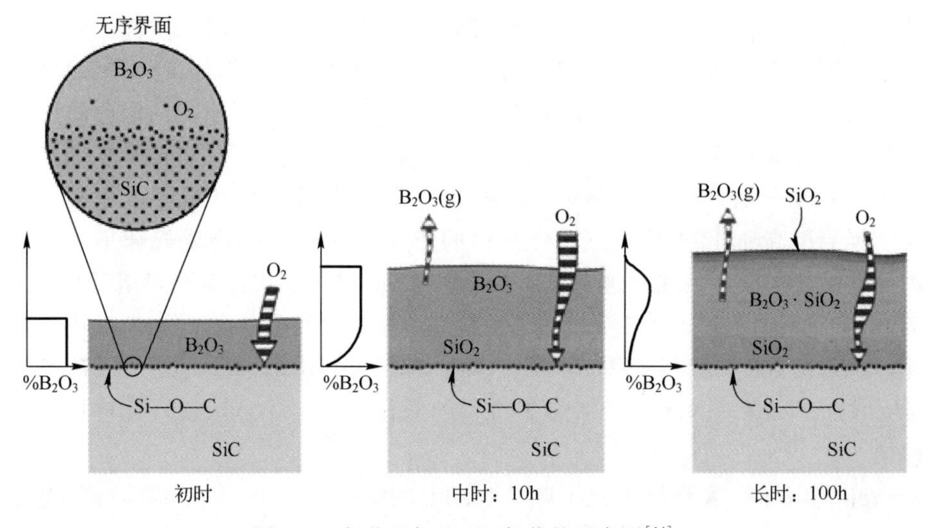

图 7-2　氧化硼加速 SiC 氧化的示意图[14]

总体上，当前对于简单的单向 SiC/SiC 复合材料高温氧化行为的研究相对较为成熟，但对于编织结构的 SiC/SiC 复合材料，由于水、氧等氧化介质在其内部的扩散并没有明显的规律，相关的定量描述并没有建立。在更复杂的环境条件下，如疲劳载荷、燃气冲刷、水氧耦合、盐雾、水氧盐雾耦合等，SiC/SiC 复合材料的高温氧化退化行为仍停留在定性描述层面。而当前的相关研究主要是通过设计不同的 SiC/SiC 复合材料体系，如不同的纤维、界面层、涂层以及基体的改性等，在各种不同条件下的性能退化考核，为相关材料体系的工程应用提供参考。

7.1.2　SiC/SiC 复合材料的氧化失效机理

SiC/SiC 复合材料在没有外加载荷的条件下，其氧化失效机理主要是热应力、组分高温下性能退化及氧化后形貌变化的综合作用造成的。在无载荷条件的静态氧化过程中，界面层体系会直接影响 SiC/SiC 复合材料的氧化失效机制。其中，SiC/PyC/SiC 复合材料在空气环境中高温氧化失效的主要原因是 PyC 界面层的高温氧化挥发，其在 800℃ 以上氧化时，PyC 界面层的氧化过程主要沿垂直于纤维轴向的方向进行，其中可能会出现界面层和纤维的脱黏以及纤维表面氧化层的开裂，最终 PyC 界面层可完全被厚的二氧化硅层取代[15]。另外，SiC 纤维表面的氧化层厚度远大于基体表面的氧化层厚度，这可能是由于 SiC 纤维相比于基体具有更高的氧化速率所导致的[16]。SiC/BN/SiC 复合材料由于 BN 界面可被氧化成 B_2O_3熔融化合物，填充 SiC 基体中的裂纹及孔隙，抑制 SiO_2晶粒的增长，因而可在中温区（600~1000℃）表现出相对于 PyC 界面层材料体系更加优异的强度保持率[15]。但无论是对于 PyC 界面层还是 BN 界面层体系而言，中温区间都是 SiC/SiC 复合材料危险的氧化温度区间[8]。

在无载荷条件下，单纯的高温氧化可使材料被氧化侵蚀而变得疏松膨胀，力学强度严重下降，但一般并不直接导致材料的断裂失效，而载荷的存在往往会大大加速该失效过程。不管是在蠕变还是疲劳载荷之下，材料在载荷作用下的内部裂纹扩展都是影响 SiC/SiC 复合材料高温退化的最重要因素[11]。热力氧耦合条件下的裂纹扩展机制主要包括氧化脆化、界面氧化消耗、纤维松弛等[17]。氧化脆化是阻碍 SiC/SiC 复合材料发展的重要问题，它主要是指由于 SiC 与 O_2生成 SiO_2在界面处产生强结合以及 SiC 纤维强度下降等导致的材料韧性下降问题[18]。界面氧化消耗机制主要是由于界面氧化消耗降低了桥接纤维承担的应力，而使裂纹尖端扩展应力增加。该机制与氧化脆化机制具有很多相似点，只有裂纹扩展的控制方式不一样，界面消耗机制中，纤维桥接应力下降控制着裂纹扩展，而氧化脆化是脆性玻璃相的生成控制着裂纹扩展。另外，相比于拉伸蠕变载荷，疲劳载荷可以加速材料的氧化，这主要是由于在卸载过程中，氧化介质从基体裂纹中排出，而在重新加载过程中，氧化介质又通过基体裂纹被吸入材料内部，这种循环的过程大大加速了组分的氧化。总体而言，SiC/SiC 复合材料氧化的失效机制非常复杂，既包括机械损伤导致的材料失效，还同时伴随着组分氧化脆化、界面层氧化挥发等化学损伤，两者的耦合给材料失效机理的分析带来巨大的挑战。

7.1.3 SiC/SiC 复合材料的抗氧化改性方法

当前，研究者们已经发展了多种方法提高 SiC/SiC 复合材料的高温稳定性。这些方法分别从涂层、纤维、界面层以及基体等复合材料的基本组成结构入手，以提升 SiC/SiC 复合材料整体在极端环境下的抗氧化性能。

涂层是 SiC/SiC 复合材料的第一道防线，在当前的工程应用中，玻璃涂层、碳化硅涂层[19]、超高温陶瓷涂层[20]、新型的热障涂层（TBC）和环境障涂层（EBC）[21]已被广泛用于改进复合材料高温性能，并延长复合材料的使用寿命。一方面，涂层可以改善复合材料的外观、机械和物理性能[22]；另一方面，涂层在对抗水氧侵蚀的过程中，可在复合材料表面建立一层厚厚的路障，从而保护材料内部不受侵蚀。EBC 涂层被涂覆在 SiC 基体表面，具有耐熔盐腐蚀、水氧腐蚀及抗其他环境破坏因素损伤的能力，如今已经成为 SiC 基复合材料应用于高推重比航空发动机热端部件的关键技术。国内，中国航空制造技术研究院复材中心、西北工业大学等单位对于陶瓷涂层的制备及在航空发动机热端部件上的应用都开展了很多的研究。目前，EBC 涂层研究对象主要为稀土硅酸盐涂层材料[23]，其基本要求为：①热膨胀系数与基体材料匹配；②较低的氧气扩散率；③良好的热稳定性；④与基体之间有良好的化学稳定性。

纤维和界面作为复合材料的承载和传载单元，其高温稳定性直接影响了 SiC 复合材料的服役寿命。当前的 SiC 纤维已经发展了三代，其中第三代 SiC 纤维为高密度、近化学计量比、多晶 SiC 纤维，可在 1400~1500℃的有氧环境下具有良好的热稳定性[24]。比较有代表性的第三代纤维有日本碳公司发展的 Hi-Nicalon S 纤维，宇部兴产公司发展的 Tyranno SA 纤维和美国 Dow Corning 公司发展出的 Sylramic 纤维、Sylramic-iBN 纤维以及 Super Sylramic-iBN 纤维等[4]。耐高温抗氧化性能优异的纤维为 SiC/SiC 复合材料在极端环境下的长寿命使用奠定了基础。如前所述，界面层对于 SiC/SiC 复合材料的氧化退化行为有重要的影响。对于常用的热解炭界面层材料体系，其氧化失效是材料力学性能下降的重要原因[25]。与其相比，BN 界面层具有更好的抗氧化能力，但后者可与基体发生反应生成硼硅酸玻璃相，造成界面处的强黏结，引起材料强度的退化。而在有水环境下，硼硅氧化物的挥发会加速材料的氧化退化。当前，由 SiC、PyC、BN 以及碳化硼等组成的多层界面层也被发展出来，以降低因 SiC/SiC 复合材料界面层的氧化退化带来的性能损失[26-28]。

虽然，涂层、纤维和界面对于 SiC/SiC 复合材料的长寿命使用具有重要的作用，但提升复合材料寿命的最有效途径是改进基体。基体作为复合材料的

“肌肉”，如果具有抵抗高温氧化侵蚀以及自我修复损伤的能力，则阻断了氧化介质通过基体的缺陷进入材料内部的通道。在 20 世纪 70 年代，具有自我修复功能的陶瓷材料被首次提出，它是指陶瓷材料能够在热处理时自动修复其中的裂纹等缺陷。20 世纪 90 年代，法国的 S. Goujard 和 L. Vandenbulcke 等提出了多层自愈合基体 $SiC/(SiBC)_m$[29]，该基体通过在 SiC 基体中引入例如硼之类的第二元素，以在氧化环境下形成液体氧化物（如 B_2O_3，熔点约 500℃），从而封填材料中的孔隙和裂纹，阻止氧气扩散进入材料内部侵蚀纤维以及界面层[30-32]。美国的 Marina Ruggles－Wrenn 等[26-27,30]系统研究了 $SiC/(SiBC)_m$ 多层基体复合材料的疲劳行为，该材料基体中 SiC 层和 B_4C 层交替相接（图 7-3）。通过 B_4C 氧化形成流动的玻璃相愈合裂纹，氧气被封堵在氧化物中。他们研究认为在 1300℃空气以及蒸汽条件下，该复合材料的损伤和破坏机理最有可能是 Hi-Nicalon 纤维本身的蠕变控制的缺陷增长机制导致的，而纤维本身的氧化脆化实际上被大大抑制。国内，西北工业大学也开展了 CVI 工艺制备 $SiC-BC_x$ 多层基体的研究。在多层自愈合基体复合材料 $SiC/(SiBC)_m$ 的

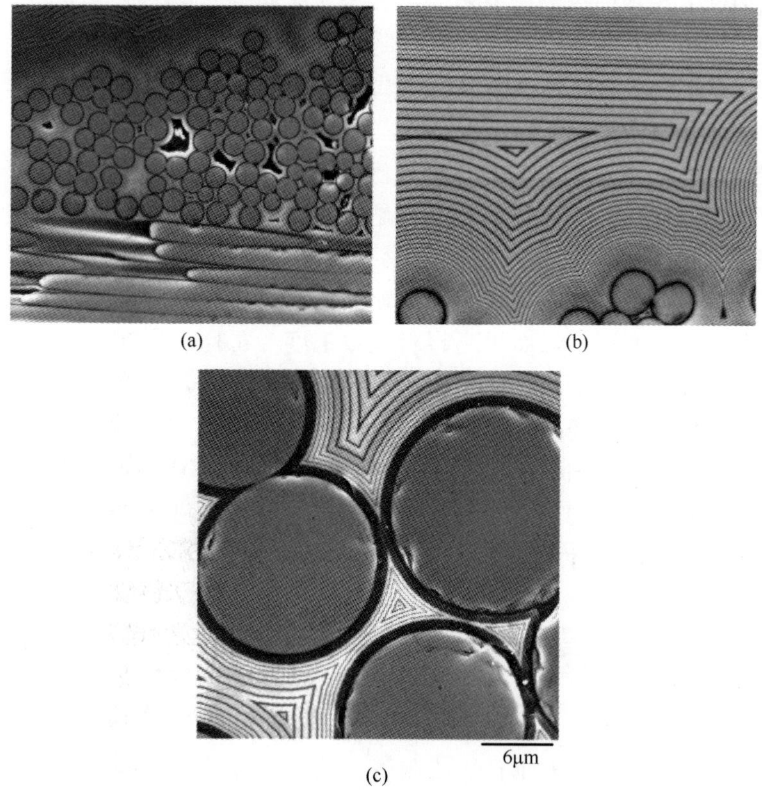

图 7-3　Hi-Nicalon/SiC-B_4C 陶瓷复合材料的典型微观形貌[27]

应用方面，最具有代表性的为 SNECMA 公司研制的 CERASEPA 系列材料，该材料已经历了三代的优化设计及制造。SNECMA 公司以此类材料制造的喷管调节片和密封片已经在 M88-2 和 M53-2 发动机上使用 30 年以上。第三代的 CERASEPA A410 材料制造的火焰稳定器已通过 1180℃，143h 的测试，构件结构完整，无损伤。

另外，一般认为 SiC 复合材料长期使用的最高温度不超过 1600℃。为了实现 SiC/SiC 复合材料在更高温度条件下的应用，ZrB_2-SiC、HfB_2-SiC 等引入高熔点金属化合物的基体体系吸引了广泛的研究关注。新型的复相陶瓷以及高熵陶瓷的研究及应用也为进一步提升 SiC/SiC 复合材料的服役温度和寿命提供了新的发展方向[33]。其中，SiBCN 作为一种新型的四元结构陶瓷，因其具有特有的组织结构和在高温下良好的热稳定性受到了众多研究人员的青睐。最早的 SiBCN 前驱体技术是由日本提出的，并首先将其应用于陶瓷纤维的制备。随后，德国、美国的研究机构陆续开展了 SiBN 陶瓷前驱体的研究，所研制的 SiBCN 陶瓷耐温等级可达 1700~1800℃。

国内 SiBCN 前驱体的研究及应用较少，前期主要是研究由其制备 SiBCN 纤维的可能性。近些年来，中国航空制造技术研究院复材中心、西北工业大学、北京航空材料研究院等单位也尝试研究制备了以 SiBCN 作为基体的复合材料，并对其力学性能等进行了表征[34-36]。超高温陶瓷被认为是可在 2000℃以上极端氧化环境工作的陶瓷材料，目前主要研究的是难熔金属铪、钽、锆的碳化物和硼化物，这类材料具有高熔点、高模量、高热导率的特点，且具有较好的抗热震、耐烧蚀性能。将该类材料引入碳化硅材料之中，在高温氧化条件下也会形成相应的具有一定流动性的玻璃态氧化物，这些氧化物将进入到材料中的孔洞里，从而提高材料的致密度。同时这些氧化物能在表层形成一层较为致密的阻挡层，从而阻止氧化反应向陶瓷内部扩散，有效地增强了材料的抗氧化、耐烧蚀的性能[37]。

综上所述，提高 SiC/SiC 复合材料的高温稳定性须从涂层、纤维、界面层以及基体等复合材料的基本组分入手，综合考虑，采用有效的方法对材料进行系统地设计，以提升 SiC/SiC 复合材料整体在极端环境下的高温稳定性能。

7.2 SiC/SiC 复合材料基体的抗氧化改性方法及其机理

SiC/SiC 复合材料基体的主要制备方式为 PIP 法、CVI 法以及渗硅法（LSI）等。其中，PIP 法和 CVI 法制备的基体可通过控制前驱体的结构及组成而灵活地改性基体，赋予基体新的性能和特点。

7.2.1　PIP 工艺 SiC/SiC 复合材料基体的改性方法

PIP 法基体的改性可大致分为物理改性、化学改性两类，其中物理改性方法包括在聚合物前驱体中混入其他化合物、粉体、纤维等。物理改性方法具有简单、方便、灵活以及成本较低等优势，当前国内使用较多的 SiC 前驱体是固态 PCS。由于固态 PCS 化学结构中可交联基团较少，陶瓷产率相对不高，研究者们常通过共混含有不饱和基团交联剂的方式，以改进固态 PCS 的交联性能，其中常用的交联剂包括二乙烯基苯（DVB）、四甲基四乙烯基环四硅氧烷等。利用其他不同的前驱体与固态 PCS 溶液进行复配的方式也是改进复合材料基体的常用方式。由固态 PCS 所裂解出的 SiC 基体具有自由碳含量过高的特点，并不利于其长期服役的高温抗氧化性能。Kohyama 等即通过将聚甲基硅烷（PMS）与固态 PCS 溶液混合使用，制备出了近化学计量比的 SiC 基体[38]。在实际工程应用中，往固态 PCS 前驱体溶液中混入粉体也是提高其陶瓷转化率，改善基体的致密性和缩短工艺周期的常用方法。Starfire 公司也通过将其具有高陶瓷产率的前驱体聚合物 SMP-10 与它们的粉末填料及短纤维等共混，而制备出具有不同工艺特点，陶瓷产率超过 80%的系列浆料产品。由该浆料作为浸渍剂只需要 5 次致密化循环过程即可将复合材料的孔隙率降至 6%以下，并将最终的孔隙率降至 3%~4%。孔隙率的降低利于 SiC/SiC 复合材料高温抗氧化性能的提升。另外，通过配制含有铝、硼等元素的粉体的碳化硅浆料，在 SiC/SiC 复合材料基体中引入高温下可形成具有一定流动性的玻璃态氧化物，而这些氧化物将进入到材料中的孔隙里，从而提高材料的致密度。同时这些氧化物能在表层形成一层较为致密的氧阻挡层，从而阻止氧化反应向陶瓷内部扩散，有效地保护了复合材料内部的纤维和界面，有利于 SiC/SiC 复合材料保持较高的强度保留率。

SiC 前驱体的化学改性一般是利用前驱体结构中的活性基团，通过化学反应改变前驱体的化学结构，从而对复合材料基体进行设计的方法。固态 PCS 结构中含有的 Si—H 键常作为化学改性引入其他异质元素的位点。中国科学院过程所即通过三氯环硼氮烷（TCB）与固态聚碳硅烷分子结构中的 Si—H 键的反应引入硼元素，将其陶瓷产率提升至 83%。以 SMP-10 为代表的液态聚碳硅烷由于具有乙烯基不饱和基团和大量的 Si—H 键，较易进行化学改性，如通过硼氢化反应向前驱体侧链中引入含硼官能团结构[39]，通过巯基双键加成反应等引入可光固化基团使前驱体具有光固化性质[40]等。另外，从基本原料出发，通过重新设计反应路线，制备出分子结构中含有硼、锆等异质元素的 SiC 前驱体也是制备改性 SiC 的重要方法[41-42]。但与物理改性 SiC 前驱体的方式相比，化学改性的优点是较易实现分子尺度的均匀混合，而缺点在于可用的反应及化学位点有限，且制备相对复杂，成本相对较高。物理改性方式由于具有简单、方便、灵活以及成本较低等优势，更容易实现工程化应用。

7.2.2 CVI 工艺 SiC/SiC 复合材料基体的改性方法

CVI 工艺是制备复合材料基体重要的工业方法之一，国内外均有大量的相关研究。该工艺将多孔预制体置于反应性气体混合物周围，在高温下该混合物会分解并产生填充预制件内部孔隙的固体沉积物。而根据加热方式、反应器类型、压力、温度等因素的不同，其可被细分成多种类型，其中工业上应用最重要的是等温化学气相渗透工艺（I-CVI）。

CVI 工艺的主要优点是可以在相对较低的温度下制造复杂的净形或近净形构件，避免损伤纤维预制体结构，并可方便地控制和改变基体的微观结构，而其主要缺点是易造成预制体基体沉积密度不均和以及复合材料较高的残余孔隙率等。

CVI 工艺可用于加工制备多种类型的陶瓷化合物，如 SiC、B_4C、BN、Si_3N_4 等。在采用 CVI 工艺制备 SiC/SiC 复合材料的过程中，可采用 BF_3-NH_3或 BCl_3-NH_3作为反应前驱体，通过控制反应气比例、沉积压力、温度和沉积时间等工艺参数对 CVI-BN 的均匀性、结构以及引入量进行控制，从而可将 BN 结构引入 SiC 基体之中。20 世纪 90 年代，法国的 S. Goujard 和 L. Vandenbulcke 等首次提出了多层自愈合基体 SiC/$(SiBC)_m$的概念，该基体通过在 SiC 基体中引入 Si-B-C 三元结构体系，以在氧化环境下形成液体氧化物，从而封填材料中的孔隙和裂纹，阻止氧气扩散进入材料内部侵蚀纤维以及界面层。该工艺使用的气源为甲基三氯硅烷（MTS）、H_2和 BCl_3，并通过控制两者的进气质量速率的比例来控制 Si-B-C 相的结构组成。通过对纤维预制体依次进行化学气相沉积，制备出由 SiC 内层、Si-B-C 中间层和 SiC 外层组成的多层基体体系，其中 Si-B-C 层的硼元素的原子百分比要大于 5%。由于多层自愈合基体 SiC/$(SiBC)_m$ 在环境介质侵入时可形成封堵层，并层层设防，阻止氧化介质的进入。另外，多层多元基体之间的界面也可以起到延长裂纹偏转的作用。经过多年的发展，该体系已在航空发动机热端部件上得到实际应用，最具有代表性的为 SNECMA 公司研制的 CERASEPA 系列材料，该材料已经历了三代的优化设计及制造。

CVI 工艺可通过控制前驱体分子的种类、进气速率比以及沉积时间等方式对结构进行控制，如对复合材料涂层、基体和界面层进行微观尺度的化学成分与结构设计，有利于控制多元多层微结构中层数、成分和厚度。但该工艺较为复杂，在SiC/SiC复合材料制备应用上仍存在一定的困难。首先是多元多层微结构的设计问题，由于这种微结构极为精细且复杂，通过实验手段获得设计准则费时、费力；其次该多层微结构的精确控制也是难点，由于微结构的尺度小、成分多，如何精确地控制每层的成分和厚度十分具有难度。但是通过CVI工艺在基体中引入含硼结构单元，可有效地改性SiC/SiC复合材料的基体成分和结构，同时减小纤维和基体之间的热失配，降低热应力。此外，这种方式制备的B_xC基体层与SiC基体层之间产生的弱界面[43]，还可以起到类似于纤维表面界面层的效果，利于提高SiC/SiC复合材料整体的断裂韧性。因此，通过CVI工艺引入多层B_xC等基体也是重要的改性SiC基体的方法。CVI工艺制备基体改性SiC/SiC复合材料实现工程化应用需要解决多个难题。首先是多元多层微结构的设计问题，由于这种微结构极为精细且复杂，通过实验手段获得设计准则费时、费力；其次该多层微结构的精确控制也是难点，由于微结构的尺度小、成分多，如何精确地控制每层的成分和厚度十分具有难度 。该工艺在实际批量生产过程中的重复稳定性也是重要的问题之一。

总之，由于SiC/SiC复合材料具有不同的制备工艺，可使用不同的SiC前驱体制备基体，其适用的基体改性方法也各有不同。为了赋予基体更优异的性能、更长的服役寿命，有效的、成本合适的基体改性方法是必不可少的。

7.2.3 BC(N)改性SiC陶瓷基体的高温抗氧化性能

BC(N)改性SiC陶瓷基体是指在单纯的SiC陶瓷基体之中引入BC(N)含硼结构单元的一种改性陶瓷基体，其典型代表为CVI工艺制备得到SiBC多层基体体系以及采用聚合物转化制备的SiBCN基体体系。一方面含硼结构单元可实现基体的自修复功能，提升基体的高温抗氧化性；另一方面抑制SiC纳米晶颗粒在高温下长大析晶，提升基体的高温结构稳定性以及抗蠕变性。同CVI法制备改性SiC基体相比，PIP法通过控制前驱体的结构以及组分来控制基体的结构，制备过程相对更加容易。通过改性前驱体的结构组成，可对基体进行灵活地设计，方便地引入异质元素，赋予基体更加优异的性能。而关于由PIP工艺制备得到的SiBCN基体高温稳定性、抗氧化性以及抗蠕变性的相关研究较多。

SiBCN陶瓷体系可在高温下保持优异的热稳定性，热力学计算结果表明Si_3N_4与C在1484℃下便会开始发生反应生成SiC并释放出N_2[44]，因而SiCN陶瓷体系在1500℃左右即开始有失重的现象发生。但SiBCN陶瓷体系却具有优异的耐高温性能，在He气氛下，该陶瓷可在2000℃高温下仍保持稳定，几乎无明显的失重现象发生，在N_2气氛下，SiBCN陶瓷能耐到2200℃的高温[45]。这是由于硼元素引入向 Si-C-N 材料体系之中可以产生新的稳定相，如 BN、$B_{4+\delta}C$、SiB_n等，计算表明在2000℃时，Si-B-C-N 材料体系存在 6 种可能的四元相平衡（图 7-4）[44]。另外，SiBCN 陶瓷中的元素扩散系数很低，例如其中 Si 元素的扩散系数比 SiCN 体系低了 10 倍[46]。这一特点使得原子的长程扩散非常困难，从而使 SiBCN 陶瓷不易析晶，在较高的温度下仍可保持无定型状态。也有研究者认为 SiBCN 陶瓷优异的高温稳定性来源于结构中存在的乱层 BN(C)相起到了扩散阻挡层的作用。由于 BN(C)相的阻挡作用抑制了分解产生的 N_2扩散，使被 BN(C)包裹的 Si_3N_4晶粒表面的 N_2分压增加，从而阻碍自由碳与 Si_3N_4发生碳热还原反应使 Si_3N_4的分解温度更高[47]。以上这些因素均是 SiBCN 陶瓷在高温下仍保持优异的热稳定性的可能原因，但由于 SiBCN 陶瓷材料体系相组成的表征十分困难，相关研究仍需进一步探索。

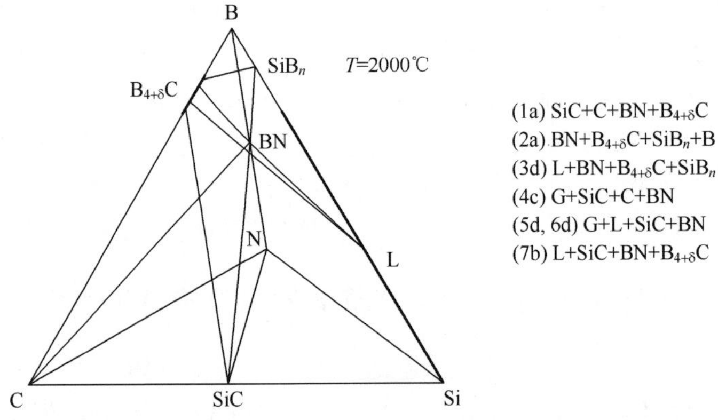

图 7-4　计算出的 SiBCN 陶瓷体系相图及 2000℃的四相平衡[44]

SiBCN 陶瓷体系具有优异的抗氧化性能，研究表明其在 1500℃以下的空气环境下具有较好的高温抗氧化性[48]。该材料氧化过程中的质量损失主要来源于氧化产物 B_2O_3的挥发。另外，SiBCN 前驱体的合成方法不同以及 SiBCN 陶瓷的元素组成的差异对 SiBCN 陶瓷的抗氧化性能和机理均有很大影响[49]。而目前对于 SiBCN 陶瓷的抗氧化性能和机理仍存在较多争议。实际上，B 元素的引入对于材料的抗氧化性能的影响是有利弊的，一方面 BN(C)相的存在可使 SiBCN 陶瓷体系可在更高温度下保持无定型状态，且其氧化产物 B_2O_3能与 SiO_2进一步反应形成硼硅玻璃相，能够很好地覆盖在材料表面，形成致密氧化层，阻碍 SiO_2结晶析出以及氧化介质的进一步进入；另一方面，B 元素的引入使材料具有较低的氧化起始温度，且氧化产物 B_2O_3会加快 SiC 基体的氧化侵蚀[13]，B_2O_3的挥发也会导致氧化层的破坏，这些都不利于材料的高温稳定性。关于聚合物衍生 Si-B-C-N 陶瓷抗氧化性的研究虽然很多，但其基本机理目前仍未被完全了解，B元素在氧化过程中起到的具体作用仍需进一步的研究。最后，为了提高Si-B-C-N陶瓷的抗氧化性，研究者也提出了多种改进方法。例如，将元素Al引入到聚合物前驱体结构中，可通过阻止氧化区域的开裂而产生高温稳定更好的材料[50]；将元素Hf引入Si-B-C-N体系对于材料抗氧化性能的提升也被证明有好处[51]；其他元素如Zr及$ZrSiO_4$等含Zr相的引入也被证明在材料抗氧化性能的提升方面具有巨大的应用潜力[52]。

7.3　基体改性在抗氧化SiC/SiC复合材料制备中的应用

7.3.1　PBN基体改性SiC/SiC复合材料的静态抗氧化性能

聚硼氮烷（PBN）改性的SiC陶瓷化产物的热重（TG）曲线如图7-5所示。当氧化温度从室温增加至50℃时，陶瓷化产物的质量先是稍微增加，该过程可能与仪器初期运行不够稳定相关。当氧化温度逐渐升高至1200℃时，陶瓷产物的质量逐渐减少，但其质量保留率始终大于99.8%，这说明该陶瓷产物具有高度的空气氧化稳定性。该陶瓷化产物在1200℃空气条件下氧化100h后的质量保留率为101.1%，轻微的增重可能与SiBCN复相陶瓷结构体系在高温氧化条件下产生了部分的B_2O_3和SiO_2结构相关。另外，该陶瓷化产物在氧化前后的红外光谱图（图7-6）也表明其在1200℃空气条件下氧化100h后，陶瓷的基本结构并未发生明显变化，这也证明了其优异的化学稳定性。

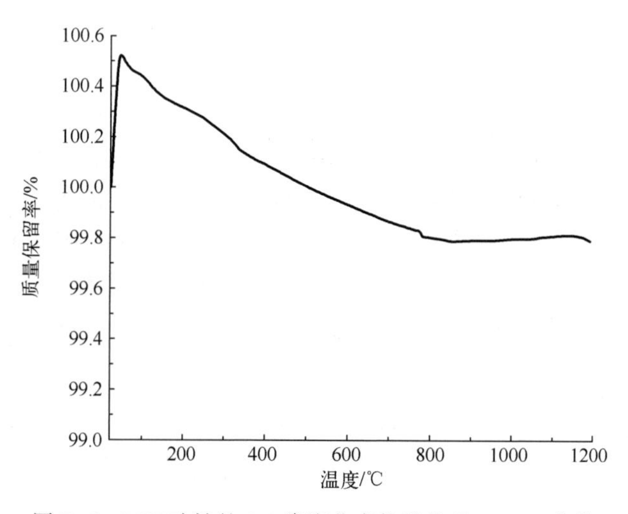

图7-5　PBN改性的SiC陶瓷化产物的热重（TG）曲线

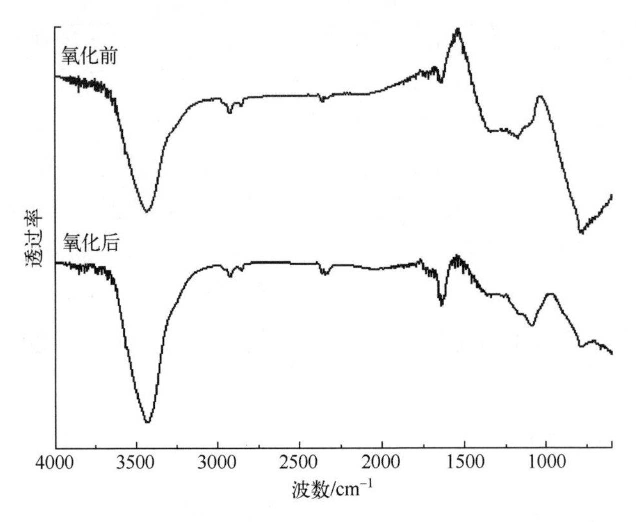

图 7-6 PBN 改性聚碳硅烷陶瓷化产物氧化前后的红外谱图

通过对比表 7-1 和表 7-2 可知，PBN 基体改性的 SiC/SiC 复合材料（SiC/SiC-PBN）在 1200℃氧化 100h 后，弯曲强度并未降低，强度保留率达到 100%。由弯曲强度应力-应变曲线（图 7-7）可知，SiC/SiC-PBN 复合材料在氧化前后均呈现出假塑性断裂模式，从加载开始至达到最大应力后，出现较宽位移区间的阶梯式过渡平台区或阶梯式下降，这表明空气中 1200℃氧化 100h 后，SiC 纤维仍然表现出优异的增韧作用，SiC/SiC-PBN 复合材料具有优异的抗氧化性能。随着氧化时间继续增加，复合材料孔隙率提高，体积密度降低，伴随弯曲强度的降低，当氧化时间达到 200h 和 300h 时，弯曲强度保留率分别降低至 79%和 66%，此时弯曲强度应力-应变曲线中仍然呈现出阶梯式过渡平台区，这表明氧化时间的增加并未导致复合材料假塑性断裂模式的失效，保证了 SiC 纤维仍然能够发挥对陶瓷基体的增韧作用；通过对比经过 PBN 基体改性和未经改性的 SiC/SiC 复合材料在氧化 100h 和 200h 后的弯曲强度保留率，可以发现 PBN 基体改性可显著提高 SiC/SiC 复合材料的抗氧化性能，未经基体改性的 SiC/SiC 复合材料在氧化 100h 和 200h 后弯曲强度保留率分别降低至 84%和 75%（图 7-8），明显低于经过相同氧化时间的 PBN 基体改性 SiC/SiC 复合材料（100%和 79%）。

表 7-1 未改性 SiC/SiC 复合材料经 1200℃氧化后孔隙率、体积密度与弯曲强度变化

参 数	氧 化 前	氧化 100h 后	氧化 200h 后
显气孔率/%	7.79	7.53	5.17

续表

参　　数	氧　化　前	氧化 100h 后	氧化 200h 后
体积密度/(g/cm^3)	2.27	2.34	2.37
弯曲强度/MPa	428	359	333

注：采用 GB/T 2997 测量复合材料的显气孔率与体积密度；采用 ASTM C 1341 测试复合材料氧化前后的弯曲强度。

表 7-2　PBN 基体改性 SiC/SiC 复合材料 1200℃ 空气静态氧化前后性质

参　　数	氧　化　前	氧化 100h 后	氧化 200h 后	氧化 300h 后
显气孔率/%	7.47	5.74	7.21	6.42
体积密度/(g/cm^3)	2.33	2.36	2.30	2.30
弯曲强度/MPa	447	449	355	295

注：采用 GB/T 2997 测量复合材料的显气孔率与体积密度；采用 ASTM C 1341 测试复合材料氧化前后的弯曲强度。

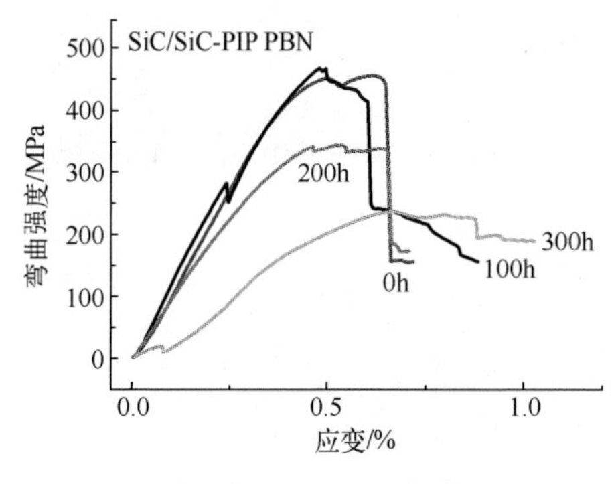

图 7-7　SiC/SiC-PBN 复合材料弯曲强度应力-应变曲线

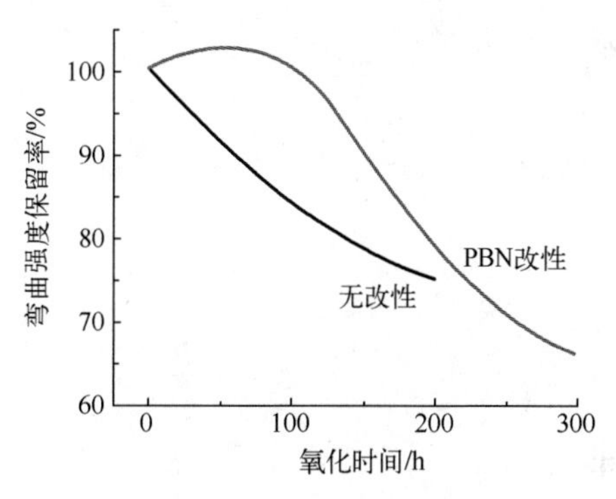

图 7-8　SiC/SiC-PBN 复合材料与无改性 SiC/SiC 复合材料弯曲强度保留率对比

如图 7-9（a）、（d）和（g）所示，氧化前后，SiC/SiC-PBN 复合材料断口均能观察到纤维脱黏和纤维拔出现象，保证了 SiC 纤维的增韧作用和复合材料的假塑性断裂模式；图 7-9（c）、（f）和（i）为氧化前后表面 SiC 涂层形貌，可以发现，氧化后，涂层 SiC 颗粒被熔融态物质包覆，并出现裂纹自修复现象，推断该熔融态物质为硼硅玻璃相，经 PBN 改性后，复合材料表面基体引入 B 结构单元，氧化后生成 B_2O_3，其对 SiC 进行蚀刻与 SiC 的氧化产物 SiO_2 反应继续生成流动性优异的硼硅玻璃相，可有效填补涂层表面裂纹和孔隙，阻碍氧气的渗透和扩散，从而提高复合材料整体的抗氧化性能。图 7-9（b）、（e）和（h）为复合材料断口内部的纤维、界面层与基体形貌，由图可知，氧化 100h 和 200h 后，在复合材料内部，界面层没有受到破坏，其并未因氧化生成熔融致密态，也没有出现孔洞，同时 SiC 纤维没有产生氧化现象，或与界面层发生反应而黏结在一起，仍然表现出明显的纤维脱黏现象，这说明 PBN 基体改性有效防止了界面层和 SiC 纤维的氧化，保证了复合材料经长时间氧化后仍具有优异的韧性，有利于提高复合材料的抗氧化性能和长寿命。

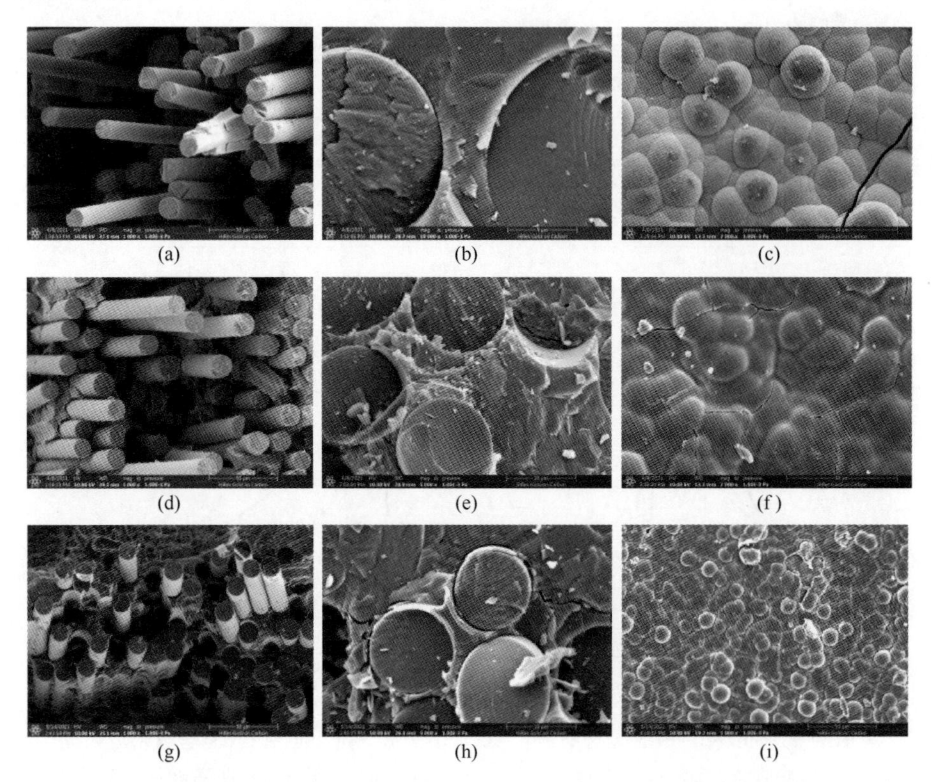

图 7-9　SiC/SiC-PBN 复合材料弯曲断口内部与表面涂层微观形貌
(a)、(b)、(c) 氧化前；(d)、(e)、(f) 氧化 100h 后；(g)、(h)、(i) 氧化 200h 后。

7.3.2　PBSZ 改性 SiC/SiC 复合材料的静态抗氧化性能

PBSZ 改性 SiC 陶瓷化产物的高温热重（TG）曲线如图 7-10 所示。当氧化温度从室温增加至 50℃时，陶瓷化产物的质量先是稍微增加，该过程可能与仪器初期运行不够稳定相关。当氧化温度逐渐升高时，陶瓷化产物的质量逐渐降低，但在温度升至约 800℃以上时，该质量又逐渐升高。这可能与 PBSZ 陶瓷化产物的氧化增重相关。在温度升至 1200℃时，该产物的质量保留率大于 100.2%，并且其单独在 1200℃空气条件下氧化 100h 后的质量保留率为101.1%，这种长时氧化后质量的轻微变化证明了SiBCN复相陶瓷高度的抗高温氧化的能力。另一方面，轻微的增重可能与SiBCN复相陶瓷结构体系在高温氧化条件下产生了部分硼硅氧化物双层结构相关。另外，该陶瓷化产物在氧化前后的红外光谱图（图7-11）也表明其在1200℃空气条件下氧化100h后，陶瓷的基本结构并未发生明显变化。

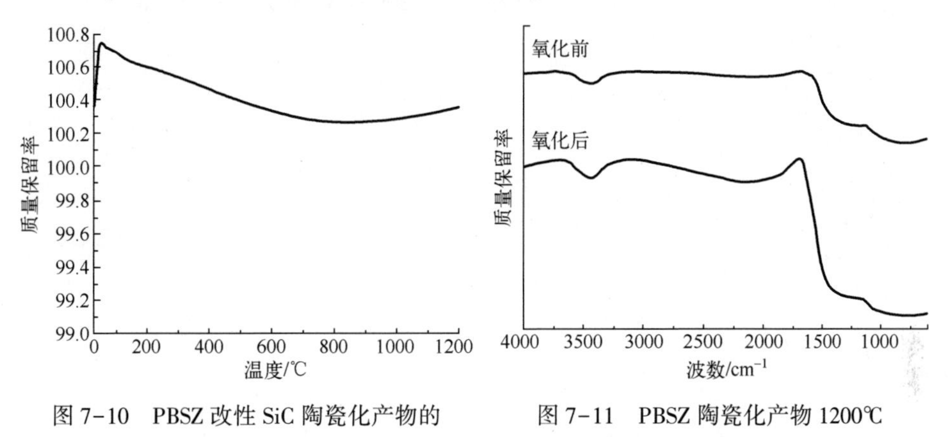

图7-10 PBSZ改性SiC陶瓷化产物的高温热重（TG）曲线

图7-11 PBSZ陶瓷化产物1200℃氧化前后的红外谱图

PBSZ改性SiC/SiC复合材料（SiC/SiC-PBSZ）初始的显气孔率为7.02%，体积密度为2.34g/cm^3，相比于SiC基体未经改性的SiC/SiC复合材料体积密度更高（表7-1和表7-3）。经过空气气氛下1200℃氧化100h后，PBSZ基体改性SiC/SiC复合材料的显气孔率从7.02%降低至6.54%，而体积密度也从2.33g/cm^3提高到2.36g/cm^3。而SiC/SiC-PBSZ复合材料相比，在1200℃空气氧化100h前后其密度和孔隙率变化不大。由表7-3可知，经1200℃氧化100h后，SiC/SiC-PBSZ复合材料弯曲强度没有出现明显降低，弯曲强度保留率达到96%，同时开气孔率从7.02%降低至6.54%，体积密度从2.34g/cm^3提高至2.36g/cm^3。由弯曲强度应力-应变曲线（图7-12）可知，SiC/SiC-PBSZ复合材料在氧化前后均呈现出假塑性断裂模式，由加载开始至达到最大应力后，出现较宽位移区间的阶梯式过渡平台区或阶梯式下降，这表明，氧化100h后SiC纤维仍然表现出优异的增韧作用，SiC/SiC-PBSZ复合材料具有优异的抗氧化性能。随着氧化时间继续增加，复合材料孔隙率逐渐降低，体积密度先降低后升高，同时弯曲强度开始降低，当氧化时间延长至200h和300h时，弯曲强度保留率分别降低至85%和78%；然而，弯曲强度应力-应变图中仍然显示出阶梯式过渡平台区，表明氧化时间的增加并未导致复合材料的假塑性断裂模式失效，SiC纤维仍然能够发挥增韧作用；通过对比PBSZ基体改性和未经改性的SiC/SiC复合材料在氧化100h和200h后的弯曲强度保留率（图7-13），可以发现PBSZ基体改性可显著提高SiC/SiC复合材料的抗氧化性能，未经基体改性的SiC/SiC复合材料在氧化100h和200h后弯曲强度保留率分别降低至84%和75%，明显低于经过相同氧化时间的SiC/SiC-PBSZ复合材料（96%和85%）。

表7-3 SiC/SiC-PBSZ复合材料经1200℃氧化后孔隙率、体积密度与弯曲强度变化

参数	氧化前	氧化100h后	氧化200h后	氧化300h后
显气孔率/%	7.02	6.54	6.17	4.88
体积密度/(g/cm³)	2.34	2.36	2.34	2.36
弯曲强度/MPa	466	449	396	364

注：采用GB/T 2997测量复合材料的显气孔率与体积密度；采用ASTM C 1341测试复合材料氧化前后的弯曲强度。

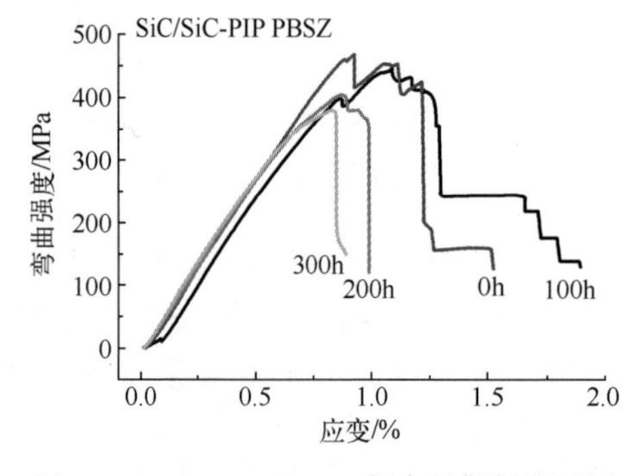

图7-12 SiC/SiC-PBSZ复合材料氧化不同时间的弯曲强度应力-应变曲线

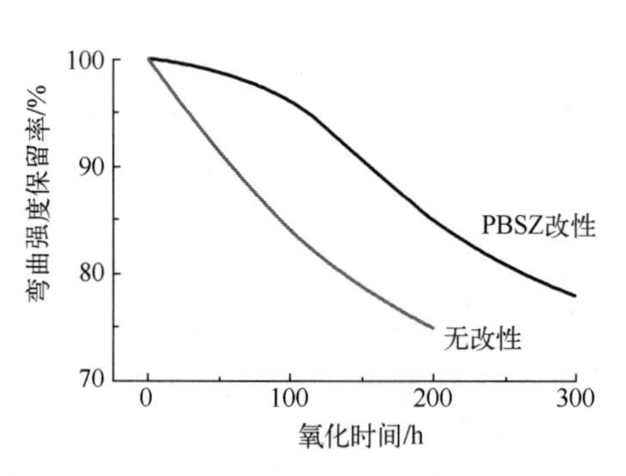

图7-13 SiC/SiC-PBSZ复合材料与无改性SiC/SiC复合材料弯曲强度保留率

由图7-14（a）、（d）和（g）可知，在氧化100h和200h后，SiC/SiC-PBSZ复合材料断口仍然能观察到纤维脱黏和纤维拔出现象，说明此时SiC纤维仍然可以发挥增韧作用，保证了氧化后复合材料的假塑性断裂模式；根据图7-14（c）、（f）和（i）复合材料氧化前后表面SiC涂层形貌，可以发现氧化后在SiC涂层内部产生硼硅玻璃相，PBSZ基体改性向复合材料表面处的基体引入B元素，其氧化生成B_2O_3，随后与SiC的氧化产物SiO_2反应生成流动性优异的硼硅玻璃相，包覆SiC颗粒，同时填补涂层表面裂纹和孔隙，阻碍氧气向复合材料内部的渗透和扩散，提高复合材料抗氧化性能。图7-14（b）、（e）和（h）为复合材料断口内部的纤维、界面层与基体形貌，由图可知，氧化100h和200h后，在复合材料内部，界面层没有受到破坏，其并未因氧化生成熔融致密态，也没有出现孔洞，同时SiC纤维没有产生氧化现象，或

与界面层发生反应而黏结在一起，仍然表现出明显的纤维脱黏现象，这说明 PBN 基体改性有效防止了界面层和 SiC 纤维的氧化，保证了复合材料经长时间氧化后仍具有优异的韧性，有利于提高复合材料的抗氧化性能和长寿命。

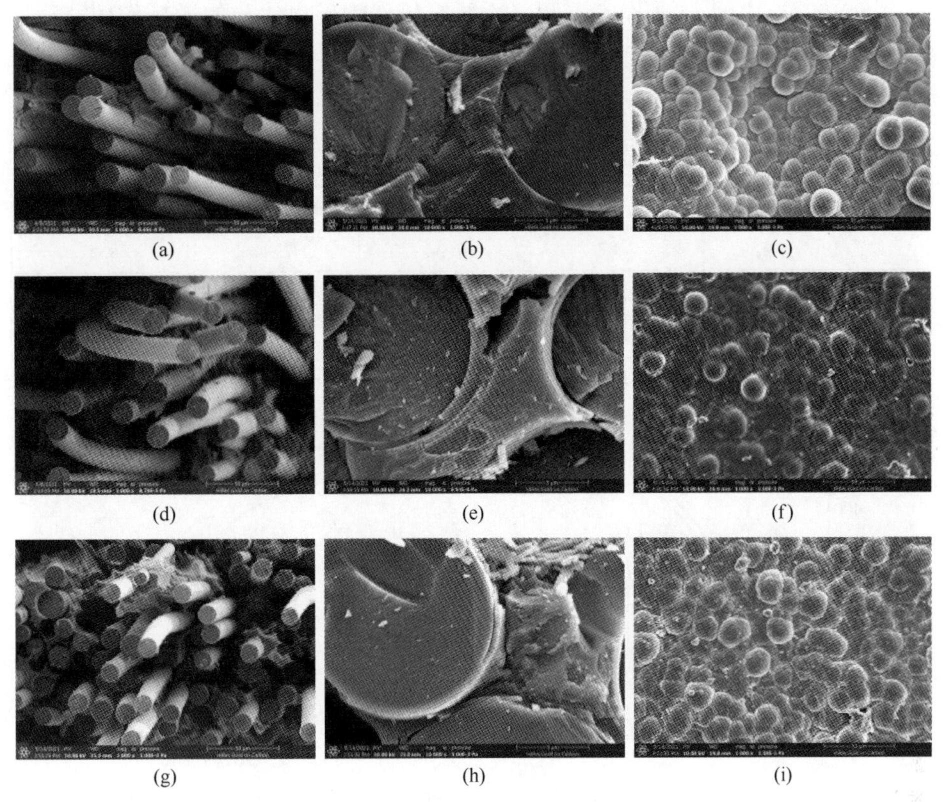

图 7-14 SiC/SiC-PBSZ 复合材料弯曲断口内部与表面涂层微观形貌
(a)、(b)、(c) 氧化前；(d)、(e)、(f) 氧化 100h 后；(g)、(h)、(i) 氧化 200h 后。

7.3.3 CVI BN 改性 SiC/SiC 复合材料的静态抗氧化性能

CVI BN 改性 SiC/SiC 复合材料（SiC/SiC-CVI BN）初始的弯曲强度为 461MPa，其断裂呈现出典型的假塑性断裂模式，由加载开始至达到最大应力后，出现较宽位移区间的阶梯式过渡平台区或阶梯式下降，SiC/SiC-CVI BN 复合材料初始的显气孔率为 7.82%，体积密度为 2.33g/cm^3（表 7-4）。经过空气气氛下 1200℃ 氧化 100h 后，SiC/SiC-CVI BN 复合材料的显气孔率从 7.82%降低至 7.34%，而体积密度从 2.33g/cm^{3}稍增加至 2.34g/cm^3。由弯曲强度应力-应变曲线（图 7-15）可知，SiC/SiC-CVI BN 复合材料在氧化前后均呈现出假塑性断裂模式，由加载开始至达到最大应力后，出现较宽位移区间的阶梯式过渡平台区或阶梯式下降。由图 7-16 所示，经 1200℃ 氧化 100h 后，SiC/SiC-CVI BN 复合材料弯曲强度没有出现明显降低，弯曲强度保留率达到 99%。这表明，氧化 100h 后 SiC 纤维仍然表现出优异的增韧作用，SiC/SiC-CVI BN 复合材料具有优异的抗氧化性能。

表 7-4　SiC/SiC-CVI BN 复合材料经 1200℃ 氧化后孔隙率、体积密度与弯曲强度变化

参　数	氧　化　前	氧化 100h 后	氧化 200h 后	氧化 300h 后
显气孔率/%	7.82	7.34	7.04	4.52
体积密度/(g/cm^3)	2.33	2.34	2.32	2.37
弯曲强度/MPa	461	456	403	375

注：采用 GB/T 2997 测量复合材料的显气孔率与体积密度；采用 ASTM C 1341 测试复合材料氧化前后的弯曲强度。

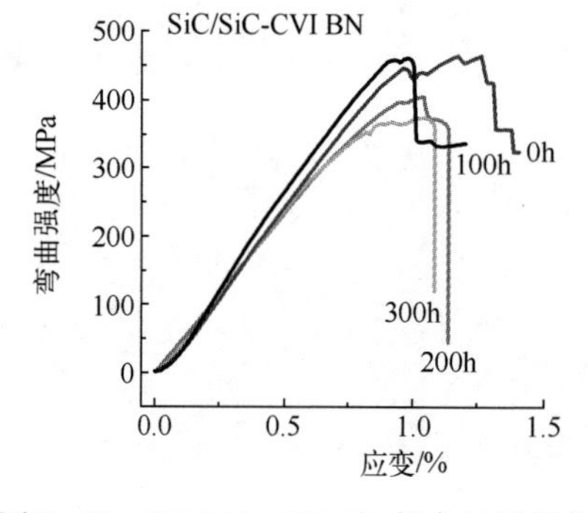

图 7-15　SiC/SiC-CVI BN 复合材料氧化不同时间的弯曲强度应力-应变曲线

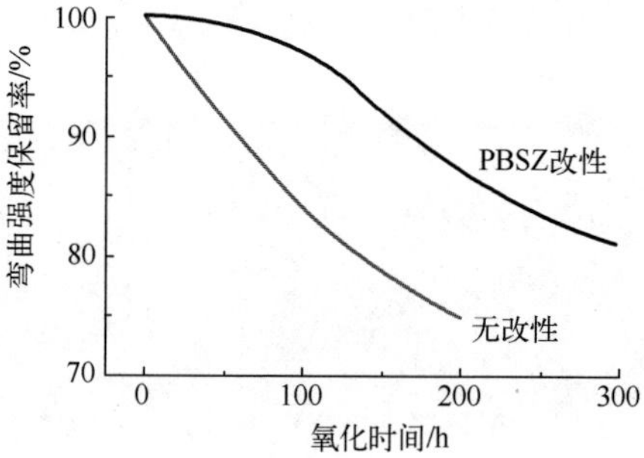

图 7-16　SiC/SiC-CVI BN 复合材料与无改性 SiC/SiC 复合材料弯曲强度保留率对比

随着氧化时间继续增加，复合材料孔隙率逐渐降低，体积密度先降低后升高，同时弯曲强度开始降低，当氧化时间为 200h 和 300h 时，弯曲强度保留率分别降低至 87%和 81%；然而，弯曲强度应力-应变曲线中仍然存在阶梯式过渡平台区，表明氧化时间的增加并未导致复合材料的假塑性断裂模式失效，SiC 纤维仍然能够发挥增韧作用；通过对比 CVI BN 基体改性和未经改性的 SiC/SiC 复合材料在氧化 100h 和 200h 后的弯曲强度保留率，可以发现 CVI BN 基体改性可显著提高 SiC/SiC 复合材料的抗氧化性能，而未经基体改性的 SiC/SiC 复合材料在氧化 100h 和 200h 后弯曲强度保留率分别降低至 84%和 75%。

从图 7-17（a）、（d）和（g）可以看出，氧化 100h 和 200h 后，SiC/SiC-

CVI BN 复合材料断口形貌与氧化前一致，出现纤维脱黏和纤维拔出现象，说明此时 SiC 纤维仍能起到增韧作用，氧化后复合材料表现出假塑性断裂模式。根据图 7-17（c）、（f）和（i），SiC/SiC-CVI BN 复合材料经过氧化后在 SiC 涂层内部产生熔融态的硼硅玻璃相，这是由于 CVI BN 基体改性通过化学气相渗透向复合材料表面基体引入 B，在氧化过程中生成 B_2O_3，可与 SiC 的氧化产物 SiO_2 在高温下反应生成黏度较低、具有流动性的硼硅玻璃相，可包覆涂层中的 SiC 颗粒，并填补涂层表面的裂纹、孔隙，从而降低氧气向复合材料内部的渗透和扩散速率，防止基体、界面层和纤维氧化，提高复合材料的抗氧化性能。

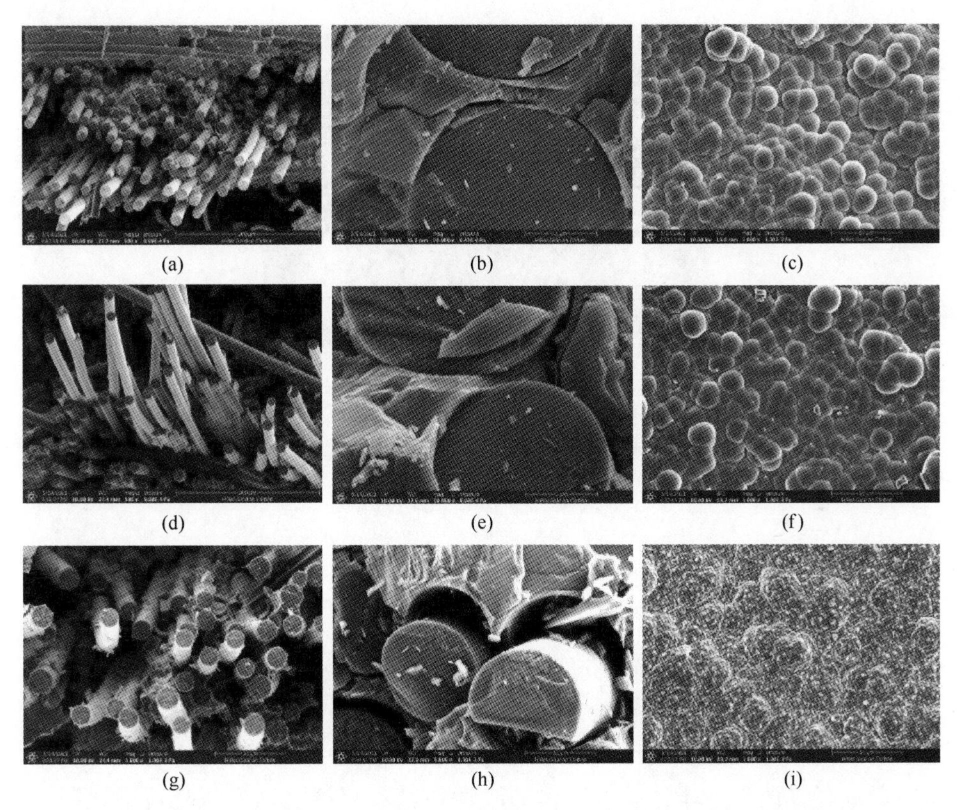

图 7-17　SiC/SiC-CVI BN 复合材料弯曲断口内部与表面涂层微观形貌

（a）、（b）、（c）氧化前；（d）、（e）、（f）氧化 100h 后；（g）、（h）、（i）氧化 200h 后。

图 7-17（b）、（e）和（h）为复合材料断口内部的纤维、界面层与基体形貌，由图可知，氧化 100h 和 200h 后，在复合材料内部，界面层没有受到破坏，其并未因氧化生成熔融致密态，也没有出现孔洞，同时 SiC 纤维没有产生氧化现象，或与界面层发生反应而黏结在一起，仍然表现出明显的纤维

脱黏现象，这说明 CVI BN 基体改性有效防止了界面层和 SiC 纤维的氧化，保证了复合材料经长时间氧化后仍具有优异的韧性，有利于提高复合材料的抗氧化性能和长寿命。图 7-18 为氧化 200h 后，SiC/SiC-CVI BN 复合材料外部纤维、界面层与基体形貌，可以看出，界面层已经出现氧化现象，与未氧化的界面层相比更加致密，且产生熔融态物质，推断该物质为 BN 界面层与基体中沉积的 BN 发生氧化生成的液态 B_2O_3或硼硅玻璃相，同时，界面层位置出现孔洞，这可能由 B_2O_3挥发所致。氧化 200h 后，SiC/SiC-CVI BN 复合材料表面基体与界面层开始被氧化，导致复合材料弯曲强度出现明显降低，但强度保留率仍可达到 87%。

图 7-18　氧化 200h 后 SiC/SiC-CVI BN 复合材料弯曲断口外部微观形貌

7.4 小　结

发展制备工艺简单、力学性能优异、可在极端环境下长时间服役的 SiC/SiC 复合材料体系对于提升我国的航空航天工业制造水平具有重要的意义。而 SiC/SiC 复合材料的服役寿命问题与其在制备过程中诸多因素都有重要关系，只有纤维、界面层、基体、涂层等复材的各个部分都有较好的高温稳定性，复合材料的整体性能和使用寿命才能得到提升。其中，提升复合材料寿命的最有效途径是改进基体，通过基体的改性使其具有抵抗高温氧化侵蚀以及自我修复损伤的能力，从而阻止氧化介质通过基体的缺陷进入材料内部而保护相对脆弱的纤维和界面层不受氧化损伤。

PBN、PBSZ 以及 CVI BN 改性基体 SiC/SiC 复合材料在经过 1200℃空气氧化后，其弯曲强度保留率均在 80%以上，明显优于基体未改性的 SiC/SiC 复合材料。因此，这 3 种基体改性方式均是提升 SiC/SiC 复合材料整体寿命的有效方式。而三者之中，CVI BN 改性基体的效果相对最好，而 PBSZ 本身的化学稳定性最好，制备工艺相对简单。从 3 种 SiC/SiC 复合材料结构体系内部的纤维及 BN 界面层形貌来看，三者均未发生明显变化，而表面均可观察到可能是改性基体中的 B(C)N 结构单元氧化得到的硼硅玻璃熔融相。后者可能通过阻止氧气进入复合材料内部，保护了纤维和界面层不被氧化，从而使基体改性的 SiC/SiC 复合材料的静态抗氧化性能明显提高。长寿命 SiC/SiC 复合材料制备仍然有非常多的工作需要完善，尤其当前材料体系的高温抗氧化能力仍然有很大的提升空间，相关的技术积累与国外先进国家相比差距仍然较大。只有从 SiC/SiC 复合材料制备过程的多个方面不断进行技术迭代，才能稳步地提升长寿命 SiC/SiC 复合材料制造水平，为未来航空航天军民用热端部件材料的生产和应用提供技术储备和支撑。

参考文献

[1] 邹豪，王宇，刘刚，等．碳化硅纤维增韧碳化硅陶瓷基复合材料的发展现状及其在航空发动机上的应用［J］．航空制造技术，2017（15）：76-84，91.

[2] 李思维．纤维增韧自愈合碳化硅陶瓷基复合材料的高温模拟环境微结构演变［D］．厦门：厦门大学，2008.

[3] 赵春玲，杨博．陶瓷基复合材料表面环境障涂层材料研究进展［J］．中国材料进展，2021，40（4）：257-266.

[4] 陈代荣，韩伟健，李思维，等．连续陶瓷纤维的制备、结构、性能和应用：研究现状及发展方向［J］．现代技术陶瓷，2018，39（3）：151-222.

[5] USTUNDAG E, FISCHMAN G S. 23nd Annual Conference on Composites, Advanced Ceramics, Materials, and Structures-A [M]. New York: John Wiley & Sons, 2009.

[6] CHATEAU C, GÉLÉBART L, BORNERT M, et al. In-situ X-ray microtomography characterization of damage in SiC/SiC minicomposites [J]. Composites Science and Technology, 2011, 71 (6): 916-924.

[7] FILIPUZZI L, CAMUS G, NASLAIN R, et al. Oxidation Mechanisms and Kinetics of 1D-SiC/C/SiC Composite Materials: I, An Experimental Approach [J]. Journal of the American Ceramic Society, 1994, 77 (2): 459-466.

[8] NASLAIN R, GUETTE A, REBILLAT F, et al. Oxidation Mechanisms and Kinetics of SiC-Matrix Composites and Their Constituents [J]. Journal of Materials Science, 2004, 39: 7303-7316.

[9] TERRANI K A, PINT B A, PARISH C M, et al. Silicon Carbide Oxidation in Steam up to 2MPa [J]. Journal of the American Ceramic Society, 2014, 97 (8): 2331-2352.

[10] 朱强强，范金娟．C_f/SiC 复合材料的氧化及抗氧化技术研究进展［J］．失效分析与预防，2018，13（1）：54-59.

[11] 陈西辉，孙志刚，牛序铭，等．SiC/SiC 复合材料氧化退化研究进展［J］．推进技术，2020，41（09）：2143-2160.

[12] JACOBSON N S, MORSCHER G N, BRYANT D R, et al. High-Temperature Oxidation of Boron Nitride：Ⅱ, Boron Nitride Layers in Composites [J]. Journal of the American Ceramic Society, 1999, 82 (6)：1473-1482.

[13] MCFARLAND B, OPILA E J. Silicon carbide fiber oxidation behavior in the presence of boron nitride [J]. Journal of the American Ceramic Society, 2018, 101 (12)：5534-5551.

[14] MCFARLAND B, AVINCOLA V A, MORALES M, et al. Identification of a New Oxidation/Dissolution Mechanism for Boria-Accelerated SiC Oxidation [J]. Journal of the American Ceramic Society, 2020, 103 (9)：5214-5231.

[15] YANG H, LU Z, BIE B, et al. Microstructure and Damage Evolution of SiCf/PyC/SiC and SiCf/BN/SiC Mini-Composites：A Synchrotron X-Ray Computed Microtomography Study [J]. Ceramics International, 2019, 45 (9)：11395-11402.

[16] HAY R S, CHATER R J. Oxidation Kinetics Strength of Hi-NicalonTM-S SiC Fiber after Oxidation in Dry and Wet Air [J]. Journal of the American Ceramic Society, 2017, 100 (9)：4110-4130.

[17] JONES R H, HENAGER C H, SIMONEN E P, et al. Predicting Failure Mechanism of SiC/SiC Composites as a Function of Temperature and Oxygen Concentration [M]//High Temperature Ceramic Matrix Composites. New York：John Wiley & Sons, Ltd, 2001.

[18] MCNULTY J, HE M, ZOK F. Notch sensitivity of fatigue life in a Sylramic TM/SiC composite at elevated temperature [J]. Composites Science and Technology, 2001, 61：1331-1338.

[19] 陈明伟，邱海鹏，焦健，等. SiC 热防护涂层制备工艺研究 [J]. 航空制造技术，2014 (15)：90-92，97.

[20] 马新，何新波，梁艳媛，等. 气体流量对 LPCVD ZrC 涂层结构和沉积机理的影响 [J]. 稀有金属材料与工程，2020，49 (2)：589-594.

[21] 王岭，焦健，焦春荣. 陶瓷基复合材料环境障涂层研究进展 [J]. 航空制造技术，2014 (6)：50-53.

[22] 李庆科，王超会. 环境障涂层材料及结构的研究进展 [J]. 化学世界，2020，61 (4)：229-236.

[23] EATON H E, LINSEY G D. Accelerated Oxidation of SiC CMC's by Water Vapor and Protection via Environmental Barrier Coating Approach [J]. Journal of the European Ceramic Society, 2002, 22 (14)：2741-2747.

[24] WEN Q, YU Z, RIEDEL R. The Fate and Role of in Situ Formed Carbon in Polymer-Derived Ceramics [J]. Progress in Materials Science, 2020, 109：100623.

[25] 张冰玉，王岭，焦健，等. 界面层对 SiC_f/SiC 复合材料力学性能及氧化行为的影响 [J]. 航空制造技术，2017 (12)：78-83.

[26] RUGGLES-WRENN M B, LEE M D. Fatigue Behavior of an Advanced SiC/SiC Ceramic Composite with a Self-Healing Matrix at 1300℃ in Air and in Steam [J]. Materials Science and Engineering：A, 2016, 677：438-445.

[27] RUGGLES-WRENN M B, DELAPASSE J, CHAMBERLAIN A L, et al. Fatigue Behavior of a Hi-NicalonTM/SiC-B_4C Composite at 1200℃ in Air and in Steam [J]. Materials Science and Engineering: A, 2012, 534: 119-128.
[28] QUEMARD L, REBILLAT F, GUETTE A, et al. Self-Healing Mechanisms of a SiC Fiber Reinforced Multi-Layered Ceramic Matrix Composite in High Pressure Steam Environments [J]. Journal of the European Ceramic Society, 2007, 27 (4): 2085-2094.
[29] GOUJARD S R, VANDENBULCKE L, REY J, et al. Process for the manufacture of a refractory composite material protected against corrosion: US5246736A [P]. 1993-09-21.
[30] RUGGLES-WRENN M B, CHRISTENSEN D T, CHAMBERLAIN A L, 等. Effect of Frequency and Environment on Fatigue Behavior of a CVI SiC/SiC Ceramic Matrix Composite at 1200℃ [J]. Composites Science and Technology, 2011, 71 (2): 190-196.
[31] LAMOUROUX F, BERTRAND S, PAILLER R, et al. Oxidation-Resistant Carbon-Fiber-Reinforced Ceramic-Matrix Composites [J]. Composites Science and Technology, 1999, 59 (7): 1073-1085.
[32] LAMOUROUX F, BERTRAND S, PAILLER R, et al. A Multilayer Ceramic Matrix for Oxidation Resistant Carbon Fibers-Reinforced CMCs [J]. Key Engineering Materials, 1998, 164-165: 365-368.
[33] OSES C, TOHER C, CURTAROLO S. High-Entropy Ceramics [J]. Nature Reviews Materials, 2020, 5 (4): 295-309.
[34] 陈明伟, 邱海鹏, 刘善华, 等. 聚合物前驱体组分对 SiC/SiBCN 复合材料性能的影响 [J]. 稀有金属材料与工程, 2020, 49 (2): 706-711.
[35] ZHAO H, CHEN L, LUAN X, et al. Synthesis, Pyrolysis of a Novel Liquid SiBCN Ceramic Precursor and Its Application in Ceramic Matrix Composites [J]. Journal of the European Ceramic Society, 2017, 37 (4): 1321-1329.
[36] 张宝鹏, 吴朝军, 于新民, 等. 高温循环下 SiC-C/SiBCN 复合材料的力学性能研究 [J]. 稀有金属材料与工程, 2021, 50 (5): 1673-1678.
[37] 张幸红, 胡平, 韩杰才, 等. 超高温陶瓷复合材料的研究进展 [J]. 科学通报, 2015, 60 (3): 257-266.
[38] KOHYAMA A, KOTANI M, KATOH Y, et al. High-Performance SiC/SiC Composites by Improved PIP Processing with New Precursor Polymers [J]. Journal of Nuclear Materials, 2000, 283-287: 565-569.
[39] YU Z, FANG Y, HUANG M, et al. Preparation of a Liquid Boron-Modified Polycarbosilane and Its Ceramic Conversion to Dense SiC Ceramics [J]. Polymers for Advanced Technologies, 2011, 22 (12): 2409-2414.
[40] CHEN H, WANG X, XUE F, et al. 3D Printing of SiC Ceramic: Direct Ink Writing with a Solution of Preceramic Polymers [J]. Journal of the European Ceramic Society, 2018, 38 (16): 5294-5300.
[41] TIAN Y, ZHANG W, GE M, et al. Polymerization of Methylsilylenes into Polymethylsilanes

or Polycarbosilanes after Dechlorination of Dichloromethylsilanes [J]. RSC Advances, 2016, 6 (25): 21048-21055.

[42] WANG M, HUANG C, WANG Z. Polyzirconosilane Preceramic Resin as Single Source Precursor of SiC-ZrC Ceramics [J]. Journal of Inorganic and Organometallic Polymers and Materials, 2016, 26 (1): 24-31.

[43] 成来飞，张立同，梅辉．陶瓷基复合材料强韧化与应用基础 [M]. 北京：化学工业出版社，2019.

[44] PENG J. Thermochemistry and constitution of precursor-derived Si-(B-)C-N ceramics [D]. Universität Stuttgart. 2002.

[45] TANG Y, WANG J, LI X, et al. Thermal Stability of Polymer Derived SiBNC Ceramics [J]. Ceramics International, 2009, 35 (7): 2871-2876.

[46] SCHMIDT H, BORCHARDT G, WEBER S, et al. Comparison of 30 Si Diffusion in Amorphous Si-C-N and Si-B-C-N Precursor-Derived Ceramics [J]. Journal of Non-Crystalline Solids, 2002, 298 (2-3): 232-240.

[47] VIARD A, FONBLANC D, LOPEZ-FERBER D, et al. Polymer Derived Si-B-C-N Ceramics: 30 Years of Research [J]. Advanced Engineering Materials, 2018, 20 (10): 1800360.

[48] BALDUS null, JANSEN null, SPORN null. Ceramic Fibers for Matrix Composites in High-Temperature Engine Applications [J]. Science (New York), 1999, 285 (5428): 699-703.

[49] 许艺芬，冯志海，胡继东．SiBCN 前驱体热解机理及抗氧化性能研究 [D]. 北京：中国航天科技集团公司第一研究院，2018.

[50] MÜLLER A, GERSTEL P, BUTCHEREIT E, et al. Si/B/C/N/Al precursor-derived ceramics: Synthesis, high temperature behaviour and oxidation resistance [J]. Journal of the European Ceramic Society, 2004, 24: 3409-3417.

[51] YUAN J, GALETZ M, LUAN X G, et al. High-Temperature Oxidation Behavior of Polymer-Derived SiHfBCN Ceramic Nanocomposites [J]. Journal of the European Ceramic Society, 2016, 12 (36): 3021-3028.

[52] TANG B, FENG Z, HU S, et al. Preparation and Anti-Oxidation Characteristics of $ZrSiO_4$-SiBCN(O) Amorphous Coating [J]. Applied Surface Science, 2015, 331: 490-496.

第 8 章

CMC-SiC 连接技术

连续纤维增强碳化硅陶瓷基复合材料（CMC-SiC）具有优异的力学与热物理化学性能，在航空、航天、能源和核能等领域具有广泛的应用前景。其中，航空、航天领域的潜在应用包括燃烧室衬套、喷管、燃气轮机和空间推进领域；能源领域包括工业燃气轮机中的辐射燃烧器、热过滤器、高压换热器和燃烧室衬套等；核能领域包括反应堆的第一壁和盖板组件等。目前，CMC-SiC 构件的制备大多采用单件制备的方法完成，随着大尺寸复杂形状构件需求的不断增加，直接制备该类构件的成本高、难度大，同时作为替代高温合金最有潜力的热端结构材料，不可避免地需要与高温合金进行连接。美国复合材料手册提出的 CMC-SiC 组合装配成型技术的积木式设计原理如图 8-1 所示[1]。

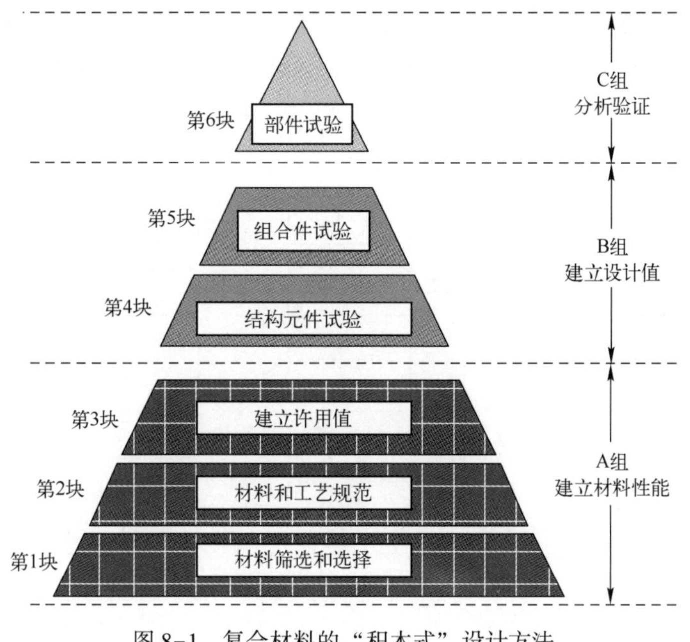

图 8-1 复合材料的“积木式”设计方法

一般可分为5个层次：第一层次为试样级，第二层次为元件级，包含典型结构特征，如螺栓连接、铆接、梁或轴等；第三层次为细节级，具有非典型结构特征；第四层次是组合件，由元件级和细节级组合而成；第五层次为CMC-SiC部件级，由组合件通过螺栓或铆钉等紧固件连接而成。因此，连接是实现CMC-SiC应用的关键技术之一。研究CMC-SiC连接对CMC-SiC的设计与应用具有重要意义。

陶瓷基复合材料的连接主要包括陶瓷基复合材料与金属的连接、陶瓷基复合材料之间的连接。连接方法主要包括钎焊连接、机械连接、在线连接和黏结等，本章主要对CMC的连接进行讨论。

8.1 陶瓷基复合材料与金属的连接

陶瓷基复合材料与金属的连接技术主要包括钎焊、机械连接（螺栓连接和铆接）、黏结等。目前，钎焊是使用最广泛的陶瓷连接技术之一，是一种相对简单且经济高效的连接方法，适用于各种陶瓷及CMC[2-7]。

8.1.1 钎焊连接

钎焊是利用带状、粉末、糊状或杆状金属在连接区域熔化、扩散并固化形成连接界面，或者使用预金属化的陶瓷表面来促进润湿性和黏结性的连接方式。钎焊通常在真空炉中的高纯惰性气氛下或真空环境下进行以防止CMC的氧化。图8-2总结了部分钎焊CMC/金属连接情况。材料体系包括SiC/SiC、C/SiC、C/C和ZrB_2基CMC与Ti、Cu-Mo和Ni基高温合金的钎焊连接，焊料包括Ag、Cu、Pd、Ti和Ni基合金。

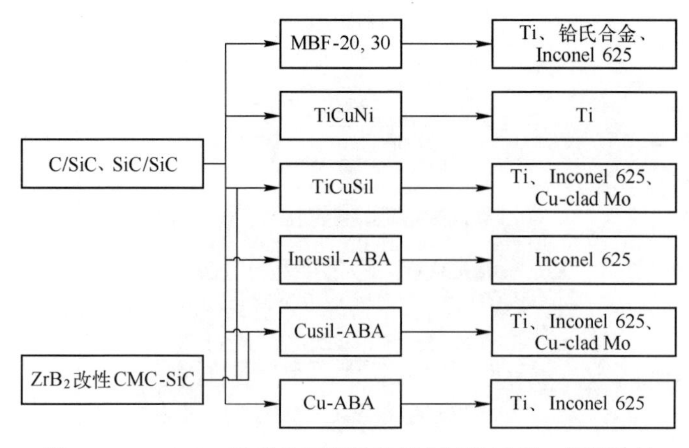

图8-2 CMC-SiC及其改性陶瓷基复合材料钎焊、焊料选材

钎焊除焊接平板样件外，还可进行非平面钎焊。例如，管状的 C/C 复合材料与弧形石墨-泡沫材料的钎焊结构，结果表明，在拉伸（>7MPa）和剪切应力（>12MPa）作用下，发生破坏的位置总在石墨泡沫处，与钎焊的接触方式和接触面积无关，如图 8-3 所示[8]。

图 8-3　不同接触面积下的 C/C-石墨泡沫-钛管钎焊结构

表 8-1 列出了几种 CMC 体系与 Ti 及其合金钎焊连接抗剪强度，平均强度为 1.5~9.0MPa，表面处理可减少表面缺陷以提高连接性能，但同时可能导致表面损坏而使纤维裸露，纤维的裸露降低了钎焊连接强度。同时，研究结果表明表面纤维垂直于 Ti 合金时，其钎焊连接强度往往优于平行于 Ti 合金时的钎焊连接强度[9-10]。

表 8-1　不同 CMC 体系/Ti 钎焊连接强度[9-10]

CMC 体系	连接金属	剪切强度/MPa
C/C	Ti	1.5
C/SiC①		1.8
C/SiC②		1.4
SiC/SiC①		5.4
SiC/SiC②		9
C/C③	Ti-Cu-Ni	0.34
C/C④		0.22
C/C③	Ti-Cu-Sil	0.24
C/C④		0.13

① 未抛光。
② 表面抛光。
③ 纤维束垂直连接金属。
④ 碳纤维束平行于连接金属。

将陶瓷基复合材料表面金属化有利于复合材料与金属的钎焊。例如，采用金属涂层结合液相渗透工艺将过渡金属（如 Cr 和 Mo）沉积在 C/C 复合材料表面并进行热处理形成金属碳化物，在毛细管壁作用下将金属铜渗入多孔碳化物层形成一个致密的连接面后可直接钎焊到其他合金上[11]。此外，使用溅射、气相沉积或热解工艺将活性金属沉积在陶瓷基复合材料表面上形成连接层，如含 Ti 的 Si_3N_4涂层、ZrO_2涂层，含 Cr 的碳涂层等。用含 Ti 的化合物对陶瓷进行热处理时可在陶瓷上形成 Ti 层，有效改善钎焊连接强度。

此外，在焊接处引入柔软且易延展的流变合金（如 Cu-Pb）作为结合层可缓解钎焊过程中引起的残余热应力[12]。流变合金具有球状的微观结构和良好的流动性，并表现出“非牛顿特性”。但是使用流变合金对陶瓷基复合材料进行钎焊时流变合金与复合材料的接触角是影响钎焊性能的关键因素，较大的接触角将导致流变合金的铺展性能差，从而影响引入流变合金的作用机制。例如，在 710℃热-显微镜中测量 C/C 与 Cu-Pb 合金的接触角为 101°~104°，其钎焊剪切强度值仅为 1.5~3MPa[12]。

钎焊连接过程中需要考虑的主要因素还包括因热膨胀系数（coefficient of thermal expansion，CTE）不匹配而产生的残余应力问题。在冷却过程因温度差和热膨胀失配而产生的残余应力对连接性能有害。表 8-2 列出了部分 CMC 以及用于连接的高温金属和金属钎焊的 CTE 值。大多数钎焊金属具有较大的 CTE 值 [$(15\sim19)\times10^{-6}$/K]，虽然它们通常具有延展性（伸长率为 20%~45%），能够在冷却过程中通过塑性变形而释放部分残余热应力。但是，如果在连接处的钎焊不易延展，那么残余应力可能会导致陶瓷基复合材料开裂。合理地选择钎焊成分和应用创新的钎焊工艺（例如，采用多层界面以缓解 CTE 失配和瞬态液相连接以降低连接温度）可减少接头中的残余应力。

表 8-2　几种复合材料、金属和焊料的热膨胀系数

材料体系	CTE 值/(10^{-6}/K)
C/C	约 2.0~4.0（25~2500℃）
2D Nicalon/SiC	3.0①，1.7②
2D SiC/SiC（N24-C）	4.4（25~1000℃）
HiPerComp SiC/SiC（G. E.）	3.74①，3.21②
Cu-clad Mo	约 5.7
Ti	8.6
Inconel 625	13.1

① 面内。
② 层间。

为了提高 CMC 的抗氧化和耐腐蚀性能，CMC 表面往往具有多功能复合涂层，因此连接时需要考虑涂层对连接性能的影响。例如，CMC 复合材料表面往往需要沉积 SiC、Si_3N_4或含硼、硅的涂层。在高温下服役时，这些元素在

CMC 复合材料表面形成玻璃状氧化物以密封在涂层中可能存在的裂纹。此外，必须考虑在复合材料中加入的玻璃相对钎焊料润湿性和附着力的影响。

K. Mergia 等[13]报道了一种 C/SiC 复合材料与多层碳化硅保护层连接的方法。该连接方法基于扩散钎焊连接，采用由自蔓延高温合成产生的 Ti_3SiC_2 相以实现复合材料和多层涂层的连接。模拟再入试验结果表明，连接处在 1391℃和 1794℃温度下通过 5 次再入循环测试，未发现损伤。

8.1.2　机械连接

机械连接是指用机械紧固件对 CMC 进行连接。机械连接的紧固件主要包括螺栓连接、铆接等。螺栓的材质包括钢质、铝合金、钛合金或纤维增强复合材料螺栓。

铆接是一种不可拆卸连接。它是依靠铆钉杆镦粗形成镦头将构件连接在一起的。铆钉价格便宜，连接强度和可靠性较高，便于使用自动钻铆设备，是一种被广泛应用的永久性连接方法。铆钉除普通实心铆钉外，还常用空尾铆钉、半管状铆钉及双金属铆钉等。铆钉的形状选择较多，可以是半管状的，也可以是实心的。在连接不同材料的构件时，铆接的首选方向一般是从薄构件到厚构件，从强度低的构件到强度高的构件，这使得薄的强度较低的构件受到铆钉的保护。很长时间以来，一般都认为铆接是一种不经济的连接方法，但现在铆接已被广泛接受，许多航空、航天工业一些高质量接头的连接都采用铆接方法进行连接。

图 8-4 为 SiC/SiC 复合材料与 GH3536 合金铆接试样及现场测试图。拉伸剪切测试结果表明，SiC/SiC 复合材料在开孔处表现为复合材料挤压失效，金属件表现为变形失效。表 8-3 为不同孔径的 SiC/SiC 复合材料与 GH3536 合金铆接强度，可以看出，铆接剪切强度随着开孔直径的增加而下降，这是由于开孔直径越大，相应铆接的金属件承载能量更强，对 SiC/SiC 复合材料的挤压破坏也越严重，表现出复合材料的抗剪切强度下降的趋势。图 8-5 为陶瓷基复合材料与高温合金铆接结构图[14]。

表 8-3　不同孔径的 SiC/SiC 复合材料与 GH536 合金铆接强度

铆接试样件序号	剪切强度/MPa		
	孔径 4.2mm	孔径 4.5mm	孔径 4.8mm
1	46.3	38.3	34.0
2	47.6	35.8	28.8
3	40.3	41.0	29.7

续表

铆接试样件序号	剪切强度/MPa		
	孔径 4.2mm	孔径 4.5mm	孔径 4.8mm
4	44.3	38.4	33.1
5	39.8	35.0	31.5
平均值	43.7±3.5	37.7±2.4	31.4±2.2

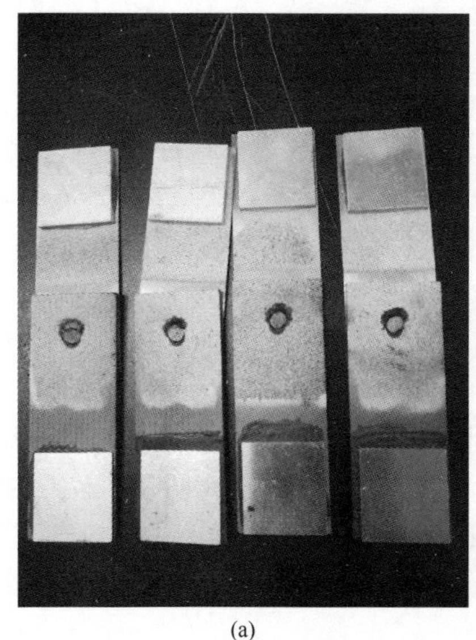

(a)

(b)

图 8-4　SiC/SiC 复合材料与 GH3536 合金铆接试样及现场测试图

（a）铆接试样；（b）现场测试图。

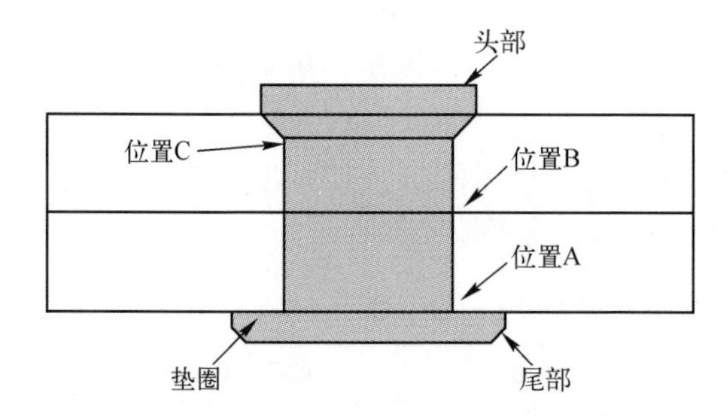

图 8-5　陶瓷基复合材料与高温合金铆接结构图

由于金属铆钉的热膨胀系数往往大于 CMC 复合材料的热膨胀系数，可通过钉孔设计降低在高温下由热膨胀系数不匹配而导致的铆接热应力。例如，在 CMC 表面加工椭圆形钉孔，为铆钉的热膨胀提供空间，避免因热应力而导致 CMC 开裂，如图 8-6 所示，为 SiC/SiC 复合材料与开有椭圆形孔高温合金的铆接图，有效避免了因热膨胀系数不匹配导致的复合材料应力失效。图 8-7 为 SiC/SiC 复合材料与高温合金采用金属螺栓连接试样图。

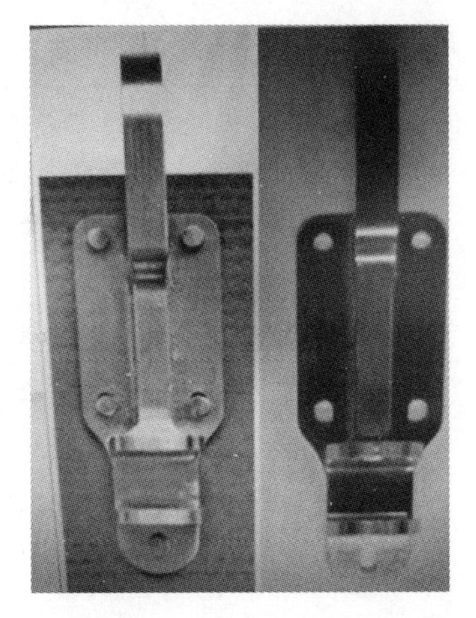

图 8-6　SiC/SiC 复合材料与高温合金的铆接

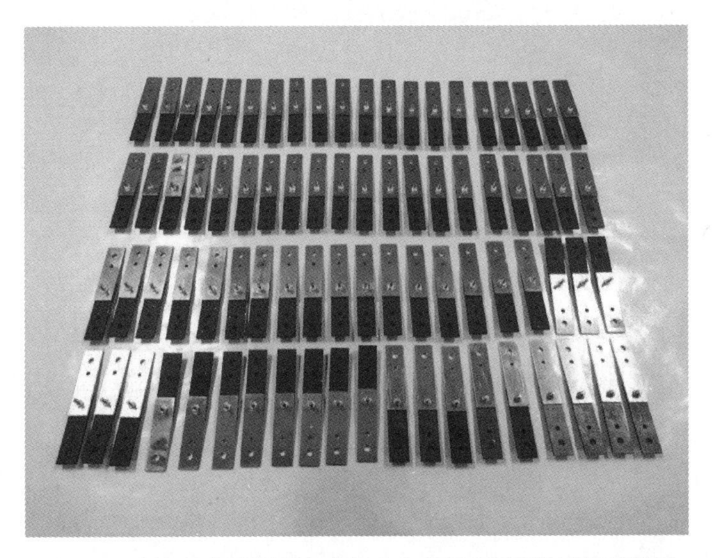

图 8-7　SiC/SiC 复合材料与高温合金采用金属螺栓连接试样图

由于高温合金的承载和塑性变形能力优于陶瓷基复合材料，因此，无论在室温和高温下，复合材料的失效模式均为复合材料失效。表 8-4 为 2D SiC/SiC 复合材料/金属螺栓/高温合金的连接性能，可以看出连接复合材料的挤压失效强度为(533.1±17.6)MPa。1000℃空气中的强度由于氧化性气氛以及热应力的存在使得复合材料的耐挤压强度略有下降，但也表现出良好的抗挤压性能。

表 8-4　2D SiC/SiC 复合材料/金属螺栓（ϕ5mm）/高温合金的连接性能（失效模式为复合材料失效）

序　号	2D SiC/SiC		2D SiC/SiC 1000℃ 空气	
	失效载荷/N	挤压强度/MPa	失效载荷/N	挤压强度/MPa
1	8354	556.9	7525	501.7
2	8114	540.9	6913	460.9
3	8040	536	7073	471.5
4	7712	514.1	6932	462.1
5	7762	517.5	6836	455.7
平均值	7996.4±264.3	533.1±17.6	7055.6±276.0	470.4±18.4

机械连接的优点在于易于质量控制；安全可靠；强度分散性小；抗剥离能力强；便于装卸。但机械连接也存在许多缺点：连接结构一般采用间隙配合；制孔和安装过程中易使孔产生分层、掉渣等缺陷，影响连接强度；各向异性显著，应力集中高，尤其在铆接过程中需要用到铆枪，铆枪的应力大，容易对 CMC 复合材料造成因应力集中而产生裂纹；同时机械连接使构件增加了紧固件，引起整个构件重量增加。

8.2　陶瓷基复合材料之间的连接

8.2.1　反应连接

针对纤维增强陶瓷基复合材料（C/SiC 和 SiC/SiC 等），NASA 格伦研究中心开发了 ARC 连接技术（affordable, robust ceramic joining technology）[15-19]。该方法的突出优点是连接界面的微结构和热-机械性能可调，且不需要高温夹具，连接界面的耐温能力与 CMC 一致。该方法可将简单形状的构件连接以形成复杂形状构件。中国航空制造技术研究院复材中心团队基于 ARC 连接技术原理开发了一种适用于 SiC/SiC 复合材料的原位反应连接方法[20-21]该技术的工艺流程图如图 8-8 所示。第一步，清洗、干燥 CMC 连接表面；第二步，将碳质混合物施加于接头表面，然后在 110～120℃ 下固化 10～20min；第三步，采用带状或浆状的硅或 Si 合金加热至 1250～1450℃ 保温 5～10min。硅或硅合金与碳反应形成碳化硅完成连接。在采用 ARC 连接技术制备的 C/SiC 复合接头中，1350℃剪切强度超过了 C/SiC 的剪切强度，充分发挥了 C/SiC 复合材料连接件在高温条件下的使用效能，应用前景较好。

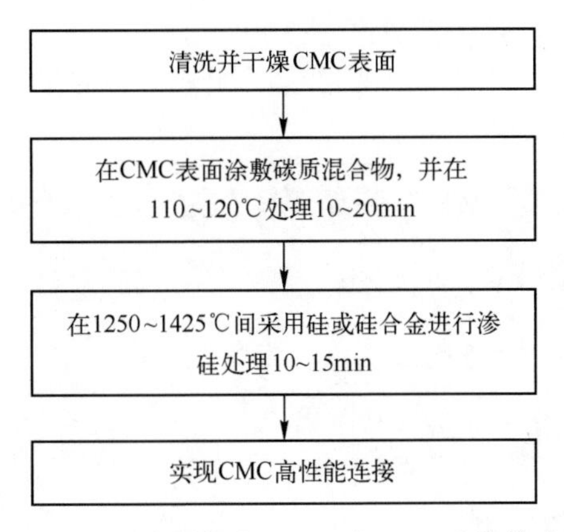

图 8-8　NASA 格伦研究中心开发的 ARC 连接技术流程图

德国 Krenkel[22-23]采用浆料（含细石墨粉的酚醛树脂）状的碳前驱体连接 C/C 复合材料，以碳纤维垫或毡作为中间层，然后采用液硅渗透工艺连接 C/C 复合材料。

其他值得关注的 CMC 连接方法包括使用钙铝（CA）玻璃陶瓷[24]和硼酸锌（ZBM）玻璃[25]。玻璃作为连接材料的一个潜在优势是它的组成可以设计以实现预期的反应活性、润湿性和 CTE 匹配性。此外，玻璃填料与陶瓷基复合材料表面的陶瓷晶界处的非晶相具有良好的润湿性，有利于连接性能的提升。玻璃基钎料的缺点是黏度较大，脆性大。Ferraris 等[24]研究了 Hi-Nicalon/SiC 与共晶 CA 玻璃陶瓷（49.77CaO-50.23Al_2O_3）的低温、低压连接。以 CA 玻璃为中间层，连接 CVI SiC/SiC 和 PIP SiC/SiC 复合材料。在两种复合材料表面之间有 CA 玻璃浆料，在氩气下将组件加热至 1500℃。研究发现 CA 玻璃陶瓷与非晶态的 PIP SiC 不润湿，与 CVI SiC 润湿性较好。在 CVI SiC/SiC 连接处未发现裂纹、孔隙或非连续性，断裂路径通过 CA 玻璃-陶瓷相而不是 CA/CMC 界面，这表明接头强度超过 CA 玻璃-陶瓷的断裂强度。另一项研究中[25]关于 C/SiC 和 SiC/SiC 复合材料的连接使用了 ZBM 玻璃以及 Al、Ti 或 Si 的金属涂层。该 CMC 连接结构采用三明治结构。CMC 连接的抗剪切强度值为 10~22MPa。夹层材料为 Si 时获得接头强度最高（22MPa），且失效路径穿过 Si 层的多个平面上，采用 Al 时夹层强度最低（10MPa）。采用 ZBM 玻璃夹层时 SiC/SiC 复合连接剪切强度约为 15MPa。

表面打磨处理与否也会对 CMC-SiC 的连接性能和微结构产生影响。连接构件的一个配合面打磨，另一个处于未打磨状态时可得到充分连接，当两个配合面都被处理或两个都不被加工时，会形成含有孔隙和微裂纹的接头。图 8-9 为 ARC 反应形成的 CVI C/SiC 接头的微观结构。Krenkel 在 C/C 接头上也得到了类似的结果，最高的剪切强度在打磨和未打磨 C/C 复合材料表面中出现，这是因为柔性碳织物中间层可以变形以匹配未打磨 C/C 表面的表面轮廓，从而确保了无缝均匀的连接界面[23]。

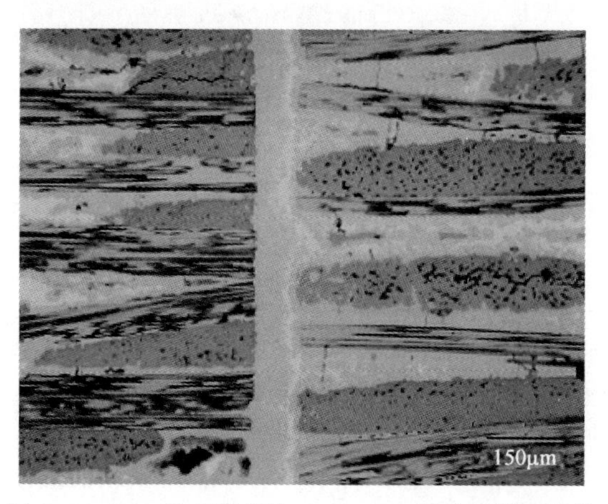

图 8-9　ARC 反应形成的 CVI C/SiC 接头的微观结构

由于缺乏 CMC 连接件的测试标准，采用 ASTM 测试连续纤维增强陶瓷基复合材料层间剪切强度标准［ASTMC1292-95a（RT）和 ASTMC1425-99（HT）］测试 CMC 连接件的剪切强度。该方法只能对连接接头的抗剪切强度进行合理的估计，但因为层间剪切破坏是由缺口根部的应力集中引起的，所以缺口之间的剪切应力分布不均匀。其次，由于剪切应力和法向压缩应力同时产生，试样在非纯剪切应力下失效，压缩双剪试验几何尺寸示意图如图 8-10 所示。

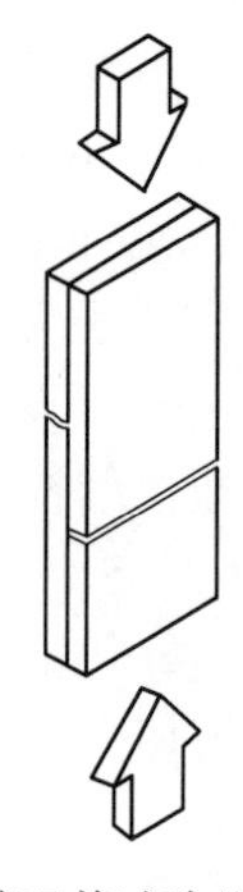

图 8-10　压缩双剪试验几何尺寸示意图

该研究结果表明连接抗剪强度随温度的升高而增加，并超过了 CVI C/SiC 复合材料的剪切强度。采用一面抛光一面未抛光的处理方式可以将表面粗糙度对接头抗剪强度的影响降到最小，且在 1350℃下仍保持较高的连接强度。

表 8-5 总结了 C/C、C/SiC 和 SiC/SiC 复合材料连接的结果。测试方法包括四点弯曲试验、单圈试验、双缺口压缩试验等。由于连接强度取决于连接工艺、测试方法、表面状态和测试温度，剪切强度值变化很大，难以将这些数据用于实际的构件设计。因此，有必要研究连接构件在实际服役过程的使用效能。

表 8-5　部分 CMC 连接件的剪切强度值

<table>
<tr><th>材料体系</th><th>连接材料</th><th>测试温度/℃</th><th>连接强度/MPa</th></tr>
<tr><td>C/C</td><td>Cu-Pb 流变合金</td><td>25</td><td>1.5</td></tr>
<tr><td>C/C-SiC</td><td>炭膏/炭毡/炭预制体</td><td>25</td><td>17~18.5</td></tr>
<tr><td>C/C-SiC</td><td>炭膏/炭毡/炭预制体</td><td>25</td><td>19~21</td></tr>
<tr><td>C/C-SiC</td><td>炭膏/炭毡/炭预制体</td><td>25</td><td>22~26</td></tr>
<tr><td>C/C-SiC</td><td>液硅渗透炭膏</td><td>25</td><td>19.2~23.8</td></tr>
<tr><td>C/C-SiC</td><td>液硅渗透炭膏</td><td>25</td><td>113~198</td></tr>
<tr><td rowspan="3">CVI SiC/SiC</td><td rowspan="3">ARC 连接</td><td>25</td><td>65±5</td></tr>
<tr><td>800</td><td>66±9</td></tr>
<tr><td>1200</td><td>59±7</td></tr>
<tr><td rowspan="4">MI Hi-Nicalon/BN/SiC</td><td rowspan="4">ARC 连接</td><td>25</td><td>99±3</td></tr>
<tr><td>800</td><td>112±3</td></tr>
<tr><td>1200</td><td>157±9</td></tr>
<tr><td>1350</td><td>113±5</td></tr>
<tr><td rowspan="3">CVI SiC/SiC</td><td rowspan="3">ARC 连接</td><td>25</td><td>92</td></tr>
<tr><td>1200</td><td>71</td></tr>
<tr><td>1200</td><td>17.5</td></tr>
<tr><td>SiC/SiC</td><td>CA 玻璃陶瓷
(49.8% CaO-50.2%Al_2O_3)</td><td>25</td><td>28</td></tr>
<tr><td rowspan="2">SiC/SiC</td><td rowspan="2">Co-10Ti 1340℃钎焊</td><td>25</td><td>51~55</td></tr>
<tr><td>700</td><td>75</td></tr>
<tr><td rowspan="2">SiC/SiC</td><td>Si-16Ti</td><td></td><td>71±10</td></tr>
<tr><td>Si-18Cr</td><td></td><td>80±10</td></tr>
</table>

8.2.2 机械连接

金属紧固件存在密度大、高温力学性能差、热膨胀系数高等问题，与之相比，陶瓷基复合材料紧固件以其优异的力热特性有效规避了金属螺栓的不足，有望成为一种理想的复合材料结构件用紧固件。图 8-11 为陶瓷基复合材料螺栓及其连接试样照片，表现出良好的连接性能。

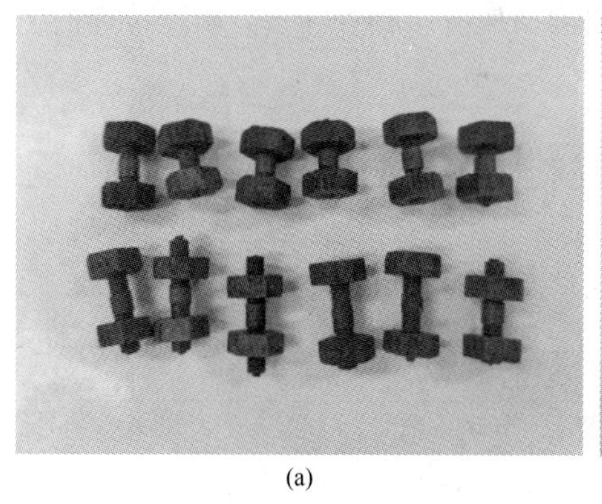

(a)

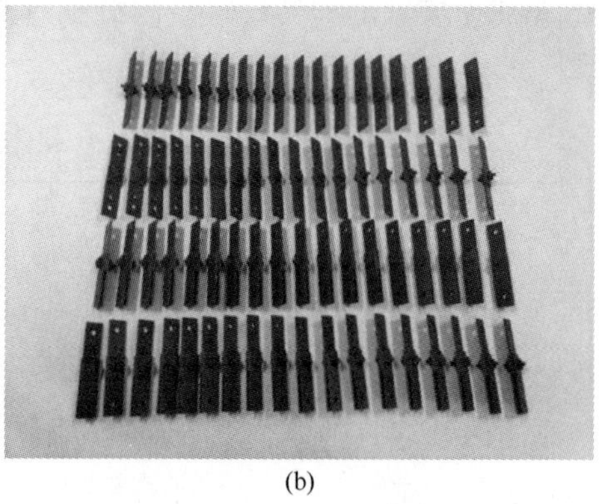

(b)

图 8-11 制备的陶瓷基复合材料螺栓和 SiC/SiC 复合材料连接件
（a）陶瓷基复合材料螺栓；（b）陶瓷基复合材料螺栓连接件。

8.2.3 在线连接

采用 CMC-SiC 销钉连接可以实现连接件与陶瓷基复合材料热膨胀系数的匹配。用于连接的销钉纤维预制体主要包括 2D 和 3D 结构。通常是先将复合材料加工成矩形试样，而后通过机械打磨的方式加工成复合材料销钉，但是这种方式存在两个问题：①加工过程中容易造成销钉的分层；②加工和打磨的过程中不可避免地造成纤维结构的损伤，导致销钉本身的强度损伤以及连接件性能的分散。直接采用编织销钉纤维预制体的方式通过模具定型以及后期致密化工艺可实现销钉的近净尺寸成型，避免加工引起的损伤。

图 8-12 为直接编织的 SiC 纤维销钉预制体。通过模具定型、界面层制备以及 SiC 基体致密化后可得到近净尺寸的 SiC/SiC 复合材料销钉[26]。

图 8-13（a）为制备的 SiC/SiC 复合材料销钉宏观结构图，可以看出销钉的外形轮廓为圆柱形，表明该方法可以制备出近净尺寸的 SiC/SiC 复合材料销钉[27]。由于 PIP 工艺制备 SiC/SiC 复合材料销钉裂解过程中小分子的溢出使得复合材料不可避免地残留一些孔隙，这也是 SiC/SiC 复合材料的典型特征之一。采用扫描电镜观察 SiC/SiC 复合材料销钉的纤维结构如图 8-13（b）所

图 8-12　直接编织的 SiC 纤维销钉预制体

示，可以看到，在 SiC 纤维的周围包裹着 CVI 法制备 PyC/SiC 复合界面层以及 PIP 工艺制备的 SiC 基体。

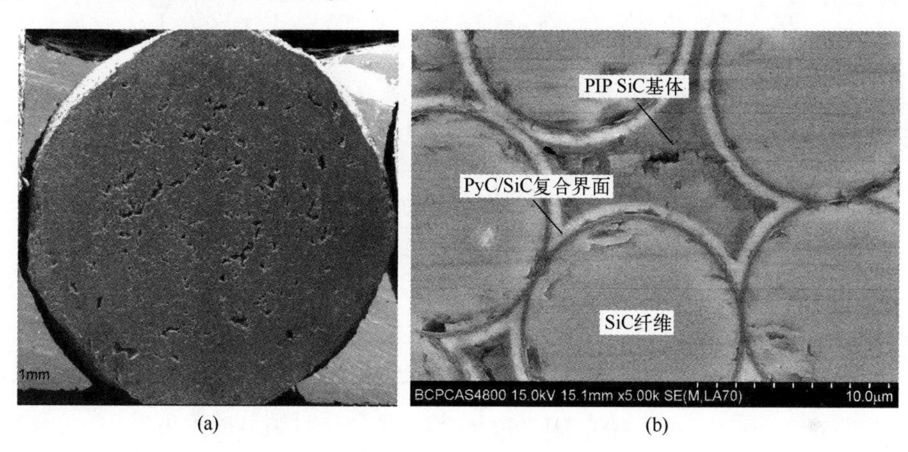

图 8-13　SiC/SiC 复合材料销钉结构图
（a）销钉宏观结构图；（b）销钉显微结构图。

图 8-14 为设计的 SiC/SiC 销钉单剪和双剪性能测试装置图，该装置可确保 SiC/SiC 复合材料销钉处于纯剪切应力状态。

不同直径的 SiC/SiC 复合材料销钉的单剪强度和双剪强度如表 8-6 所示。可以看出，SiC/SiC 复合材料销钉的单剪强度高于双剪强度。这是因为销钉双剪试验与单剪切试验相比，双侧剪切试验使 SiC/SiC 复合材料销钉处于更复杂的应力状态。相同纤维体积分数时，单层针织纱的 SiC/SiC 复合材料单剪强度和双剪强度均高于双层针织纱的 SiC/SiC 复合材料销钉，表明销钉芯纱是承受剪切应力的主要单位。由表 8-6 可见，相同纤维体积分数时，随着销钉直径的增加，SiC/SiC 复合材料销钉的单剪和双剪强度呈现不断下降的趋势。

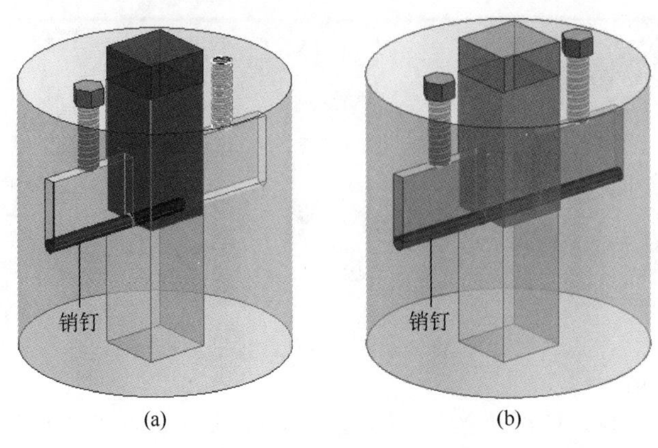

图 8-14　销钉的单剪和双剪性能测试装置图
（a）单剪测试；（b）双剪测试。

表 8-6　不同直径的 SiC/SiC 复合材料销钉的剪切性能

试　样	直径/mm	单剪强度/MPa	双剪强度/MPa	备　注
NO. 01	3	326±21	253±11	单层针织纱
NO. 02	3	305±25	215±16	双层针织纱
NO. 03	4	224±17	174±13	单层针织纱
NO. 04	4	210±13	166±9	双层针织纱
NO. 05	5	191±31	157±27	单层针织纱

图 8-15 显示了试样 NO. 01 的 SiC/SiC 复合材料销钉的单剪应力-位移曲线。可以看出，单剪应力-位移曲线为马鞍形，可分为 4 个区域，剪切应力在第一区域逐渐增加，剪切应力在第二区域下降，第三区域剪切应力再次增加，最后一区域 SiC/SiC 复合材料销钉在剪切应力下断裂失效。不同区域表明 SiC/SiC 复合材料销钉的不同承载状态。在第一区域中，SiC/SiC 复合材料销钉作为整体承受剪切应力。在第二区域，当应力达到一定的应力值（该样品为 254MPa）时，SiC/SiC 复合材料销钉的表面层纱在剪切应力下被压碎，应力随着位移的增加而减小。然而，芯纱和 SiC 基体可以随 PyC/SiC 界面层的剥离和滑动进一步承受剪切应力，且第三区域中的最大应力值高于第一区域中的最大应力值。最后，当芯纱和 SiC 基体达到极限承载力时，SiC/SiC 复合材料销钉失效断裂。应力-位移曲线表明采用直接编织的 SiC 纤维销钉预制件制备的 SiC/SiC 复合材料销钉的断裂是非灾难性的断裂模型，SiC/SiC 复合材料销钉具有二次承载能力，断裂模型和抗剪切能力显示出该 SiC/SiC 复合材料销钉的优异性能。

图 8-16 显示了试样 NO. 02 的 SiC/SiC 复合材料销钉的双剪切应力-位移曲线。它类似于马鞍形曲线的单剪切应力-位移曲线，应力-位移曲线也可以划分为 4 个区域。但是，由于 SiC/SiC 复合材料销钉在双剪切应力下更容易出现不稳定性，一旦其中一个剪切面坍塌，另一个剪切面会承受接近双倍的剪切应力，因此，第三区域的最大应力值略高于第一区域的最大应力值，导致 SiC/SiC 复合材料销钉损坏，其二次承载能力下降。双剪试验应力-位移曲线也显示了与单剪试验曲线一致的非灾难性断裂模型。

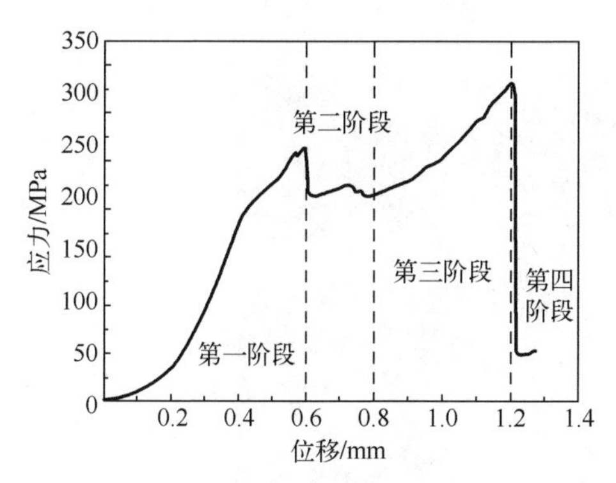

图 8-15　单剪切试验下 SiC/SiC 复合材料销钉的应力-位移曲线（以 NO. 01 为例）

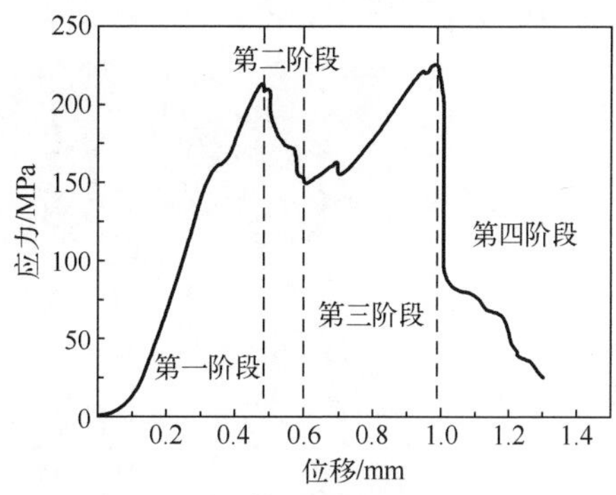

图 8-16　双剪切试验下 SiC/SiC 复合材料销钉的应力-位移曲线（以 NO. 02 为例）

SiC/SiC 复合材料销钉的剪切断裂 SEM 图像如图 8-17 所示，SiC 纤维表现出典型的剪切破坏模式，SiC 纤维在剪切应力下的拔出长度较小，如图 8-17（a）所示。同时，PyC/SiC 复合界面层在 SiC 纤维和 SiC 基体之间脱黏，这是另一种失效特性，如图 8-17（b）所示。

(a)

(b)

图 8-17　SiC/SiC 复合材料销钉的断裂 SEM 图像

（a）剪切破坏 SiC 纤维；（b）PyC/SiC 复合界面层剥离 SiC 纤维和基体。

为了测试 SiC/SiC 复合材料销钉的连接承载能力，采用 SiC/SiC 复合材料销钉连接带开孔的 SiC/SiC 复合材料矩形板。SiC/SiC 复合矩形板中的开孔直径等于 SiC/SiC 复合材料销的直径，并且 SiC/SiC 矩形板的宽度与开孔直径的比率为 3:1。

通过 Instron 8801 液压设备进行拉伸试验，加载速率为 0.5mm/min，由于 SiC/SiC 复合材料销良好的抗剪切性能，不同 SiC/SiC 复合材料矩形板的断裂模式均为连接表面脱黏和 SiC/SiC 复合材料失效。如图 8-18 所示，表明制备的 SiC/SiC 复合材料销钉可用于 SiC/SiC 复合材料构件的连接，但是如何提高连接面的抗剪强度需要做进一步研究。

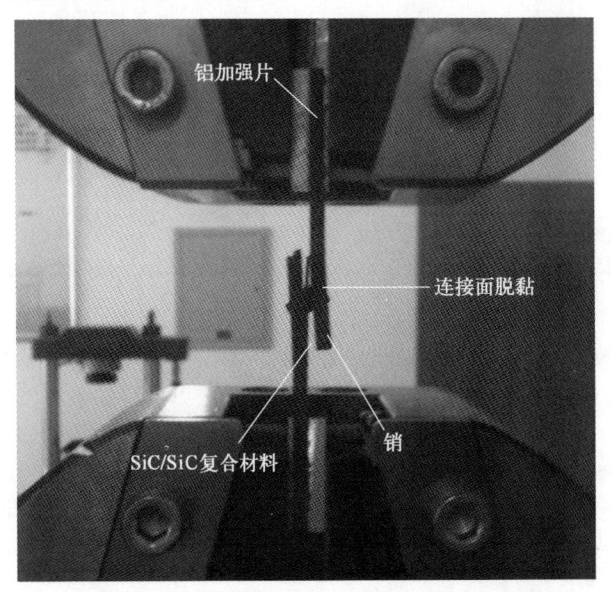

图 8-18　销钉连接 SiC/SiC 复合材料单向拉伸图

采用单钉连接制备连接测试单元，采用 CVI 和 PIP［液态聚碳硅烷（PCS）和 SiBCN 两种前驱体］工艺在连接面上生成 SiC 黏结层，制备 SiC/SiC 销钉连接单元试样[20,28]，如图 8-19 所示。

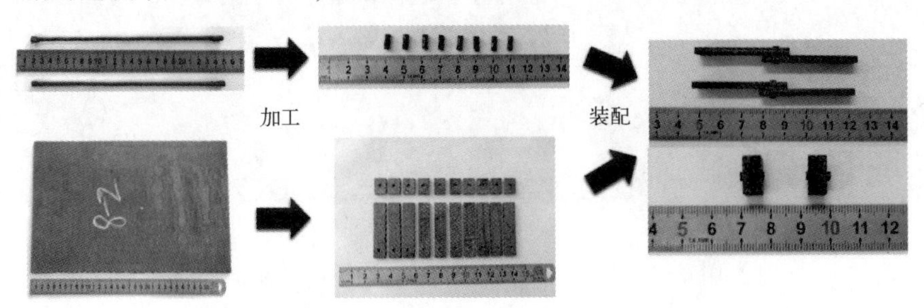

图 8-19　SiC/SiC 复合材料销钉及销钉连接板制备流程图

分别采用 CVI 和 PIP 工艺对 SiC/SiC 销钉连接单元进行连接试验，并通过测试连接单元试样的拉伸强度和连接面结合强度，拉伸强度和结合强度测试如图 8-20 所示。

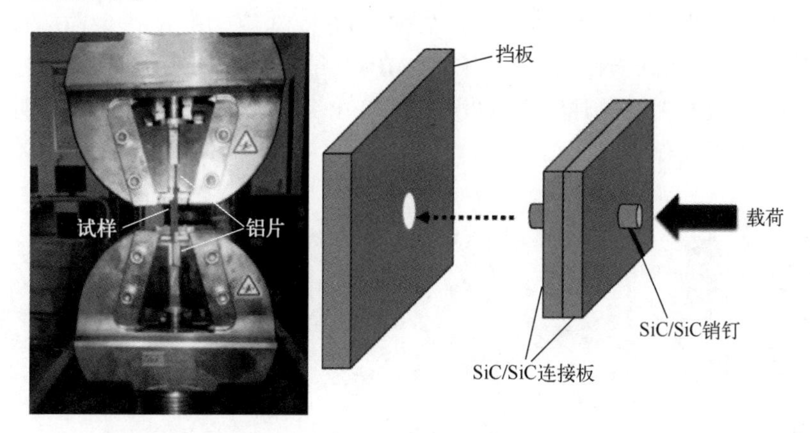

图 8-20　SiC/SiC 复合材料连接试样拉伸与连接结合强度测试

统一采用宽径比（*W/D*）为 3 和端径比（*E/D*）为 2 的 SiC/SiC 连接板。如图 8-21 所示，经过 CVI SiC 一次连接的连接板和销钉表面已明显有一层均匀灰色的 SiC 层，连接板与销钉之间以及连接板与连接板之间仍有明显的孔隙，但连接板和销钉已不处于松动状态，增重率为 7%~9%，表明连接面上已经生成了 SiC 黏结层，连接单元已经具有一定强度。CVI SiC 一次连接的单元试样的最大拉伸载荷为 1756.1N，应力为 185.5MPa，结合强度的最大载荷为 700.8N，应力为 12.0MPa。CVI SiC 连接两次的单元试样连接效果更好，SiC 层厚度增加，填补了大部分连接板与销钉之间以及连接板与连接板之间的孔隙，二次增重率为 5%~6%，最大拉伸载荷为 1884.0N，应力为 199.4MPa，结合强度的最大载荷为 2199.0N，应力为 37.7MPa。CVI SiC 连接三次的单元试样增重率为 2%~3%，沉积效果降低，最大拉伸载荷为 1935.6N，应力为 204.8MPa，结合强度的最大载荷为 3211.4N，应力为 55.0MPa，已超过 2D SiC/SiC 复合材料层间剪切强度。由此可知，通过 CVI SiC 对 SiC/SiC 连接板和销钉进行连接，随着 CVI 次数的增加，连接板和销钉的结合强度以及连接单元的拉伸强度都在提高，这主要是由于每次 CVI 都在 SiC/SiC 销钉连接单元的连接面上填充 SiC 黏结层，但 CVI SiC 连接三次以后，连接效率开始降低，同时多次 CVI/CVD 沉积容易对涂层造成脱落。

采用前驱体浸渍裂解（PIP）工艺对 SiC/SiC 销钉连接单元进行连接，为了和 CVI 连接工艺保持一致，PIP 连接工艺也进行三次。但无论是选用液态 PCS 还是 SiBCN 前驱体，SiC/SiC 连接板和销钉经过 PIP 连接两次的结果较差，连接单元仍处于松动状态，连接板与销钉之间以及连接板与连接板之间的孔隙仍较为明显，PIP 连接三次才有强度，如图 8-22 所示。选用液态 PCS 作为 PIP 连接的前驱体，最大拉伸载荷为 1079.5N，应力为 114.2MPa，结合强度最大载荷为 1020.2N，应力为 17.5MPa；而选用 SiBCN 作为前驱体，最大拉伸载荷为 1220.5N，应力为 129.2MPa，结合强度最大载荷为 1376.2N，应力为 23.6MPa。通过对比可以发现，用 SiBCN 作为 PIP 连接的前驱体，连接效果要优于液态 PCS。

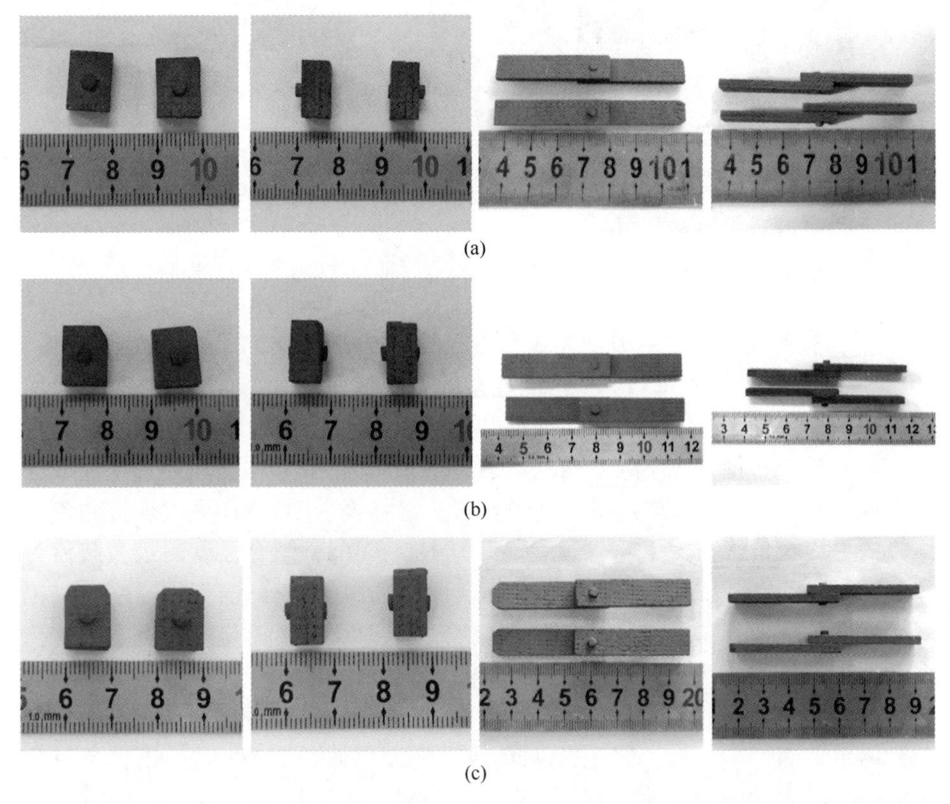

图 8-21　用 CVI SiC 工艺连接一次、二次、三次的 SiC/SiC 销钉连接单元照片
(a) 一次；(b) 二次；(c) 三次。

图 8-23 是 2D SiC/SiC 销钉连接试样的微型 CT 无损检测图，可以发现采用 CVI 工艺连接的微结构特征具有明显的强结合，连接面致密，而用 PIP 连接的试样则属于弱结合，销钉和连接板之间仍存在孔隙。

图 8-24 和图 8-25 分别是 SiC/SiC 销钉连接单元用不同连接工艺的拉伸强度和结合强度对比图，其中 PIP-1 代表采用液态 PCS 前驱体，PIP-2 代表采用 SiBCN 前驱体。通过对比可以发现，用 SiBCN 作为 PIP 连接的前驱体，

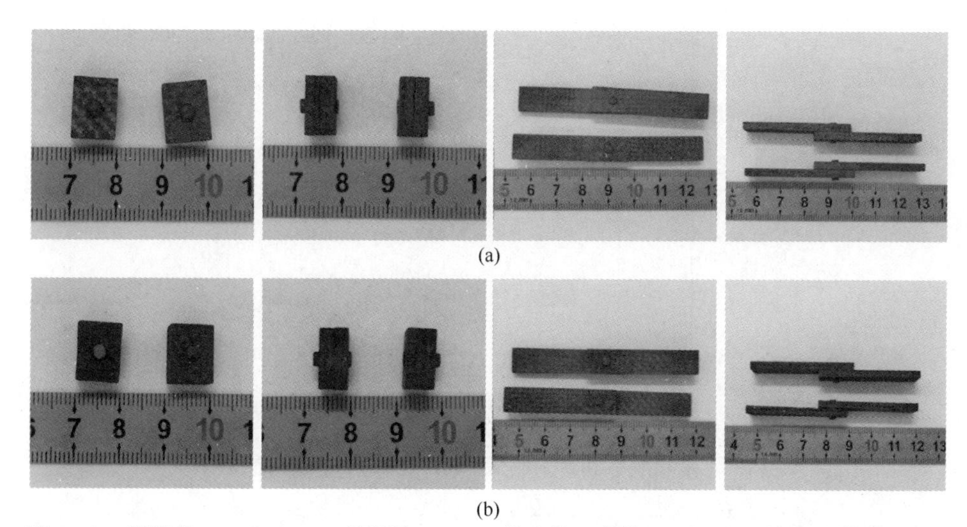

(a)

(b)

图 8-22　用液态 PCS 和 SiBCN 前驱体，PIP 工艺连接三次的 2D SiC/SiC 销钉连接单元照片
（a）用液态 PCS 前驱体；（b）用 SiBCN 前驱体。

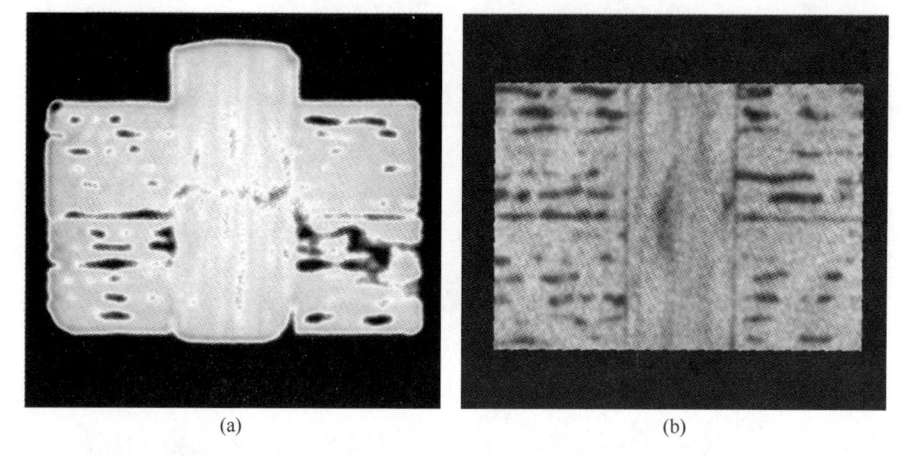

(a)　(b)

图 8-23　2D SiC/SiC 销钉连接单元的微型 CT 无损检测图
（a）CVI 连接；（b）PIP 连接。

连接效果要优于液态 PCS，但其拉伸性能低于 CVI 连接一次的数据，结合性能低于 CVI 连接两次的数据。因此，对于 SiC/SiC 单钉连接单元，CVI 工艺的连接效率要优于 PIP 工艺。

图 8-26 是 SiC/SiC 销钉连接单元的拉伸失效模式照片，销钉未剪断而连接板失效，属于净截面拉伸失效模式，说明复合材料连接板的强度要低于销钉的强度，*W*/*D* 较小，但由于连接单元的拉伸强度低于复合材料本身的强度，说明连接板的承载能力并未完全发挥出来，需要进一步对连接单元进行优化。

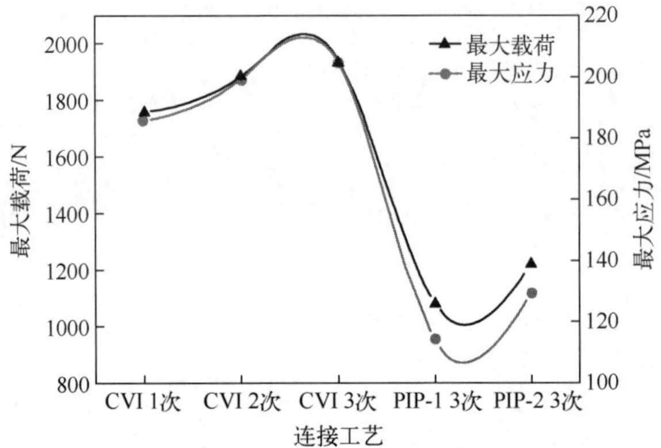

图 8-24　2D SiC/SiC 销钉连接单元拉伸强度

（PIP-1 采用液态 PCS 前驱体，PIP-2 采用 SiBCN 前驱体）

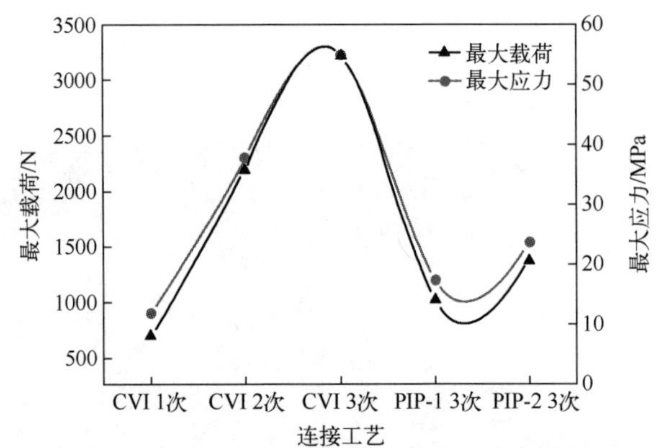

图 8-25　2D SiC/SiC 销钉连接单元结合强度

（PIP-1 采用液态 PCS 前驱体，PIP-2 采用 SiBCN 前驱体）

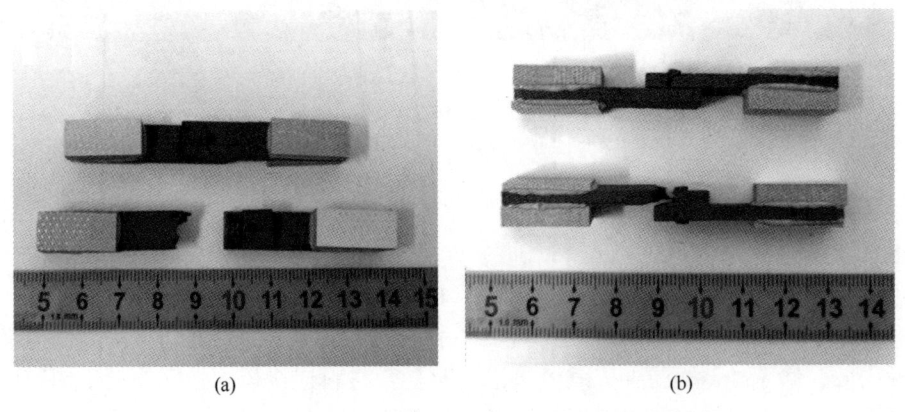

图 8-26　2D SiC/SiC 销钉连接单元拉伸性能测试失效图

（a）正面；（b）侧面。

对 SiC/SiC 复合材料连接进行优化，当 SiC/SiC 复合材料销钉连接单元受拉时，销钉和连接板通过钉孔的相互挤压作用传载。当销钉强度足够大时，连接板会失效。SiC/SiC 复合材料连接板的主要失效模式有剪脱、撕裂、挤压、劈裂和净截面拉伸失效。*E*、*W* 和 *D* 是影响连接板失效模式的关键几何参数。研究表明，当 *E/D* 较小时，铆接板发生剪脱失效；当 *W/D* 较小时，则发生净截面拉伸失效；当 *E/D* 和 *W/D* 合适时，则发生挤压失效，说明其连接效率最高，因此，需研究在不同的 *W/D* 和 *E/D* 下 SiC/SiC 销钉连接单元的拉伸失效模式[29]。综合考虑成本和连接效果，选择 CVI SiC 连接两次作为优化试验的连接工艺。选择 *W/D*=3,3.5,4 和 *E/D*=2,3,4,5 的 SiC/SiC 复合材料连接板作为研究对象。表 8-7 是不同 *W/D* 和 *E/D* 下 2D SiC/SiC 销钉连接单元的拉伸性能。

表 8-7　不同 *W/D* 和 *E/D* 下 2D SiC/SiC 销钉连接单元的拉伸性能

W/D	*E/D*	峰值载荷/N	峰值应力/MPa
3	2	1884.0	199.4
3	3	2122.6	193.8
3	4	2421.5	221.1
3	5	2240.1	204.6
3.5	2	2920.9	266.7
3.5	3	3187.4	291.1
3.5	4	1937.7	177.0
3.5	5	2524.8	230.6
4	2	2743.4	250.5
4	3	3208.2	293.0
4	4	2758.1	251.9
4	5	3079.3	281.2

图 8-27 分别是不同 *W/D* 和 *E/D* 下 SiC/SiC 销钉连接单元试样的最大拉伸应力。可以发现，当 *W/D*=3 时，随着 *E/D* 的增大，SiC/SiC 复合材料连接板的最大拉伸应力展现出先增大后减小的趋势，在 *E/D*=4 时，峰值载荷达到 2421.5N（221.1MPa），此时连接单元的失效模式仍呈现净截面拉伸失效。当 *W/D*=3.5 或 4 时，曲线展现出与 *W/D*=3 时不一样的变化趋势。随着 *E/D* 的增大，SiC/SiC 复合材料连接板的最大拉伸应力展现出先增大后减小再增大的

趋势，在 $E/D=3$ 时，峰值应力（峰值载荷）达到最高值，为 291.1MPa（3187.4N）和 293.0MPa（3208.2N），此时连接单元的失效模式为销钉剪断（图 8-28），而连接板并未失效，而且销钉并未从连接板上脱落，说明连接的效果较好，销钉发挥了其自身固有的强度，是销钉连接的常见失效模式。此外，虽然 $W/D=3.5$ 和 $W/D=4$ 的曲线变化趋势相同，但是 $W/D=4$ 的 SiC/SiC 销钉连接单元的拉伸性能随着 E/D 值变化的波动性要小于 $W/D=3.5$ 的 SiC/SiC 销钉连接单元。

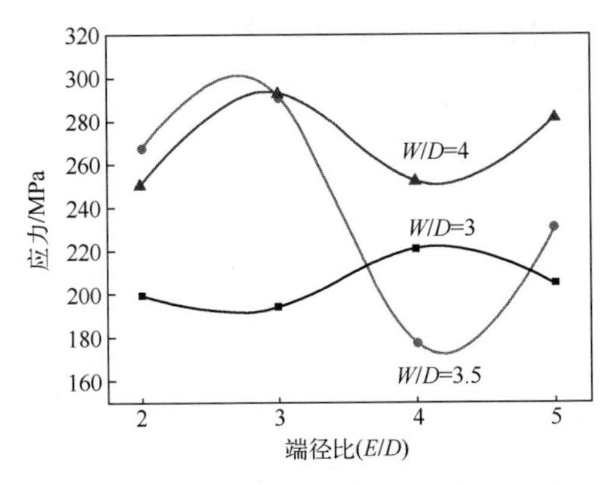

图 8-27 不同宽径比（W/D）和端径比（E/D）下 2D SiC/SiC 销钉连接单元试样的最大拉伸应力

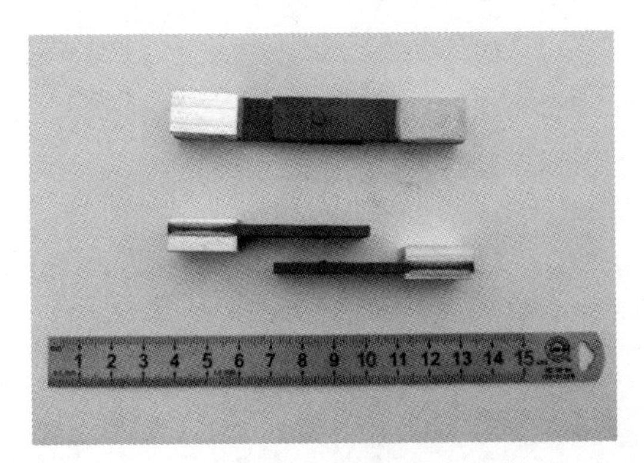

图 8-28 当 $E/D=3$、$W/D=3.5$ 或 4 时，2D SiC/SiC 销钉连接单元失效模式图

M. Dogigli 等研究了销钉连接间隙（孔和销之间）和销钉的几何形状（圆柱状或扁平状）对 C/SiC 复合材料连接性能的影响，如图 8-29 所示，结果表明间隙最紧密的圆柱销获得了最佳结果，对于间隙较大的扁平销，结果相对较差[30]。

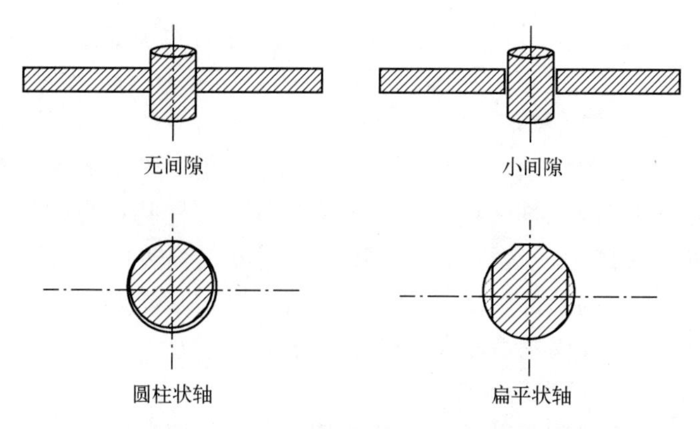

图8-29　不同钉孔间隙和销钉几何形状连接示意图

8.2.4　胶接

胶接技术是借助胶黏剂在固体表面所产生的黏合力，将两件分体零件连接的一种方法。相较于上述几种连接方式，使用胶黏剂连接即可避免螺栓、销钉、铆钉等连接方式因打孔导致的局部结构/性能降低和应力集中，同时对设备的依赖性不强，工艺相对简单，并可通过组成调整而实现导电、导热、密封等功能性连接[31-35]。SiC/SiC复合材料/构件通常在高温环境下使用，因此胶黏剂的耐温性以及在高温下的胶接强度是最主要的两个因素。由于目前SiC/SiC复合材料构件对胶接成型的需求较少，相关适用胶接剂以及胶接成型的研究报道较少。但随着SiC/SiC复合材料深入应用在航空、航天领域的复杂构件时，传统连接工艺无法满足小角度连接或者连接后整体外观表面平整度的要求。通过胶接成型技术，可实现大型复杂构件的制造，同时可对损坏的SiC/SiC复合材料零部件修复再利用，是实现节能降耗、降低成本，以及保障飞行器服役的重要途径之一。

本节通过对普通陶瓷耐高温胶黏剂的选择以及胶接成型技术进行归纳，浅谈SiC/SiC复合材料胶接技术国内外研究现状以及发展趋势。

8.2.4.1　胶黏剂的分类

胶黏剂主要有无机胶黏剂和有机胶黏剂两种。

为实现高温下的黏结，传统使用的主要是无机型或陶瓷型胶黏剂，如硅酸盐类、磷酸盐类和陶瓷胶等。以无机化合物为基料的胶黏剂具有不燃烧、耐久性好的特点，而且资源丰富，不污染环境，施工方便。但同时存在脆性大、韧性差、耐酸碱腐蚀性差等缺陷，容易造成黏结件耐冲击性能不佳以及黏结强度不高[36]。

以有机合成高分子材料为基体的胶黏剂具有品种繁多、黏附强度大、耐酸碱性能好等一系列优点，在国民经济和社会发展中有着极为广泛的应用，如环氧树脂类、酚醛树脂类、有机硅类、聚酰亚胺类和其他杂环高分子类[37]。但由于聚合物基体在高温下的热分解以及由此带来的黏结性能劣化甚至失效，使得有机胶黏剂的使用温度普遍较低。陶瓷基复合材料（C/C、C/SiC、SiC/SiC）的基体通常是由有机树脂经高温裂解转化为无机陶瓷而形成的，其所具有的耐高温特性以及与复合材料纤维和基体天然的化学相容性使其有望作为胶黏剂在陶瓷基复合材料领域得到广泛应用。

8.2.4.2 国外研究现状

在有机型超高温胶黏剂的研究和应用方面，俄罗斯、日本等国已开展了长期的研究工作，并已在高温窑炉、石墨电极、加热器以及空间飞行器的热端部件/结构的高温黏结/修复等领域得到了成功应用[38-40]。

俄罗斯国家石墨结构设计研究院开发出的SVK系列胶已实现了高温工作零部件/材料的黏结/修复。其中以酚醛树脂、呋喃树脂等为基体的高温胶黏剂在1800℃高温下的黏结强度达到10MPa，在2300℃时仍具有2MPa的黏结强度，其黏结的高温真空炉的保护层（0.5m×0.5m的绝热片或50mm厚的炭毡）可在2100℃高温工作150h。利用卡十硼烷改性酚醛树脂而制得的BK-13型耐高温胶黏剂，其室温剪切强度达到7MPa，瞬时使用温度可达1000℃，已实际用于导弹鼻锥和壳体以及耐热材料的黏结[38]。

日本大谷杉郎等以缩合多核多环芳香树脂（condensed poly-nuclear aromatics resin，COPNA）为胶黏剂基体，对经过等离子溅涂处理过的被黏结材料表面进行黏结，连接好的炭制品经1000℃炭化处理后，其黏结部位强度甚至高于其他未黏结部位，即使加热到2000℃以上，其接合强度还能达到20MPa以上。利用这种胶黏剂，可将小型部件黏结制成大型环形加热器，也可用此法装配复杂的大型电极，已实际应用于生产电火花加工电极等结构复杂的制品以及汽车刹车片抱块的黏结，目前已有商品名为RUNJAK COPNA 1000DE的刹车片抱块在市场上出售[39]。

美国航空航天局采用ZnO、TiO_2和B_4C等无机填料改性酚醛树脂制备胶黏剂用于C/C复合材料的胶接。胶接制品在氮气气氛下经400℃固化后，其耐热温度可达1200℃。所制备的胶黏剂在高温连接过程中，不仅无机填料之间会发生缩合而且酚醛树脂基体也会与改性填料发生反应生成具有良好耐温性的炭化材料[40]。

8.2.4.3 国内研究现状

国内针对新型有机超高温胶黏剂的研究起步较晚，主要是中国航空制造技术研究院、西北工业大学、国防科技大学等单位陆续开展了相关研究。现已分别采用酚醛树脂、有机硅等各种有机树脂为基体，针对石墨、氧化铝、C/C 复合材料、碳化硅、氮化硅等各种材料的高温黏结，开展了较为积极的研究工作，并对树脂基体的改性优化、黏结性能测试夹具设计、高温黏结机理等开展了较为细致的探讨。

为获得较为准确的黏结强度数据，中国科学院山西煤炭化学研究所、国防科技大学、西北工业大学、北京航空航天大学等均进行了测试夹具的研究和改进，测试夹具原理示意图如图 8-30 所示。中国科学院山西煤炭化学研究所团队采用热固性酚醛树脂为基体制备了一种有机耐高温胶黏剂，所胶接的石墨接头经 2550℃热处理后，其室温黏结强度可保持 10MPa 以上。所胶接的 C/C 复合材料在 1800℃测试条件下，接头的黏结强度可达 8.54～11.05MPa。国防科技大学团队采用四甲基四乙烯基环四硅氧烷改性聚甲基硅烷（V-PMS），所黏结的 SiC 接头在空气和氮气气氛下，经 1000℃处理后室温剪切强度分别达到 30.9MPa 和 34.5MPa。加入了 B_4C 粉后，所胶接的 SiC 接头在空气中经 800℃处理后，室温剪切强度可达 50MPa 以上；而在氮气中经 1200℃处理后，室温剪切强度为 22.8MPa。

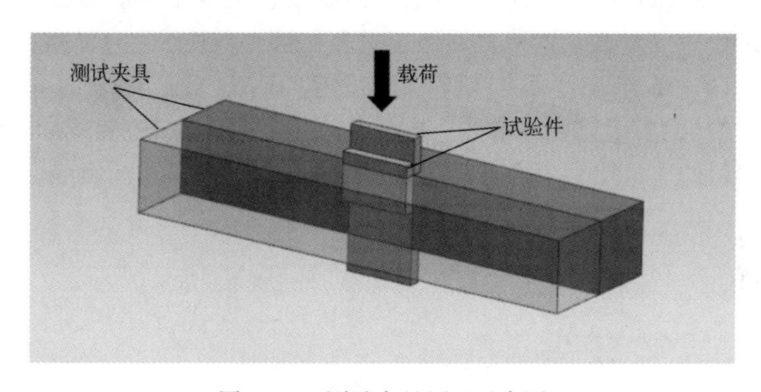

图 8-30　测试夹具原理示意图

中国航空制造技术研究院采用 PSNB 胶黏剂体系，主要开展 PSNB 胶接 SiC/SiC 复合材料的性能以及对 SiC/SiC 复合材料表面缺陷的修复等研究。PSNB 作为一种含 B、Si、C、N 的前驱体（图 8-31），具有优异的耐高温性能、较高的陶瓷产率（图 8-32），与 SiC 较好的化学相容性，是 SiC/SiC 复合材料的胶接和修复最有潜力的高温胶黏剂之一。PSNB 基体在热解过程中伴随着大量的气体小分子产生，致使形成的结构产生体积收缩并含有大量的缺陷。为了抑制其体积收缩、降低缺陷数量，达到补强、增韧的作用，通常采取的措施是在 PSNB 基体中加入一定量的惰性或活性填料。

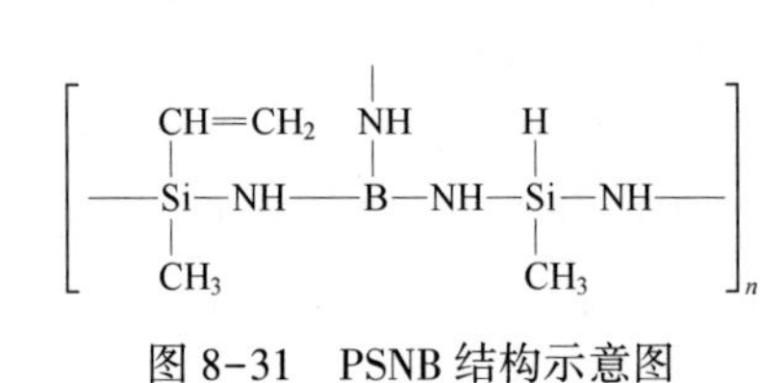

图 8-31 PSNB 结构示意图

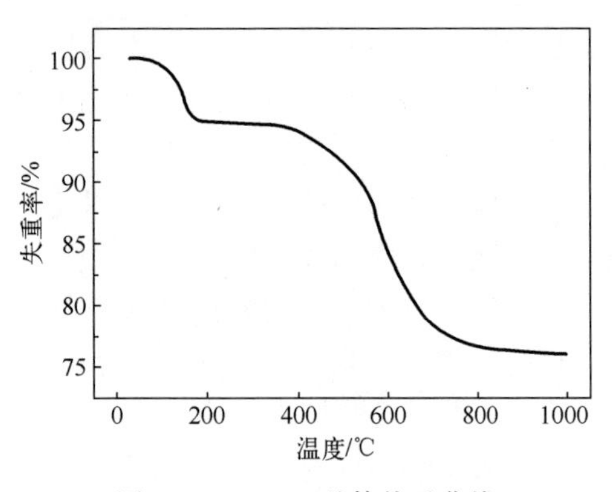

图 8-32 PSNB 基体热重曲线

采用以 SiC 和 B_4C 粉为主要成分的混合粉末作为 PSNB 的填料，填料改性 PSNB 原始的 FTIR 曲线与在空气中放置 7 天后做的 FTIR 曲线一致，如图 8-33 所示，并未出现自然固化的现象，表明填料改性 PSNB 的化学稳定性。图 8-34 为采用填料改性 PSNB 对 SiC/SiC 复合材料表面修复情况。该实验利用 PSNB 在 SiC/SiC 复合材料表面制作凸起结构等效类比 SiC/SiC 复合材料表面的凹坑缺陷。结果表明，多次表面修复情况优于单次修复，多次修复表面较完整，而 PSNB 单次修复后形貌呈多孔状，不利于复合材料表面的整体性。此外图 8-35 给出了不同填料比例改性 PSNB 对产物表面形貌的影响［PSNB 与填料的质量比为 4∶3（a）、1∶1（b）和 3∶4（c）］，结果表明，当 PSNB 与填料的质量比为 3∶4 时，表面裂纹数量降低，结构质量最佳。

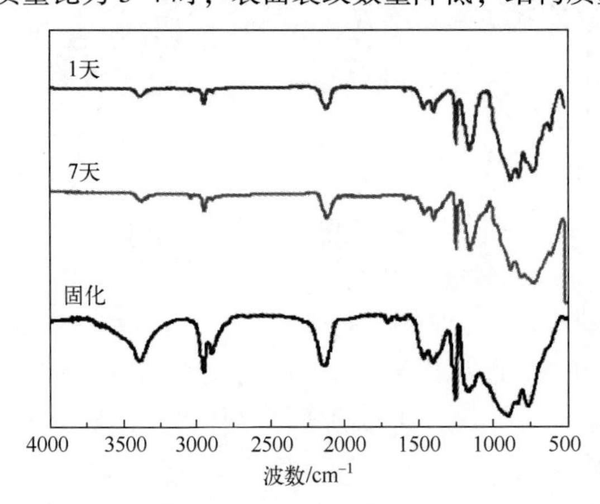

图 8-33 FTIR 红外光谱

8.2.4.4 发展趋势

胶接技术可实现在空气环境下低温固化进行结构黏结成型，缺陷填充、

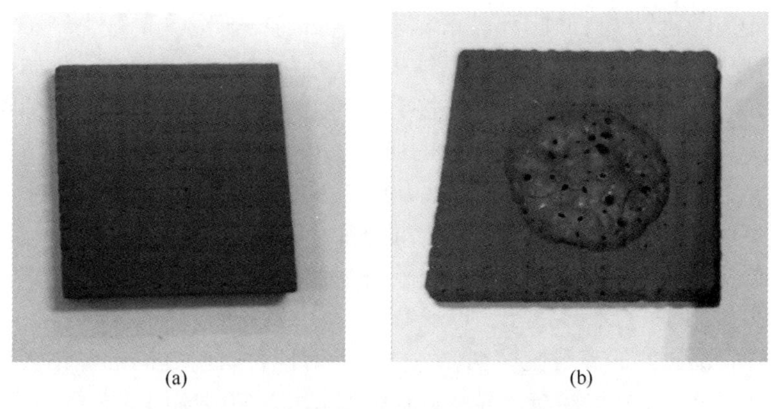

图 8-34　PSNB 修复 SiC/SiC 复合材料照片
(a) 多次修复；(b) 单次修复。

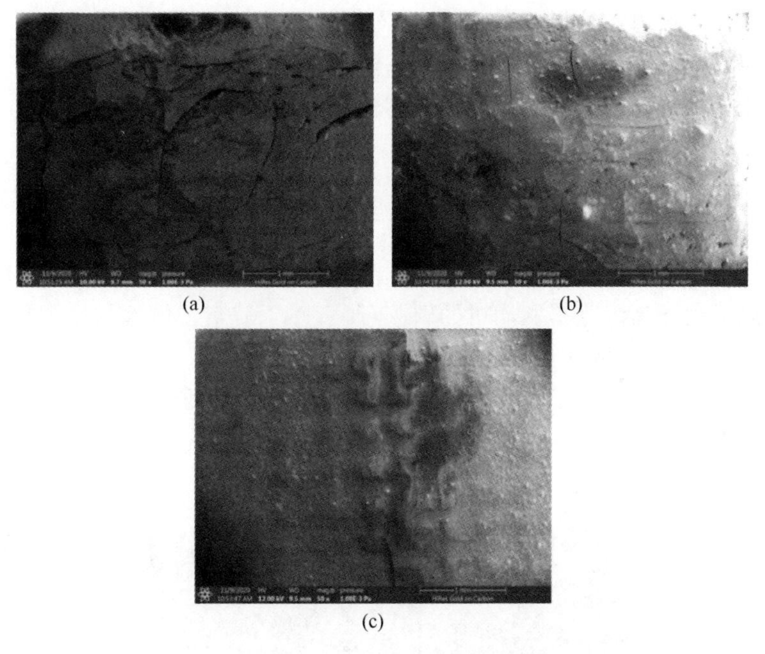

图 8-35　不同 PSNB 与填料质量比微观形貌图
(a) 4∶3；(b) 1∶1；(c) 3∶4。

修补，具有工艺简单、成本低等特点。尽管国内针对高温胶黏剂已开展了许多工作，并取得了一些进展，但从结果来看，仍存在以下不足：

(1) 相对于 C/C 和 C/SiC 复合材料，目前针对 SiC/SiC 复合材料胶接技术的研究较少，处于起步阶段。在 SiC/SiC 复合材料胶接技术的研究中需借鉴

C/C 和 C/SiC 复合材料的研究成果和思路。目前的研究主要是黏结工艺、连接性能的报道和讨论。对于高温黏结来说，因为热处理温度高，黏结过程中的物理、化学变化复杂，对于黏结接头处的结构变化与黏结性能间的相关性研究还不够深入，对高温黏结机理的研究还很少。另外，在树脂基体、改性填料的设计、优化等方面，也都需要开展更多更细致的工作。

（2）现有高温胶黏剂普遍黏结强度较低，一般采用嵌接、套接、槽接等形式，或与其他连接方式结合使用，在作为结构型高温黏结方面，还存在着较大的发展空间。

（3）目前研究的高温胶黏剂，主要是针对同种材料之间的黏结，而发展异种材料之间的高性能黏结，显然具有更为重大的实践应用意义。

（4）高温黏结性能的测试与评价方面，开展的研究工作还不够广泛深入。目前，尚无针对在复杂应力、应变负载条件下的高温黏结部件的高温耐久性、稳定性的相关报道。所谓的高温黏结强度，一般多采用高温处理，低温或室温测试的方式进行评价。因此，针对高温环境/要求条件下的性能研究，目前开展得还非常少，与实践应用还存在着较为明显的距离。

8.3 CMC-SiC 连接技术的应用

通过利用先进的连接技术子部件，已经制造了许多 CMC 组件。CMC 的连接组件包括用于高级跑车发动机的碳-碳阀、用于航空、航天的高温传感器等附件、C/C-SiC 刹车盘，以及 CMC 热交换器等。

图 8-36 为 MI 反应连接构件。图 8-37 为德国 MT 公司的 C/SiC 襟翼、连接杆和连接螺钉均采用 SiC 基复合材料制备，这种连接方式可以承受很高的温度和应力[41]。图 8-38 为 SiC/SiC 复合材料扩张密封片构件与高温合金的螺

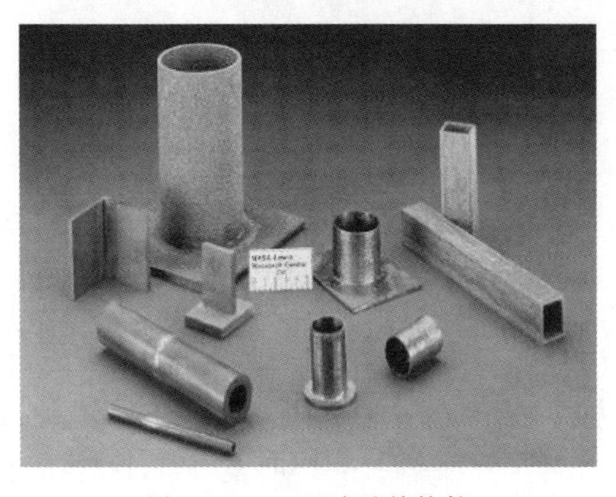

图 8-36　MI 反应连接构件

栓连接与铆接图。图 8-39 为 SiC/SiC 复合材料构件与铝合金采用金属螺栓连接的开口补强典型试验件。图 8-40 为 SiC/SiC 复合材料 L 型加筋壁板复材销钉连接典型试件。

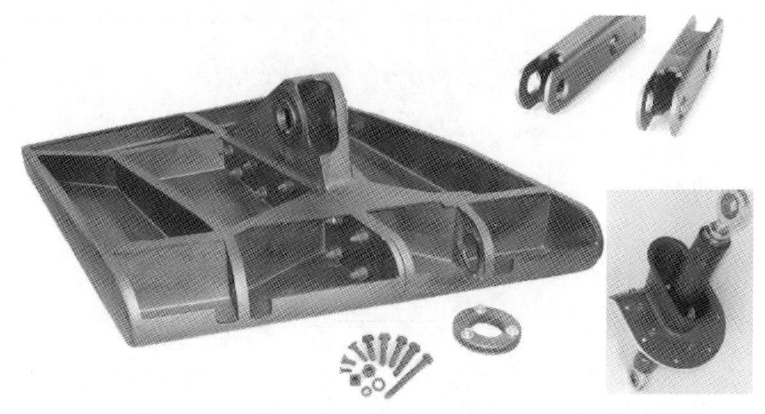

图 8-37　德国 MT 公司制备的 C/SiC 襟翼（600mm×600mm，含支撑架、连接杆、固定装置）

(a)

(b)

图 8-38　SiC/SiC 复合材料及螺栓连接与铆接构件

（a）构件铆接正面；（b）构件铆接反面。

图 8-39　SiC/SiC 复合材料开口补强典型试件与铝合金的连接（金属螺栓）

图 8-40　SiC/SiC 复合材料 L 型加筋壁板复材销钉连接典型试件

8.4 小　　结

随着陶瓷基复合材料的不断发展与应用需求，迫切需要有效的连接集成技术制造大型复杂形状的 CMC 组件以拓展 CMC 在航空、航天、发电、核和交通领域的应用。需要考虑连接设计理念、设计因素和连接技术以及 CMC 连接与 CMC 制造的关系，特别需要掌握润湿性、表面粗糙度和残余应力在接头强度和完整性中的作用。目前，CMC 接头的一些关键问题需要解决。其中包括：

（1）试验条件下的连接性能数据是否可以实现工程化应用与参考。

（2）构件连接处的接触角和黏结功表现出相当大的化学和结构的不均匀性。

（3）热疲劳、蠕变、热冲击和侵蚀性环境对 CMC 连接处长期耐久性的影响，在零件的使用寿命中是否保留了初始的接头特性，连接处在服役过程中的模量变化和热机械性能随时间的变化。

（4）复杂应力条件下接头的性能，由于 CMC-SiC 在高温、高压，氧化/腐蚀性环境下长时间使用，接头的强度将受到包括微裂纹扩展、应力破裂、蠕变、热机械循环和氧化/腐蚀在内的降解机制的控制，抗氧化性和阻尼（声学特征）是否发生变化。

（5）接头设计和测试方法的标准化，确定接合处的应力状态，即在工作条件下的拉伸、剪切或拉伸和剪切应力的组合以及 CMC 构件制造中寿命预测模型的开发和集成。CMC 连接构件在工作条件下会承受不同类型的应力状态，如图 8-41 所示。这些应力状态很难在简单的试验条件下测试模拟，在实际使用条件下对 CMC 构件进行现场试验[42]。

对于聚合物-基体复合材料系统，已经建立了各种接头设计和设计标准。已经使用多种测试方法来确定拉伸强度、剥离强度、弯曲强度、剪切强度和压缩强度。但是与纤维增强陶瓷基复合材料的连接技术不同，陶瓷-陶瓷系统的接头设计和测试尚未得到很好地开发和理解，需要针对上述问题开展相关工作的研究。

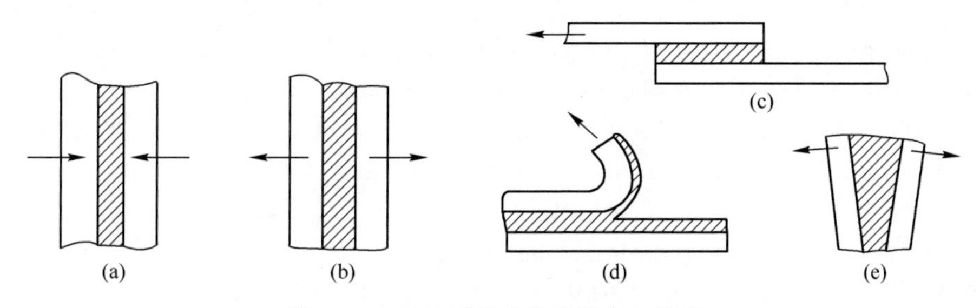

图 8-41 CMC 接头中的常见应力状态
(a) 压缩；(b) 拉伸；(c) 剪切；(d) 剥离；(e) 分裂。

参考文献

[1] 美国 CMH-17 协调委员会、复合材料手册第 5 卷：陶瓷基复合材料 [M]. 上海：上海交通大学出版社，2016.

[2] SINGH M, SHPARGEL T, MORSCHER G N, et al. Active metal brazing and characterization of brazed joints in Ti to carbon-carbon composites [J]. Materials Science and Engineering, 2005, 412: 123-128.

[3] SINGH M, ASTHANA R, SHPARGEL T. Brazing of C-C composites to Cu-clad Mo for thermal management applications [J]. Materials Science and Engineering A, 2007, 452-453 (2): 699-704.

[4] SINGH M, ASTHANA R. Joining of advanced ultra-high-temperature ZrB_2-based ceramic composites using metallic glass interlayers [J]. Materials Science and Engineering A, 2007, 460 (5): 153-162.

[5] ASTHANA R, SINGH M, SHPARGEL T P. Brazing of ceramic-matrix composites to titanium using metallic glass interlayers [J]. Ceramic Engineering and Science Proceeding, 2006, 27 (2): 159-168.

[6] SINGH M, SHPARGEL T P, Morscher G. N, et al. Active metal brazing of carbon-carbon composites to titanium [C]//Proceedings of 5th International Conference on High-Temperature Ceramic-Matrix Composites (HTCMC-5), Seattle, 2004 .

[7] SINGH M, ASTHANA R. Brazing of advanced ceramic composites: Issues and challenges [M]. New York: John Wiley & Sons, Inc. , 2011.

[8] SNEAD L L, STEINER D, ZINKLE S J. Measurement of the effect of radiation damage to ceramic composite interfacial strength [J]. Journal of Nuclear Materials, 1992, 191-194: 566-570.

[9] MORSCHER G N, SINGH M, SHPARGEL T P, et al. A simple test to determine the effectiveness of different braze compositions for joining Ti tubes to C/C composite plates [J]. Materials Science and Engineering A, 2006, 418 (1): 19-24.

[10] MORSCHER G N, SINGH M, SHPARGEL T P. Comparison of different braze and solder materials for joining Ti to high-conductivity C/C composites [C]//Proceedings of 3rd International Conference on Brazing and Soldering, San Antonio, 2006.

[11] APPENDINO P, FERRARIS M, CASALEGNO V, et al. Direct joining of CFC to copper [J]. Journal of Nuclear Materials, 2004, 329 (1): 1563-1566.

[12] SALVO M, LEMOINE P, FERRARIS M, et al. Cu-Pb rheocast alloy as joining materials for CFC composites [J]. Journal of Nuclear Materials, 1995, 226 (1-2): 67-71.

[13] JIMÉNEZ C, MERGIA K, LAGOS M, et al, Joining of ceramic matrix composites to high temperature ceramics for thermal protection systems [J]. Journal of the European Ceramic Society, 2016, 36: 443-449.

[14] CAO Z, CARDEW - HALL M. Interference - fit riveting technique in fiber composite laminates [J]. Aerospace Science and Technology, 2006, 10: 327-330.

[15] SINGH M. A reaction forming method for joining of silicon carbide-based ceramics [J]. Scripta Materialia, 1997, 37 (8): 1151-1154.

[16] SINGH M, FARMER S C, KISER J D. Joining of silicon carbide-based ceramics by reaction forming approach [J]. Ceramic Engineering and Science Proceeding, 1997, 18: 161-166.

[17] SINGH M. A new approach to joining of silicon carbide - based materials for high - temperature applications [J]. Industrial Ceramics, 1999, 19: 91-93.

[18] LEWINSOHN C A, JONES R H, SINGH M, et al. Methods for joining silicon carbide composites for high-temperature structural applications [J]. Ceramic Engineering and Science Proceeding, 1999, 20: 119-124.

[19] MARTINEZ-FERNANDEZ J, MUNOZ A, VARELA-FERIA F M, et al. Interfacial and thermomechanical characterization of reaction formed joints in SiC-based materials [J]. Journal of the European Ceramic Society, 2000, 20: 2641-2648.

[20] 刘善华, 邱海鹏, 刘时剑, 等. 一种碳化硅基复合材料原位反应连接方法: 202011343132.6 [P]. 2020-11-25.

[21] 刘时剑. 一种销钉连接 SiC/SiC 复合材料的方法: 201911028610.1 [P]. 2019-10-25.

[22] KRENKEL W, HENKE T, MASON N. In-situ joined CMC components [C]. Int. Conf. on Ceramic and Metal Matrix Composites-CMMC, San Sebastian/Spain, 1997.

[23] KRENKEL W, HENKE T. Modular design of CMC structures by reaction bonding of SiC [C]//Proceedings of Materials Solutions Conference 99 on Joining of Advanced and Specialty Materials, 2000.

[24] FERRARIS M, SALVO M, ISOLA C, et al. Glass-ceramic joining and coating of SiC/SiC

for fusion applications [J]. Journal of Nuclear Materials, 1998, 258 (part-P2): 1546-1550.

[25] SALVO M, FERRARIS M, LEMOINE P, et al. Joining of CMCs for thermonuclear fusion applications [J]. Journal of Nuclear Materials, 1996, s 233-237 (part-P2): 949-953.

[26] 刘善华，王岭，张冰玉，等. 一种前驱体浸渍裂解法制备 SiC/SiC 复合材料销钉的方法：201610942743. X；106565261B [P]. 2016-11-01.

[27] SHANHUA L, HAIPENG Q, LING W, et al. The Microstructure and Shear Properties of SiC/SiC Composite Pins with Designed SiC Fiber Preform [J]. Solid State Phenomena. 2019. 281: 367-374.

[28] 谢巍杰，邱海鹏，陈明伟. 一种 SiC/SiC 复合材料的连接方法：201711257277. 2 [P]. 2017-12-01.

[29] 张毅. CVI-2D C/SiC 复合材料铆接单元的力学行为与失效机制 [D]. 西安：西北工业大学. 2017.

[30] DOGIGLI M, HANDRICK K, BICKEL M, et al. CMC Key Technologies - Background, Status, Present and Future Applications [C]. Hot Structures and Thermal Protection Systems for Space Vehicles, Proceedings of the 4th European Workshop, Palermo, 2003.

[31] 盛磊. 俄罗斯宇航工程中常用的胶黏剂 [J]. 航天返回与遥感, 2001, 22 (2): 48-55.

[32] 李春华，齐暑华，王东红. 耐高温有机胶粘剂研究进展 [J]. 中国胶粘剂, 2007, 16 (10): 41-46.

[33] 张文娟，陈剑华. 耐高温有机硅涂料及粘接剂 [J]. 有机硅材料, 2002, 16 (3): 28-31.

[34] 李芝华，丑纪能，邓飞跃. 耐高低温环氧有机硅胶黏剂的力学性能研究 [J]. 化工新型材料, 2006, 34 (8): 62-64.

[35] 王喜梅，拓锐，柴娟. 耐高温有机胶黏剂研究进展 [J]. 化学与黏合, 2008, 30 (6): 60-64.

[36] 宁志强，鲁文涛，牛永安. 无机有机杂化耐高温酚醛树脂胶黏剂的制备与性能研究 [J]. 化学与黏合, 2008, 30 (3): 17-19.

[37] 乔吉超，胡小玲，管萍. 酚醛树脂胶粘剂的研究进展] J]. 中国胶粘剂, 2006, 17 (7): 45-48.

[38] 唐梅，孙丽荣，常青，等. 胶粘剂在航天领域的应用 [J]. 化学与粘合, 2002 (3): 171-172.

[39] 齐贵亮，王喜梅，张玉龙. 耐高温有机胶粘剂的研究进展 [J]. 粘接, 2008, 29 (11): 47-51.

[40] 巴德玛，乔玉林. 耐温有机胶粘剂的发展现状 [J]. 中国表面工程, 2003, 16 (2): 5-9.

[41] KARIN D R, HANDRICK E. Ceramic Matrix Composites (CMC) for demanding Aerospace and Terrestrial Applications [C], XXI Congress AIV, Catania, May 2013.

[42] LANDROCK A H. Adhesives Technology Handbook [M], Noyes Publications, Park Ridge, NJ 1985: 32.

第9章

SiC/SiC 复合材料无损检测

碳化硅纤维增强陶瓷基复合材料（silicon carbide fiber/silicon carbide ceramic matrix composites，SiC/SiC CMC）具有很好的耐高温性能和抗高温氧化性能，因而用于高推比航空发动机和高超声速飞行器中的高温耐热零部件的制造[1-3]，例如，发动机高压压气机叶片、机匣、高压与低压涡轮盘及叶片、燃烧室、加力燃烧室、火焰稳定器及排气喷管等热端部件，已被业内认为是 SiC/SiC 复合材料的重要应用方向[1-3]。目前，在 SiC/SiC 复合材料研发和推广应用中遇到的突出问题之一是如何通过无损检测方法和技术手段揭示其内部质量、进行内部缺陷的检测与评估，同时帮助工艺优化，制造符合设计要求且质量稳定的 SiC/SiC 复合材料零部件。近年有许多文献报道了该研究方向的研究，主要集中在超声[4-5]、激光超声[6]、声-超声[7]、声发射[8-10]、射线[10-13]、红外[14]、电阻[15-16]等方面，其中部分研究是针对 SiC/SiC 复合材料试样，通过在实验室小尺寸样品条件下，开展的 SiC/SiC 复合材料试样缺陷或损伤的检测、监测可检性的试验探索；有些则是研究 SiC/SiC 复合材料缺陷的可检性和 SiC/SiC 复合材料结构件的无损检测与缺陷评估问题。由于 SiC/SiC 复合材料成型工艺的特殊性和内部微结构特征，以及复杂的高温使用环境，性能要求仍然处于不断的积累、认识过程中，因而给 SiC/SiC 复合材料无损检测与缺陷评估带来了许多技术挑战，特别是 SiC/SiC 复合材料中的多空（孔）隙行为，给传统的无损检测方法和缺陷判别增添了巨大的难度。因此，如何构建有效的检测方法，获取与 SiC/SiC 复合材料内部缺陷量化评估关联的检测信号，十分具有技术挑战性。此外，SiC/SiC 复合材料缺陷或损伤的容限阈值、接受/拒收标准、缺陷判据等目前在工程应用层面，尚处于不断积累和认识期，这些都给 SiC/SiC 复合材料无损检测与评估带来了巨大的技术挑战。因而，SiC/SiC 复合材料无损检测与评估再次成为业内关注的焦点和热点。目前这方面的研究可以分为检测方法试验探索或者检测原理试验探索、缺陷或损伤表征与评估、面向工程应用的检测技术研发等[4-18]。近年来，航空工业复材检测与评估研究团队在 SiC/SiC 复合材料无损检测技术应用方面，有了显著的进展[17-19]。

因此，本章重点介绍 SiC/SiC 复合材料主要缺陷及其特征，SiC/SiC 复合材料超声、X 射线数字成像（DR）、CT、THz、红外等无损检测与评估方面的研究进展和典型检测应用结果，以及未来 SiC/SiC 复合材料无损检测与评估技术主要发展趋势等。

9.1　SiC/SiC 复合材料常见缺陷类型及其特征

根据缺陷产生时所在的 SiC/SiC 复合材料成型过程和工序，缺陷可分为以下两类：

（1）预制体成型阶段的纤维类缺陷，包括纤维预制体分布不均、SiC 纤维束丝断裂、纤维预制体外来夹杂、纤维缺失等。

（2）高温裂解阶段产生的工艺类缺陷，包括分层、裂纹、孔隙等。

根据材料密度、缺陷成分和性质，又可将 SiC/SiC 复合材料和结构件中的缺陷分为以下两类：

（1）低密度材料中夹杂高密度材料，包括纤维预制体中夹杂金属类高密度材料。

（2）高密度材料中夹杂低密度材料，包括纤维预制体中纤维分布不均、SiC 纤维束丝断裂、SiC/SiC 复合材料分层、孔隙、裂纹等都表现为高密度材料中夹杂低密度材料。

低密度材料中夹杂金属等高密度材料，可以采用 DR 检测方法、CT 和超声方法检出。

高密度材料中夹杂低密度材料，其中孔隙分布的随机性较强，形状不规则，彼此间连通情况复杂，呈三维形貌。针对高密度材料中夹杂空气等低密度材料，当内部夹杂空气层具有紧贴性质时，如分层，DR、CT 检测方法检测效果有局限性，可采用超声类方法进行此类紧贴型缺陷的检测；当内部夹杂空气体积大到足够对射线衰减产生明显影响时，可采用 DR、CT 检测方法进行检测。

图 9-1 显示了 SiC/SiC 复合材料内部显微结构特征和缺陷发展演变过程。

图 9-2 是 2D 结构的 SiC/SiC 复合材料 0°和 90°方向的断面视频和光学显微结果，从图中可以看出，0°和 90°断面微观结构特征一致，均可见水平方向和垂直方向的 SiC 纤维束，即经纱和纬纱，相互垂直交织，水平方向纤维束即纬纱呈空间波形屈曲形态，并且每层纬纱波形屈曲状态不一致，不整齐，具有随机性和无规律性，同时可见层内和层间 SiC 基体内存在不同形状尺寸

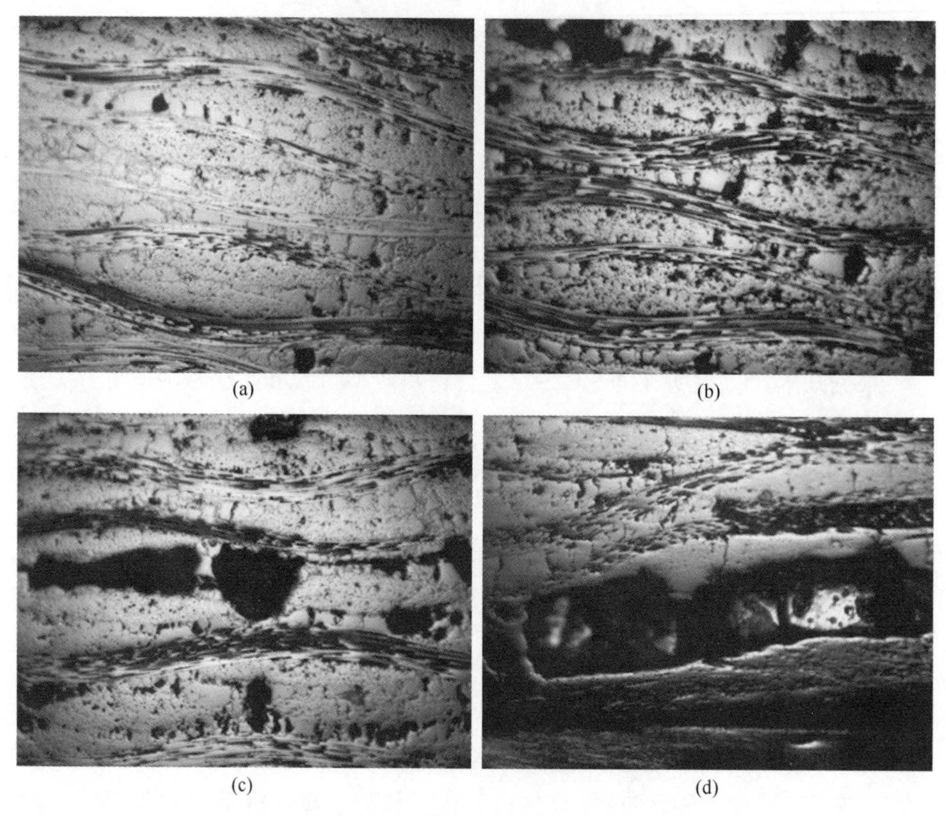

图 9-1 SiC/SiC 复合材料不同工艺缺陷特征
(a) 好区；(b) 微细孔隙；(c) 孔洞；(d) 分层。

的孔洞和孔隙。当采用超声检测方法对 2D 结构 SiC/SiC 复合材料进行检测时，根据超声传播理论，声波会在声阻抗不同的两种材料构成的声学界面产生反射/折射/散射，这些声学界面主要包括：

(1) SiC/SiC 复合材料表面-耦合介质界面。

(2) 经纱和纬纱垂直交织而成的单层织物铺层之间的层间界面。

(3) 单层织物铺层内经纱-纬纱之间的呈波形屈曲状态的界面。

(4) SiC 纤维/基体-内部气孔/孔隙/分层缺陷界面。

(5) SiC/SiC 复合材料底面-空气/耦合介质界面。

声波在传播过程中，除了因 SiC 纤维和 SiC 基体材料本身引起的衰减，还有两个主要的衰减原因：一方面，内部疏松的多孔隙结构会造成声波在 SiC/SiC 复合材料内部传播时的高衰减，这种衰减主要是由声波在 SiC 纤维/基体-内部气孔/孔隙/分层缺陷界面的反射\折射\散射引起的；另一方面，声波在 SiC 2D 单层织物铺层内经纱-纬纱之间的呈波形屈曲状态的界面的反射也是造

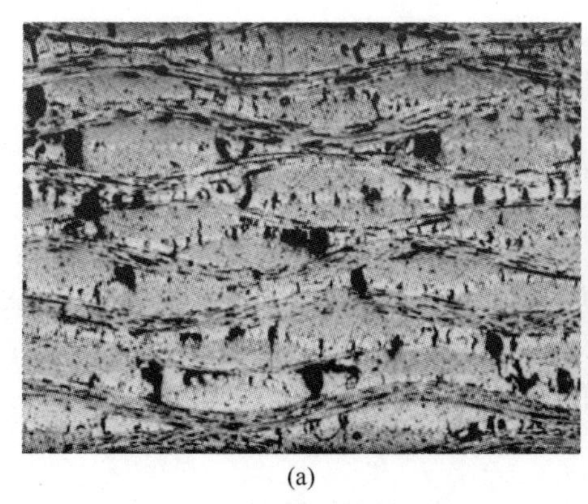
(a)

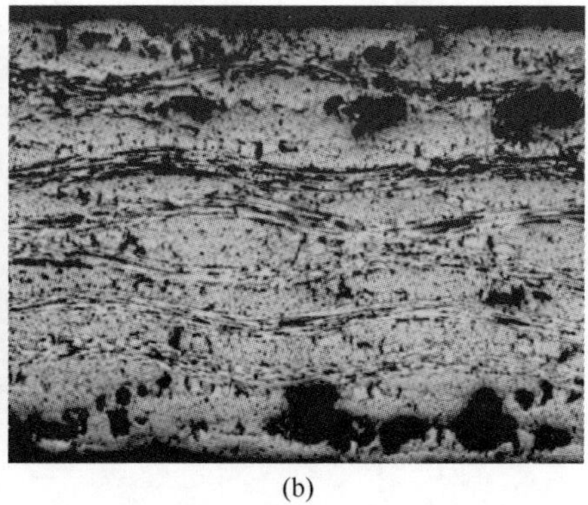
(b)

图 9-2　2D 机织 SiC/SiC 复合材料断面显微结果
（a）0°方向；（b）90°方向。

成声波能量衰减的重要影响因素，因为声波在声学界面的反射遵循镜面反射原理，所以当声波沿法线垂直入射到声学界面时，声波会沿着法线方向返回，此时接收到的反射回波信号能量最大，最有利于进行检测和缺陷识别，声波在 2D SiC/SiC 复合材料内部传播时，由于 2D 结构单层铺层内水平方向纤维束（或称纬纱）呈空间波形屈曲形态，因此，会造成声波入射到该界面时沿法线对称方向反射，并且使换能器不能接收到反射的这部分声波能量，因而造成声波能量的损失和衰减加剧。

2.5D 机织 SiC/SiC 复合材料是在厚度方向上将若干层同向重叠的 SiC 纤维经纱与纬纱相互垂直交织进行连接，通过纬纱将若干层经纱进行分层接结而形成预制体，然后通过不同成型工艺来完成 SiC/SiC 复合材料构件的制备。图 9-3 是 2.5D 机织 SiC/SiC 复合材料 0°和 90°的断面光学显微结果，从中可以看出，0°方向断面可见明显的整齐排列的呈空间波形屈曲形态的 SiC 纬纱，同时可见层内和层间 SiC 基体内存在不同形状尺寸的孔洞和孔隙。另外，在呈波形屈曲形态的 SiC 纬纱层与层之间，存在厚度方向上排列较整齐的毫米级缺陷，呈分层状。从 90°断面可见垂直于切割面的、单一方向的 SiC 纤维经纱，束内 SiC 基体内存在孔隙和孔洞，以及 0.5~1.5mm 级类似孔隙。

可见，2.5D 与 2D 结构 SiC/SiC 复合材料内部微观结构和缺陷特征区别明显。

当采用超声检测方法对 2.5D 机织 SiC/SiC 复合材料进行检测时，与 2D 材料相比，超声波在其内部传播规律具有一致性，材料内部同样存在多个声学界面，包括：

（1）SiC/SiC 复合材料表面-耦合介质界面。

（2）呈空间波形屈曲状态的 2.5D 纬纱-经纱层间界面。

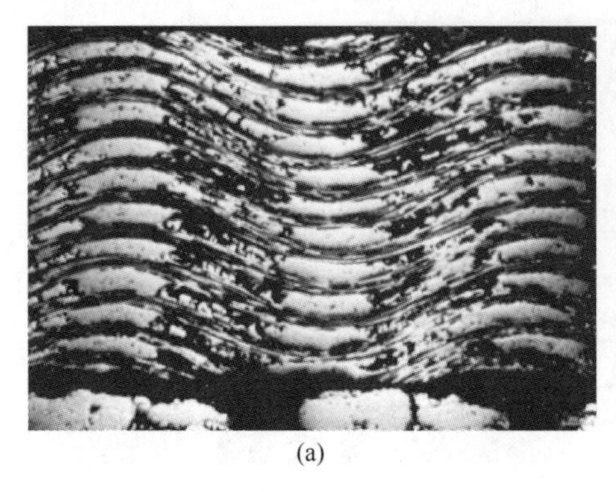
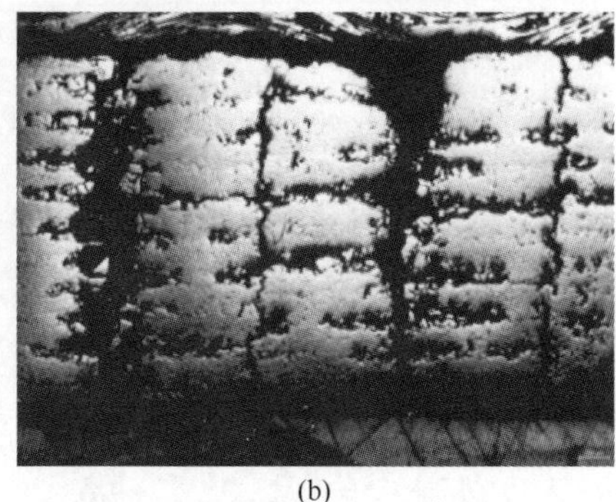

(a) (b)

图 9-3　2.5D 机织 SiC/SiC 复合材料显微特征
（a）0°方向；（b）90°方向。

（3）SiC 纤维/基体-内部气孔/孔隙/分层缺陷界面。

（4）SiC/SiC 复合材料底面-空气/耦合介质界面。

与 2D 相比，由于不是采用单层织物层合而成，因此 2.5D 内部不存在单层织物铺层之间的层间声学界面，但是存在呈波形屈曲状态的纬纱-经纱层之间的多个层间声学界面。

3D 机织 SiC/SiC 复合材料是在厚度方向引入接结经纱，与经纱、纬纱相互垂直交织进行连接形成一个整体，然后通过不同成型工艺来完成 SiC/SiC 复合材料构件的制备。与 2D 和 2.5D 相比，3D 复合材料内部存在更多、更复杂的空间结构单元和几何形状，因此声波在其内部传播更加复杂，衰减也会受到更多因素的影响，造成衰减更加剧烈，影响超声检测信号。典型的 3D 机织方式 SiC/SiC 复合材料显微特征如图 9-4 所示。

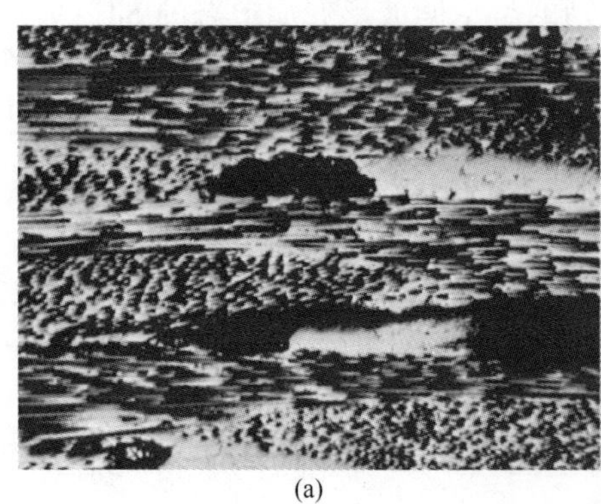
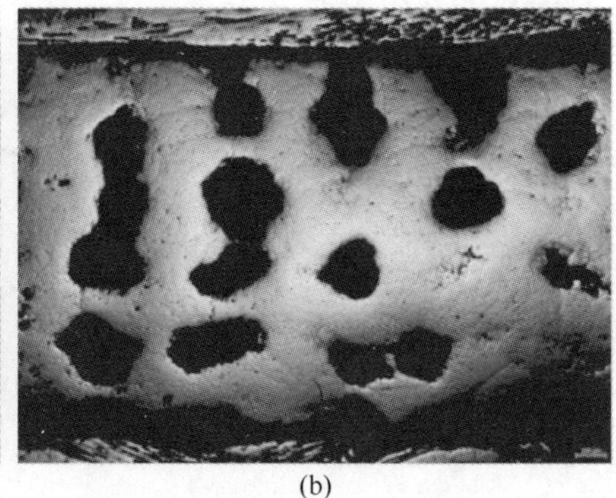

(a) (b)

图 9-4　3D 机织 SiC/SiC 复合材料显微特征
（a）3D 机织 SiC/SiC 复合材料显微特征 1；（b）3D 机织 SiC/SiC 复合材料显微特征 2。

已有的研究和试验结果表明，SiC/SiC 复合材料在成型、装配、使用以及试验过程中可能产生的缺陷主要包括以下几种情况：

1. 制造缺陷

制造缺陷主要是指 SiC/SiC 复合材料在高温裂解过程中形成的缺陷。目前用于 SiC/SiC 复合材料高温成型的方法有 PIP、MI、CVI 等不同工艺方法，每种高温成型工艺方法的特点又有所区别，从而引入的缺陷行为及其特征不尽相同。但从近年的研究和积累来看，SiC/SiC 复合材料中的制造缺陷主要包括以下几种情况：

（1）孔隙：由多个离散分布的微米级气孔组成，是 SiC/SiC 复合材料中一种固有的物理特征，只是孔隙达到某种量级才能被容许存在，通常不同的热端部件对孔隙要求有所不同。但一般认为特别优良的 SiC/SiC 复合材料，其孔隙含量在 2%以下，如图 9-5 所示，在 SiC/SiC 复合材料内部，孔隙非常少；良好的 SiC/SiC 复合材料，其内部孔隙含量在 5%以下，如图 9-6 所示。

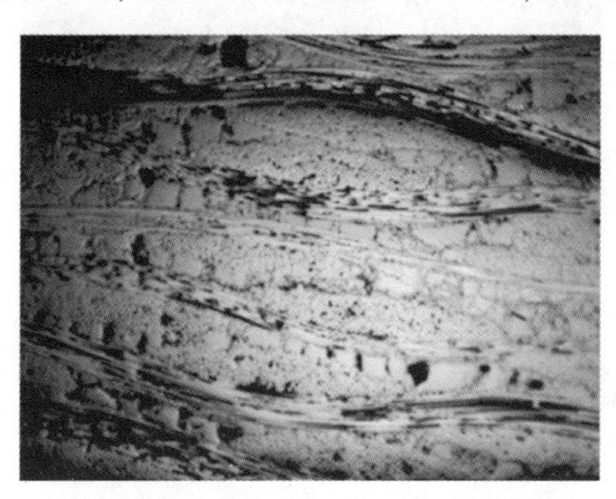

图 9-5　优异的 SiC/SiC 复合材料内部孔隙及其分布特征（40×）

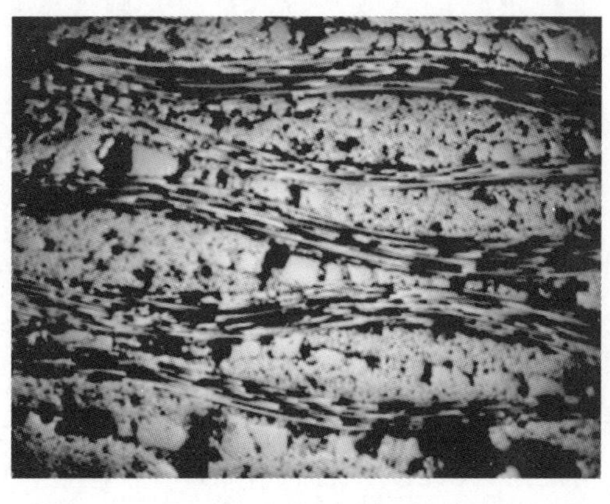

图 9-6　良好的 SiC/SiC 复合材料内部孔隙及其分布特征（40×）

(2) 分层：在 2D SiC/SiC 复合材料制造过程中容易出现，在 2.5D 和 3D 的 SiC/SiC 复合材料中不常见，但如果脱模不当，也可能产生分层缺陷，不过这种分层一般位于 SiC/SiC 复合材料浅层深度位置。

(3) 孔洞：是 SiC/SiC 复合材料中比较容易产生的一类缺陷，与 SiC/SiC 复合材料高温裂解的程度有密切的关系，在物理特征上，尽管孔洞与孔隙都具有离散分布的特征，但孔洞是比孔隙更大的缺陷，通常单个孔洞的尺寸在毫米量级。出现孔洞时，总会伴随出现孔隙。图 9-7 是一含有典型孔洞的结果，从图中可以非常清晰地看出孔洞与孔隙的特征和区别。

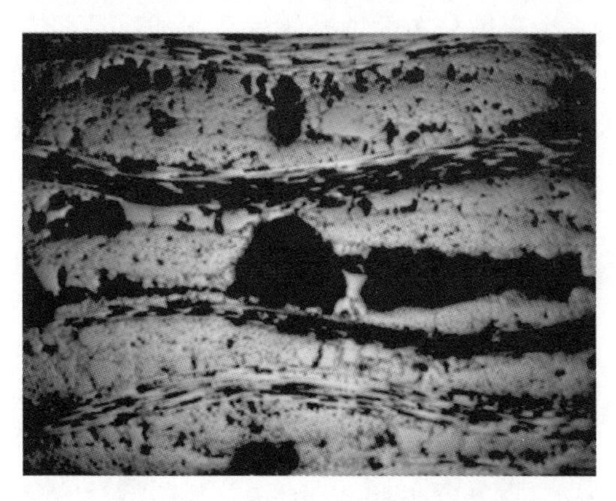

图 9-7　孔洞及其分布特征（40×）

(4) 裂纹：是 SiC/SiC 复合材料在高温裂解过程中或者脱模过程中，由于局部应力过度集中引起的一类缺陷，分为微裂纹和裂纹，通常裂纹的取向比较复杂。

除了上述几种典型制造缺陷，SiC/SiC 复合材料基体浸渍不均、纤维屈曲、纤维断裂、纤维缺少等也是这类复合材料在制造过程可能产生的一些缺陷。

2. 加工缺陷

加工缺陷是指在 SiC/SiC 复合材料完成高温成型之后，在对其进行后续机械加工和装配过程中引入的缺陷，它与 SiC/SiC 复合材料零件机械加工、装配等密切有关，在 SiC/SiC 复合材料零件装配过程中比较常见的加工缺陷主要包括制孔区缺陷和装配区缺陷，缺陷开度分布在几百微米到毫米量级。

3. 损伤

SiC/SiC 复合材料中的损伤可以分为以下两类：

(1) 服役损伤：是指 SiC/SiC 复合材料零件在使用过程中，因结构受力和承载以及高温热环境等作用下，产生的各种损伤，如分层、断裂、裂纹等，取向长度一般在毫米量级以上。

(2) 扩展损伤：是指 SiC/SiC 复合材料中原有非超标的制造缺陷在服役环境条件下，出现了新的扩展后，超过了设计容许的损伤容限值的缺陷，其取向长度一般也在毫米量级以上。

SiC/SiC 复合材料无损检测与缺陷评估就是需要针对不同的制造阶段、可能会产生的缺陷、损伤特点、检测要求、检测环境等研究制定相应的检测方法、检测标准和实现手段，其中缺陷判据和缺陷量化评估方法的建立尤为重要。

9.2　碳化硅复合材料无损检测方法

从研究角度，目前有关碳化硅纤维增强陶瓷基复合材料无损检测方法包括超声、激光超声、声-超声、声发射、射线、红外、太赫兹、电阻等检测方法。对于在航空等领域不断得到实际应用的 SiC/SiC 复合材料，超声、射线、CT 是比较可行的检测方法。其中超声方法因其快速、低成本、易实现自动化和检测结果成像、缺陷定性定量准确，且环保，对 SiC/SiC 复合材料中的分层、孔隙、夹杂、裂纹等常见缺陷具有很好的检出能力，已成为 SiC/SiC 复合材料制件的一种非常有效的检测方法，但在不允许使用液体耦合剂时，超声检测将受到限制，对于一些高孔隙率的 SiC/SiC 复合材料制件，因声波衰减十分剧烈，也会导致超声检测困难，特别是超声对 SiC/SiC 复合材料制件在制孔过程中产生的孔边周围小缺陷、孔内残留物等实施检测和检出时比较困难。红外作为一种检测方法，具有非接触的特点，也不需要耦合剂，但其缺陷检出能力不及超声方法，而且红外检测总体上还是对表面和近表面缺陷有一定的检出能力，而且必须是缺陷的存在引起被检测制件表面的温度场分布的变化量在所使用的红外检测仪器灵敏度范围内，需要热加载和准确的热加载过程控制，热加载不均会带来检测结果解读困难，过度或欠热加载，都不利于获得正确的缺陷检出结果；此外，红外检测对检出缺陷的定性定量尚有一定的困难；同样，红外检测对 SiC/SiC 复合材料制件在制孔过程中产生的孔边周围小缺陷、孔内残留物、孔壁缝隙等难以检出。另一种非常可行的检测方法就是基于射线的 DR 和 CT 检测方法，一方面，相比超声方法，射线具有非接触的特点；另一方面，相比红外方法，DR 和 CT 检测方法具有很高的检测灵敏度，对 SiC/SiC 复合材料制件中具有体积分布特征的缺陷或微结构变化具有高的检出能力。但 CT 检测效率比较低，检测成本高，需要专门的辐射防护。

9.2.1 碳化硅复合材料 DR 无损检测方法

9.2.1.1 DR 检测原理

目前用于航空发动机的 SiC/SiC 复合材料一般厚度在 4mm 以下，对于 X 射线，属于非常薄的结构，基于 X 射线的检测原理（图 9-8），入射射线在 SiC/SiC 复合材料中的透射能量 I 可近似地表示为

$$I=I_0 e^{-\beta h} \tag{9-1}$$

式中 I_0——入射 X 射线的能量；

β——射线衰减系数；

h——传播距离，即 SiC/SiC 复合材料厚度。

基于 $I=I_0 e^{-\beta h}$ 变化的理论检测灵敏度（这里指 DR 检出最小缺陷的能力）可以近似地表示为

$$\varphi=kh \tag{9-2}$$

式中 k——试验系数，与 DR 设备的综合性能有关，一般取 $k=0.01\sim0.02$；

h——被检测 SiC/SiC 复合材料厚度。

对于发动机用 SiC/SiC 复合材料，一般 $h=(1\sim4)$mm，则有 $\phi=(10\sim80)\mu$m，表明当缺陷的存在引起的厚度的变化超过了 $\phi=(10\sim80)\mu$m 时，DR 可能检出其缺陷。

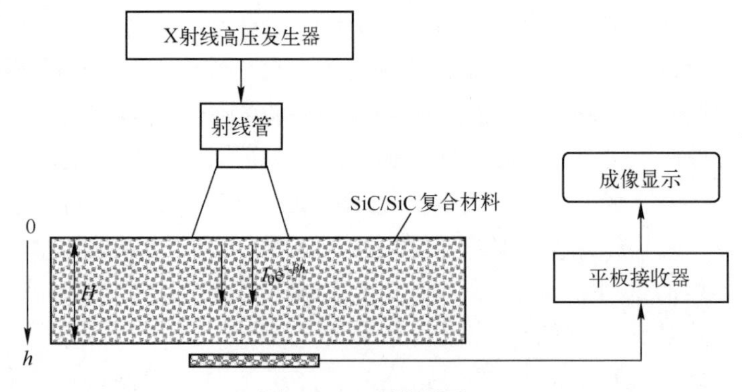

图 9-8 DR 检测原理

对于 DR 成像显示信号，可分辨的成像灰度级差为 RGB(r,g,b)，在饱和显示情况下，可分辨的 SiC/SiC 复合材料检测厚度为

$$H=\varphi\times \mathrm{RGB}(r,g,b) \tag{9-3}$$

理想的情况是使被检测 SiC/SiC 复合材料小于 H，或者使缺陷引起的灰度尽量大。

为了提高 SiC/SiC 复合材料中小尺寸或小开度缺陷的检出能力，可采用变

参考灰度阈值的成像显示方式，实现 DR 检测结果的动态显示。

9.2.1.2　缺陷识别

进行缺陷识别时，首先要获得一幅高质量的 DR 图像，为提高对裂纹、孔隙等缺陷的识别度，推荐使用高分辨率 X 射线检测设备进行检测，设备空间分辨率一般不低于 5lp/mm，动态范围不小于 16bit，采用不经过滤的软 X 射线进行透照成像，同时选择较小的焦点尺寸和较低的管电压及较长的积分时间有利于缺陷的检出。典型的检测图像及空间分辨率测试如图 9-9 和图 9-10 所示。

图 9-9　典型 DR 检测结果（空间分辨率为 5lp/mm，正片）

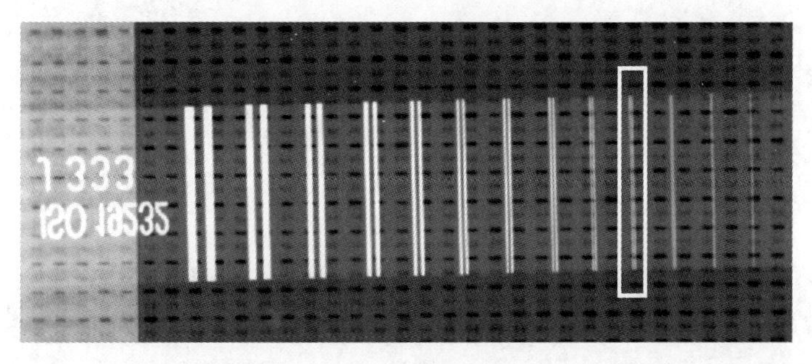

图 9-10　空间分辨率测试（5lp/mm，图中长方形框内丝对可分辨，正片）

图 9-11 是典型 SiC/SiC 复合材料纤维分布不均匀缺陷的 DR 检测结果，从 DR 图像中可以明显发现纤维分布存在差异，纤维排列分为两种情况：一种是纤维成束排列，容易分辨，可能预示内部质量相对较好，如图 9-11（a）所示；另一种是纤维分散排列，分布不均，可能预示着其内部质量较差，如图 9-11（b）所示。

图 9-12 是典型 SiC/SiC 复合材料纤维缺失缺陷的 DR 成像检测对比结果，

图 9-11　SiC/SiC 复合材料纤维分布不均匀 DR 成像检测结果（负片）
（a）纤维成束排列；（b）纤维分散排列。

图 9-12（a）是不存在纤维缺失，可以看出内部纤维分布整齐，浸渍均匀，图 9-12（b）是内部存在纤维缺失，可以明显发现纤维分布存在缺失，如图中箭头所指，图 9-12（c）是放大后的纤维缺失部分 DR 成像检测结果，纤维缺失显示更加清晰。

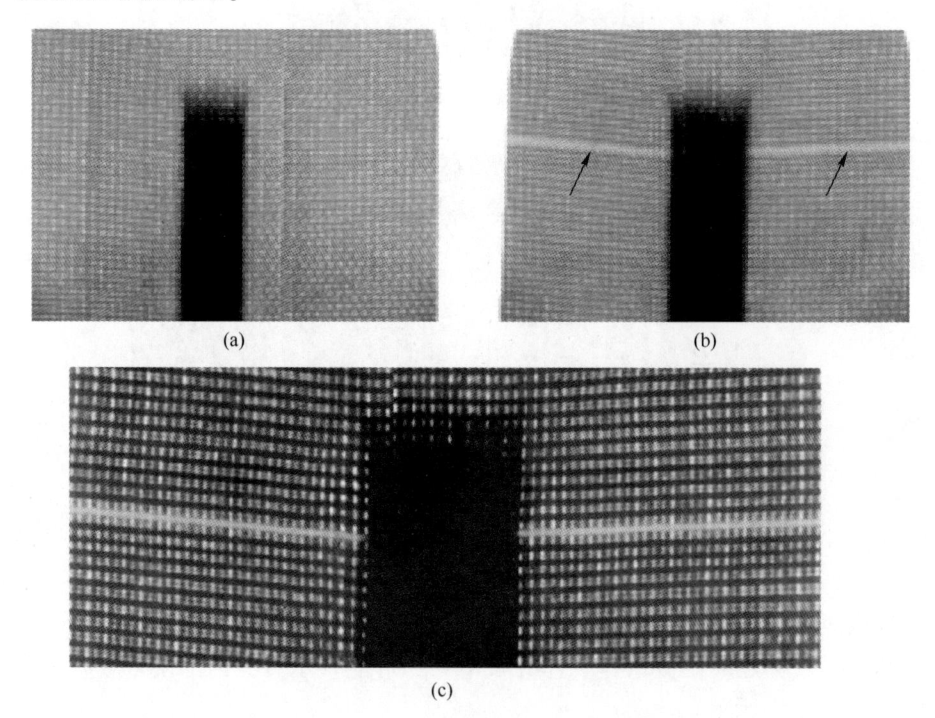

图 9-12　SiC/SiC 复合材料纤维缺失 DR 成像检测结果（负片）
（a）无纤维缺失缺陷；（b）有纤维缺失缺陷；（c）纤维缺失缺陷局部放大。

图 9-13 为 SiC/SiC 复合材料纤维束不连续形成的孔洞缺陷 DR 成像检测结果，如图中箭头所指。

图 9-13　SiC/SiC 复合材料纤维束不连续形成的空洞缺陷 DR 成像检测结果（负片）

图 9-14 是典型 SiC/SiC 复合材料预制体内部金属夹杂 DR 检测结果，图 9-14（a）预置金属夹杂（不锈钢球）尺寸由大（左下）到小（左上）依次为 2.0mm、1.5mm、1.0mm、0.5mm。图 9-14（b）中对应的试块内预置丝状金属夹杂（铜丝）丝径尺寸由左到右依次为 0.15mm、0.20mm、0.35mm、0.40mm、0.70mm、0.90mm、1.0mm，可明显看出所预埋的金属丝夹杂缺陷。可见采用 DR 成像检测方法，可检出 SiC/SiC 复合材料内部直径为 0.5mm 的模拟金属球和丝径为 0.15mm 的金属丝夹杂缺陷。

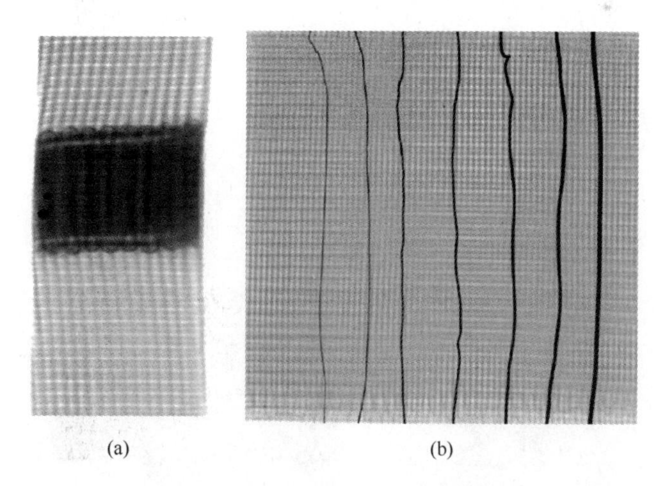

图 9-14　SiC/SiC 复合材料金属夹杂 DR 成像检测结果（负片）
（a）金属球夹杂；（b）金属丝夹杂。

图 9-15 是得到的典型 SiC/SiC 复合材料内部孔形缺陷的 DR 检测结果，孔径设计尺寸由大到小依次为 1.0mm、0.8mm、0.7mm、0.5mm、0.3mm。从图 9-15 中的 DR 图像上可明显看出所预埋的缺陷，DR 检出缺陷大小分别为 1.1mm（孔 1）、0.9mm（孔 2）、0.8mm（孔 3）、0.6mm（孔 4）、0.3mm（孔 5）。孔径越大，检测图像上缺陷位置的灰度值越大，与周围区域对比度越大，越容易分辨，随着孔径不断减小，灰度值也随着相应减小。尺寸测量值与实际预埋值有偏差，最大偏差值为 0.1mm。但试块上预埋的直径为 0.3mm 的孔型缺陷还是可以清晰地分辨出来。SiC/SiC 复合材料中的 0.1mm 宽的刻槽（模拟裂纹）也能清晰地检出。

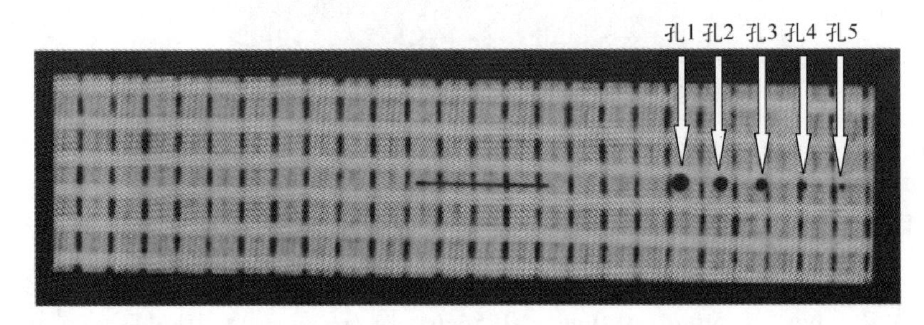

图 9-15　SiC/SiC 复合材料孔形缺陷和刻槽检出结果（正片）

图 9-16 是典型 SiC/SiC 复合材料内部裂纹的 DR 检测结果，从结果中可以看出，SiC/SiC 复合材料内部孔隙分布均匀，纤维排列规则，在黑色圈注区域可见工艺裂纹的影像。

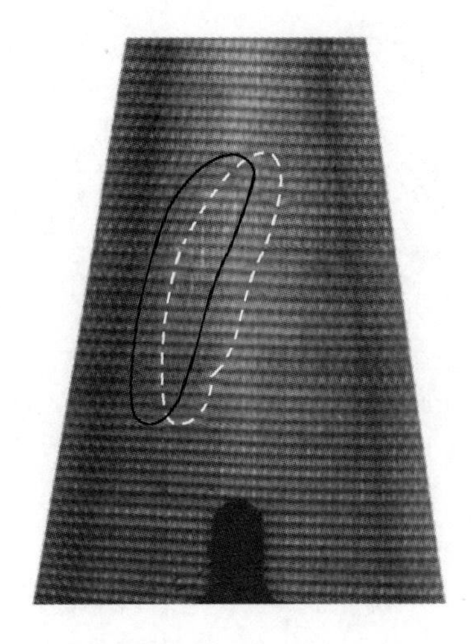

图 9-16　SiC/SiC 复合材料内部裂纹的 DR 成像检测结果（负片）

图 9-17 是试验得到的一组典型 SiC/SiC 复合材料在钻孔后铆接处缺陷的 DR 检测结果，从图中检出结果可以看出，搭接试块在孔的铆接处存在缝隙，如图中箭头所指的圆弧分布区所示。

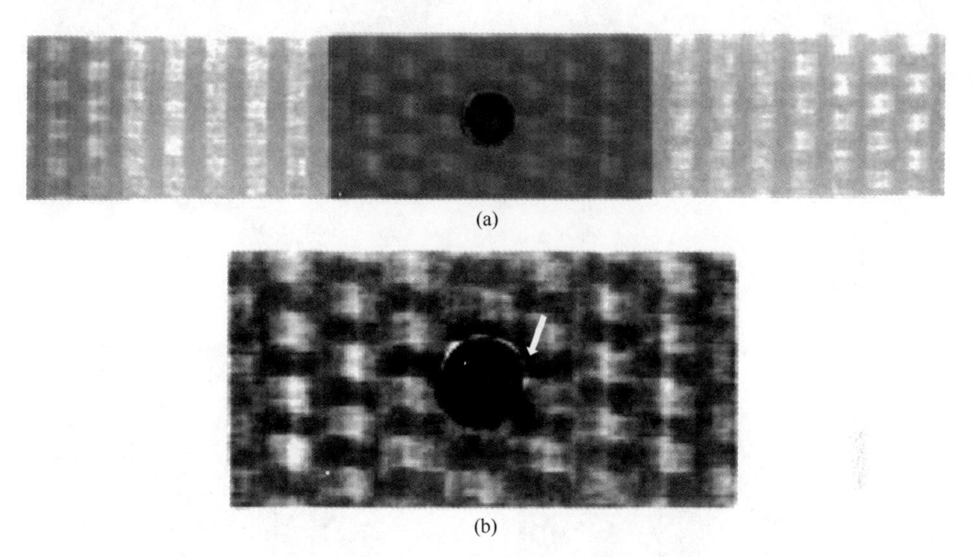

(a)

(b)

图 9-17　SiC/SiC 复合材料铆接缺陷 DR 成像检测结果（负片）
（a）钻孔后铆接处缺陷的 DR 检测结果；（b）钻孔后铆接处缺陷的 DR 放大结果。

图 9-18 是来自 SiC/SiC 复合材料的非线性超声 C 扫描结果和 DR 检测结果，从图 9-18（a）中可以看到被检测样件因为声波能量衰减不同造成的灰度成像显示结果不同，灰度越深表示声波在传播过程中能量衰减越大。在 C 扫描结果中可以清晰地显示出贴在试样表面的 X 形和圆形标记，中间部位有疑似缺陷区（如图中方框区），另外，可见因工艺结构原因造成的呈规则排列的灰度显示，如图中黑色箭头所指。采用 DR 检测方法对同一样件进行了对比检测研究，图 9-18（b）是 DR 扫描结果（零件表面未贴标记），DR 结果中也可以看到孔隙分布相对均匀，纤维束排列比较规则，并可见工艺结构形成的排列规则的灰度显示，与超声 C 扫描检测结果中的箭头所指灰度显示结果一致，但在 DR 结果中未发现工艺样件超声检测结果中的异常指示区域。

图 9-19 是另一组 SiC/SiC 复合材料的超声 C 扫描检测结果和 DR 对比检测结果，在图 9-19（a）中缺陷区占试块的绝大部分，判断为分层缺陷，图 9-19（b）为 DR 检测结果，从结果中未发现超声检测结果中的大面积分层工艺缺陷，因为 DR 对于碳化硅复合材料中分层缺陷和紧贴型缺陷不敏感所致。

图 9-20 是 2.5D SiC/SiC 复合材料平板的数字射线检测结果，纤维束编织

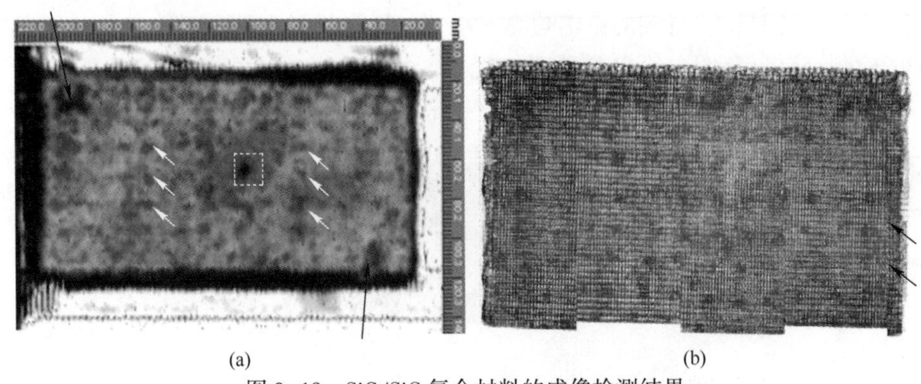

图 9-18 SiC/SiC 复合材料的成像检测结果
（a）超声检测结果；（b）DR 检测结果（负片）。

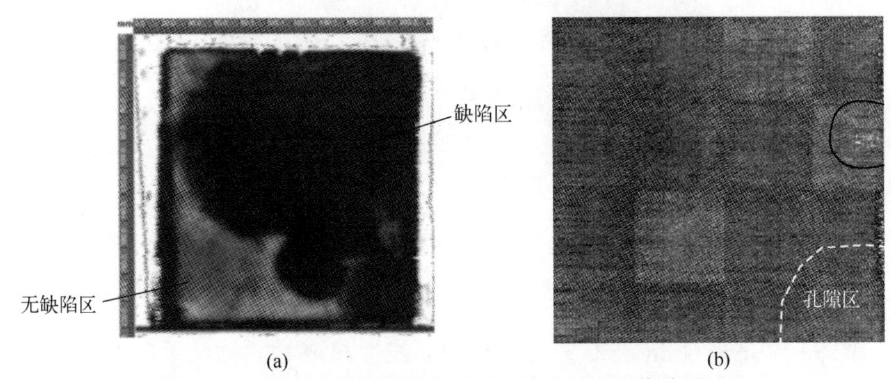

图 9-19 SiC/SiC 复合材料分层的超声和 DR 成像检测对比
（a）超声 C 扫描结果；（b）DR 检测结果（负片）。

纹路及走向排列规则，纤维不同方向间的孔隙分布规律整齐，且孔隙射线衰减较小，在检测图像上的灰度值明显小于周围区域。

图 9-20 2.5D 编织 SiC/SiC 复合材料件的 DR 检测结果局部放大图
（纤维与孔隙，负片）

从图 9-21 可以看出，3D 编织 SiC/SiC 复合材料内部纤维束影像由于重叠，在图像中已经不易分辨出走向及分布状况，试块内部存在的分布不均匀的孔隙可明显分辨，且孔隙形态为细长型。

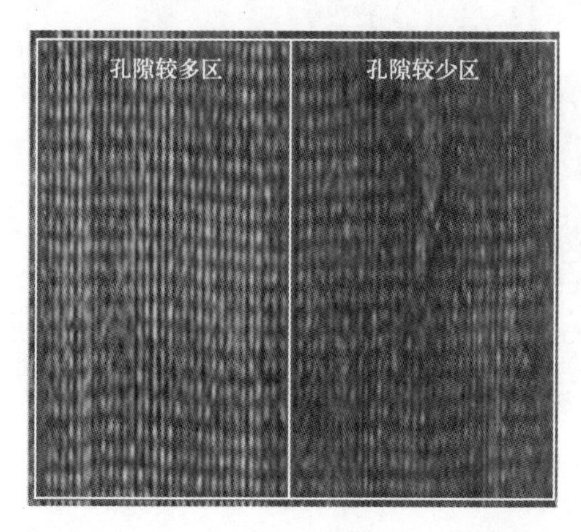

图 9-21　3D 编织 SiC/SiC 复合材料平板的 DR 检测结果局部放大图
（孔隙分布情况，负片）

从 DR 检测结果可以看出，2.5D 编织 SiC/SiC 复合材料检测结果最为清晰，纤维束分布规则易分辨，内部的孔隙分布规律性较强；从 2D 编织 SiC/SiC 复合材料检测结果可以看出缝合线及针孔影像，纤维束分布及走向也易辨别，孔隙分布呈现不规则区域分布；从 3D 编织工艺 SiC/SiC 复合材料检测结果可以看出，纤维束重叠交织在一起，对于单条纤维束难以分辨，孔隙整体分布不均匀，密集部位呈带状区域分布。从单个孔隙形状进行区分，2.5D 编织工艺试样的单个孔隙大多为长方形，2D 编织工艺试样的单个孔隙大多为点状，3D 编织工艺试样的单个孔隙大多为细条状。

检测结果表明，采用基于低能量 X 射线衰减行为的 DR 检测方法可以检测不同编织工艺的 SiC/SiC 复合材料试样，检测结果清晰可靠，可以对其进行内部质量评判和微结构表征。

对于 DR 检测方法统计 SiC/SiC 复合材料试样的孔隙率，可采用圆密度法：通过统计图像中圆区域内的灰度值 M_1，与正常区域灰度值 M_0（代替孔隙率为 0 的理论灰度值），得出的值为孔隙率的值：

$$V=\frac{M_0-M_1}{M_1-M} \tag{9-4}$$

式中　M——图像底值。以 2017GG-2 试块为例，方法如下。

获取底值 M，如图 9-22 所示，在图像没有试块投影的部位，测量 4 处圆密度取平均值，$M=0.3863$。

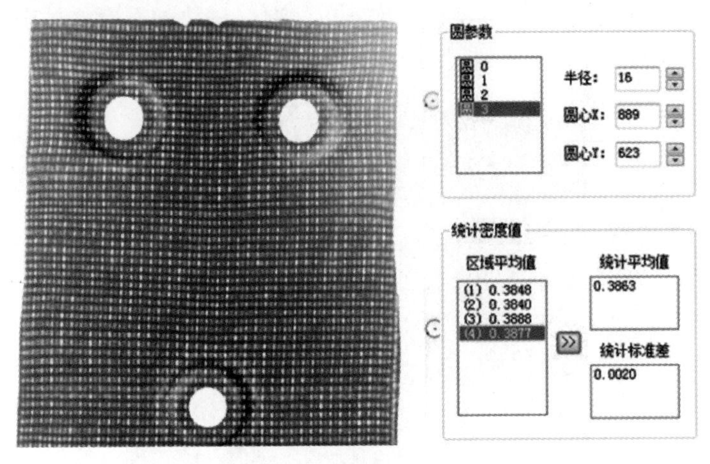

图 9-22　带孔试块圆密度测量结果 M（负片）

如图 9-23 所示，取图像关注区域进行圆密度测量，取得 $M_1=0.2962$。

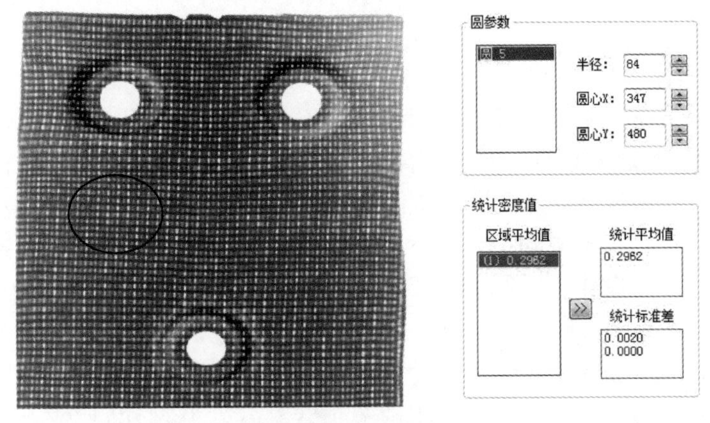

图 9-23　带孔试块圆密度测量结果 M_1（负片）

如图 9-24 所示，正常区域的圆密度 $M_0=0.2898$。

通过式（9-4）计算得出该区域孔隙率：

$$V=\frac{0.2898-0.2962}{0.2962-0.3863}=7.1\% \tag{9-5}$$

由于正常区域灰度值与孔隙率为 0 时的理论灰度值存在偏差，因此计算出的结果存在一定的误差。

试验结果表明：

（1）使用数字射线（DR）对孔隙率进行测试，图像数字化可便于检测结

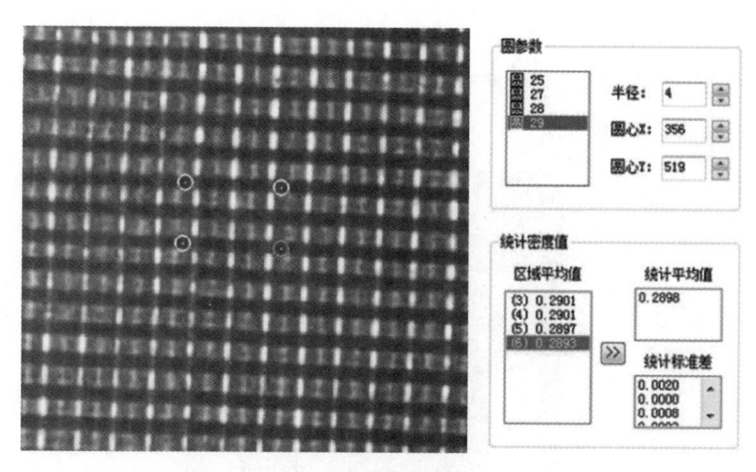

图 9-24　带孔/试块圆密度测量结果 M_0（负片）

果的分析。

（2）试验检测结果与理论值存在一定的偏差，需进行试验修正。

（3）对比试块很重要，需提供孔隙率为 0 的试块进行取值，厚度及均匀度与被检测试样相同且同时进行照射成像。

9.2.2　SiC/SiC 复合材料超声检测方法

9.2.2.1　超声穿透法检测方法

针对 SiC/SiC 复合材料，超声穿透法扫描成像检测是一种可行的检测方法，如图 9-25 所示，是采用超声穿透法进行检测得到的检测结果，透射信号规律非常清晰，采用非聚焦声束，超声增益为 34dB，频率为 1MHz，SiC/SiC 复合材料厚度为 3mm，可以得到比较好的检测声波透射效果。而利用此时的透射声波信号，采用超声扫描成像方法，可以得到较为清晰的成像检测效果，

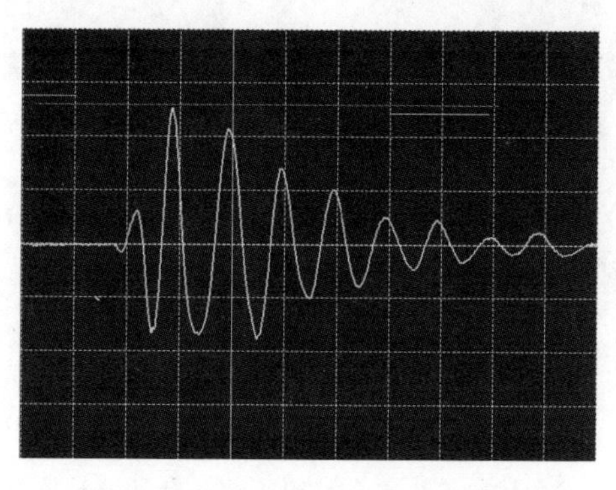

图 9-25　超声穿透法 A 扫描典型检测结果

如图 9-26 和图 9-27 所示，其中：灰度显示，颜色越深，内部质量越好，虚线框内为试样扫描区域，虚线框边缘黑色区域为夹具区域，如黑色箭头所指白色圆点为试样上的通孔。

图 9-26 扇形件的超声穿透法 C 扫描成像检测结果

图 9-27 超声穿透法 C 扫描成像检测结果

图 9-28 所示超声穿透法 C 扫描结果中，高亮部分对应着质量好区，可以

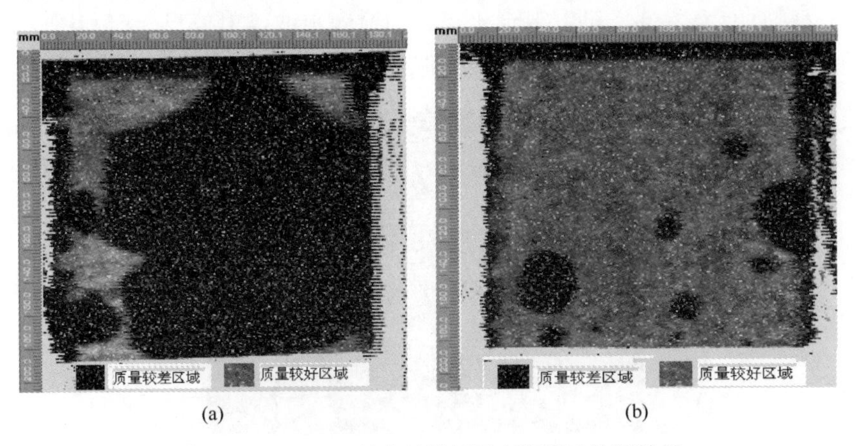

(a) (b)

图 9-28 SiC/SiC 复合材料板超声穿透法检测结果

（a）1#试样；（b）2#试样。

看出 SiC/SiC 复合材料 1#试样大部分质量较差，而 SiC/SiC 复合材料 2#试样大部分质量较好。SiC/SiC 复合材料板缺陷区和好区典型的超声 A 显示信号特征波形如图 9-29 所示，图中 F 为来自试样表面的声波反射，B 为来自试样底面的声波反射，D 为来自缺陷的声波反射，D1 为 D 的二次，从图中可以非常清晰地看出超声信号与缺陷的关联变化规律。

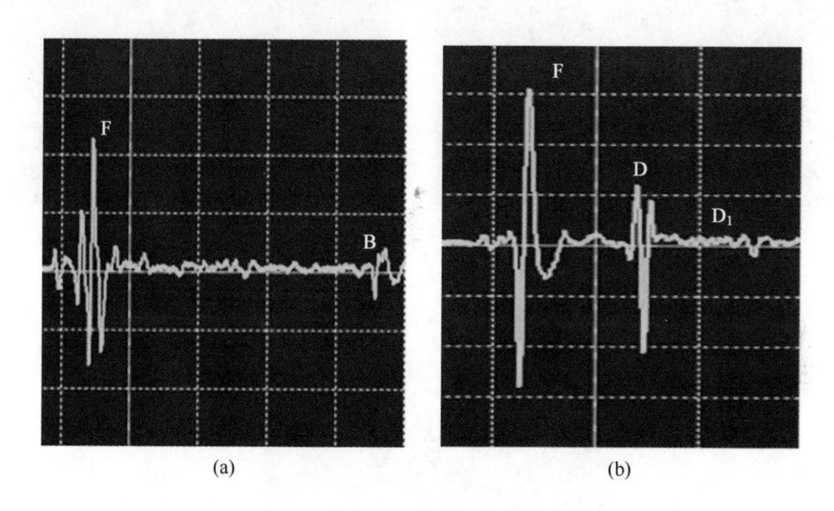

图 9-29　SiC/SiC 复合材料板件高分辨率超声 A 显示特征信号

（a）无缺陷；（b）分层。

9.2.2.2　高分辨率超声反射法检测方法

超声反射法扫描成像检测是 SiC/SiC 复合材料一种非常有效的检测方法，如图 9-30 所示，采用聚焦声束、超声增益为 X3+8dB、FJ-1 换能器、SiC/SiC 复合材料厚度为 5mm 时，可以得到比较好的检测声波反射效果，尽管此时底波信号比较小，但仍然清晰可见，当然，底波的大小还与试样内部的孔隙率含量和材料的致密性有密切关系。图 9-31 是 SiC/SiC 复合材料试样 A、试样 B、试样 C1~C6 的成像检测效果，图中的灰度分布反映了试样内部的致密性的基本特征。

图 9-32 是 SiC/SiC 复合材料弯曲试样典型的超声反射法 C 扫描结果，基于层波进行 C 显示，检测结果中高亮的试样对应着质量差的试样，反之对应着质量好的试样。对应的超声 A 扫描结果表明，质量较差的试样的 A 显示信号中界波与底波之间存在较高的反射回波，并且底波衰减明显，如图 9-33 所示；图 9-34 为质量较好试样的超声检测信号特征。

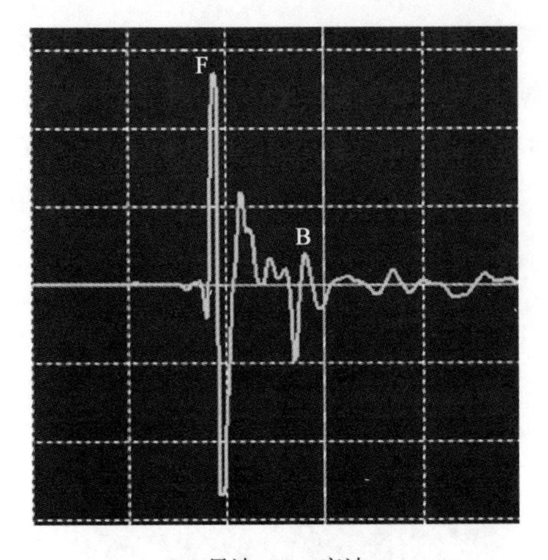

F—界波；B—底波。

图 9-30　试样 C1 高分辨率超声 A 扫描好区典型检测信号

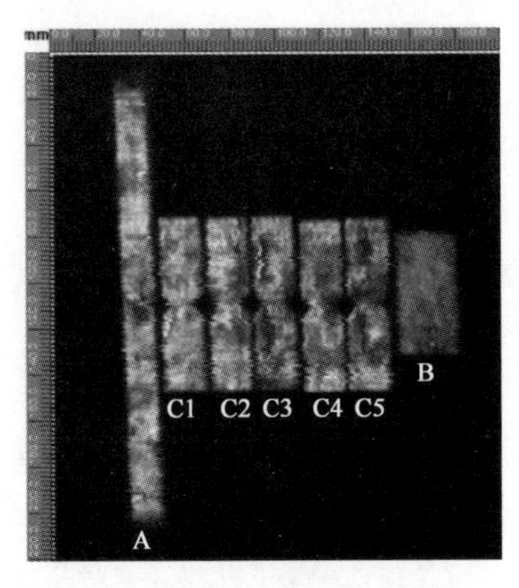

图 9-31　试样 A、试样 B、试样 C1～C6 超声 C 扫描结果

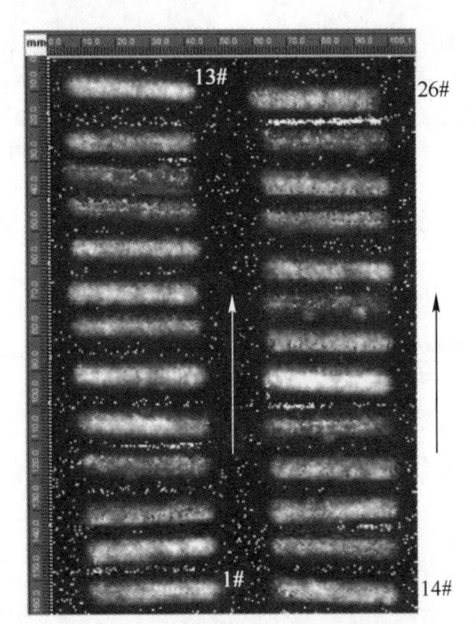

图 9-32　SiC/SiC 复合材料室温弯曲试样高分辨率超声 C 显示结果

9.2.2.3　非线性 A-U 检测方法

SiC/SiC 复合材料是一种典型的含孔隙的材料，声波衰减非常强烈，采用常规超声技术很难在 SiC/SiC 复合材料中形成有效的检测信号，进行缺陷判别与检测。发动机用高温 SiC/SiC 复合材料，要求必须检出较小尺寸的孔隙等缺陷，要求采用较高频率的超声波作为入射声波，而频率的提高会严重降低入射声波在 SiC/SiC 复合材料中的穿透能力，造成无法获取有效的检测信号；技术上，降低频率是提高入射声波穿透能力的技术途径之一，但频率的降低，

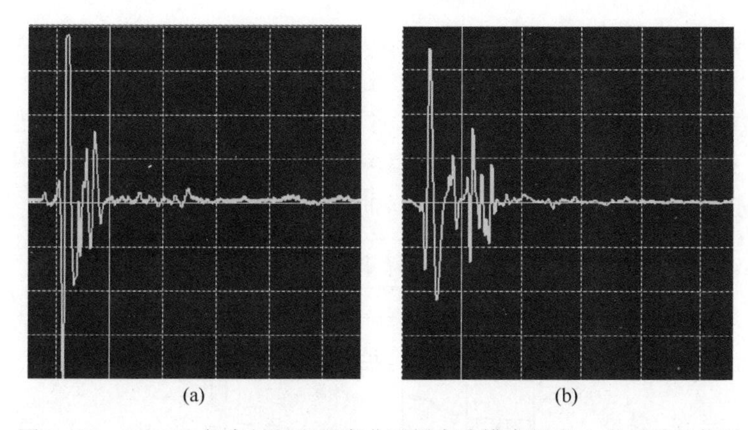

图 9-33　SiC/SiC 复合材料室温弯曲试样高分辨率超声 A 显示特征信号
（a）5#试样；（b）13#试样。

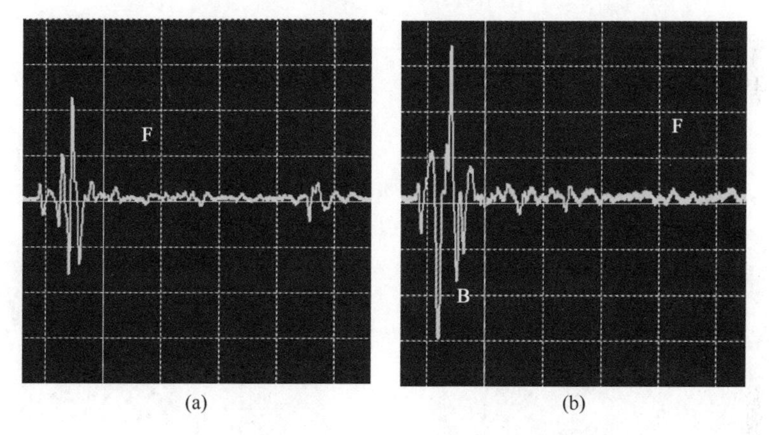

图 9-34　SiC/SiC 复合材料室温弯曲试样质量较好试样高分辨率超声 A 显示特征信号
（a）23#试样；（b）25#试样。

会显著降低超声检测分辨率，影响缺陷的检出能力和检测灵敏度。这就需要研究既能保持高的检测分辨率和检测灵敏度，又要具有合适的穿透能力的超声方法，利用入射声波在 SiC/SiC 复合材料中产生的非线性超声行为，可以实现入射声波的穿透能力的增强和接收信号的检测灵敏度的提升。图 9-35 是中国航空制造技术研究院复材中心检测与评估研究团队研究的非线性超声检测系统基本构成。

图 9-36 是一典型的试验结果，SiC/SiC 复合材料试样的厚度为 3mm，采用所研究的非线性超声激励-接收方法得到的试验结果，激励-接收模式为 FP22RFJ10，信号增益为-1dB，2#试样 3mm 厚，PIP 工艺。可见，采用所研究的非线性超声激励-接收方法，可以得到非常清晰的超声透射信号。图 9-37 是

采用常规的超声激励-接收模式，得到的典型超声回波信号，图中F来自SiC/SiC复合材料试样表面的声波反射，显然，在图9-37中没有接收到试样底面的回波信号，这表明在此模式下，声波不能穿透试样。可见，采用非线性超声激励-接收技术，更能较好地实现超声波在SiC/SiC复合材料中的传播，并基于此透射信号进行SiC/SiC复合材料的缺陷评估与无损检测。

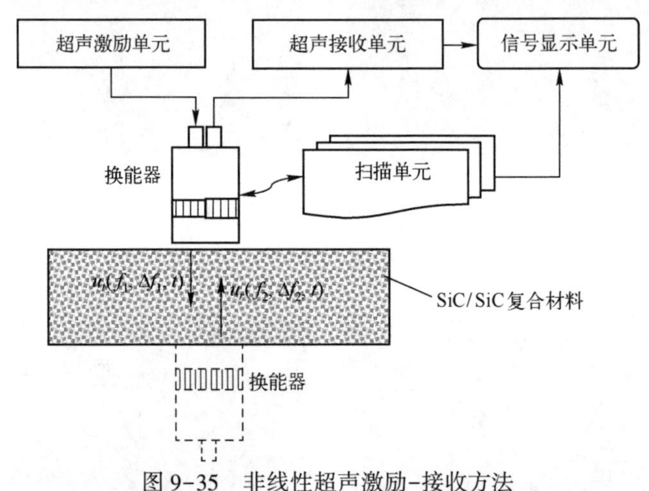

图9-35 非线性超声激励-接收方法

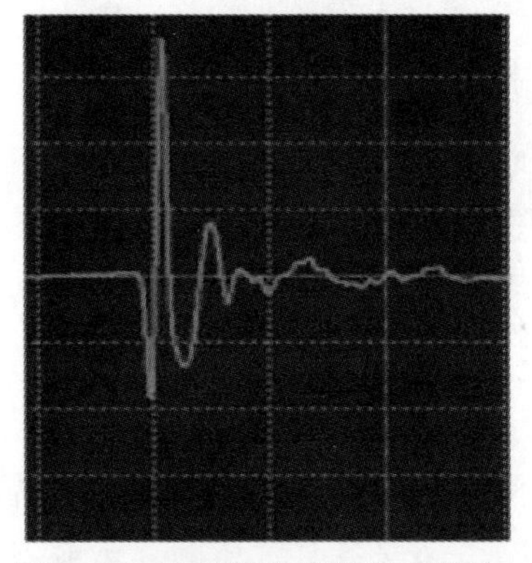

图9-36 典型的非线性超声激励-接收模式下的特征信号

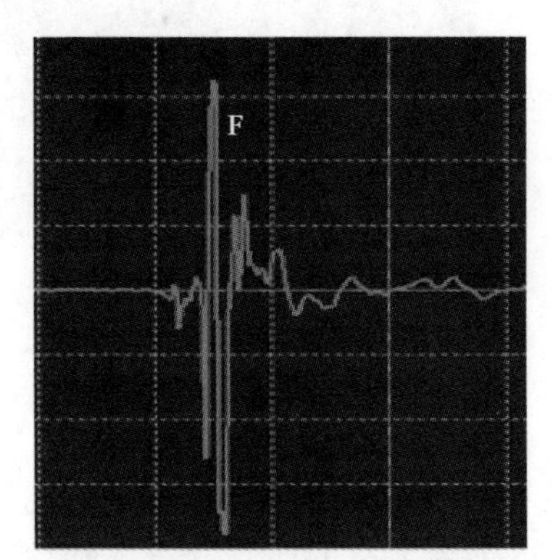

图9-37 常规超声激励-接收模式下的典型超声回波信号特征

针对SiC/SiC复合材料，A-U是一种非常有效的检测方法，图9-38是1#试样编织工艺的A-U检测结果，非线性参数为F2R5［图9-38（a）］和F5R2［图9-38（b）］，从图中可以看出，在不同的部位，A-U检测信号的特征不同。利用来自试样的A-U信号及其变化，可以实现SiC/SiC复合材料的A-U成像检测。图9-39是1#试样（编织工艺）的A-U成像检测结果，从图中的灰度分布可以清晰看出试样内部致密性分布变化。

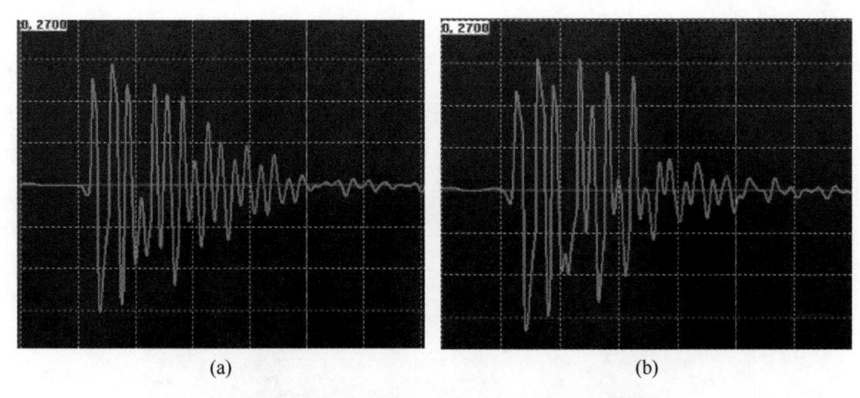

图 9-38　来自试样 A 的典型 A-U 检测信号规律

（a）对应 F2R5 参数的结果；（b）对应 F5R2 参数的结果。

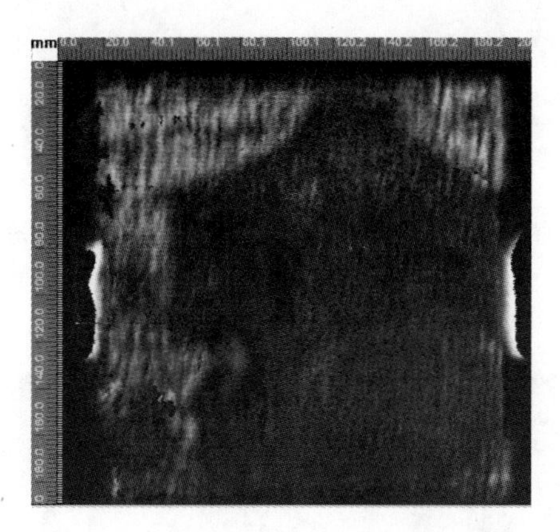

图 9-39　1#试样的 A-U 扫描成像结果

9.2.3　CT 检测方法

针对 SiC/SiC 复合材料 X 射线 CT 是一种重要的无损检测方法，对试样进行逐层扫描和成像，观察试样的外部特征和物体内部相互之间的结构关系。检测参数如表 9-1 所示，试样实物如图 9-40 所示。

表 9-1　SiC/SiC 复合材料弯曲试样 CT 扫描参数

序号	管电压 /kV	管电流 /μA	帧频 /(幅/s)	扫描方式	扫描速度 /(°/s)	扫描幅数 /幅	COR	放大比
4#	150	150	1	连续扫描	0.5	720	65.5	22.836
9#	150	150	1	连续扫描	0.5	720	33.0	22.836

对 SiC/SiC 复合材料进行逐层 CT 扫描，射线穿过试样射线场强分布发生了改变，携带了试样内部的结构信息，经探测器转化为电信号，通过计算机图像处理软件，以图像的形式再现，图 9-41 和图 9-42 分别为 4#试样和 9#试样的不同 CT 扫描层成像结果，在结果中可以发现 SiC/SiC 复合材料基体中的气孔和孔隙缺陷，如图中黑色小灰度区。

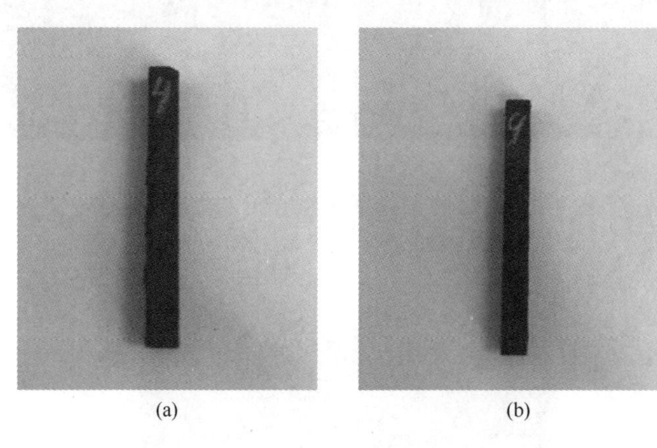

图 9-40　SiC/SiC 复合材料弯曲试样实物图
（a）4#试样；（b）9#试样。

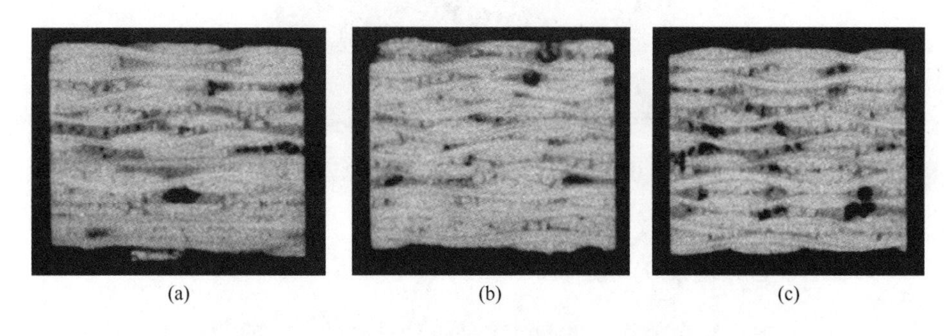

图 9-41　SiC/SiC 复合材料 4#试样 CT 扫描结果
（a）第 245 层图像结果；（b）第 583 层图像结果；（c）第 854 层图像结果。

通过高精度的旋转台旋转，改变射线入射的角度，将不同角度的射线信号通过专用的 CT 图像重建算法，获得 SiC/SiC 复合材料内部质量的三维信息。如图 9-43 和图 9-44 所示，为不同 SiC/SiC 复合材料试样的三维立体成像结果，发现 SiC/SiC 复合材料孔隙缺陷具有以下主要的空间分布特点。

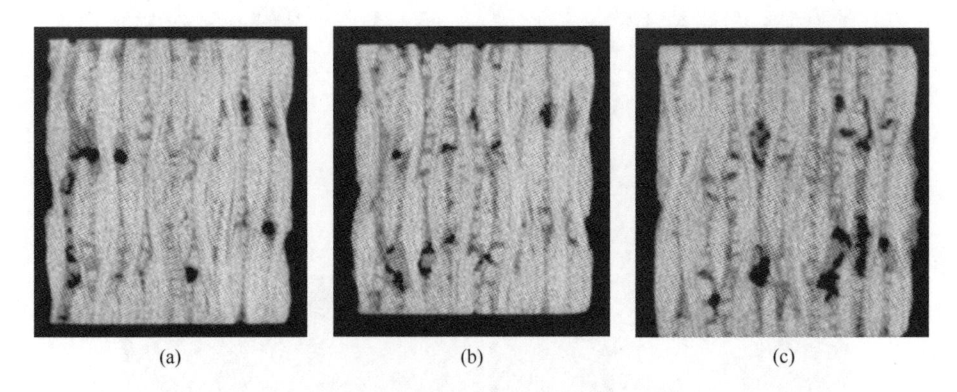

图 9-42　碳化硅复合材料 9#试样 CT 扫描结果

（a）第 361 层图像结果；（b）第 543 层图像结果；（c）第 871 层图像结果。

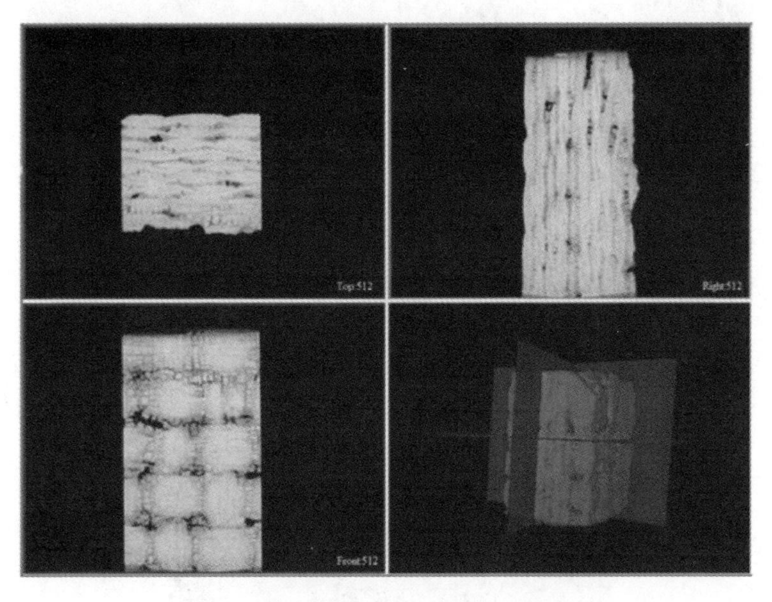

图 9-43　SiC/SiC 复合材料弯曲试样 4#CT 三维立体显示结果

（1）平行于 SiC 纤维织物方向，孔隙缺陷主要出现在 SiC 纤维束之间的孔隙中。

（2）垂直于 SiC 纤维织物方向，孔隙缺陷主要出现在 SiC 纤维层之间。

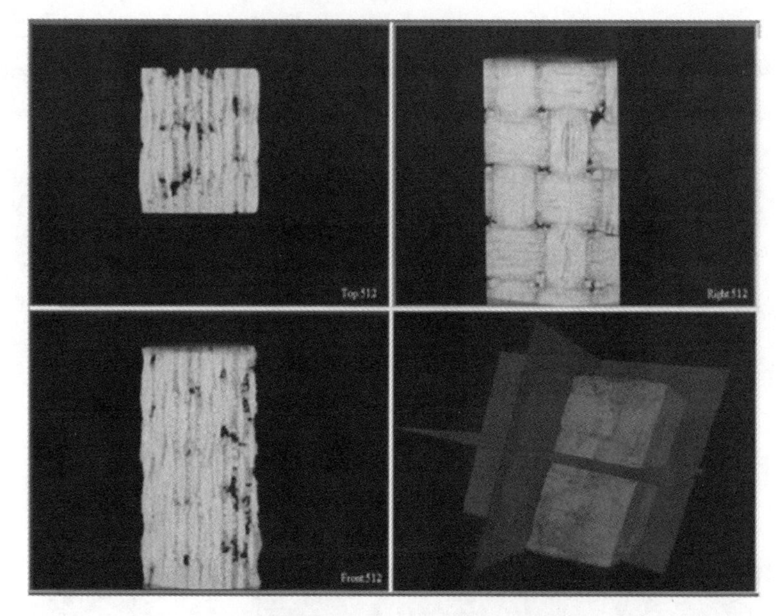

图 9-44　碳化硅弯曲试样 9#CT 三维立体显示结果

9.2.4　太赫兹检测方法

图 9-45 是太赫兹手动检测 SiC/SiC 复合材料示意图，其对应的结果中只存在表面的反射波。而在正常结果中还会存在层间和底面的反射波。可能的原因有：①SiC 是半导体，具有一定的导电性，SiC 纤维表面的涂层也会增加材料的导电性，使得太赫兹波在 SiC/SiC 复合材料表面基本上被完全反射；②SiC/SiC 复合材料由于制备工艺的原因，材料内部存在大量孔隙，太赫兹波

图 9-45　太赫兹手动检测 SiC/SiC 复合材料示意图

在遇到孔隙时会产生散射、多次反射，使太赫兹波强度大大衰减。因此，鉴于 SiC/SiC 复合材料具有一定的导电性和较高的孔隙率，通常太赫兹方法很难对 SiC/SiC 复合材料中的缺陷进行表征。但中国航空制造技术研究院复材中心检测与评估研究团队最新的检测结果表明，利用 0.16～0.32THz 的微波，对 SiC/SiC 复合材料有一定的检出效果，检测结果如图 9-46 所示。

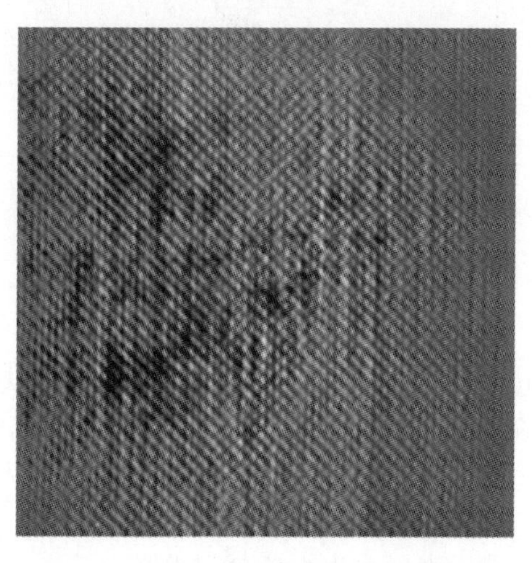

图 9-46　SiC/SiC 复合材料太赫兹检测结果

9.2.5　红外检测方法

目前红外检测方法主要用于 SiC/SiC 复合材料中的表面和近表面缺陷表征与评估，以脉冲红外检测方法为主，采用热加载方法（图 9-47），红外检测方法对较薄（3mm 以下）的 SiC/SiC 复合材料中的近表面冲击损伤、平底孔类的模拟缺陷有一定的检出能力，随着缺陷或者损伤的深度增加，红外对 SiC/SiC 复合材料中的缺陷检出能力急剧下降。因此，红外检测方法对 2mm 以上 SiC/SiC 复合材料中的缺陷检出能力非常有限，但对一些近表面较大的缺陷或损伤，是一种非接触检测方法的补充和选择。不过，红外检测方法对热加载和热加载过程的控制有严格的要求，否则，容易引起不正确的检测结果指示。此外，红外方法检出信号指示容易受到 SiC/SiC 复合材料表面状态的影响，进而会干扰缺陷的判别。

采用非制冷型和制冷型脉冲式红外热像检测系统对 SiC/SiC 复合材料板（1#和 2#试样）进行无损检测，检测结果表明，两种方法都能检测板材中的缺陷。

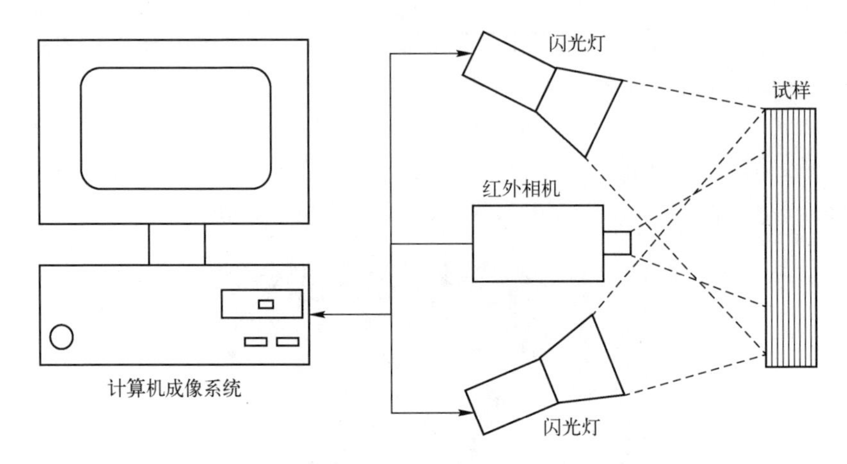

图 9-47　红外检测方法

图 9-48 为非制冷型红外热像检测结果，加热方式为脉冲闪光灯热激励，一次加热，然后记录试样表面各处温差随时间的变化。图 9-48（a）~（c）为 SiC/SiC 复合材料 1#试样对应检测结果，图 9-48（d）为 SiC/SiC 复合材料 2#试样对应超声穿透法 C 扫描检测结果。图 9-48（a）为 0.24s 时获得的结果，由于此时热量集中在试样表面，表面各处温差较小，可以清楚看到表面纤维的走向，观察不到明显的缺陷。随着时间推移，热量向试样内部传导，当遇到分层、孔隙和密集孔隙等缺陷区域，热量传导受阻，相对于致密的好区，缺陷区与好区的温差变大，如图 9-48（b）、（c）中的高亮部分。而深度较深的缺陷显现的时间更长，如图 9-48（b）中箭头所指的部分。当时间足够长，缺陷在热像图中基本显现，温度仍较低的部分则对应好区，如图 9-48（c）中箭头所指的部分。2#试样相对于 1#试样更致密和均匀，红外检测的结果表明，试样大部分区域是均匀的好区，但也存在两处明显的缺陷区域，如图 9-48（d）所示。

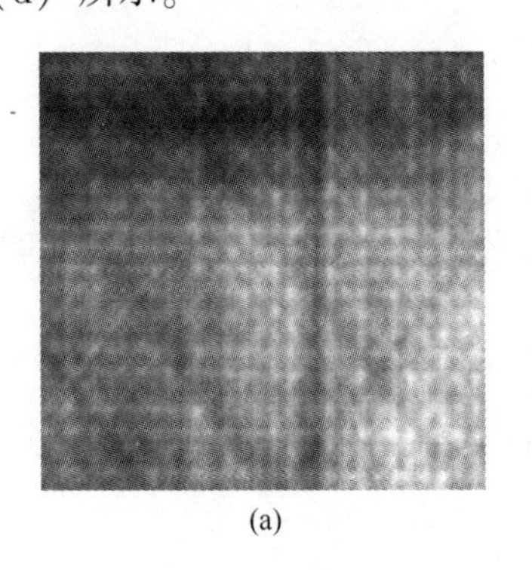
(a)

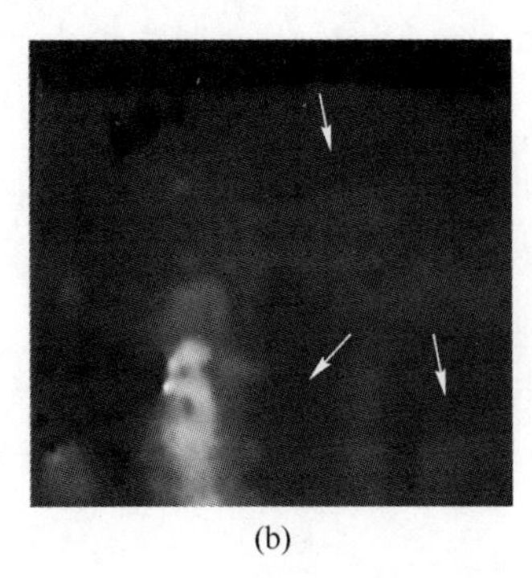
(b)

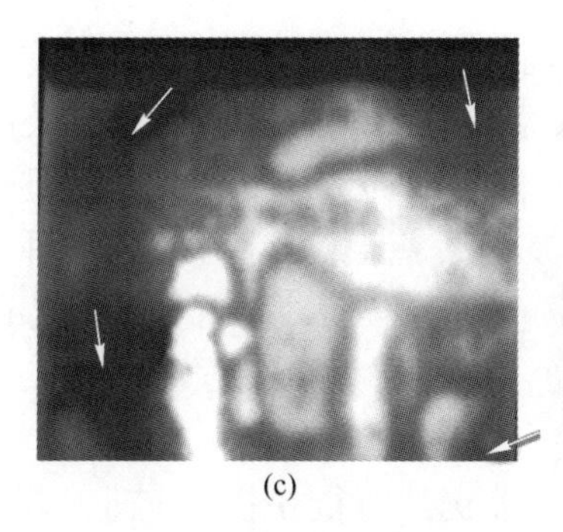

(c)

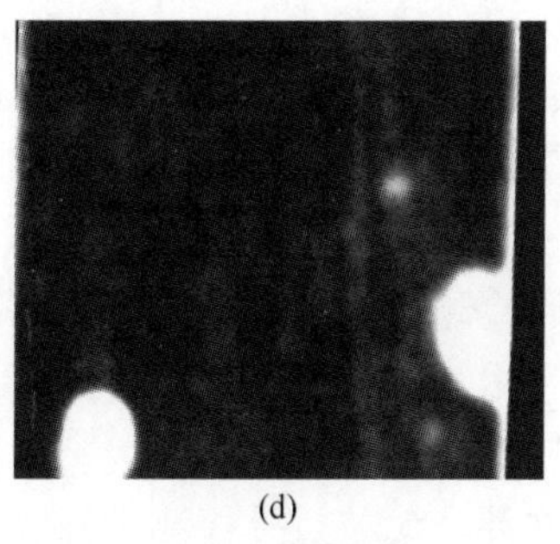

(d)

图9-48 SiC/SiC复合材料板非制冷型红外成像检测系统检测结果
（a）0.24s；（b）获取时间：0.86s；（c）获取时间：3.82s差区；（d）2#试样。

制冷型红外检测系统相对于非制冷型，对试样表面温差探测更敏锐，无须对数据进行处理，也能直观地观察到较好的结果。其对SiC/SiC复合材料板的检测结果表明，其对缺陷同样具有一定的检出效果，如图9-49所示。

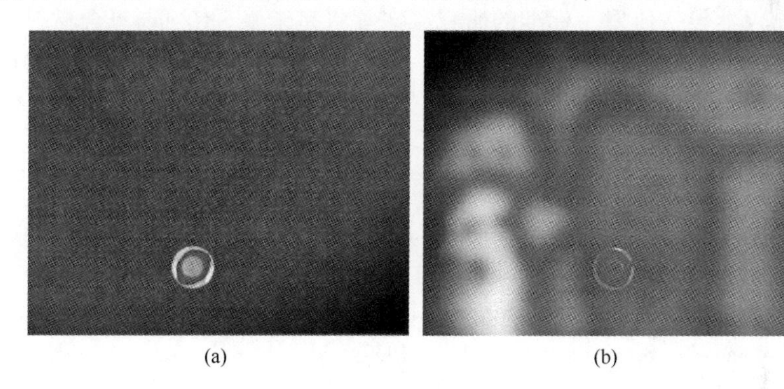

(a) (b)

图9-49 FLIR 6530SC制冷型红外热像检测系统测得的不同试样的红外原始热像
（a）1#试样的结果；（b）2#试样的结果。

9.3 小 结

（1）SiC/SiC复合材料中的缺陷主要包括制造缺陷、加工缺陷和损伤，不同的缺陷和损伤具有显著不同的物理特征和尺度，不同的检测方法对SiC/SiC复合材料中缺陷的敏感程度和检出能力不同，这需要研究和采用针对性的检测方法，才能有效地检出SiC/SiC复合材料中要求检出的缺陷。

（2）已有的研究和试验结果表明，超声方法和X射线方法（包括DR和CT）是目前SiC/SiC复合材料无损检测与评估的主要方法，当选用超声方法时，需要考虑声波在SiC/SiC复合材料中的衰减、检测分辨率和表面检测盲区以及缺陷检出能力，其中采用高分辨率脉冲超声-声发射或非对称频率超声方法，可以在穿透能力、检测分辨率和表面检测盲区以及缺陷检出能力方面获得均衡提升，从而更加适合 SiC/SiC 复合材料的无损检测与评估。对于 SiC/SiC 复合材料零部件的 X 射线检测，DR 方法是一种非常具有技术优势的检测技术，目前已经在 SiC/SiC 复合材料零部件检测中得到了非常重要的应用。CT 是一种 SiC/SiC 复合材料有效检测方法，缺点是成本很高、检测效率低。

（3）红外、太赫兹等检测方法，目前仍然有待在技术上进一步突破，才可能在 SiC/SiC 复合材料零部件检测方面找到用武之地。

（4）目前在 SiC/SiC 复合材料无损检测与评估方面，还面临诸多的技术挑战，这些挑战包括面向 SiC/SiC 复合材料缺陷、结构、应用环境等方面的可检性，也包括面向 SiC/SiC 复合材料结构的可视化与智能评估技术。

（5）缺陷表征与评估、检测新方法、应用验证、可视化检测与智能评估、新型检测仪器设备研发、标准的研究制定等将是未来 SiC/SiC 复合材料无损检测与评估方面的重要技术方向。另外，SiC/SiC 复合材料缺陷判断数据积累和持续研究尚显不够。

参考文献

[1] BREWER D. HSR/EPM combustor materials development program [J]. Mater. Sci. Eng., 1999 (A261): 284-291.

[2] KAYA H. The application of ceramic-matrix composites to the automotive ceramic gas turbine [J]. Composites Science and Technology, 1999, 59 (6): 861-872.

[3] NASLAIN R. Design, Preparation and Properties of NonOxide CMCs for Application in Engines and Nuclear Reactors: an Overview [J]. Compos. Sci. Technol., 2004, 64 (2): 155-70.

[4] ZAWRAH M, ELGAZERY M. Mechanical properties of SiC ceramics by ultrasonic nondestructive technique and its bioactivity [J]. Materials Chemistry and Physics, 2007, 106 (2-3): 330-337.

[5] PODYMOVA N B, KARABUTOV A A. Combined effects of reinforcement fraction and porosity on ultrasonic velocity in SiC particulate aluminum alloy matrix composites [J]. Composites Part B: Engineering, 2017, 113: 138-143.

[6] QUINTERO R, SIMONETTI F, HOWARD P, et al. Noncontact laser ultrasonic inspection of Ceramic Matrix Composites (CMCs) [J]. NDT & E International, 2017, 88: 8-16.

[7] GYEKENYESI A L, MORSCHER G N, COSGRIFF L M. In situ monitoring of damage in SiC/SiC composites using acousto-ultrasonics [J]. Composites Part B: Engineering, 2006, 37 (1): 47-53.

[8] MORSCHER G N. Modal Acoustic Emission of Damage Accumulation in a Woven SiC/SiC Composite [J]. Composite Science and Technology, 59, 1999: 687-697.

[9] MORSCHER G N, GYEKENYESI A L. The Velocity and Attenuation of Acoustic Emission Waves in SiC/SiC Composites Loaded in Tension [J]. Composites Science and Technology, 2002, 62 (9): 1171-1180.

[10] MAILLET E, SINGHAL A, HILMAS A, et al. Combining in-situ synchrotron 9-ray microtomography and acoustic emission to characterize damage evolution in ceramic matrix composites [J]. Journal of the European Ceramic Society, 2019, 39 (13): 3546-3556.

[11] KIM W J, KIM D, JUNG C H, et al. Nondestructive Evaluation of Microstructure of SiC/SiC Composites by 9-Ray Computed Microtomography [J]. Journal of the Korean Ceramic Society, 2013, 50 (6): 378-383.

[12] THORNTON J, SESSO M, ARHATARI B, et al. Failure Evaluation of a SiC/SiC Ceramic Matrix Composite During In-Situ Loading Using Micro 9-ray Computed Tomography [J]. Microscopy and Microanalysis, 2019, 25 (3): 1-9.

[13] HUI M, LAIFEI C, LITONG Z, et al. Nondestructive evaluation and mechanical characterization of defect-embedded ceramic matrix composite laminate [J]. Int. J. Appl. Ceram. Technal, 2007, 4 (4): 378-386.

[14] SUN J G. Evaluation of Ceramic Matrix Composites by Thermal Diffusivity Imaging [J]. Int. J. Appl. Ceram. Technol., 2007, 4 (1): 75-87.

[15] SMITH C E, MORSCHER G N, XI Z H. Monitoring Damage Accumulation in Ceramic Matrix Composites Using Electrical Resistivity [J]. Scripta Materialia, 2008 (59): 463-466.

[16] SMITH C E, Electrical Resistance as a Nondestructive Evaluation Technique for SiC/SiC Ceramic Matrix Composites Under Creep-Rupture Loading [J]. Int. J. Appl. Ceram. Technol., 2011, 8 (2): 298-307.

[17] LIU F F, LIU S P, ZHANG Q L, et al. Quantitative Non-Destructive Evaluation of Drilling Defects in SiC/SiC Composites using Low-Energy 9-Ray Imaging Technique [J]. NDT & E International, 2020, 116: 102364.

[18] 刘松平，刘菲菲，章清乐，等．SiC/SiC 复合材料无损检测与评估技术进展 [J]．航空制造技术，2020，63 (19)：24-30.

[19] LIU F F, ZHOU Z G, LIU S P, et al. Evaluation of carbon fiber composite repairs using asymmetric-frequency ultrasound waves [J]. Composites Part B 2020 (181): 107534.

第 10 章

SiC/SiC 复合材料微结构与本征性能

SiC/SiC 复合材料密度低，具有优异的本征性能，包括高温稳定性、高温力学性能、抗氧化性能和抗冲击性能等，可以在燃气、腐蚀等服役环境中长时重复使用，是一种重要的战略性热结构材料。SiC/SiC 复合材料的本征性能主要由其结构单元和微结构决定，原材料及制备工艺直接影响最终复合材料的结构和性能。前面章节已经对 SiC/SiC 复合材料的原材料、制备工艺进行了详细的讨论，本章将基于 PIP 工艺制备的 SiC/SiC 复合材料微结构和本征性能开展讨论。

10.1 SiC/SiC 复合材料结构单元与微结构

碳化硅陶瓷基复合材料通常由增强纤维（SiC 纤维）、界面层及陶瓷基体（SiC 基体）3 种结构组元构成（图 10-1）。增强纤维是整个复合材料的骨架，起增强增韧的作用，是决定复合材料本征性能的关键组元。陶瓷基体具有单体陶瓷的脆性特征，受到外界应力时将首先发生开裂，而纤维受到外力时能够发生一定程度的延伸，即基体的断裂应变小于增强纤维的断裂应变（通常基体的断裂应变约为 0.1%，纤维的断裂应变>0.6%）。当基体产生的裂纹在纤维与基体界面间发生偏转，从而避免纤维的断裂，才能使复合材料表现出韧性特征。界面层通常为纤维表面的一类层状结构材料，其厚度通常 <1μm，可以起到使基体产生的裂纹发生偏转的作用。界面层对于 SiC/SiC 复合材料断裂行为起到决定性作用，无界面层或界面层结构不合理的复合材料难以实现裂纹的偏转，从而发生脆性断裂，而设计合理、结构良好的界面层将使复合材料呈现韧性断裂。

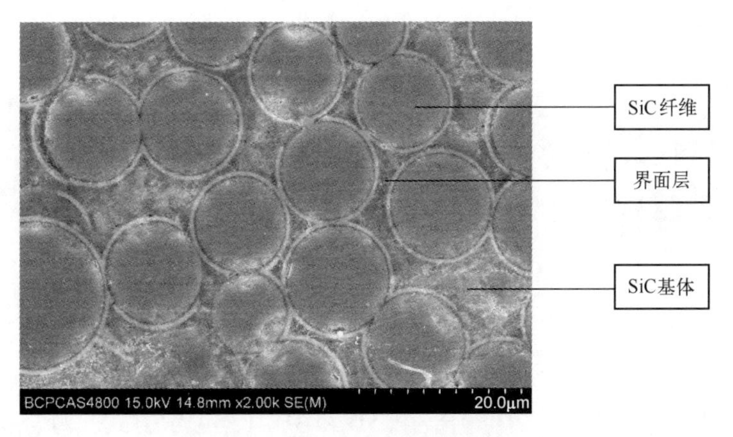

图 10-1　SiC/SiC 复合材料截面形貌

10.1.1　碳化硅纤维及预制体

随着服役环境对 SiC/SiC 复合材料的要求提高，促使 SiC 纤维不断实现性能升级和产品迭代，纤维的长期使用温度及模量逐渐提高。第一代 SiC 纤维长时耐温 1100℃，第二代 SiC 纤维长时耐温 1250℃，第三代近化学计量型 SiC 纤维长时耐温达到 1400℃，并且在高温条件下具有优异的力学性能。以发动机为例，尾喷管调节片/密封片、加力燃烧室内锥体和隔热屏属于中温中载件，工作温度在 1100℃左右，可以选用第二代连续 SiC 纤维；发动机燃烧室、涡轮导向叶片等构件属于高温中载件，工作温度均高于 1300℃，需使用第三代近化学计量型 SiC 纤维。

由于陶瓷基复合材料基体的脆性和较低的基体开裂应力，造成陶瓷基复合材料层间性能低，因此通常会在层间增加纤维连接，同时根据材料使用中承载情况，对预制体进行编织设计。SiC 纤维制备预制体有 2D、2.5D 和 3D 等多种结构方式（图 10-2）。2D 复合材料经向（X）和纬向（Y）性能相同，层间没有纤维相连，其层间性能主要由基体强度以及基体-界面结合力决定，易分层，为了增加 2D 预制体的层间性能，通常进行缝合，缝合纤维采用碳纤维或 SiC 纤维。2.5D 预制体结构明显不同，纬纱贯穿经纱形成互锁，材料层间结合强度极大改善，但 X 方向纤维屈曲度大，导致力学性能降低，整体的面内力学性能相比 2D 复合材料略有降低。3D 编织结构能有效提高厚度方向的强度和抗冲击损伤性能，但横向力学性能较差，适宜制备单向力学性能要求高的构件。3D 编织的纤维预制体相对复杂，在三维四向的基础上，可以根据复合材料的承载要求进行不同方向的纤维增强设计，形成三维五向、三维六向等织物形式。

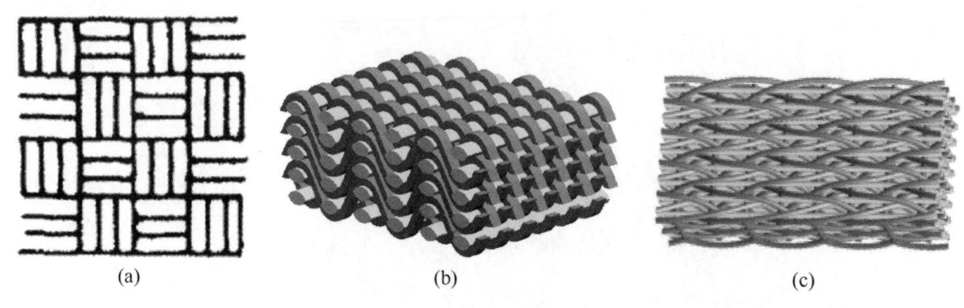

图 10-2　2D、2.5D 和 3D 三种预制体结构示意图
（a）2D 结构；（b）2.5D 结构；（c）3D 编织结构。

针对不同编织方式，2D 缝合、2.5D 和 3D 纤维编织方式，复合材料室温力学性能和高温力学性能结果如表 10-1 所示。

表 10-1　SiC/SiC 复合材料力学性能数据

项　目	2D 缝合 SiC/SiC	2.5D SiC/SiC	3D SiC/SiC
体积密度/(g/cm^3)	2.48	2.53	2.57
开孔孔隙率/%	4.2	5.0	3.9
室温拉伸强度/MPa	253	253	270
室温弯曲强度/MPa	573	437	572
室温压缩强度/MPa	540	502	736
层间剪切强度/MPa	59	76.8	79.1
室温断裂韧性/($MPa \cdot m^{1/2}$)	25	21.1	21.0
1200℃拉伸强度/MPa	213	230	212
1200℃弯曲强度/MPa	450	435	464
1200℃断裂韧性/($MPa \cdot m^{1/2}$)	23	19.2	19.8
1200℃层间剪切强度/MPa	48	66.9	59.6

SiC/SiC 复合材料的断裂为非脆性断裂模式，对 2.5D 预制体结构来说，其中的经向纱线在厚度方向上起到了增强作用，使 2.5D 机织 SiC/SiC 复合材料除了有优异的面内力学性能，还具有较高的层间力学性能。为了进一步揭示材料的拉伸损伤机制，图 10-3 给出了 2.5D 机织 SiC/SiC 复合材料在拉伸载荷作用下的损伤机制示意图。

试样各点受到两侧均匀的拉伸应力而产生受力方向的拉伸变形，面内纱线与基体相互挤压产生剪切应力作用，即试样的拉伸破坏为拉伸应力、剪切应力耦合的结果。不同取样方向试样的主承力纱线不同，这也是造成经向和纬向试样力学行为及性能明显差异的主要原因。拉伸载荷作用下经向试样强度远大于纬向，这主要由两个原因造成：①经向拉伸中经向纱线在复合材料中处于弯曲交织状态，在受到两侧拉伸牵引力下，经向纱线为了克服拉伸应力，首先需要恢复伸直的状态，因此抵消部分拉伸的载荷应力；②纬向试样中，经向纱线沿拉伸方向分布，相比经向试样，大量纤维在拉伸的载荷下，纬向试样中的纱线较易从基体中抽拔，使得界面较容易脱黏。

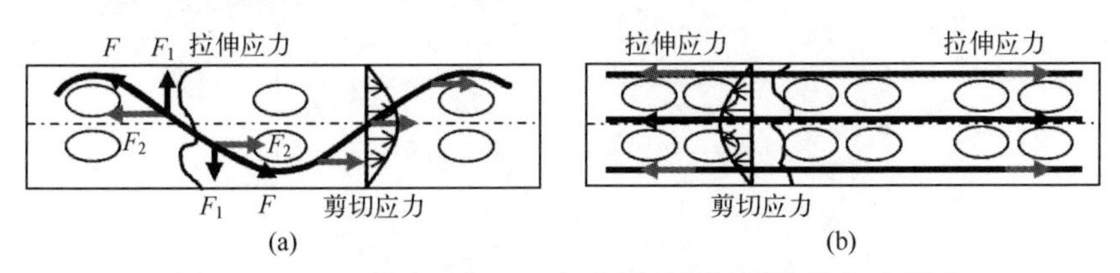

图10-3　2.5D机织SiC/SiC复合材料单轴拉伸受力示意图

（a）经向试样；（b）纬向试样。

2.5D机织SiC/SiC复合材料经向和纬向弯曲力学行为明显不同，这主要是由在材料内部不同方向的主体的承力纱线不同造成的。2.5D机织SiC/SiC复合材料在三点弯曲载荷下经向和纬向的弯曲机理如图10-4所示。在弯曲过程中，由于纱线承受载荷位置的不同而导致最终强度的不同。在经向弯曲过程中［图10-4（a）］，锤头与经纱垂直时，在弯曲载荷下，屈曲的经纱承受的载荷由部分分力（F_2）提供，而在经受外力后，经向纱线首先要克服自身的屈曲，然后保持伸直，从而在某种程度上经向试样抵抗弯曲变形的能力高于纬向，即体现在经向试样模量较纬向高。随着载荷的逐渐增大，经纱提供的分力小于加载的载荷。

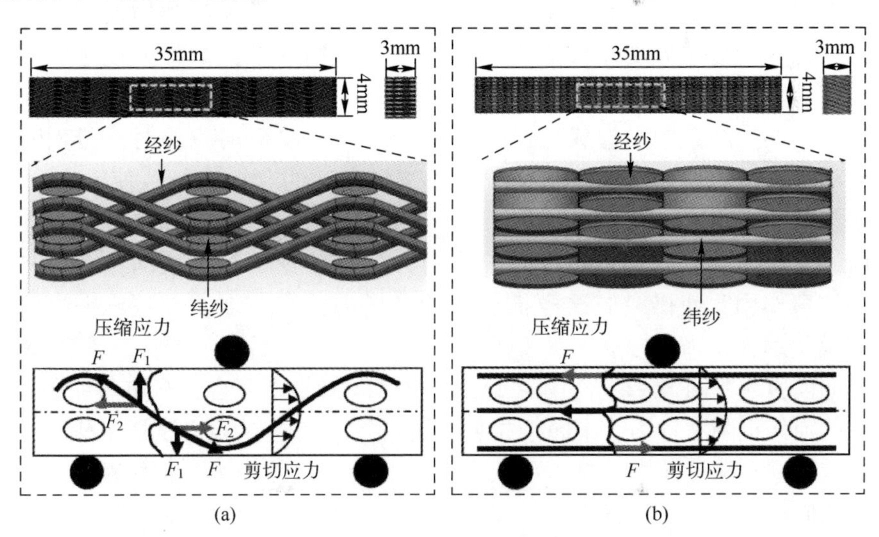

图10-4　2.5D机织SiC/SiC复合材料弯曲受力图

（a）经向（X向）；（b）纬向（Y向）。

对于三维六向编织来说，图 10-5 给出了三维六向编织 SiC/SiC 复合材料在拉伸载荷作用下的损伤机制示意图。试样各点受到两侧均匀的拉伸应力而产生受力方向的拉伸变形，面内四向纱与基体相互挤压产生剪切应力作用，即试样的拉伸破坏为拉伸应力、剪切应力耦合的结果。

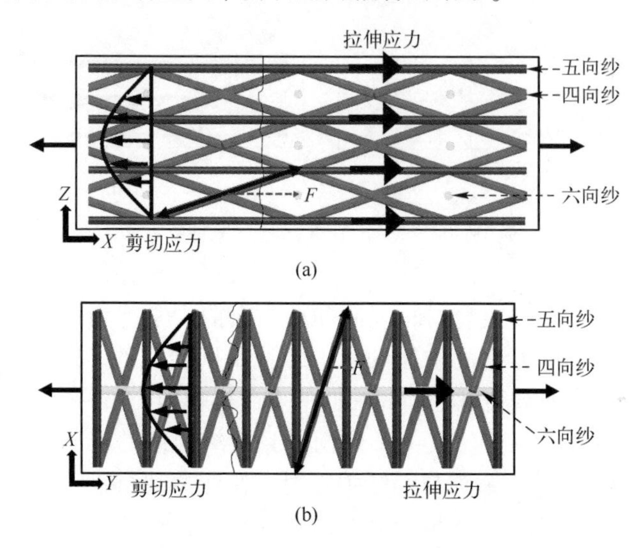

图 10-5　SiC/SiC 复合材料纵向和横向拉伸受力图

（a）纵向（X 向）试样拉伸受力；（b）横向（Y 向）试样拉伸受力。

不同取样方向试样的主承力纱不同，这也是造成纵向和横向试样力学行为及性能明显差异的主要原因。拉伸载荷作用下纵向试样强度远大于横向，这主要由两个原因造成：①如图 10-5（a）所示，纵向拉伸时主要是五向纱与四向纱共同承担载荷，而图 10-5（b）中横向拉伸时纤维对承载的贡献小，仅由少数六向纱承担载荷；②六向纱的分布特征致使纵向（4~5 根/10mm）试样标距区的主承力纱多于横向（1~2 根/10mm）。另外由于横向试样仅由少量六向纱承受拉伸应力，从而缺少了纤维束网格对拉伸变形的约束作用，使得横向试样抵抗拉伸变形的能力较弱，导致纵向试样的拉伸模量远大于横向。

如前所述，图 10-6 给出了三维六向编织 SiC/SiC 复合材料在弯曲载荷作用下的损伤机制示意图。不同于拉伸受力，三点弯曲试验中试样上表面承受压缩应力并且向试样中部挤压，试样下表面受到拉伸应力并向两侧扩展，且面内四向纱与基体相互挤压形成剪切作用力，即三点弯曲载荷下试样的破坏为压缩、拉伸、剪切多力耦合作用的结果。

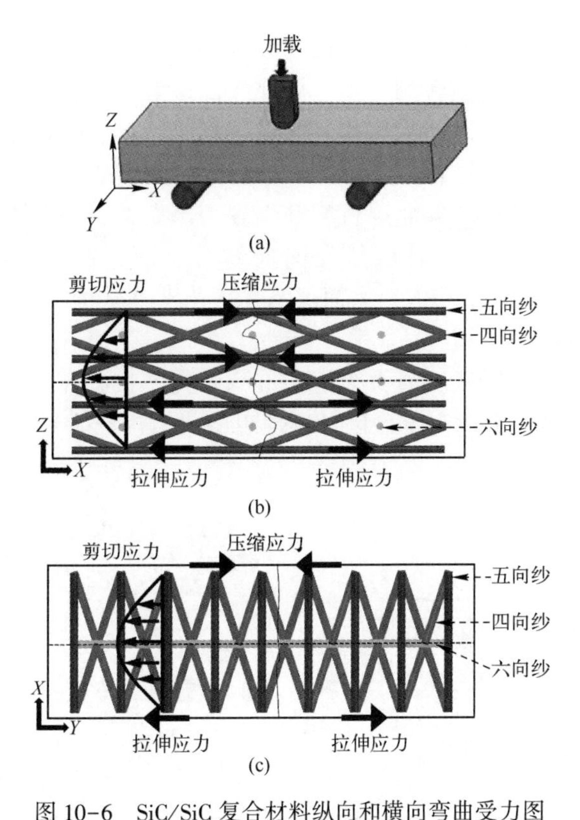

图 10-6　SiC/SiC 复合材料纵向和横向弯曲受力图

（a）三点弯曲加载示意图；（b）纵向（X 向）弯曲受力图；（c）横向（Y 向）弯曲受力图。

对于纵向试样，五向纱及四向纱垂直于压辊承担主要弯曲载荷，而对于横向试样，六向纱垂直于压辊承担主要弯曲载荷。如图 10-6（b）所示，纵向试样在裂纹由拉伸侧向弯曲侧扩展过程中始终有五向纱及四向纱均匀承载，而图 10-6（c）中横向试样由于六向纱的分布特征仅能在一侧有效承载，导致横向试样的纤维在弯曲破坏过程中无法有效承载，这也是纵向试样弯曲强度大于横向的主要原因。另外对于纵向试样，由于在垂直于压辊的主承受弯曲载荷方向上能承担弯曲载荷的五向纱及四向纱较多，载荷在沿着厚度方向传播时应力得以较好地分配到纤维上，使得纵向试样不容易沿着厚度方向产生弯曲变形，导致纵向弯曲模量远大于横向。

10.1.2　界面层

界面层在碳化硅陶瓷基复合材料中起到至关重要的作用，但是并非所有的高温材料均可作为界面层材料，碳化硅陶瓷基复合材料中能够作为界面层的材料需满足以下条件：①低模量：较低的模量可以缓解纤维与基体热膨胀系数及模量的失配，从而减小纤维的物理损伤；②低剪切强度：由于界面区是预定使基体发生裂纹偏转的位置，因此界面层要有较低的剪切强度，从而可以实现裂纹的偏转、纤维的拔出、脱黏等增韧机制；③高化学稳定性：防止纤维在复合材料制备过程中受损，并且在复合材料服役过程中能够稳定存在。能够满足上述条件的界面层材料并不多，该类材料通常由层状晶体材料组成，层间结合力较弱，且层片方向与纤维表面平行，常用的有热解碳（PyC）界面层、氮化硼（BN）界面层及其复合界面层。

10.1.2.1　PyC 界面层

热解碳（PyC）界面层通常为乱层堆积结构，长程无序，结晶度低，由于其乱层堆积结构在各个局部微区具有理想层状结构，能起到裂纹偏转效果，如图 10-7 所示。

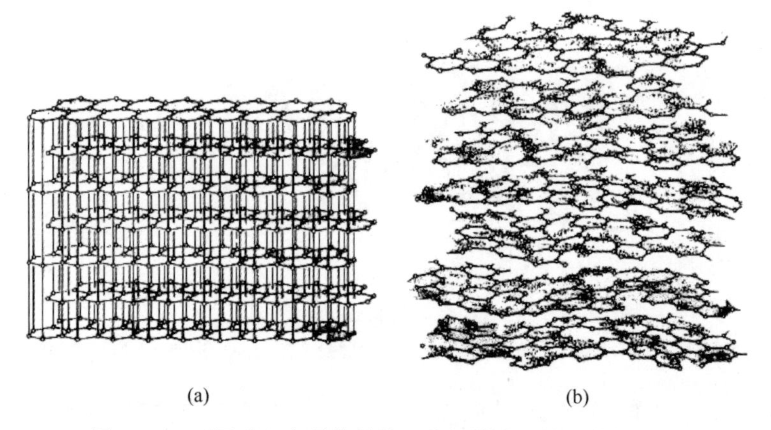

(a)　(b)

图 10-7　石墨碳六方晶体结构和热解碳乱层堆积结构示意
（a）石墨碳六方晶体结构；（b）热解碳乱层堆积结构。

热解碳界面层的制备方法有前驱体浸渍裂解（PIP）法与化学气相渗透（CVI）法。采用浸渍裂解法制备热解碳界面层时，通常是将纤维浸入到高分子溶液中，如酚醛树脂，经干燥除掉溶剂后再在惰性气氛中裂解。通过控制树脂溶液的浓度及浸渍次数来实现对界面层厚度的控制。化学气相渗透法制备热解碳通常指采用含有碳、氢元素的烷基、烯基或炔基等气体，它们在一定温度下发生脱氢反应，在纤维表面沉积剩余的碳或碳的同素异形体，得到的界面层较为致密。由于化学气相渗透法制备的热解碳界面层结构更加致密、均匀和稳定，厚度可控，目前国内成熟的工业制造中，普遍采用化学气相渗透法制备 PyC 界面层，图 10-8 所示为采用丙烷制备的 PyC 界面层，通常厚度控制在 0.1~0.3μm。

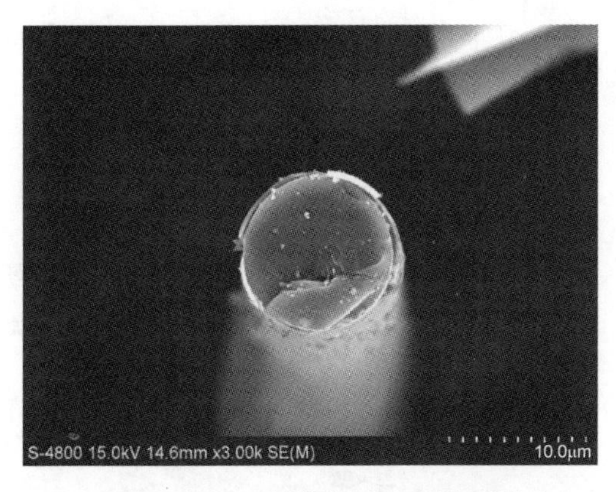

图 10-8 SiC 纤维表面 PyC 界面层

对 SiC/PyC/SiC 复合材料界面区进行 SEM 观察，可以清晰观察到包覆在 SiC 纤维外的 PyC 界面相，其与 SiC 纤维和 SiC 基体具有不同的结构特征，显示出较为明显的分界线，PyC 界面相是一层层堆垛起来的层状结构（图 10-9），使其在基体和纤维间实现很好的应力传递和裂纹偏转，达到复合材料增韧的目的。

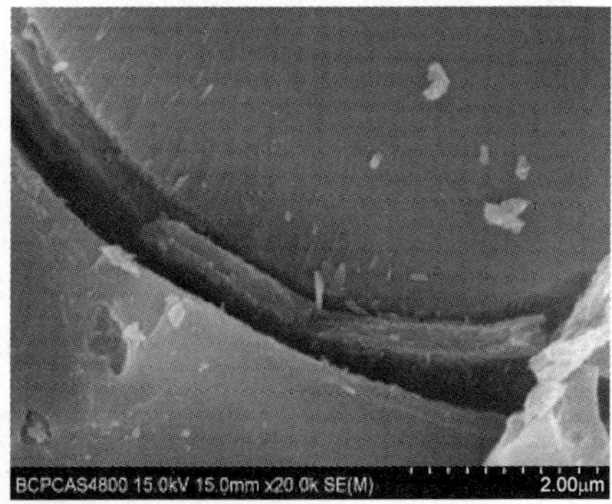

图 10-9 SiC/SiC 复合材料拉伸试样断口形貌

10.1.2.2 BN 界面层

BN 具有多种晶体结构，包括六方晶体（h-BN）、菱方晶体（r-BN）、立方晶体（c-BN）和纤锌矿晶体（w-BN）等。其中 h-BN 具有片层状的六方结构（图 10-10），与石墨碳结构类似，层内结合紧密，层间结合弱，易滑移或剥离，同时具有较高的抗氧化性，在空气中 800℃开始发生氧化，氧化产物 B_2O_3在高温下处于流动态，可以愈合微裂纹并形成阻氧层阻止氧原子向纤维处扩散，起到保护纤维的作用。h-BN 作为界面材料使用时，可以通过纤维拔出的方式增大 SiC/SiC 复合材料的韧性；与 PyC 界面层不同，六方 BN 氧化生

成的 B_2O_3能够阻止氧气对于纤维的进一步扩散和氧化，从而提高复合材料的高温性能，是长寿命 SiC/SiC 复合材料的首选界面材料。

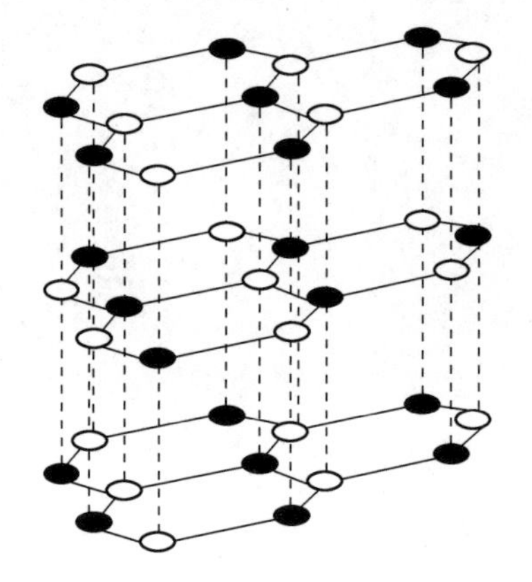

图 10-10　h-BN 的六方晶体结构

目前，SiC/SiC 复合材料 BN 界面层的制备方法包括化学气相渗透（CVI）法、前驱体浸渍裂解（PIP）法及蘸涂反应法。前驱体浸渍裂解法或蘸涂反应法制备的 BN 界面层结构疏松，CVI 工艺制备的 BN 界面层致密、均匀，而且通过调节沉积温度与时间等参数可以实现 BN 晶型及厚度的调控，是目前最常用的 BN 界面层制备方法。在 CVI 制备 BN 界面层的过程中，主要采用 BF_3-NH_3或 BCl_3-NH_3作为反应前驱体，通过控制反应气比例、沉积压力、温度和沉积时间等工艺参数对 CVI-BN 界面层的厚度、均匀性及结构进行控制，从而得到光滑致密、性能稳定、结构和厚度可控的 BN 界面层。图 10-11 所示为采用 BCl_3-NH_3制备的 BN 界面层，通常厚度控制在 0.3~0.5μm。

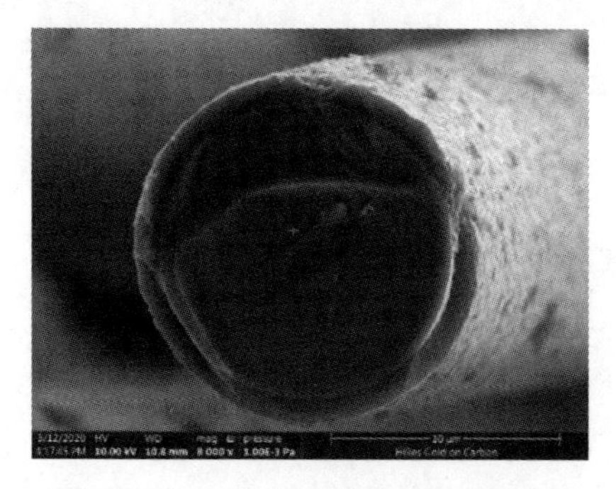

图 10-11　SiC 纤维表面 BN 界面层

10.1.2.3　复合界面层

为进一步提高 SiC/SiC 复合材料的抗氧化性能，在 PyC 或 BN 界面外再沉积 SiC 界面，形成 PyC/SiC 或者 BN/SiC 复合界面层，致密的 SiC 界面层具有良好的抗氧化性能，在 1200℃以上氧化后形成黏流态的 SiO_2玻璃，填充界面处的缝隙或裂纹，提高复合材料的抗氧化性。通过 SEM 表征，可以看出复合界面间很好的结合性，如图 10-12 所示。

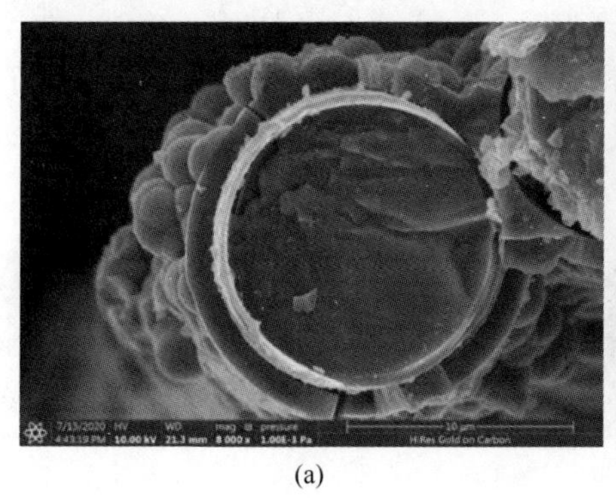

(a)

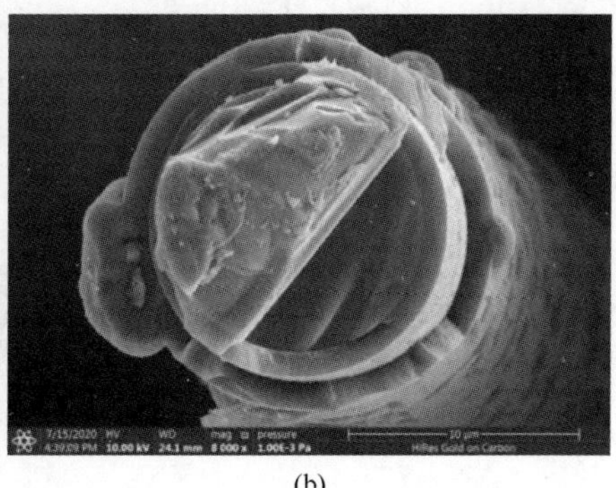

(b)

图 10-12　复合界面层的 SiC 纤维断面 SEM 图
（a）PyC/SiC 界面；（b）BN/SiC 界面。

通过高温氧化试验分析，对比 PyC 界面层和 PyC/SiC 复合界面的氧化后弯曲性能，可以发现，SiC 界面层的加入可以有效提高复合材料的抗氧化性能，如表 10-2 所示。

表 10-2　不同界面的 SiC/SiC 复合材料 1200℃空气热处理后性能

材料性能	SiC/PyC/SiC	SiC/(PyC/SiC)/SiC
室温弯曲性能/MPa	642.2	602.2
100h 氧化后弯曲性能/MPa	303.1	537.0
200h 氧化后弯曲性能/MPa	200.3	522.0

10.1.3　基体

SiC/SiC 复合材料的基体主要填充纤维预制体的孔隙，基体材料本身的性能以及基体中的缺陷（如孔隙或者裂纹）都会影响复合材料的性能。基体材料性能由基体前驱体材料、致密化工艺等因素决定；基体中的孔隙主要来源于纤维预制体结构，不同的编织方式造成不同的孔隙形状、尺寸和分布情况；基体中的裂纹主要来源于致密化工艺裂解后降温过程的残余热应力。下面针对 PIP 工艺制备的 SiC/SiC 复合材料讨论 SiC 基体的材料特性和结构。

10.1.3.1 SiC 基体的材料

PIP 工艺制备的 SiC/SiC 复合材料的基体采用固态聚碳硅烷或液态聚碳硅烷，其中固态聚碳硅烷裂解产率为 58%~62%，1000~1200℃裂解后形成的 SiC 为非晶态 β-SiC，并富碳约 30%，液态聚碳硅烷裂解产率为 70%~78%，1000~1200℃裂解后形成的 SiC 为非晶态 β-SiC，富碳含量为 8%~10%，低于固态聚碳硅烷裂解产物。图 10-13 显示了两种聚碳硅烷前驱体在不同温度下的裂解产物形貌。两种前驱体在 1200℃裂解后得到的陶瓷产物的化学组成如表 10-3 所示。

图 10-13　两种聚碳硅烷前驱体在不同温度下的裂解产物形貌
(a) 固态聚碳硅烷；(b) 液态聚碳硅烷。

表 10-3　两种聚碳硅烷在 1200℃裂解后得到的陶瓷产物化学组成

样品	元素组成			化学经验方程式
	Si	C	O	
固态 PCS	63.44	36.01	0.55	$SiC_{1.32}O_{0.02}$
液态 PCS	67.01	31.64	1.35	$SiC_{1.10}O_{0.04}$

从两种聚碳硅烷的 C/Si 比值可以推断，液态聚碳硅烷的 C/Si 比更低，因此裂解产物中 β-SiC 晶相含量更多，SiC 基体具有更高的模量以及更好的抗氧化性能。图 10-14 为不同裂解温度下液态聚碳硅烷裂解产物的 XRD 谱图。热处理温度低于 800℃时，产物还处于非晶状态，没有明显的 SiC 物相衍射峰出现；1000℃时，样品在 $2\theta=35.7°$ 处，可观察到归属于 β-SiC（111）晶面的衍射峰，以及归属于 β-SiC（220）、β-SiC（311）晶面的衍射峰，但是峰形平缓，强度低，此时产物还是以非晶态为主；热处理温度在 1200℃以上时，

β-SiC（111）、β-SiC（220）和 β-SiC（311）衍射峰强度逐渐增加，峰宽变窄。1500℃热处理时，$2\theta=33.9°$处出现一肩峰，这表明 SiC 基体的晶型以 β-SiC 结晶相为主，同时还存在少量多晶 SiC。

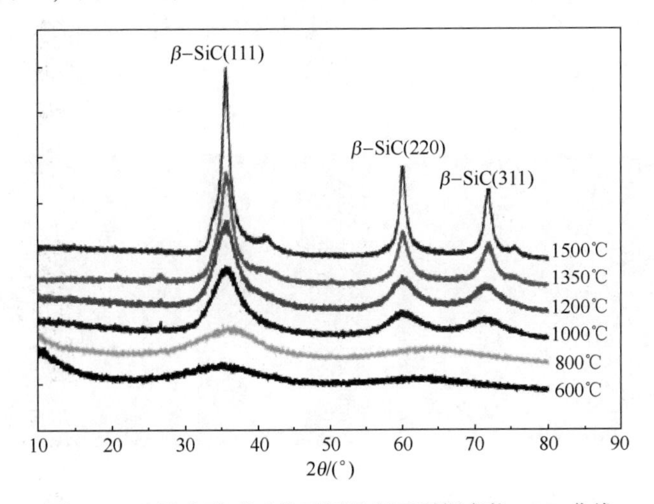

图 10-14　液态聚碳硅烷不同温度下裂解产物 XRD 曲线

10.1.3.2　SiC 基体中的孔隙

PIP 工艺中 SiC/SiC 复合材料采用陶瓷前驱体多次浸渍裂解的方式进行基体致密化：浸渍过程通过真空或压力辅助；裂解过程中有机前驱体［如聚碳硅烷（PCS）］在高温作用下发生裂解反应由有机物转化成无机的 SiC 陶瓷，过程中伴随小分子放出和体积收缩，因此裂解完成后形成孔隙；经过多次循环，纤维间的孔隙逐渐填充最后实现致密化，基体中仍然有 5%～10%的孔隙率。孔隙包括两类，分别是纤维束间的孔隙和纤维束内的孔隙，如图 10-15

图 10-15　SiC/SiC 复合材料中的孔隙

所示。纤维束内的孔隙主要是因为致密化初期形成闭气孔后，浸渍液体无法进入形成的；纤维束间的孔隙主要由预制体的编织方式决定：编织后束间存在的孔隙尺寸大，浸渍过程毛细作用失效，留下了大尺寸孔隙。通过微型 CT 扫描探测了不同 SiC 纤维编织结构的 SiC/SiC 复合材料内部形成的孔隙，如图 10-16 所示。

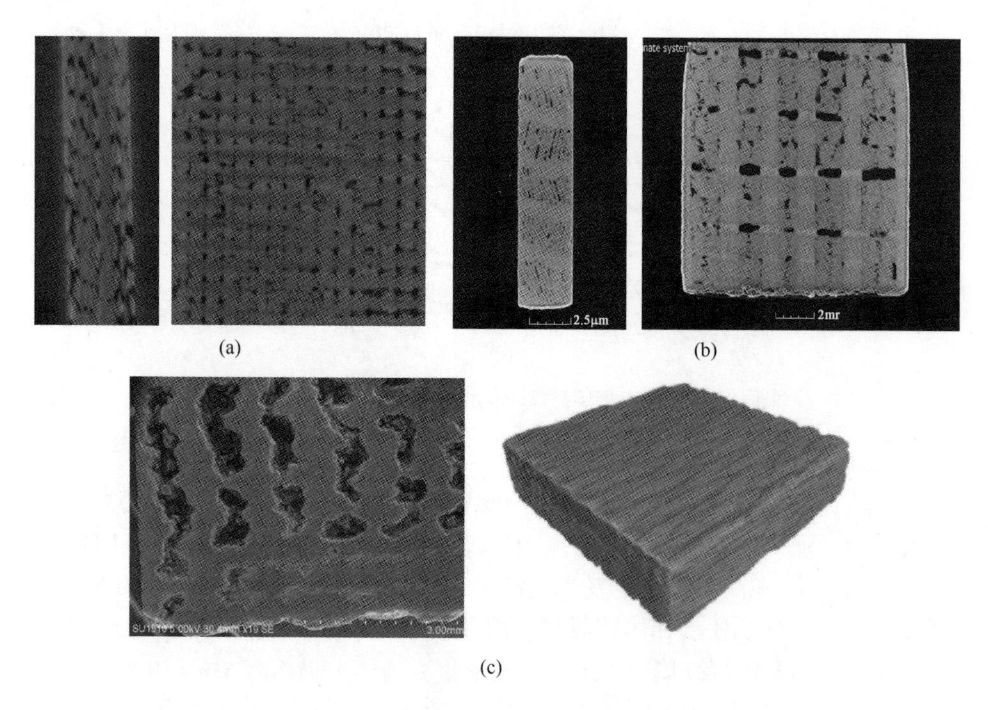

图 10-16　微型 CT 扫描探测的 SiC/SiC 复合材料中的内部孔隙分布
(a) 2D 结构的复合材料；(b) 2.5D 结构的复合材料；(c) 3D 结构的复合材料。

对 PIP 工艺制备的 SiC/SiC 复合材料来说，随着致密化次数的增加，复合材料的孔隙率不断下降，而其密度逐渐提高，直到完成致密化过程。随着孔隙率的降低，复合材料力学性能也会受到影响。表 10-4 给出了 2.5D SiC/SiC 复合材料致密化过程中复合材料孔隙率、密度及其弯曲性能，可以看出，随着致密化次数的增加，复合材料的体积密度从 2.42g/cm^3 增加到 2.52g/cm^3，显气孔率从 9.2%下降到 4.8%，室温弯曲强度表现出先增加后减少的趋势，最大值达到 600MPa。

表 10-4 2.5D SiC/SiC 复合材料致密化过程中复合材料孔隙率、密度及其弯曲性能

试样编号	致密化次数/次	体积密度/(g/cm^3)	显气孔率/%	室温弯曲强度/MPa
A	8	2.42	9.2	334
B	9	2.46	8.2	439
C	10	2.49	6.9	600
D	11	2.52	4.8	545

图 10-17 是通过对不同致密化次数复合材料的室温弯曲强度测试后试样的断面分析，可以看出，不同孔隙率的弯曲试样在测试过程中表现出不同的断裂形貌，相比于 A 和 B 试样的断裂过程，C 和 D 试样断口处纤维拔出现象明显，表现出更多的断裂增韧机制。从 SEM 断面形貌可以看出，C、D 试样断裂过程中存在大量界面与基体、界面与纤维的脱黏，以及更多的纤维拔出现象，也因此获得比 A、B 试样更高的弯曲力学性能。

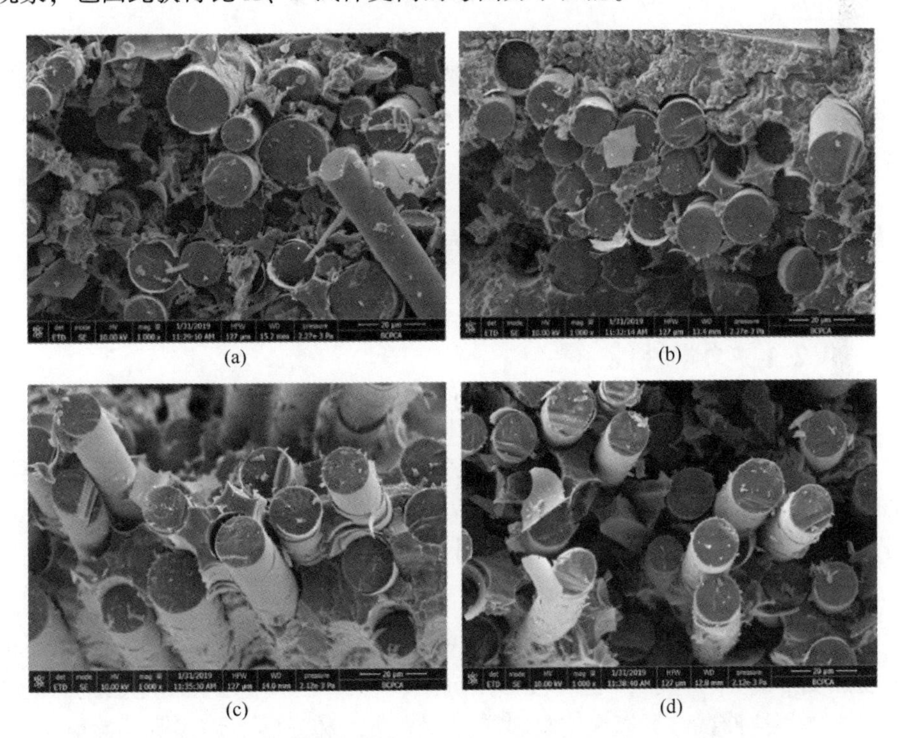

图 10-17 不同致密化次数复合材料的室温弯曲强度测试后试样的断面分析
(a) 致密化 8 次的 A 试样弯曲破坏断口；(b) 致密化 9 次的 B 试样弯曲破坏断口；
(c) 致密化 10 次的 C 试样弯曲破坏断口；(d) 致密化 11 次的 D 试样弯曲破坏断口。

10.1.3.3 SiC 基体中的裂纹

基体中的裂纹主要来源于致密化工艺降温过程的残余热应力。由于裂解过程通常在 1100~1300℃进行，裂解后的降温过程导致基体收缩形成大量裂纹或微裂纹，如图 10-18 所示。

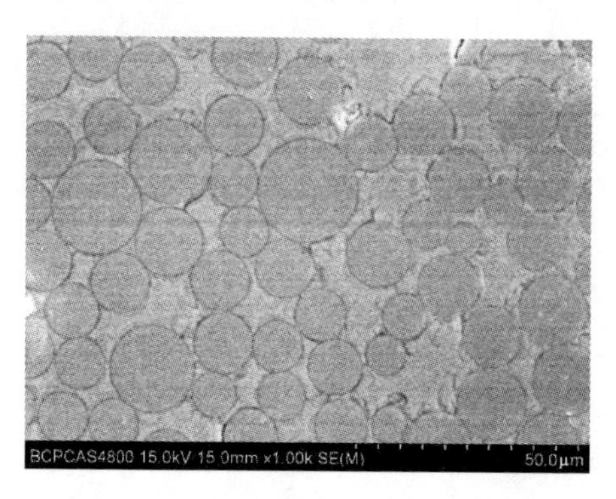

图 10-18　SiC/SiC 复合材料的微裂纹

由于 PIP 工艺特点，裂纹或微裂纹在基体中的存在不可避免，这些基体裂纹导致 PIP 工艺制备的 SiC/SiC 复合材料具有较低的基体开裂应力（PLS），通常基体断裂应力在 70~100MPa 之间。

10.2　SiC/SiC 复合材料本征性能

10.2.1　力学性能

复合材料力学性能主要指材料在外加载荷作用下或者载荷与环境温度联合作用下所表现的行为，主要包括拉伸、压缩、弯曲、剪切和断裂韧性等。通过力学性能测试，揭示复合材料的力学行为规律，找出其与材料结构、制备工艺等因素关系，为材料构件的设计和可靠性评估提供依据。

10.2.1.1　拉伸性能

拉伸是指材料沿轴向承受拉力的一种状态，测定材料在轴向、静载下的强度和变形的一种试验，也可被称作抗拉试验，是材料力学性能试验的基本手段之一。拉伸试验可以测定材料的弹性、塑性和强度等许多重要性能指标，作为工程应用中结构静强度设计和评定选用材料的主要依据。

拉伸测试过程中，通常以拉伸应力-应变曲线（tensile stress-strain curve）记录分析数据，对于陶瓷基复合材料来说，相比于单体陶瓷的脆性断裂，其在拉伸载荷作用下表现为应力-应变的非线性力学响应，如图10-19所示。曲线为典型陶瓷基复合材料断裂过程，随着拉伸应力的增加，复合材料先表现出弹性变形，曲线呈线性，之后随着基体初始裂纹出现和扩展，曲线的斜率随着载荷的增加而减小，当基体裂纹饱和后，曲线斜率开始随着拉伸应力的增加有增大的趋势，直到大量纤维断裂拔出导致复合材料失效之前，曲线的斜率发生再次下降的现象。

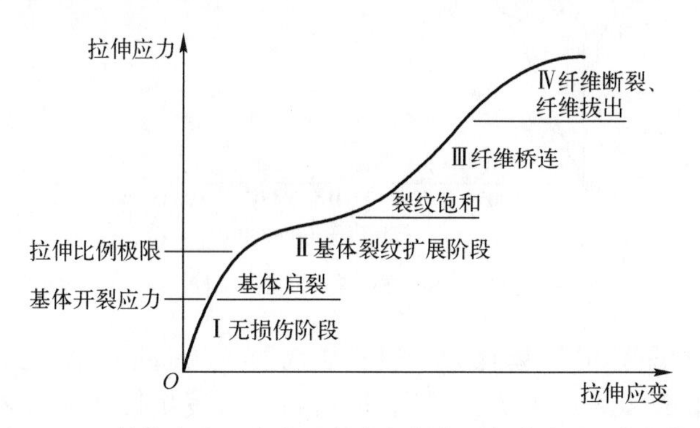

图10-19 单体陶瓷和陶瓷基复合材料典型拉伸应力-应变曲线

目前采用的陶瓷基复合材料拉伸性能标准试验方法主要包括室温拉伸测试标准《连续纤维增强陶瓷基复合材料常温拉伸性能试验方法》（GJB 8736—2015）、《Standard Test Method for Monotonic Tensile Behavior of Continuous Fiber-Reinforced Advanced Ceramics with Solid Rectangular Cross-Section Test Specimens at Ambient Temperature》（ASTM C1275—16）、高温拉伸测试标准《超高温氧化环境下纤维复合材料拉伸强度试验方法》（GB/T 36264—2018）和《Standard Test Method for Monotonic Tensile Strength Testing of Continuous Fiber-Reinforced Advanced Ceramics with Solid Rectangular Cross-Section Test Specimens at Elevated Temperatures》（ASTM C1359—13），上述标准试验方法的原理和施加拉伸载荷的方式是一致的，其主要差别体现在适用范围、试样形式等方面，具体内容可参考相关标准试验方法。

图10-20为典型的2D SiC/SiC复合材料拉伸应力-应变曲线。在90MPa以下发生弹性形变，曲线呈线性，这是材料的无损伤阶段（阶段Ⅰ）；之后损伤破坏机制出现，首先是基体出现裂纹、裂纹扩展表现出非线性，然后开始发生纤维断裂和拔出，直至大量纤维束断裂拔出导致材料最终失效[1]。对于PIP工艺制备的SiC/SiC复合材料，没有明显的裂纹饱和以及纤维桥连阶段。

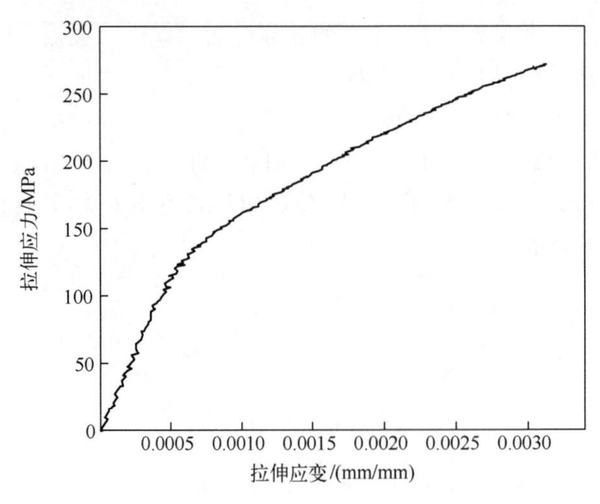

图 10-20 典型的 2D SiC/SiC 复合材料拉伸应力-应变曲线

室温拉伸试验中，基体断裂应力也称为室温拉伸比例极限应力(proportional limit stress，PLS)，是表征材料是否发生损伤的重要参数，在工程设计中具有重要意义。从图 10-20 中得到 2D SiC/SiC 复合材料试样的室温拉伸比例极限应力为 80~100MPa。表 10-5 给出了典型 2D SiC/SiC 复合材料试样室温拉伸强度和室温拉伸比例极限。

表 10-5 典型 2D SiC/SiC 复合材料室温拉伸强度和室温拉伸比例极限应力

试样编号	拉伸强度/MPa	室温拉伸比例极限应力/MPa
2D SiC/SiC-1	263	70.8
2D SiC/SiC-2	258	76.4
2D SiC/SiC-3	263	98.8
2D SiC/SiC-4	276	87.9
2D SiC/SiC-5	255	92.2
平均值	268±8	85.0±11.5

通过对拉伸样条微观形貌表征，如图 10-21 所示，可以看到复合材料在拉伸过程中，随着拉伸载荷应力水平的增加，损伤模式呈现出基体开裂、界面层脱黏、纤维拔出及纤维束断裂等方式，造成材料性能的下降，最终累积到一定程度导致破坏，陶瓷基复合材料的增韧主要通过以上损伤产生的非弹性应变实现。

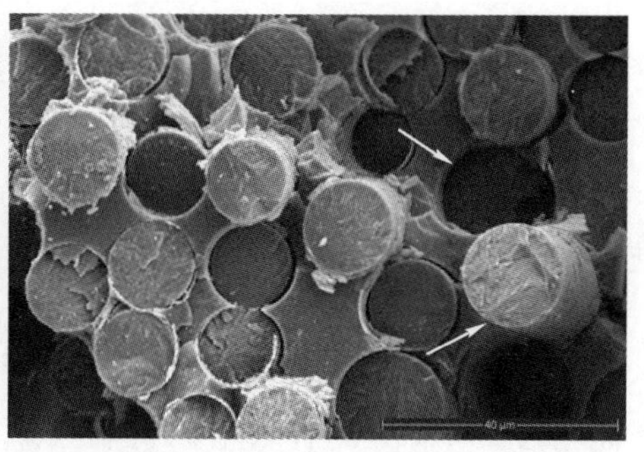

图 10-21 拉伸载荷下损伤模式的 SEM 图

对 2.5D 机织 SiC/SiC 复合材料进行单轴拉伸试验，试样的经向、纬向每个方向各选取三组试样进行测试分析。图 10-22 为 2.5D 机织 SiC/SiC 复合材料单轴拉伸应力-应变曲线，由图可知，经向（*X* 向）、纬向（*Y* 向）试样的拉伸应力-应变曲线均呈现明显"非线性特征"，并且可以大致分为 4 个阶段。经向试样第一阶段应力约在 0~55MPa 之间，此时应力-应变曲线呈线性增长趋势，即试样的弹性变形阶段。材料在该阶段发生弹性变形，基体与纱线同时承载载荷，此时基体中尚未产生裂纹；第二阶段试样的应力增至约 55MPa 时，曲线斜率开始降低并表现出明显的非线性，即应力-应变渐变区，这预示着材料损伤的出现，基体内部逐渐萌生新的微裂纹，同时原始裂纹开始扩展，从而导致材料抵抗应力变化的能力稍有降低，应力-应变曲线稍有降低；第三阶段当应力达到约 75MPa 时，曲线斜率增大并呈准线性特征，这预示着材料内部主承载单元开始受力；第四阶段在应力为 240MPa 左右时，主承载单元发生变化，损伤在材料各单元之间扩展转移，直到达到最大强度后应力突降，

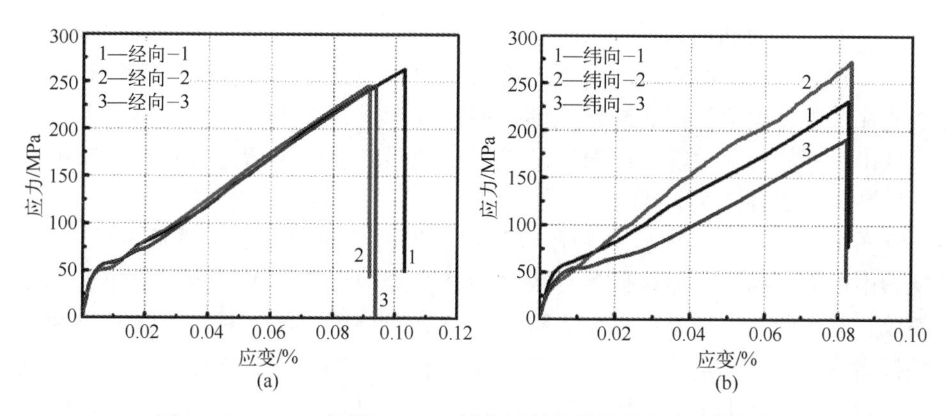

图 10-22 2.5D 机织 SiC/SiC 复合材料单轴拉伸应力-应变曲线

（a）经向（*X* 向）；（b）纬向（*Y* 向）。

曲线呈脆性断裂特征。纬向试样初始阶段在 0~55MPa 范围内曲线线性增加；第二阶段当应力增至约 55MPa 后，曲线波动上升，预示着试样损伤的出现；第三阶段应力增加至最大应力值附近时出现一定的波动，当波动持续一段时间后应力突降材料失效，试样整体呈明显的“双线性”断裂特征及较为显著的能量耗散。

图 10-23（a）、（b）为利用超景深获取的经向拉伸试样破坏形貌图像。从图中可知，复合材料拉伸后有大量纤维拔出，同时可以看出复合材料在拉伸过程中所发生的各种增韧机制，如基体裂纹、基体断裂、纤维束断裂等，在加载初期，脆性大的基体（SiC）首先萌生微裂纹，随着载荷的增加，微裂纹逐渐汇聚并扩展到基体与纤维的界面处。在载荷的进一步作用下，纤维与界面发生脱黏和滑移，导致裂纹沿界面偏转。同时，开裂的基体由纤维桥连而能继续承载，直到纤维断裂。

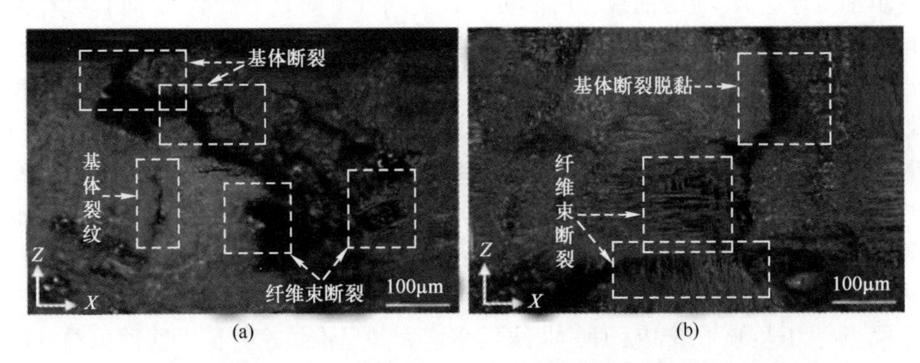

图 10-23　经向（X 向）2.5D 机织 SiC/SiC 复合材料损伤破坏超景深扫描图
（a）试样厚度方向上裂纹拓展；（b）纤维束断裂和基体脱黏。

图 10-24 为利用 SEM 获取的经向拉伸破坏形貌图像。从断口形貌可以看出，2.5D 机织 SiC/SiC 复合材料的纤维拔出明显，且纤维拔出长度较长，这表明在加载过程中材料的纤维能够更好地发挥承载作用，从而使得复合材料表现出更好的力学性能，同时，纤维拔出明显，表明浸渍过程中 SiC 纤维和 PyC 界面相受损，发生界面层脱落现象。

图 10-25（a）、（b）为利用超景深获取的纬向拉伸试样破坏形貌图像。从图中可知，纬向试样拉伸最终失效模式与经向试样基本一致，均包括基体裂纹、基体脱黏、纤维束脱黏、纤维束整体断裂等特征。其中界面脱黏和纤维拔出为主要的能量吸收机制，决定了材料的断裂行为。试样断口特征为明显的台阶状，纤维束和纤维单丝拔出比例小，而是以纤维束和纤维簇脆性断裂为主。同时试样界面结合过强导致裂纹无法沿界面偏转而缓解应力集中时[2]，试样易在此处断裂，表现出较低的强度。图 10-26 为利用 SEM 获取的

纬向拉伸破坏形貌图像，经纱和纬纱的断裂皆为典型的韧性断裂，即纤维以多级台阶式的方式断裂并伴随有纤维的大量拔出。断口出现凹凸不平的特征，且纤维簇断面较为平整，有一些 PyC 界面层从纤维表面脱落，可以观察到由纤维拔出后遗留的 SiC 基体壳层，进一步从微观角度说明纬向试样在拉伸载荷下的脆性失效。

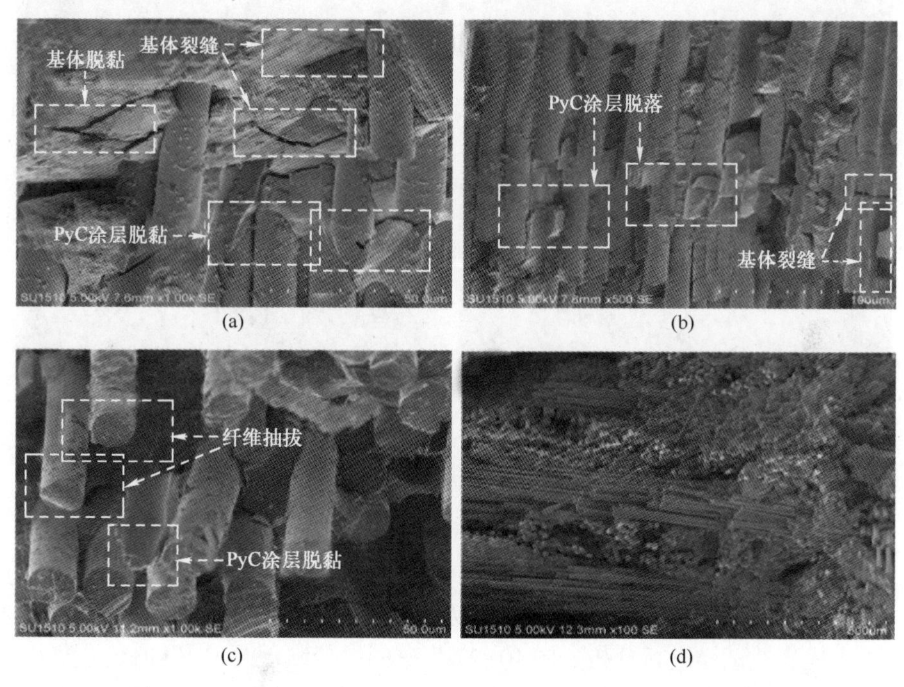

(a)　(b)

(c)　(d)

图 10-24　经向（X 向）2.5D 机织 SiC/SiC 复合材料损伤电镜图

（a）经向断面 SEM（1000 倍）图；（b）经向断面 SEM（500 倍）图；
（c）经向断面 SEM（1000 倍）图；（d）经向断面 SEM（100 倍）图。

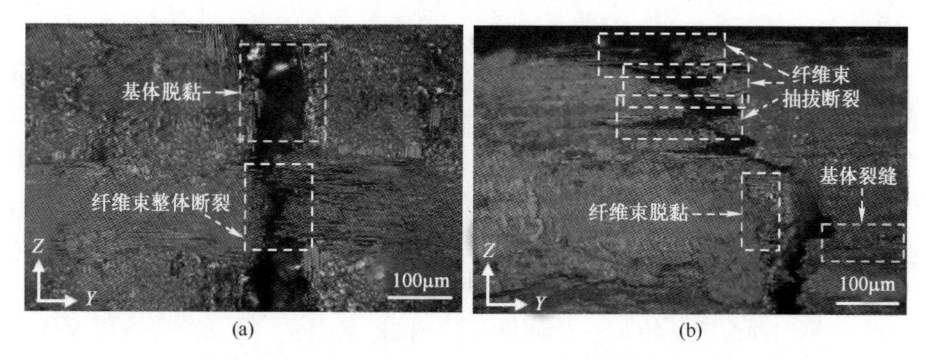

(a)　(b)

图 10-25　纬向（Y 向）2.5D 机织 SiC/SiC 复合材料损伤破坏超景深扫描图

（a）纤维束断裂和基体脱黏；（b）试样厚度方向上裂纹拓展。

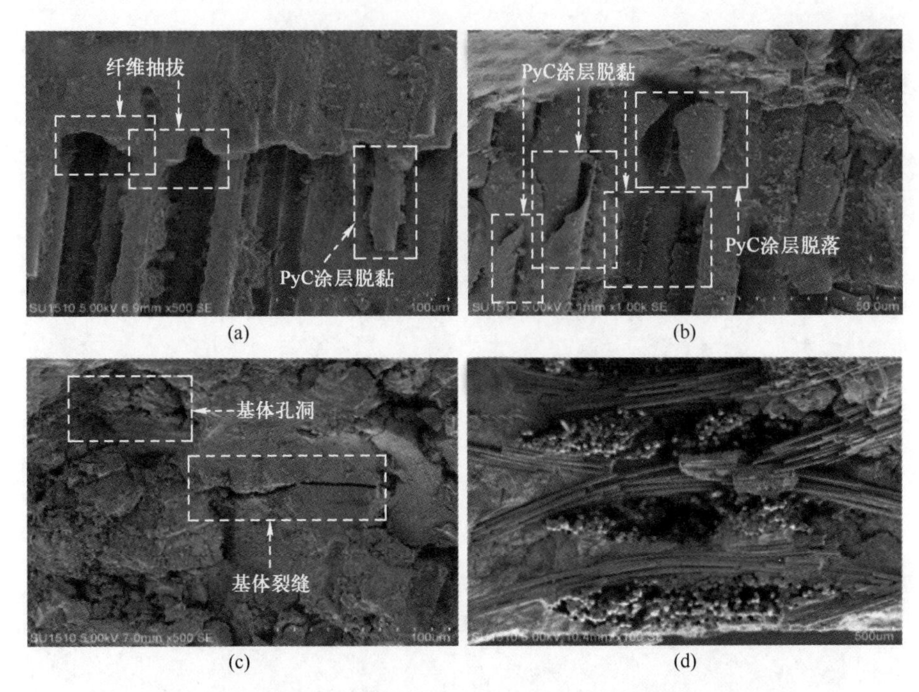

图 10-26　纬向（Y 向）2.5D 机织 SiC/SiC 复合材料损伤电镜图
（a）纬向断面 SEM（500 倍）图；（b）纬向断面 SEM（1000 倍）图；
（c）纬向断面 SEM（500 倍）图；（d）纬向断面 SEM（100 倍）图。

对三维六向编织 SiC 纤维预制体复合材料单轴拉伸试验中，每个方向选取一个代表性试样进行分析。图 10-27 为典型的三维六向编织 SiC/SiC 复合材料的单轴拉伸应力-应变曲线，由图可知，纵向（X 向）、横向（Y 向）试样的拉伸应力-应变曲线存在明显的区别。纵向试样应力-应变曲线表现出明显“双线性特征”，可分为 3 个阶段：第一阶段应力在 0~16MPa 之间，应力-应变曲线呈线性增长趋势（试样弹性变形），三维六向编织 SiC/SiC 复合材料的拉伸模量达到 265.87GPa；第二阶段应力增至约 16MPa 时，曲线斜率开始降低并表现出明显的非线性，这预示着材料损伤的出现；第三阶段当应力达到约 170MPa 时，曲线斜率再次降低并呈准线性特征，这预示着主承载单元发生变化，损伤在材料各组成单元之间扩展转移，直到达到最大强度后应力突降，曲线呈脆性断裂特征。

横向试样应力-应变曲线则表现出明显的“非线性特征”。初始阶段在 0~7MPa 范围内曲线线性增加，拉伸模量达到 28.39GPa；第二阶段当应力增至约 7MPa 后，曲线波动上升，预示着试样损伤的出现；第三阶段应力增加至 21MPa 附近时出现较大的过渡屈服平台，当平台持续较长一段时间后应力突降材料失效，试样整体呈明显的“假塑性”断裂特征[3]及较为显著的能量耗散。

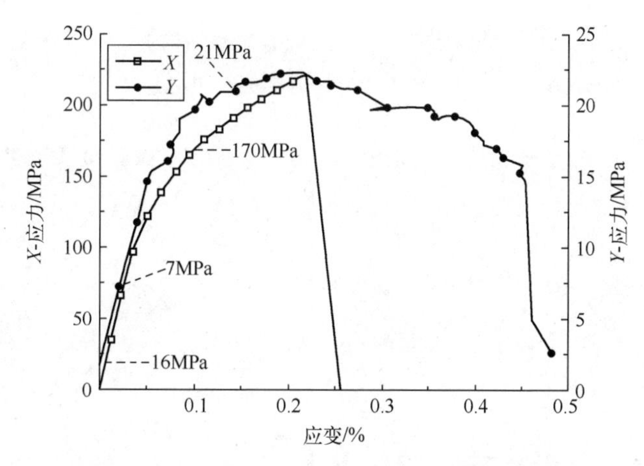

图 10-27 三维六向编织 SiC/SiC 复合材料纵向和横向拉伸应力-应变曲线

表 10-6 给出了三维六向编织 SiC/SiC 复合料纵、横向试样拉伸强度、模量及断裂应变值。可知，纵向试样的平均拉伸强度（243.29MPa）是横向（23.45MPa）的 10.37 倍，平均拉伸模量（265.87GPa）是横向（28.39GPa）的 9.36 倍，平均断裂应变（0.30%）与横向（0.26%）所差无几。

表 10-6 三维六向编织 SiC/SiC 复合材料拉伸力学性能

试　样	拉伸强度/MPa	拉伸模量/GPa	断裂应变/%
纵向	243.29±44.71	265.87±10.08	0.30±0.17
横向	23.45±3.22	28.39±9.61	0.26±0.07

图 10-28（a）、（b）为利用超景深获取的纵向拉伸破坏形貌图像。从图中可知，纵向试样的失效模式包括横向基体裂纹、纤维断裂、四向纱剪切破坏。纵向拉伸时主要是五向纱及四向纱承担载荷。裂纹起源于制备过程中产生的孔洞及微裂纹处，由于 SiC 纤维的抗拉强度远大于 SiC 基体，因此 SiC 基体首先开裂[4]，产生如图 10-28（a）所示的横向基体裂纹，并沿着六向纱近似 Z 字形扩展，形成了图 10-27 中纵向试样应力-应变曲线的非线性段；基体裂纹饱和后载荷开始转移到纤维上，五向纱产生纵向拉伸变形，倾斜的四向纱在转动过程中受到基体的挤压剪切力作用，形成了图 10-27 中纵向试样应力-应变曲线的准线性段；在达到最大应力值后纤维断裂材料脆性断裂失效，并形成图 10-28（b）所示的四向纱剪切破坏。

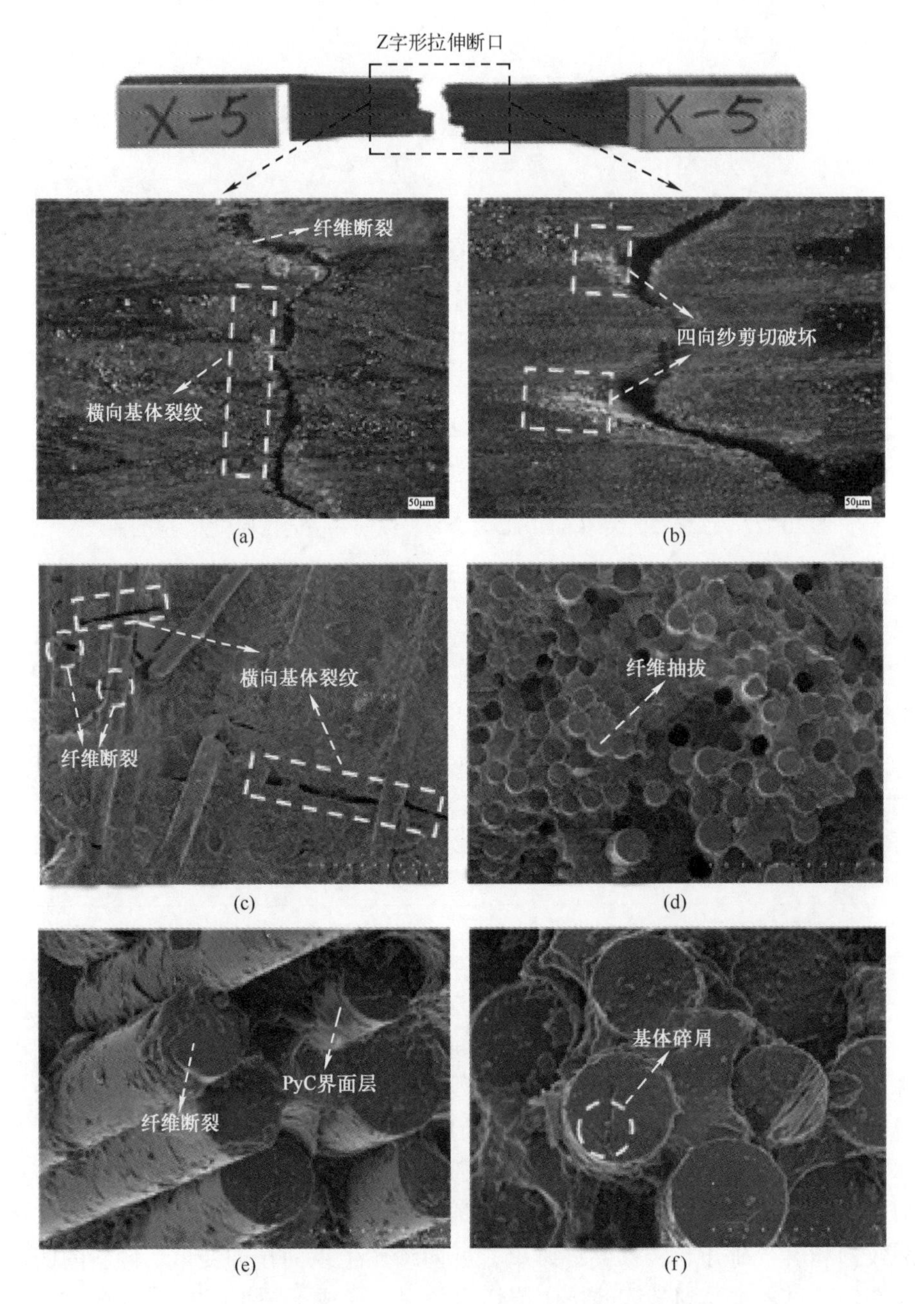

图 10-28 纵向（*X* 向）SiC/SiC 复合材料拉伸损伤形貌

图 10－28（c）～（f）为利用 SEM 获取的纵向拉伸破坏形貌图像。由图 10－28（c）可知，破坏试样存在横向基体裂纹，这主要是由于六向纱的存在减缓了裂纹沿着编织轴向的扩展，裂纹更多地沿着横向扩展，使试样断裂区域变小且集中。图 10－28（d）、（e）、（f）中 PyC 界面层与纤维，基体结合紧密，几乎无四向纤维及五向纤维拔出，这是由于纤维与基体之间存在强结合力，导致微裂纹汇聚至界面层时并未发生偏转而直接贯穿纤维，形成纤维及纤维束的脆性断裂[5]，这能进一步从微观角度说明纵向试样在拉伸载荷下的脆性失效。

横向拉伸损伤形貌如图 10－29 所示，其中图 10－29（a）、（b）为利用超景深获取的横向拉伸破坏形貌图像，从图中可知，横向试样的失效模式包括轴向基体裂纹、基体脆断、纤维抽拔。横向拉伸时主要是六向纱与基体承力。试样制备过程中产生的原始裂纹沿着编织轴向扩展形成图 10－29（b）中新的基体裂纹缺陷，随着拉伸载荷的增大，微小裂纹逐渐汇集至界面层处并在基体间发生偏转，六向纱也在拉应力的作用下逐渐张紧，形成图 10－27 中应力－应变曲线波动上升段；在最大应力附近，基体同时承受横向拉应力以及四向纱对其挤压作用产生的剪切应力，界面层滑移脱黏最终导致基体逐渐失去对六向纱及四向纱的支撑作用，出现如图 10－29（a）所示的四向纱抽拔，形成图 10－27 中应力－应变曲线较大的屈服平台，平台持续一段时间后应力突降，形成图 10－29（b）中基体连同六向纱的整体断裂，最终导致横向试样韧性断裂失效。

图 10－29（c）～（f）为利用 SEM 获取的横向拉伸破坏形貌。不同于纵向，横向试样存在图 10－29（c）中由于剪切力引起的轴向基体裂纹，这是裂纹沿着四向纱内部扩展的结果。如图 10－29（d）所示，在纤维－界面层－基体单元体系中存在两种脱黏方式，即纤维与 PyC 界面层的滑移脱黏，PyC 界面层与基体之间的滑移脱黏，这种多重脱黏方式说明裂纹在基体－界面层－纤维的传递过程中发生了两次偏转，消耗了更多的断裂能[6]，裂纹尖端应力得以释放材料表现出较好的韧性，另外，图 10－29（e）、（f）中基体存在较大的裂缝并伴有较长的裂纹偏转路径，纤维的表面及周围存在较多的基体碎屑。这些现象都从微观角度说明横向试样的韧性断裂特征。

10.2.1.2　弯曲性能

弯曲试验是通过对试样施加静弯矩或弯曲力，测量相应的挠度，进而测定其力学性能的试验，主要用于测定脆性和低塑性材料的抗弯强度和挠度。试验时试样为简支梁平面弯曲受力状态，试样常采取矩形截面，有集中力加载（三点弯曲）和等弯矩加载（四点弯曲）两种加载方式，本节所述的弯曲试验无特殊说明均为三点弯曲试验。

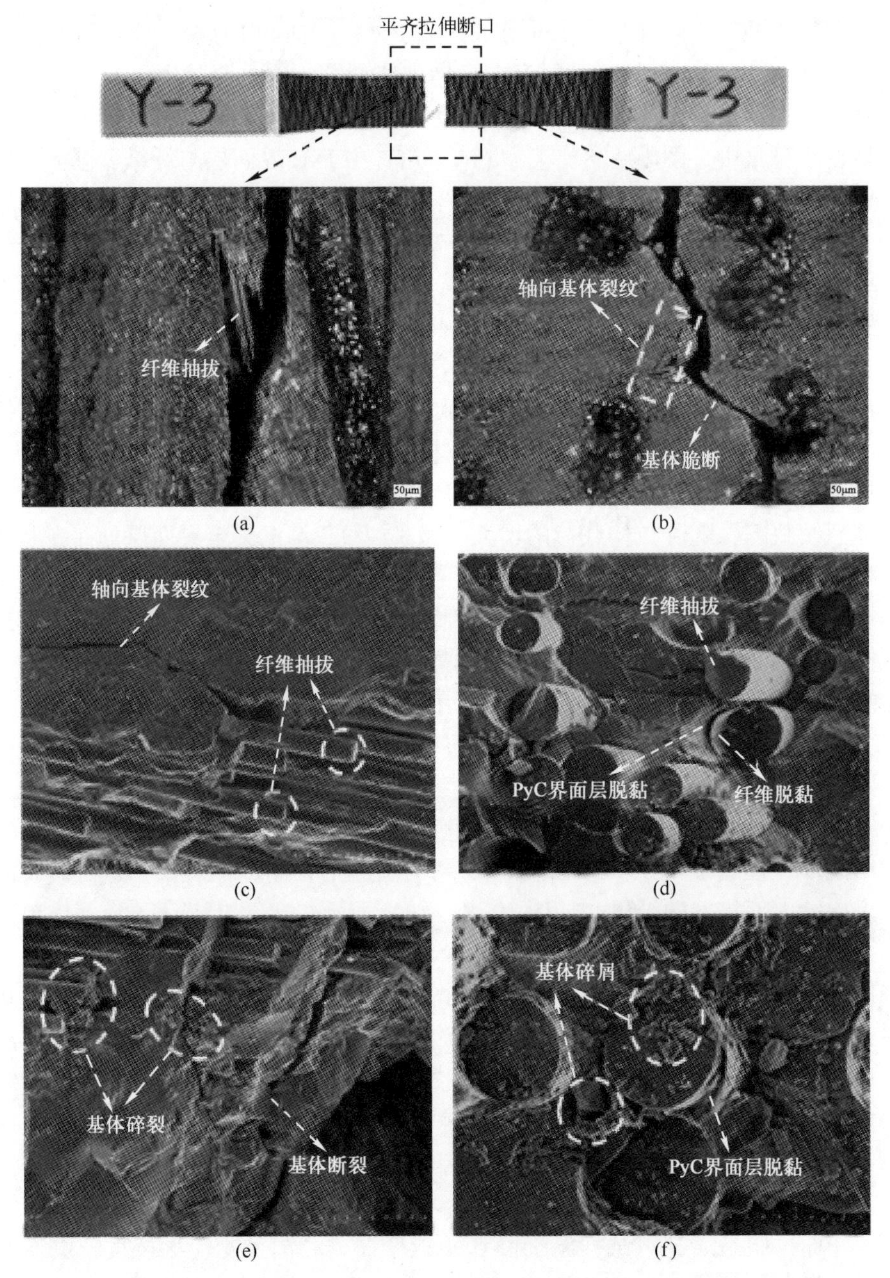

图 10-29 横向（Y 向）SiC/SiC 复合材料拉伸损伤形貌

国内外目前采用的陶瓷基复合材料弯曲性能标准试验方法主要包括《Standard Test Method for Flexural Properties of Continuous Fiber-Reinforced Advanced Ceramics Composites》（ASTM C1341—2013）、《精细陶瓷弯曲强度试验

方法》（GB/T 6569—2006）等。

图 10-30 为典型的 2D SiC/SiC 复合材料弯曲应力-位移曲线，可以看出，在载荷水平较低时，复合材料的应力与位移呈线性关系，曲线处于弹性状态；随着载荷的增加，基体开始出现局部破坏（裂纹），使复合材料的载荷与位移开始与线性偏离，表现为非线性相关状态；当载荷达到最大值后，复合材料内的纤维开始断裂，载荷的主要承担者纤维发生脱黏、断裂和拔出等过程，使复合材料的应力开始逐步缓慢降低，此时纤维断裂，整个试样在断裂过程中表现出韧性破坏的现象。表 10-7 是典型 2D SiC/SiC 复合材料的室温弯曲强度和弯曲模量。

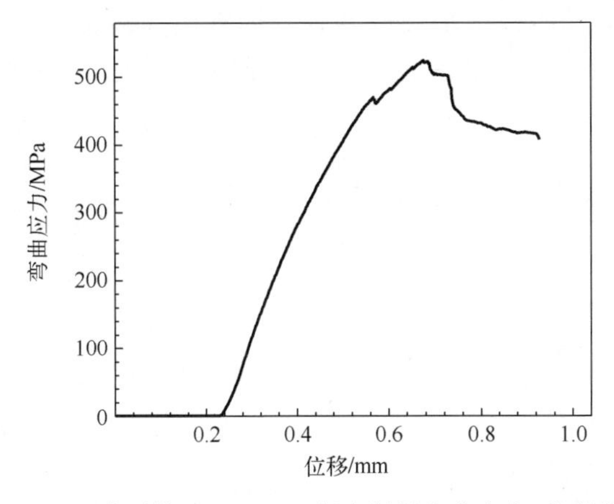

图 10-30　典型的 2D SiC/SiC 复合材料弯曲应力-位移曲线

表 10-7　典型 2D SiC/SiC 复合材料的室温弯曲强度和弯曲模量

试 样 编 号	室温弯曲强度/MPa	室温弯曲模量/GPa
2D SiC/SiC-1	464.0	125
2D SiC/SiC-2	521.6	126
2D SiC/SiC-3	566.8	111
2D SiC/SiC-4	513.2	123
2D SiC/SiC-5	597.1	132
平均值	533±51.3	124±8

2.5D 机织 SiC/SiC 复合材料试样的弯曲强度-挠度曲线如图 10-31 所示。可以看出，经向试样和纬向试样的弯曲力学性能有明显不同，这也预示着其破坏机理具有重要的差异性。图 10-31（a）中，在初始阶段，经向 2.5D 机

织 SiC/SiC 复合材料近似线性增加；之后，随着挠度的增加，在接近载荷最大值附近，出现平缓“屈服”平台，呈现出“假塑性断裂”特性[7]。这可能是由于随着弯曲载荷的增加，SiC/SiC 复合材料产生微裂纹，此时材料的增韧补强效果不明显，载荷处于平缓过渡平台的阶段。随着载荷的不断增大，最终裂纹导致部分纤维断裂，即图 10-31（a）中出现小部分急剧下降的趋势。而后，复合材料裂纹逐渐扩展、偏移使裂纹扩展出现在复合材料其他区域，随着载荷的继续增大，同时存在界面剪切作用，使得曲线下降比较缓慢。图 10-31（b）中，即纬向 2.5D 机织 SiC/SiC 复合材料的强度-挠度曲线明显与图 10-31（a）不同，这可能是由于弯曲锤头与纬向纱线垂直时，纬向纱线直接承受外力，初始阶段由加载开始到基体出现微裂纹，由于界面剪切的作用，裂纹逐渐偏移时被阻止，此时，随着载荷的增加，曲线斜率逐渐变小。载荷继续增加，由于纤维与基体的桥连作用，曲线继续呈现线性增长。当达到复合材料承受最大载荷后，曲线急剧下降，出现明显的拐点，这是由于大量的纤维集中断裂导致复合材料的不稳定断裂，导致复合材料的力学性能下降。

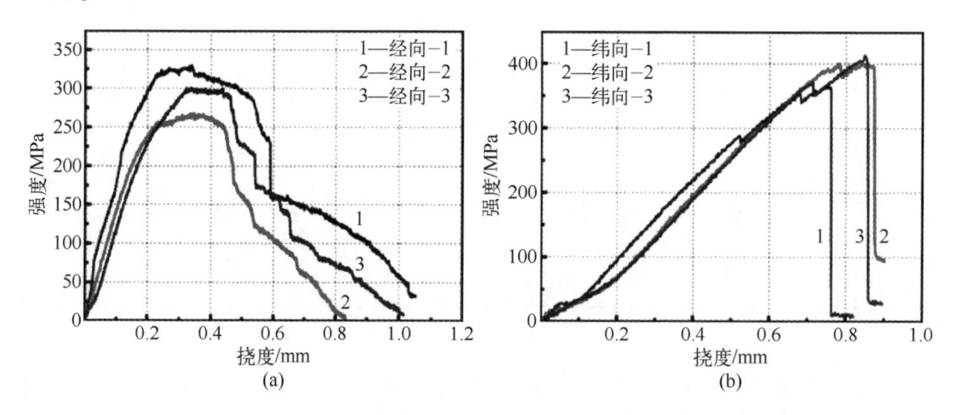

图 10-31　2.5D 机织 SiC/SiC 复合材料试样的弯曲强度-挠度曲线
（a）经向（*X* 向）；（b）纬向（*Y* 向）。

表 10-8 是 2.5D 机织 SiC/SiC 复合材料在三点弯曲试验中的经向和纬向弯曲强度和模量测试结果。由表中可以看出，由 PIP 制备的经向 2.5D 机织 SiC/SiC 复合材料的弯曲强度平均值为 299.33MPa；弯曲模量平均值为 51.52GPa。纬向 2.5D 机织 SiC/SiC 复合材料的弯曲强度平均值为 394.56MPa；弯曲模量平均值为 45.87GPa。可以看出，经向试样的平均弯曲初始模量比经向试样的模量值高 12.32%；而经向试样的平均弯曲强度比经向试样强度值低 31.83%。

表 10-8　2.5D 机织 SiC/SiC 复合材料力学性能

参　数	经向-1	经向-2	经向-3	纬向-1	纬向-2	纬向-3	标准偏差
弯曲强度/MPa	327.57	268.79	301.63	367.12	401.74	414.82	346.95±52.52
弯曲模量/GPa	52.17	48.74	48.65	47.65	42.15	47.81	47.86±2.96
平均强度/MPa	299.33			394.56			
平均模量/GPa	51.52			45.87			

复合材料弯曲破坏是一个比较复杂的多种力耦合破坏的模式，在三点弯曲试验中，试样表现为上侧受压、下侧受拉伸应力，同时包含面内剪切作用。而对于 2.5D 机织 SiC/SiC 复合材料，受制备工艺影响，孔隙的存在以及大小也会相应影响其力学性能。

图 10-32 和图 10-33 分别是 2.5D 机织 SiC/SiC 复合材料经向、纬向在三点弯曲试验后样貌的超景深扫描图。可以看出，基体裂缝、纤维断裂、基体与纤维的脱黏是 2.5D 机织 SiC/SiC 复合材料弯曲失效的主要模式。导致经向 2.5D 机织 SiC/SiC 复合材料最终破坏是沿着纬纱与相邻经纱的接触面扩展，进而导致材料的最终失效。如图 10-32（a）显示，弯曲破坏后的复合材料局部表现出明显的脆性剪切破坏，导致纤维部分抽拔，基体从孔隙处开始出现微小裂纹。2.5D 机织 SiC/SiC 复合材料在载荷作用下，材料内部发生力的转移，表现为裂纹的偏移、扩展。在强度-挠度图中［图 10-31（a）］具体表现为由初始线性增长转化为斜率的变小。随着拉伸载荷的加大，在复合材料承受最大拉伸载荷后，纤维束出现了如图 10-32（a）和（b）中纤维的大量抽拔，基体由局部微小裂纹转化为整体断裂，纤维与基体也出现脱黏现象。当载荷出现在峰值后，由于裂纹挠曲、转移会产生复合材料之间的频繁摩擦，并且 SiC 纤维与界面的脱黏或抽拔会消耗大部分的负载能量，从而改善了复合材料的力学性能，并证明加载断裂出现的“假塑性断裂”行为。

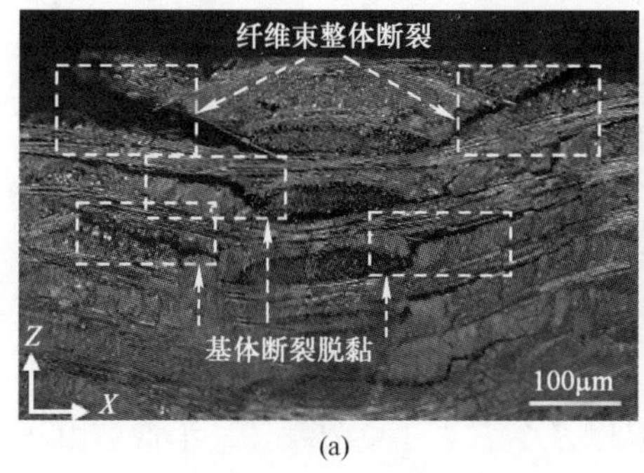

(a)

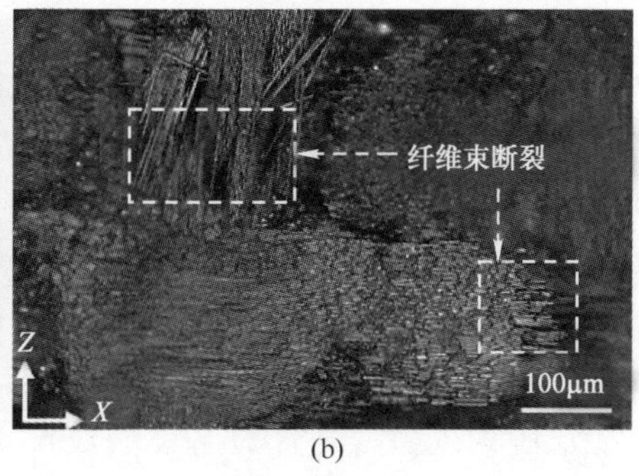

(b)

图 10-32　经向（X 向）2.5D 机织 SiC/SiC 复合材料损伤破坏超景深扫描图

（a）试样厚度方向上裂纹拓展；（b）纤维束断裂。

纬向 2.5D 机织 SiC/SiC 复合材料在三点弯曲试验后样貌的超景深扫描图如图 10-33 所示，与经向 2.5D 机织 SiC/SiC 复合材料弯曲损伤样貌相比，SiC 纤维断裂以及基体产生的裂纹区域在一个固定的区域内。由宏观破坏可以看出，纬向 2.5D 机织 SiC/SiC 复合材料最终破坏是沿着相邻纬纱中间进行扩展，导致材料最终失效的。在初始阶段，随着载荷的增加，部分纤维及基体由孔隙处开始出现微小裂缝，随着载荷增大，复合材料内部受力转移，使随机应力产生的其他部分出现裂纹。当载荷达到最大时，伴随着复合材料内部裂纹的不断增加以及纤维之间出现的应力无法抵抗住载荷应力时，大量纤维束发生断裂，如图 10-33（a）中，随着面内间接剪切应力的增大，纤维束上的纤维微裂纹增加并且不断地沿着轴向扩展，导致纤维断裂，并伴随着基体的脱黏。图 10-33（b）可以清晰地看到在弯曲载荷的作用下基体出现的脆性断裂，表现在强度-挠度图中［图 10-31（b）］出现的线性增长阶段，这是复合材料整体结构中纤维连同基体的断裂分离。

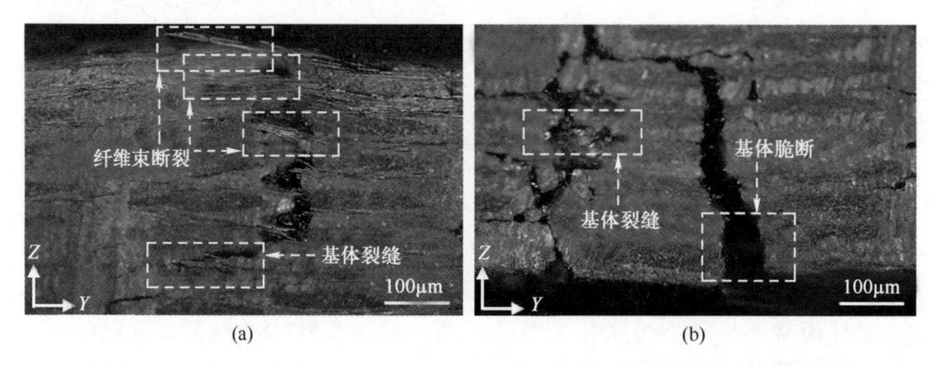

图 10-33　纬向（Y 向）2.5D 机织 SiC/SiC 复合材料损伤破坏超景深扫描图

（a）试样厚度方向上裂纹拓展；（b）基体损伤。

通过对 2.5D 机织经向、纬向 SiC/SiC 复合材料宏观力学损伤分析，表明其弯曲失效的主要原因是多种力耦合发生，使复合材料发生最终失效。为了更准确明白地揭示在三点弯曲试验条件下的经向、纬向 2.5D 机织 SiC/SiC 复合材料的损伤原因，利用扫描电子显微镜对其进行观测并分析其失效机制。

图 10-34、图 10-35 分别为 2.5D 机织经向、纬向 SiC/SiC 复合材料弯曲微观损伤电镜照片。由图 10-34（a）可以看出：在三点弯曲试验下，经向 2.5D 机织 SiC/SiC 复合材料损伤失效后，其断面出现明显的经向纱线 PyC 界面涂层脱黏现象，并伴有基体裂纹产生以及裂纹扩展现象，这可能是由于 2.5D 机织 SiC/SiC 复合材料制备存在的孔隙导致复合材料存在原生孔洞以及缝隙，而在外力作用下，这些薄弱环节受力发生裂纹扩展或者偏移，最后由

于载荷不断加大，载荷作用的应力超出复合材料本身所受的力，从而导致材料最终的弯曲失效。

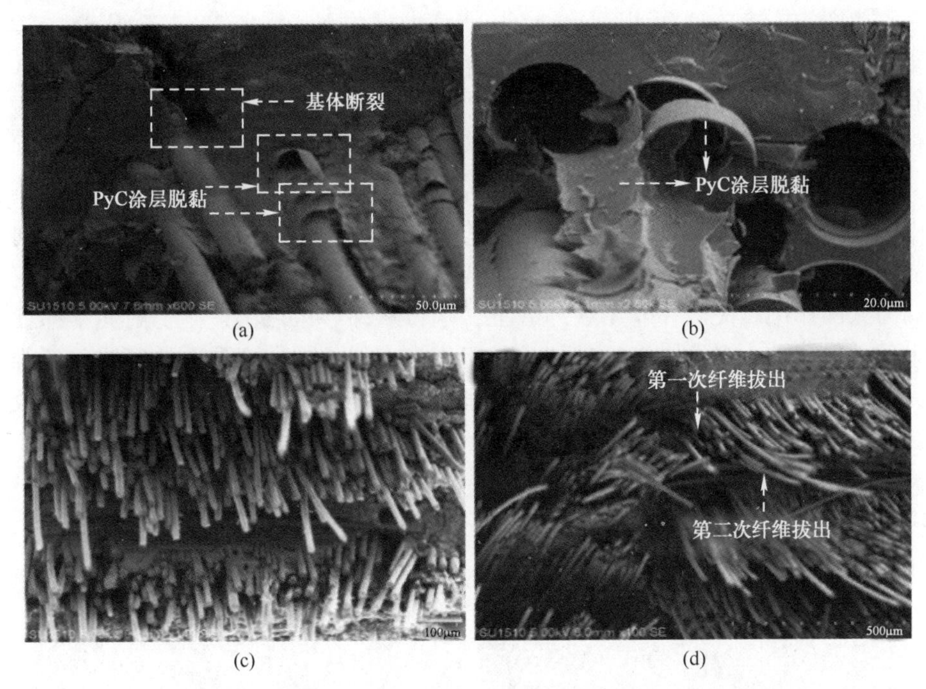

图 10-34　经向（X 向）2.5D 机织 SiC/SiC 复合材料损伤电镜图

（a）经向断面 SEM 图（600 倍）；（b）经向断面 SEM 图（2500 倍）；
（c）经向断面 SEM 图（140 倍）；（d）经向断面 SEM 图（100 倍）。

由图 10-34（b）可以看出：碳化硅纤维在载荷作用下，存在着纤维脱离基体，并从基体中脱落的现象。这主要是因为纤维与基体之间结合力薄弱，受到载荷作用后，基体逐渐将载荷作用产生的应力传递到碳化硅纤维，从而导致纤维抽拔，脱离基体。图 10-34（c）、（d）显示了 2.5D 机织经向 SiC/SiC 复合材料断面存在的大量纤维抽拔，此时出现了“纤维不同时抽拔”，即纤维在裂纹扩展过程中先后发生了两次集中抽拔，这与张立同院士团队[8]研究的 C/SiC 复合材料破坏模式相似，这种现象延长了裂纹扩展路径，同时，提高了复合材料在破坏过程中所要消耗的能量。在弯曲载荷下，经向 2.5D 机织 SiC/SiC 复合材料中经向纤维束发生了纵向断裂破坏，其强度-挠度曲线[图 10-31（a）]上出现的宽阔的波动平台，对应着断面的大量长纤维拔出，出现“假塑性断裂”破坏的特征。在受到载荷作用后，经纱主要承力，且断面沿着纬纱附近扩展，但是裂纹在该区域扩展阻力小，扩展速度慢，该区域的纤维后承载且拔出长，主要作用是增韧。这主要是由于载荷的存在，导致经纱的纤维束处发生大量纤维挤压作用，使应力集中于复合材料的薄弱区，最后导致断裂沿着纬纱与经纱的接触面发生。

由图 10-35（a）可以看出：在三点弯曲试验下，纬向 2.5D 机织 SiC/SiC 复合材料损伤失效后，复合材料断面存在纤维束之间基体的脱黏现象，并伴有基体碎屑产生，同时存在图 10-35（b）显示的少量纤维从基体之间的抽拔现象，这明显与经向纤维“不同时抽拔”的模式不同，表示纬向 2.5D 机织 SiC/SiC 复合材料在一定程度上显示出脆性破坏模式，表现在图 10-31（b）中载荷平台几乎消失。纬向复合材料的破坏主要发生在纬纱的断裂处，纬向复合材料受到弯曲载荷之后，将所受载荷转移到纬向纱束上，并且与面内剪切力共同作用，使破坏作用在纬纱上，端口从纬纱束之间产生，削弱了纬纱束间的作用力，裂纹在该区域的扩展阻力大，但扩展速度快，该区域的纤维先承载且拔出较经向纤维束短，主要作用是增强。纬向纤维的同步断裂导致纬纱束之间的裂纹无法转移、扩展，最终破坏整个复合材料。

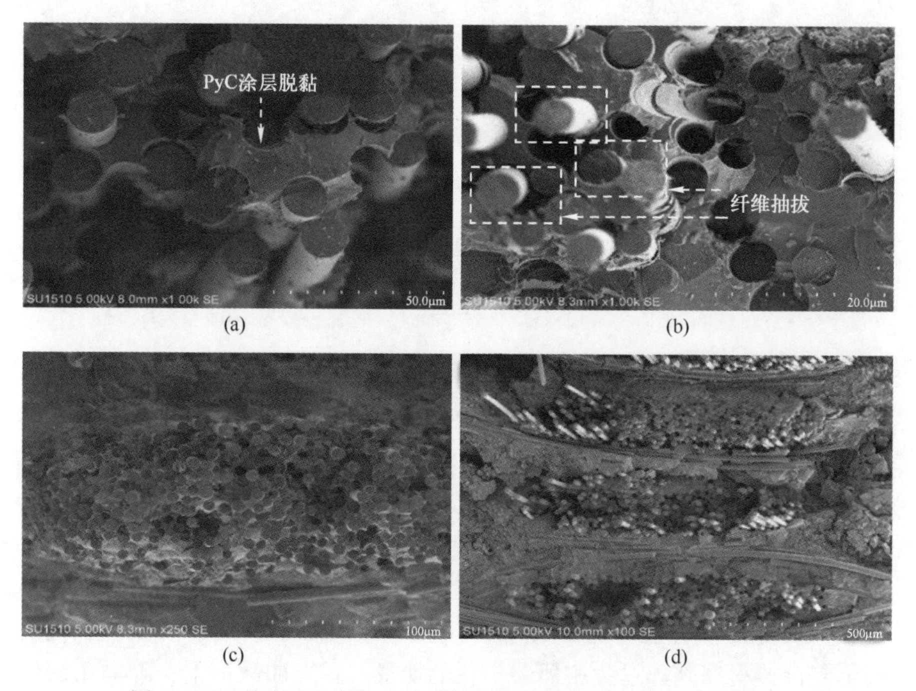

图 10-35　纬向（*Y* 向）2.5D 机织 SiC/SiC 复合材料损伤电镜图
（a）纬向断面 SEM（1000 倍）图；（b）纬向断面 SEM（1000 倍）图；
（c）纬向断面 SEM（250 倍）图；（d）纬向断面 SEM（100 倍）图。

综上，由弯曲载荷导致的 2.5D 机织 SiC/SiC 复合材料发生损伤的微观破坏主要存在以下几个方面：①由于复合材料在制备过程中，不可避免地存在原生孔隙以及孔洞，这就给复合材料增添了产生损伤的可能；②在加载过程中，经向受力与纬向受力会导致不同位置损伤之间发生裂纹扩展。经向主要是经纱的部分分力承力，同时存在“假塑性断裂”的特性，且经向纱线起到增韧作用；而纬向主要是纬纱承力，使得裂纹在纬纱束之间扩展困难，此时纱线主要是增强作用，最终为复合材料的脆性破坏；③损伤的主要形式都是载荷作用下由原生孔隙产生微小裂纹，随着裂纹延长、扩展，使基体断裂、纤维断裂、纤维与基体脱黏而产生的最终失效。

图 10-36 为典型的三维六向编织 SiC/SiC 复合材料的三点弯曲应力-挠度曲线。从图中可知，两种试样均表现出明显的“假塑性断裂”特征。纵向弯曲时应力-挠度曲线可分为 3 个阶段：第一阶段应力在 0~15MPa 范围内试样无损伤；第二阶段应力在 15~380MPa 范围内应力-挠度曲线斜率降低并呈非线性，预示着弯曲载荷下损伤的出现；第三阶段应力达到 380MPa 后曲线在小挠度范围内呈准线性特征，此时纤维弹性承载，在最大应力值附近存在小屈服平台，应力在达到最大值后没有发生突降，试样最终在大挠度变形下韧性失效。

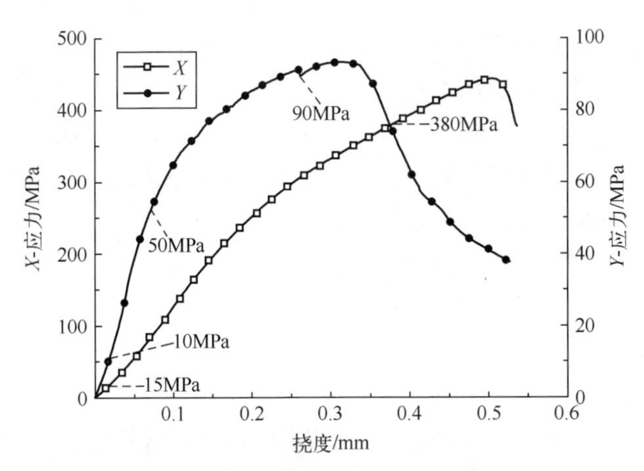

图 10-36　三维六向编织 SiC/SiC 复合材料纵向和横向弯曲应力-挠度曲线

横向弯曲时曲线可分为 3 个阶段：第一阶段应力在 0~10MPa 范围内曲线线性增加；第二阶段应力在 10~90MPa 范围内曲线斜率降低并波动上升，并且应力在 50MPa 和 90MPa 时分别表现出小范围的卸载现象，前者可能是由于基体裂纹的萌生与扩展，后者可能是由于基体裂纹饱和载荷开始转移到纤维上；第三阶段在最大应力附近存在屈服平台，曲线在最大应力之后“阶梯式”下降，呈“假塑性断裂”特征。

表 10-9 给出了三维六向编织 SiC/SiC 复合材料纵、横向弯曲强度、模量及断裂挠度值。从表中可知，纵向平均弯曲强度（469.76MPa）是横向（92.90MPa）的 5.06 倍，另外，三维四向 SiC/SiC 复合材料室温下的纵向弯曲强度（400MPa）[9]低于三维六向编织结构，这归因于五向纱的加入使得更多的纤维能均匀地承担弯曲载荷。平均弯曲模量（117.31GPa）是横向（80.81GPa）的 1.45 倍。平均断裂挠度（0.49mm）是横向（0.30mm）的 1.63 倍，这也说明在三点弯曲试验中纵向试样的韧性优于横向。

表 10-9　三维六向编织 SiC/SiC 复合材料弯曲力学性能

试　样	弯曲强度/MPa	弯曲模量/GPa	断裂挠度/mm
纵向	469.76±37.22	117.31±38.44	0.49±0.01
横向	92.90±13.51	80.81±12.52	0.30±0.03

纵向 SiC/SiC 复合材料弯曲损伤形貌如图 10-37 所示，其中图 10-37（a）、（b）为利用超景深获取的纵向三点弯曲破坏形貌图像。从图中可知，纵向试样的失效模式包括轴向基体裂纹、四向纱剪切破坏、纤维多簇级抽拔。

材料在加载初期为线弹性无损阶段，随着弯曲载荷的增大，纵向试样率先在下表面拉伸侧发生破坏形成主控裂纹，裂纹沿着厚度方向由拉伸侧向压缩侧逐渐扩展，在拉伸侧形成图 10-37（a）中与图 10-28 纵向拉伸相似的断口。裂纹继续扩展至中性面附近时，由于三维六向编织 SiC/SiC 复合材料孔隙分布的随机性及孔隙处较大的应力集中，裂纹扩展至孔隙处发生较大的偏转，形成图 10-37（a）中四向纱的整体抽拔及轴向基体裂纹，对应图 10-36 中应力-挠度曲线的第二阶段。在裂纹沿着厚度方向继续扩展时轴向基体裂纹也开始向五向纱及四向纱内部扩展，导致压缩侧纤维与基体脱黏形成图 10-37（b）中纤维的多簇级抽拔，对应图 10-36 中应力-挠度曲线中的小屈服平台。这种多簇级抽拔方式延长了裂纹偏转路径和时间能提高材料韧性，纤维的不同时承载还能有效提高材料强度。

图 10-37（c）~（f）为利用 SEM 获取的纵向弯曲破坏形貌图像。从图 10-37（e）可知，脱黏主要发生在纤维与界面层之间。界面层松弛裂纹尖端应力使其发生偏转和分叉进而导致纤维的脱黏拔出，裂纹会沿着基体继续扩展至其他纤维处。当裂纹扩展阻力小时纤维会先承载拔出，当裂纹扩展阻力大时纤维后承载拔出。裂纹的多重偏转会导致纤维相继抽拔进而在拉伸侧形成如图 10-37（c）所示的纤维短拔台阶断口，在压缩侧形成如图 10-37（d）所示纤维分次长抽拔的现象。这利于三维六向编织 SiC/SiC 复合材料发挥“补强增韧”作用。部分抽拔出的纤维碎裂在试样表面，如图 10-37（f）所示。

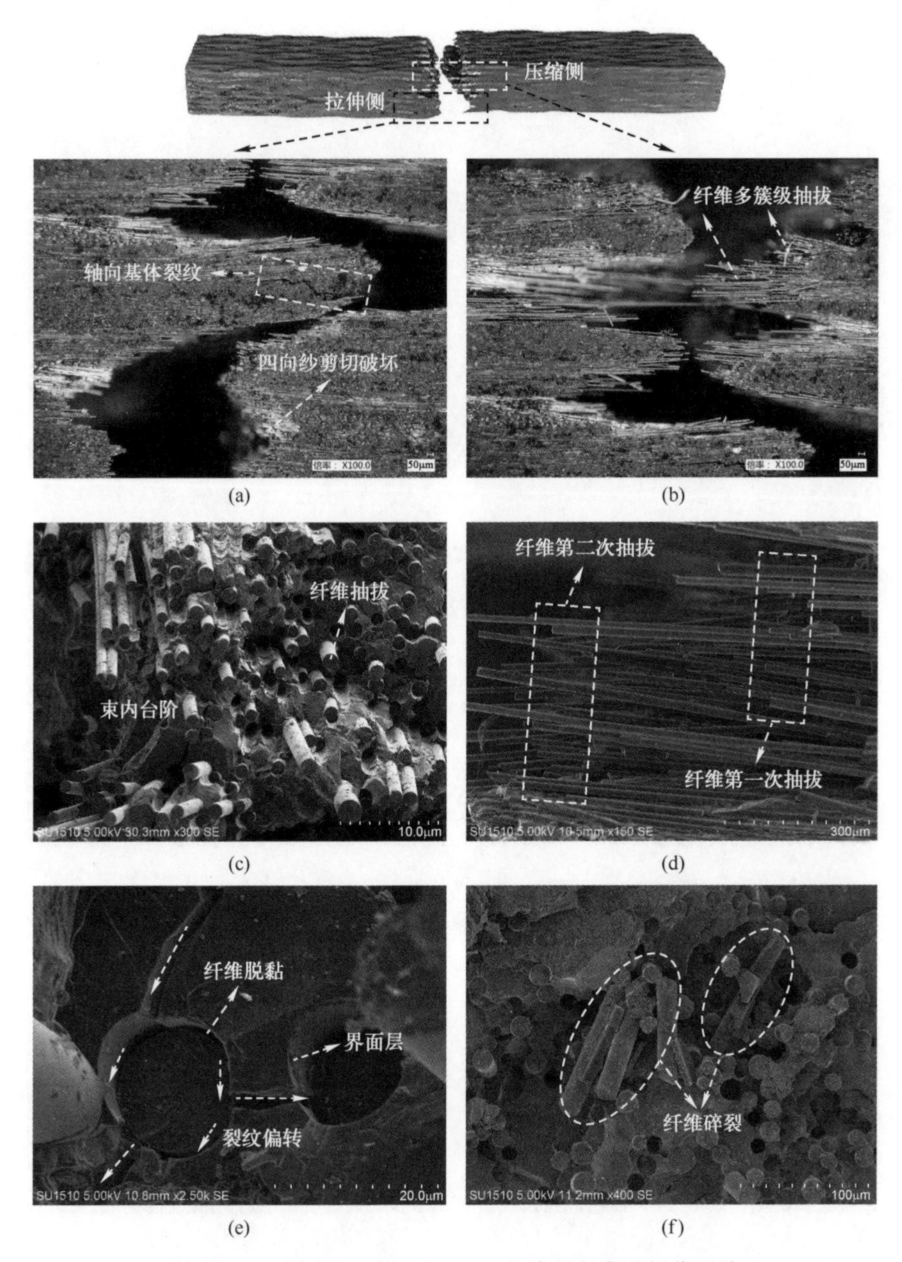

图 10-37　纵向（X 向）SiC/SiC 复合材料弯曲损伤形貌

横向 SiC/SiC 复合材料弯曲损伤形貌如图 10-38（a）、（b）为利用超景深获取的横向三点弯曲破坏形貌图像。从图中可知，横向试样的失效模式包括基体断裂脱黏、四向纱剪切破坏、基体脆断、纤维断裂。

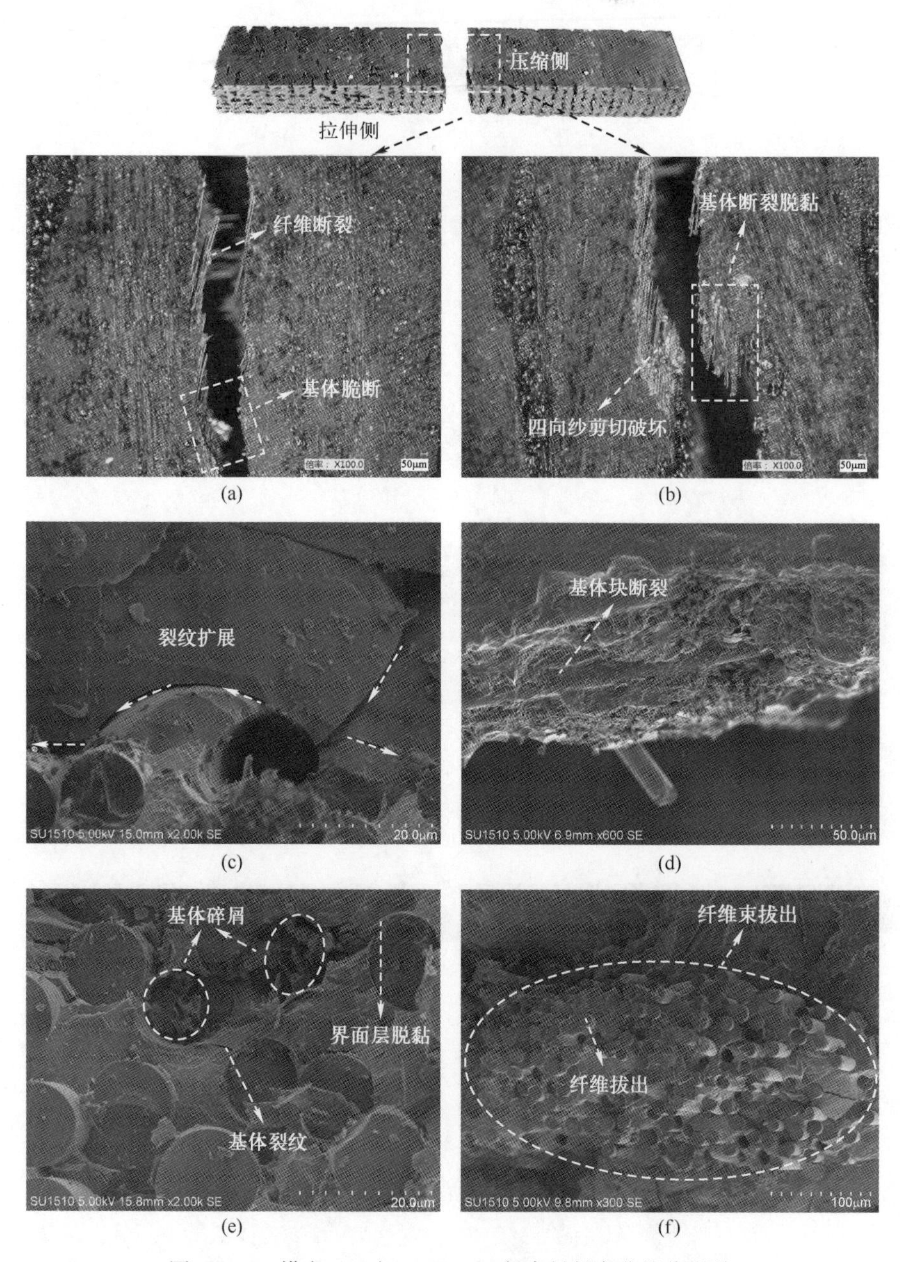

图 10-38 横向（Y 向）SiC/SiC 复合材料弯曲损伤形貌

陶瓷基复合材料的高温制备环境使其纤维与基体之间热膨胀系数失配，基体中会产生原生微裂纹。在横向弯曲载荷的作用下，基体开始萌生新裂纹并与原生裂纹汇聚，使得三维六向编织 SiC/SiC 复合材料横向试样首先在拉伸侧发生破坏，在拉伸侧形成图 10-38（a）中与图 10-29 横向拉伸相似的断口，体现在图 10-36 中横向应力-挠度曲线中第二阶段的非线性段。随着弯曲载荷增加，裂纹开始沿着厚度方向扩展。由于横向试样中主承担弯曲载荷的六向纱少，因此弱化了纤维对裂纹偏转的阻挡作用，使得裂纹路径几乎为一直线。裂纹继续扩展至压缩侧时载荷开始转移到六向纱及四向纱上，形成图 10-38（b）中基体与纤维的脱黏。达到最大应力值后压缩侧纤维相继脱黏断裂，形成图 10-36 横向应力-挠度曲线阶梯下降段材料最终韧性失效。断裂后纤维与基体的结合程度高，其增韧效果不如纵向，体现在应力-挠度曲线上即横向断裂应变小于纵向断裂应变。

图 10-38（c）~（f）为利用 SEM 获取的横向弯曲破坏形貌图像。从图中可知，四向纱及六向纱整体拔出且断口平齐，束内仅有少量纤维短拔，大部分纤维与基体结合紧密。这说明试样整体界面结合强度较大，裂纹无法沿 PyC 界面层有效偏转及传递载荷导致仅在少数弱界面结合处发生界面脱黏，使得横向试样韧性和强度较低，这也形成了图 10-36 中横向应力-挠度曲线中屈服平台较窄的现象。

10.2.1.3　压缩性能

压缩是指材料沿轴向承受压力的一种受力状态。单向压缩试验主要适用于脆性及低延展性材料，反应材料在韧性状态下的力学行为，试样破坏时的最大压缩载荷除以试样的横截面积，称为压缩强度极限或抗压强度。因此，压缩试验对于合理使用脆性材料有重要的意义。通过压缩试验，可以获得材料的压缩应力-应变曲线。

国内外目前采用的陶瓷基复合材料压缩性能标准试验方法主要包括室温压缩标准《连续纤维增强陶瓷基复合材料常温压缩性能试验方法》（GJB 8737—2015）、高温压缩标准《Fine ceramics（advanced ceramics，advanced technical ceramics）-Mechanical properties of ceramic composites at high temperature-Determination of compression properties》（EN ISO 14544：2016）和《连续纤维增强陶瓷基复合材料高温力学性能试验方法　第 3 部分高温压缩》（Q/AVIC 06185.3—2015）。

图 10-39 为典型的 2D SiC/SiC 复合材料压缩性能应力-位移曲线。复合材料在制备过程中引入孔隙和微裂纹，在压缩载荷下孔隙和微裂纹发生一定程度闭合；压缩破坏主要表现为界面的剪切破坏和纤维束的剪切破坏。材料表现出的非线性是由于陶瓷基复合材料具有伪塑性的力学行为所致，这种伪塑性行为是因为材料内部含有大量的初始微缺陷，加载过程中材料的损伤缓慢累积发展所致。SiC/SiC 复合材料的内部存在孔隙、裂纹等缺陷，在加载过

程中就会出现应力集中，当加载速率较低时，试样有足够的时间松弛应力集中，而加载速率较高时试样没有充足的时间松弛应力集中，材料来不及变形，破坏进程加快，导致在高应变率下材料塑性降低，破坏应变减小。表 10-10 是 2D SiC/SiC 复合材料室温压缩强度及压缩模量。

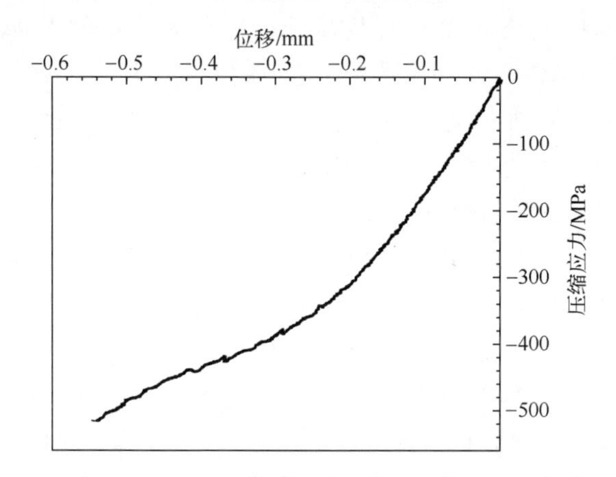

图 10-39　2D SiC/SiC 复合材料压缩性能应力-位移曲线

表 10-10　2D SiC/SiC 复合材料室温压缩强度及压缩模量

试样编号	室温压缩强度/MPa	压缩模量/GPa
2D SiC/SiC-1	512	298
2D SiC/SiC-2	506	375
2D SiC/SiC-3	516	235
2D SiC/SiC-4	541	233
2D SiC/SiC-5	469	253
平均值	509±26	279±60

压缩性能测试断裂试样及 SEM 断面扫描如图 10-40 所示，可以看出，2D SiC/SiC 复合材料试样断裂形貌呈斜角，压缩破坏断面为与轴向方向成 14°～20°夹角的斜平面，断面可见平纹编织纤维结构，破坏斜面与轴向的夹角和轴向纤维束的波纹度有关，轴向纤维束发生屈曲弯剪破坏。在压缩过程中，复合材料表现出明显的界面的剪切破坏和纤维束的剪切破坏，压缩断面可见大量轴向 0°纤维束和横向 90°纤维束，轴向 0°纤维束和横向 90°纤维束皆发生劈裂，内部纤维与基体剥离严重，大部分纤维在断面处折断；层与层之间存在较为明显的基体层，同时材料基体因压缩破坏呈不规则碎裂状，断裂面不规则但有阶梯式过渡的趋势[10]。

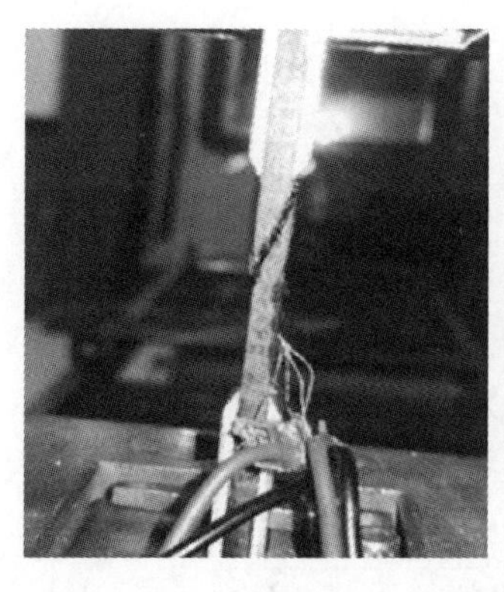
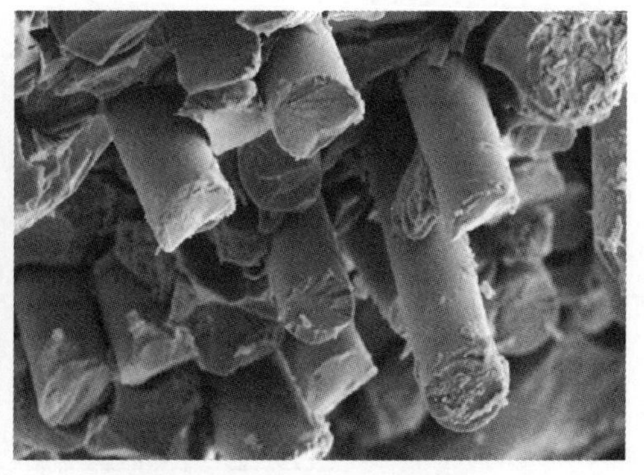

图 10-40　压缩性能测试断裂试样及 SEM 断面扫描图

10.2.1.4　剪切性能

陶瓷基复合材料的剪切损伤失效机制主要包括基体开裂、分层、界面脱黏、纤维和纤维束的断裂和拔出。在剪切载荷作用下，材料内部的基体开裂方向与纤维轴向具有夹角，基体开裂和纵向基体碎块的刚体位移是材料表现出显著的非线性应力-应变行为和产生较大剪切塑性变形的主要原因，纤维与基体间的界面性能是控制材料剪切力学行为的主要因素。

陶瓷基复合材料剪切强度测试标准主要参考《Standard Test Method for Shear Strength of Continuous Fiber-Reinforced Advanced Ceramics at Ambient Temperatures》（ASTM C1292-16）等。

图 10-41 为 2D SiC/SiC 复合材料剪切应力-位移曲线。可以看出，曲线表现出非线性，线弹性段较长，这是由于 SiC/SiC 复合材料纤维与基体热匹配性好，热残余应力小，引起的材料初始缺陷较少。SiC/SiC 复合材料的连续相和增韧相均为脆性材料，主要增韧机理为基体裂纹偏转、界面脱黏与纤维拔出，这些都将使应力-应变曲线呈现非线性。表 10-11 是 2D SiC/SiC 复合材料室温面内剪切强度与剪切模量。

表 10-11　2D SiC/SiC 复合材料室温面内剪切强度与剪切模量

试样编号	室温面内剪切强度/MPa	剪切模量/GPa
2D SiC/SiC-1	153	22.0
2D SiC/SiC-2	155	22.1
2D SiC/SiC-3	164	23.9
2D SiC/SiC-4	147	17.2
2D SiC/SiC-5	148	17.4
平均值	153±7	21±3.1

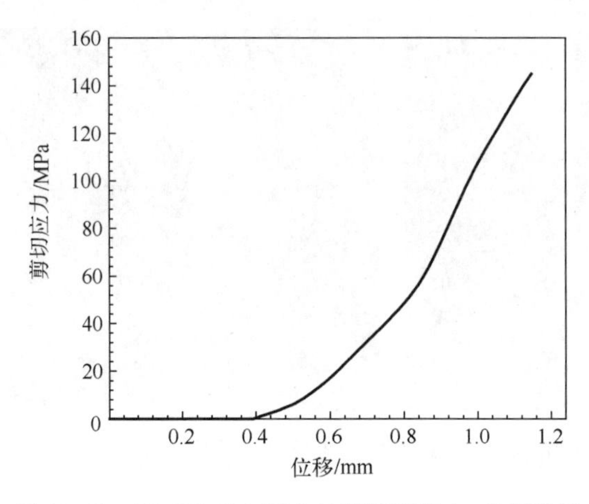

图 10-41 2D SiC/SiC 复合材料剪切应力-位移曲线

通过扫描电镜对试件断口进行观察，得到的断口照片如图 10-42 所示。由图 10-42（a）可见，断面上 0°纤维束发生横向折断，纤维全部断裂并伴有较短拔出；90°纤维束发生纵向劈裂，内部纤维与基体剥离严重，大部分纤维保持完好。材料基体裂纹主要分布在与 0°纤维束成 90°和 45°夹角方向上。此外，0°纤维束内部界面脱黏等轴向损伤和 90°纤维束横向开裂损伤等可以看作是 0°夹角方向上的裂纹损伤。图 10-42（b）是对 0°纤维束断裂面的特征放大，可见纤维束内部发生严重的界面脱黏损伤，纤维与基体间出现大量缝隙；纤维的断面形貌和断裂位置的台阶状分布形态说明 0°纤维束是在弯剪载荷作用下发生断裂破坏的。所以，在剪切载荷作用下，材料基体裂纹主要分布在与 0°纤维束成 0°/90°和 45°夹角方向上；对比 0°/90°纤维束的损伤形貌可知，材料的剪切应力-应变行为主要受 0°纤维束损伤进程影响；当 0°纤维束受弯剪载荷作用下发生断裂时，试件整体发生剪切失效破坏[11-13]。

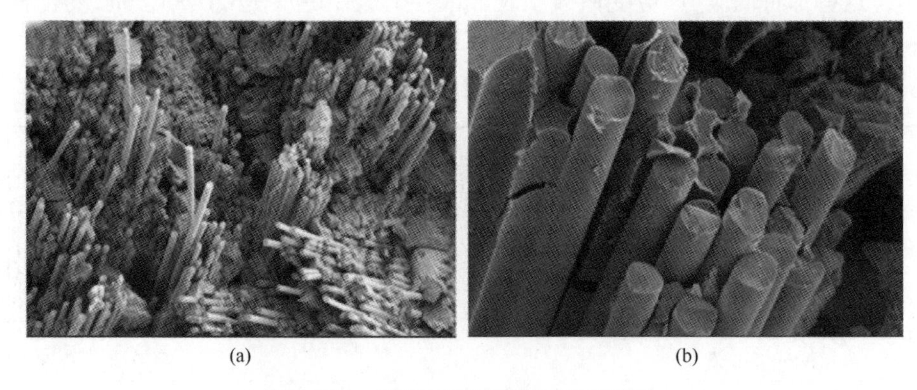

(a) (b)

图 10-42 剪切试样破坏断口电镜照片

10.2.1.5　断裂韧性

陶瓷基复合材料的非脆性断裂特性使得断裂机理成为重要的研究内容。断裂韧性参考标准：室温下，《精细陶瓷断裂韧性试验方法　单边预裂纹梁(SEPB)法》(GB/T 23806—2009)，以及高温下，《连续纤维增强陶瓷基复合材料高温力学性能试验方法　第 6 部分：断裂韧性 K_{IC} 试验方法》(Q/AVIC 06185.6—2015) 等。

图 10-43 是典型 2D SiC/SiC 复合材料断裂韧性应力-位移曲线。可以看出，随着载荷加载，纤维拔出等损伤形式使得材料表现出假塑性。高强度和高模量的纤维既能为基体分担大部分外加应力，又可阻碍裂纹的扩展，并能在局部纤维发生断裂时以拔出功的形式消耗部分能量，起到提高断裂能并克服脆性的效果。表 10-12 是 2D SiC/SiC 复合材料室温测试试样尺寸及断裂韧性。

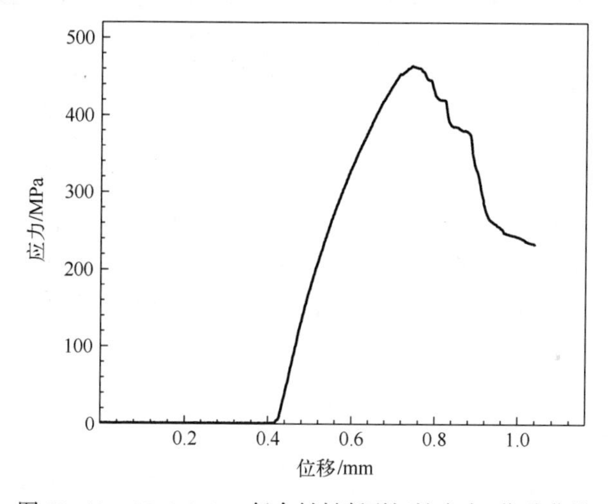

图 10-43　2D SiC/SiC 复合材料断裂韧性应力-位移曲线

表 10-12　2D SiC/SiC 复合材料室温测试试样尺寸及断裂韧性

试样编号	宽度/mm	厚度/mm	缺深/a	断裂韧性
2D SiC/SiC-1	3	7.94	4.32	21.22
2D SiC/SiC-2	2.94	7.92	4.42	19.37
2D SiC/SiC-3	2.98	7.94	4.07	24.21
2D SiC/SiC-4	2.94	7.92	4.33	17.41
2D SiC/SiC-5	2.93	7.97	4.18	20.37
平均值	2.96±0.03	7.94±0.02	4.26±0.14	20.5±2.5

通过扫描电镜对断裂韧性测试后断面分析，如图 10-44 所示，可以看到大量的纤维拔出现象，对应曲线中屈服后的非脆断现象，同时对局部分析可以看出，除纤维拔出增韧作用外，界面层脱黏和裂纹偏转也起到增韧复合材料的作用[14]。

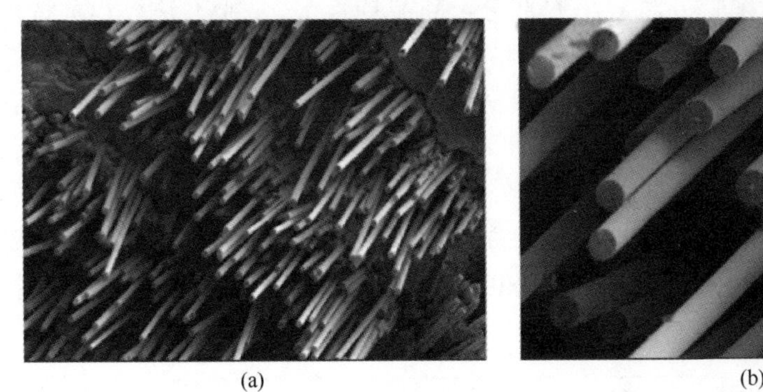

(a)

(b)

图 10-44　2D SiC/SiC 复合材料断裂韧性断裂形貌

（a）试验后断口形貌（200×）；（b）试验后断口纤维脱黏拔出（1000×）。

10.2.1.6　疲劳性能

纤维增强陶瓷基复合材料在制备过程中，基体就存在许多微裂纹。对陶瓷、晶须增强陶瓷基复合材料而言，疲劳失效往往是由单一裂纹造成的，而纤维增强陶瓷基复合材料在循环载荷下基体出现大量裂纹，基体开裂并不是导致其疲劳失效的直接原因。在疲劳载荷作用下，纤维增强陶瓷基复合材料的力学性能随循环下降。随温度不同，其损伤机理呈现不同。在室温下，基体开裂、界面脱黏、界面滑移以及纤维断裂是陶瓷基复合材料主要的疲劳损伤机理；在高温下，纤维/基体界面相力学性能衰退、纤维蠕变是额外出现的损伤机理，除此之外，组分细观结构、强度特征以及热残余应力分布也将随温度发生变化，上述因素使得高温下的疲劳损伤机理更加复杂。

对许多陶瓷基复合材料而言，由于基体具有低断裂韧性，基体本身并不存在疲劳损伤，室温下界面或者纤维的性能衰退是造成疲劳损伤的主要原因。界面衰退主要是由于界面层断裂、磨损、热残余应力释放以及界面处温度升高造成的；纤维衰退是由于界面磨损过程中在纤维表面产生缺陷造成的。通过纤维断裂镜面试验，发现疲劳失效后纤维强度明显下降。界面剪应力随循环减小造成界面脱黏长度随循环增加，导致残余应变增加和模量下降，纤维特征长度和纤维承担载荷随界面剪应力减小而增加，同时纤维强度由于界面磨损而下降，进一步加大了纤维断裂的概率，上述因素导致纤维在循环过程中不断失效，但纤维大量断裂出现在疲劳失效之前，当纤维断裂百分数达到临界值时，复合材料的模量急剧下降，陶瓷基复合材料疲劳失效。

在中温（400~800℃）惰性气体环境下，纤维和基体组分之间无化学反应，且不存在氧化、蠕变等因素的影响时，温度的增加将影响纤维/基体界面径向和轴向热残余应力，进而影响纤维/基体界面剪应力和纤维、基体轴向应力，对陶瓷基复合材料疲劳行为产生影响；在高温（>800℃）惰性气体环境下，纤维/基体界面相将发生化学反应，界面相性能将下降，同时纤维发生蠕变，当基体蠕变强度小于纤维蠕变强度时，基体轴向应力减小，纤维轴向应力增加，纤维蠕变增加了桥接纤维承载，降低了疲劳寿命；当基体蠕变强度大于纤维蠕变强度时，基体轴向应力增加，这使得基体出现更多裂纹，纤维的泊松效应使得界面脱黏，脱黏后纤维的蠕变导致界面剪应力进一步减小。当纤维蠕变强度小于基体蠕变强度时，蠕变对陶瓷基复合材料的疲劳行为的影响将更严重[15-18]。

在高温空气环境下，大多数陶瓷基复合材料存在氧化脆化现象。初始加载基体出现裂纹后，氧气将在随后循环过程中氧化界面相导致界面相消失，或者与基体发生反应产生强界面相，界面相的消失或者强界面相的生成都将造成陶瓷基复合材料疲劳寿命下降。

高温疲劳性能测试参考《高温氧化环境下纤维增强陶瓷基复合材料拉-拉疲劳性能试验方法》（Q/ZHFC 8533—2018），图 10-45 是不同应力水平下 SiC/SiC 复合材料疲劳寿命图。可以看出，随着加载应力的增加，复合材料疲劳寿命降低。在 70MPa 以下时，复合材料具有优异的抗疲劳性能，循环加载达到 1000h 左右，如图 10-45（b）所示。

图 10-46 是不同应力水平下 SiC/SiC 复合材料疲劳断口形貌照片，可以看出，2D SiC/SiC 常温静态拉伸断口近似呈直线状，而拉-拉疲劳断口则更加错乱，呈波浪状，大量轴向纤维束簇状拔出，拔出程度上编织层之间也有明显差异，除此之外，疲劳破坏断口断面基体可见明显缺失。这表明在疲劳载荷作用下，SiC/SiC 复合材料内纤维束与纤维束之间、纤维与基体之间结合性能变差，使得纤维束更加容易被拔出；同时，基体在疲劳加载过程中，不断产生小的基体碎块，并相互磨损，因此断面基体较为粗糙。

图 10-47 是不同频率水平下 SiC/SiC 复合材料疲劳寿命图。可以看出，随着加载频率的增加，复合材料疲劳寿命降低。在 1Hz 以下时，复合材料具有优异的抗疲劳性能，循环加载均达到 1000h 左右。

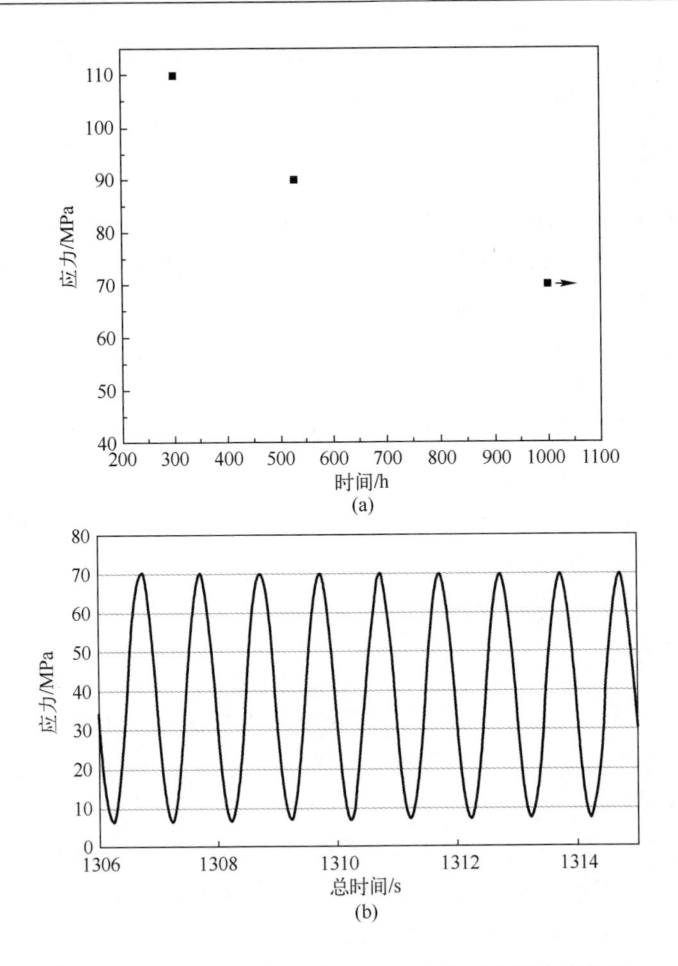

图 10-45 不同应力水平下 SiC/SiC 复合材料疲劳寿命图
(a) 110MPa、90MPa、70MPa 下 SiC/SiC 复合材料疲劳寿命图（1000℃，1Hz）；
(b) 70MPa 下 SiC/SiC 复合材料疲劳寿命测试图（1000℃，1Hz）。

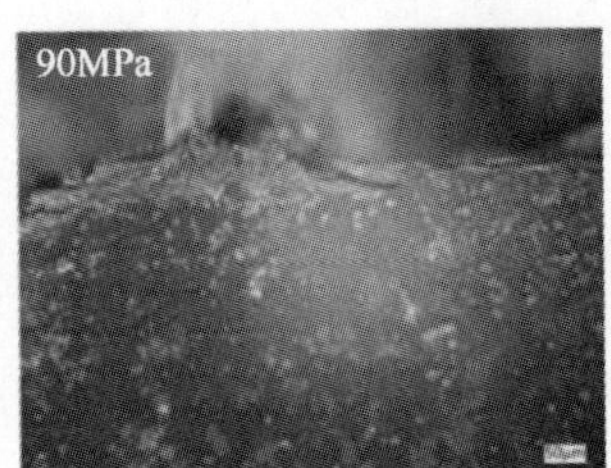

图 10-46 不同应力水平下 SiC/SiC 复合材料疲劳断口形貌照片

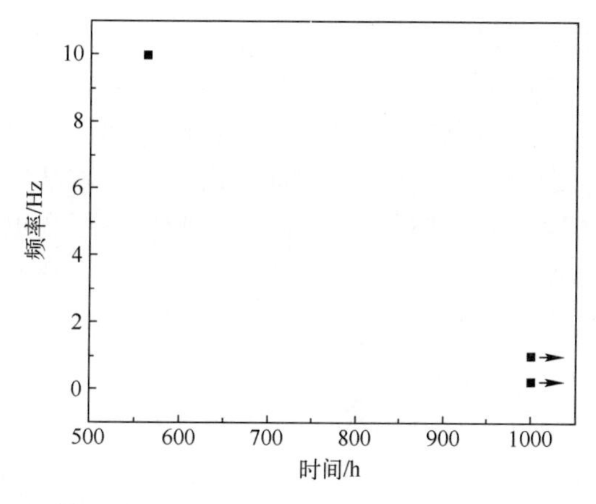

图 10-47　0.25Hz、1Hz、10Hz 下 SiC/SiC 的疲劳寿命（1000℃，70MPa）

图 10-48 是不同频率水平下 SiC/SiC 复合材料疲劳断口形貌照片，可以看出低频下纤维拔出现象更加明显，说明在低频疲劳载荷作用下，纤维和基体的结合性能变差。

图 10-48　不同频率水平下 SiC/SiC 复合材料疲劳断口形貌照片

10.2.1.7　蠕变性能

蠕变测试过程是在试样上施加恒定的载荷，产生瞬时应变以及与时间相关的应变。瞬时应变包含弹性应变和不可恢复应变。应变与时间的关系分为 3 个阶段：应变率减小阶段、平稳阶段和加速阶段[2-4]，如图 10-49 所示。

SiC/SiC 复合材料在高温下工作时，材料的性质随温度而变，内部应力也随温度与时间的双重影响而重新分配。就陶瓷基复合材料而言，恒定的拉伸应力作用下，蠕变首先产生一个瞬时的弹性应变，而后应变随时间增加而不断增加。由于纤维和基体的弹性模量、蠕变速率以及应力松弛率不同，在足够低的温度和应力作用下，蠕变过程可能存在着应力阈值，低于该应力阈值，材料的蠕变速率极小而无法测量。在高于应力阈值的载荷作用下，材料中将不断发生载荷从一种组元向另一种组元的转移，当蠕变速率不匹配时，在第一阶段大多数时间内，纤维和基体之间的载荷传递是主要的控制因素。如果两者相差很大，这种载荷传递将频繁发生。假设在第一阶段变形以后，材料的纤维和基体中没有出现损伤，那么蠕变变形速率和变形积累将主要由高蠕变抗力的组元的蠕变变形速率决定。然而，由于纤维和基体中持续的微观演变以及组元之间的不断应力传递，真正意义上的稳态蠕变很少在陶瓷基复合材料中被观察到。典型的现象是在一个相当长的时间内蠕变速率在不断缓慢减小。在高应力作用下纤维和基体的损伤更加明显，通常能够观察到加速蠕变阶段。

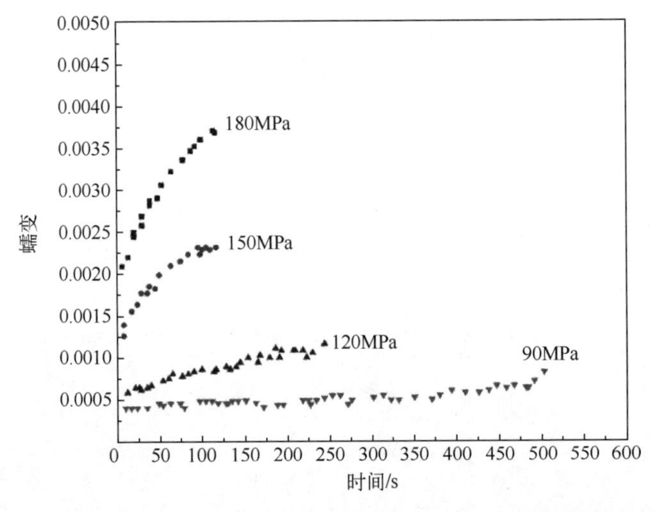

图 10-49　SiC/SiC 复合材料 1300℃下不同应力水平下的拉伸蠕变曲线

蠕变性能测试参考标准《高温氧化环境下纤维增强陶瓷基复合材料单轴拉伸蠕变性能试验方法》（Q/ZHFC 8534—2018），图 10-50 是两种牌号纤维种类的 2D SiC/SiC 复合材料拉伸蠕变变形-时间曲线，可以看出，复合材料在拉伸应力下应变与时间的关系存在 3 个阶段：应变率加速阶段、减小阶段和平稳阶段。

陶瓷基复合材料高温蠕变损伤机理可以根据纤维和基体的蠕变不匹配比（creep mismatch ratio，CMR）来划分，CMR 定义为纤维的稳态蠕变速率和基体的稳态蠕变速率之比。对于 CMR 小于 1 的材料，拉伸蠕变过程中的损伤机理首先是纤维和基体的脱黏，接着是纤维阶段性断裂，在低于基体开裂应力阈值的作用下也在基体中出现微裂纹和桥接纤维。对于 CMR 大于 1 的材料，从纤维上传递的应力将导致基体应力不断增大，最终引起基体开裂，使得桥接的纤维承担全部的载荷，复合材料蠕变的速率由纤维的蠕变所控制。而且，基体开裂以及界面脱黏将使得纤维和基体间的界面完全暴露于空气当中，复合材料发生基体开裂以及由此引起的纤维桥接是拉伸蠕变的损伤机理。

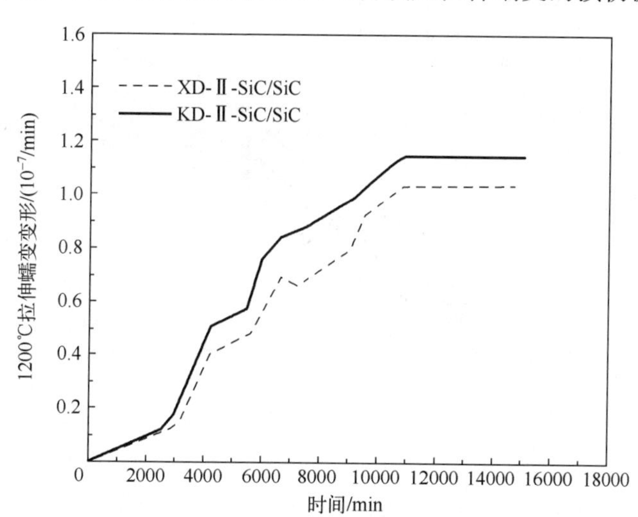

图 10-50 2D SiC/SiC 复合材料拉伸蠕变变形-时间曲线

10.2.2 物理性能

材料热物理性能是构件使用的重要性能指标，也是微观结构损伤表征的重要手段，对材料的设计、制备和服役性能评价具有十分重要的指导意义。主要包括热容、热导率、热扩散率、线膨胀系数、发射率等[19]。

10.2.2.1 热膨胀性能

复合材料由纤维、界面和基体构成，因此热膨胀的相容性是非常重要的。虽然线膨胀系数彼此相同是最为理想的，但是几乎实现不了。通常用线膨胀系数来表征材料的热膨胀，晶体的线膨胀系数存在各向异性，因此，线膨胀系数的各向异性造成的热应力常常是导致多晶体材料从烧结温度冷却下来即发生开裂的原因。

图 10-51 为两种牌号纤维不同预制体结构的 SiC/SiC 复合材料的热膨胀系数图。可以看出，4 种编织方式复合材料的热膨胀系数随温度的变化趋势基本类似，随着温度的升高，其热膨胀系数增大，在 600～700℃之间有增速放缓的阶段，之后继续增加，在 1200℃达到测试最大值。放缓的原因可能来源于在复合材料制备过程中，从制备温度（>1000℃）冷却至室温过程中，由于复合材料基体和纤维的热膨胀系数不同，使得复合材料内部产生基体微裂纹，在测试过程中，随着温度升高，微裂纹闭合，导致在该温度区间复合材料整体热膨胀系数增加放缓。

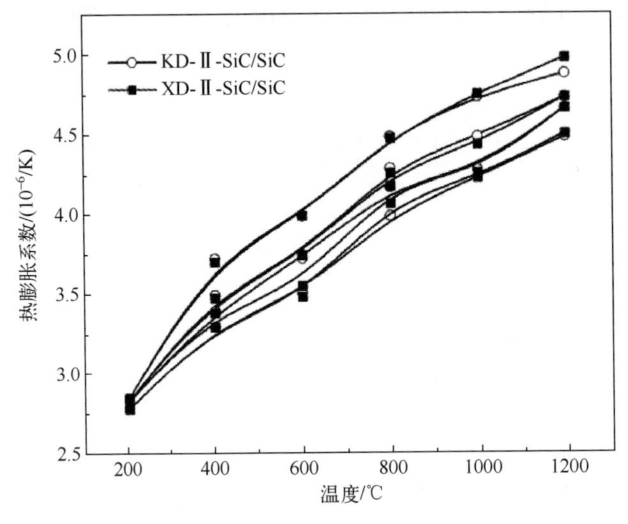

图 10-51 不同纤维预制体 SiC/SiC 复合材料的热膨胀系数图

10.2.2.2 热扩散性能

作为耐高温、隔热材料，热导率是重要的物理性能指标。热导率对于复合材料的裂纹、孔洞和界面结合情况都很敏感。热扩散性能可以用导热系数和热扩散率表征。

图 10-52 为不同纤维预制体结构的 SiC/SiC 复合材料的热扩散系数随着温度变化曲线。可以看出，其变化趋势相同，都随温度的升高而减小，且变化速率逐渐减缓。3D 编织方式的热扩散系数在整个温度区间内明显高于 2D 编织方式的 SiC/SiC 复合材料。随着温度升高，SiC/SiC 复合材料热导率下降，热容上升，密度基本不变，在三者的共同作用之下，材料的热扩散系数会迅速减小。但是，材料热导率随温度升高而降低以及热容随温度升高而增大都是逐渐减缓的过程，这使材料的热扩散系数的减小也表现为一个逐渐减缓的过程。

2D、2.5D 和 3D SiC/SiC 的热扩散系数随温度变化都受上述机理的控制，所以它们的变化趋势相同。但 SiC/SiC 复合材料中存在着 SiC 基体、SiC 纤维和界面相 3 种组分，由现有理论可知，SiC 纤维轴向以及沿 SiC 纤维轴向的片层状界面的连续性和整体性强、结晶化程度和模量高，是热量传输的主要通道，而 SiC 纤维径向及沿纤维径向界面的性能则正好相反，会降低材料整体的热量传输能力。纤维编织结构的不同导致 SiC 纤维的分布不同，从而形成不同材料热扩散系数在数值上较为明显的差异。

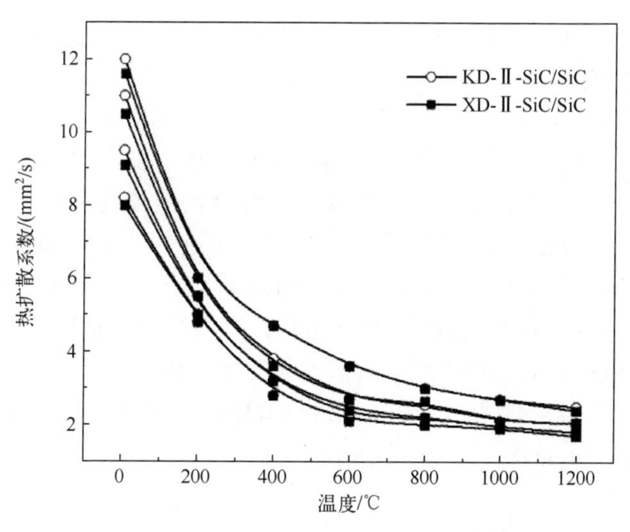

图 10-52　不同预制体结构的 SiC/SiC 复合材料的热扩散系数随着温度变化曲线

10.3　SiC/SiC 复合材料微结构和性能优化设计

10.3.1　SiC/SiC 复合材料微结构与本征性能关系

SiC/SiC 复合材料包括 SiC 纤维、界面相、SiC 基体和涂层 4 种主要组元，组元结构呈现跨尺度特征，例如，界面层一般为 0.1~0.5μm，单丝纤维的直径 10~13μm，纤维束内的孔隙约为 1μm，纤维束间的孔隙约为 100μm，而且在基体和涂层中不可避免地存在气孔和裂纹。因此 SiC/SiC 复合材料的微结构是非常复杂的。在材料服役过程中，每一种微结构单元都有不同的应力-应变响应。如果环境参数在两个以上，如高温、应力和氧化耦合环境，微结构单元对环境参数的响应存在着强烈的交互作用，引起复合材料微结构的演变，最终导致复合材料性能衰减。

1. SiC/SiC 复合材料纤维增强体对本征性能的影响

以 3D 编织和 2.5D 机织两种类型纤维增强体为研究对象。①以纤维束类型、纤维束细度、纤维体积含量、工艺参数（经密/纬密、花节长度/编织角）、交织结构类型（2.5D 浅交弯联/2.5D 浅交直联、三维五向/三维六向）等参量为影响因子，设计并制备不同结构参数纤维增强体复合材料；开展拉伸、压缩、弯曲、剪切、冲击等本征性能的研究，获取基础弹性模量值及强度值，建立纤维增强体微结构与宏观力学性能关联关系；并利用微型 CT 及全场应变非接触测量系统（DIC），实时测量全场应变和内部裂纹演化过程，获取不同区域的损伤累积模式，厘清纤维增强体微结构对破坏机理的影响规律。②鉴于航空热端部件多为复杂构型，提取典型特征（变截面、变厚度等），采用加/减纱工艺设计和制备含“原生缺陷”纤维增强体复合材料，开展拉伸、压缩、弯曲、剪切和冲击等本征性能的研究，明确含结构缺陷纤维增强体复合材料力学性能演化规律，定量建立结构缺陷形态与本征性能的理论模型。③针对以上周期性结构和含缺陷变化结构，利用微型 CT 开展微细观结构观测，分析纤维束-织物过程中纤维束截面和纤维束路径的变化特性，采用统计分析方法建立真实微细观结构模型，为数值模拟提供支撑，图 10-53 为不同编织的空间结构示意图。

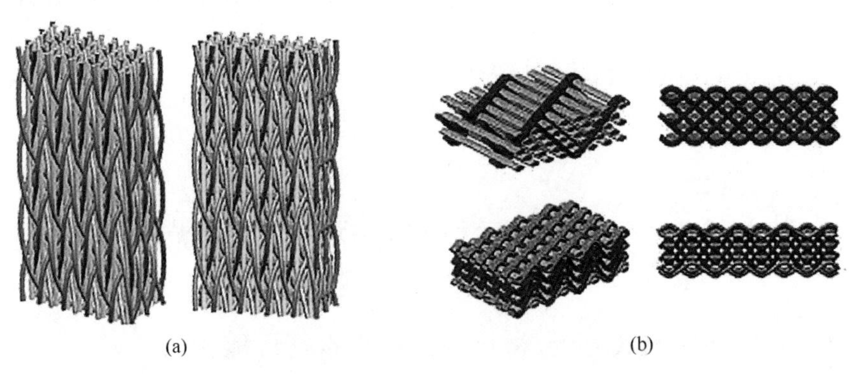

图 10-53　两种编织方式的空间结构示意图
(a) 三维六向编织结构；(b) 2.5D 编织结构。

2. SiC/SiC 复合材料界面相对本征性能的影响

SiC/SiC 复合材料实现增强和增韧的前提条件是纤维与基体间具有适当弱的界面结合。选择合适的界面层材料和厚度是控制界面结合强度的有效方法。作为两种 SiC/SiC 复合材料常用的界面相材料，由于 PyC 和 BN 是两种材料，其本身理化性质存在差异，在 SiC/SiC 复合材料中对于纤维和基体的结合强度的影响本身就有不同。通过对比具有 PyC 和 BN 界面相的 SiC/SiC 复合材料的应力-位移曲线，对比断裂位移，定性比较不同界面相的结合强度。利用微小压头或夹具从处理好的复合材料断面，拔出或者顶出纤维，定量测试其界面结合能力。此外，PyC 和 BN 的不同还体现在抗氧化性能上，PyC 的缺点是在高于 800℃ 的氧化气氛中极易氧化，而 BN 在 850℃ 下被动氧化形成玻璃相 B_2O_3，具有自愈合裂纹的能力，阻止氧原子进一步对纤维的侵蚀，提高复合材料抗高温氧化性能。通过对比 SiC/SiC 复合材料在 PyC 和 BN 界面相下长时氧化后的力学性能，全面了解 PyC 和 BN 对 SiC/SiC 复合材料性能的影响规律。通过 SEM、TEM、工业 CT 等技术表征试样断口形貌，提取界面相和纤维的表面形貌、成分等信息，获取 PyC 和 BN 对 SiC/SiC 复合材料高温抗氧化性能的影响，材料的氧化过程如图 10-54 所示。

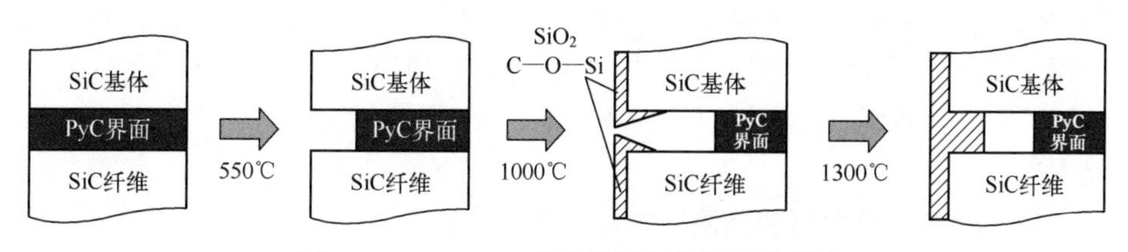

图 10-54　SiC/SiC 复合材料氧化机理示意图

界面相厚度对 SiC/SiC 复合材料性能的影响归因于其对界面结合强度和滑移阻力的影响。一方面，无界面相或者界面相太薄，纤维与基体界面结合强度高，不能产生界面脱黏，会表现为脆性断裂。另一方面，纤维与基体间是凹凸-凹凸交互啮合的情况，如果界面相厚度能超过粗糙度幅值，摩擦应力就几乎可以消除，减少滑移阻力，从而有助于界面滑移，使纤维在断裂过程中通过脱黏、拔出等形式消耗能量，实现 SiC/SiC 复合材料的强韧化。通过对具有不同界面相厚度的复合材料进行力学性能测试，得到其应力-位移曲线，对比曲线中线性弹性阶段的基体开裂应力、非线性阶段的最大载荷以及纤维拔出阶段的载荷下降的快慢程度 3 个特征量，得出不同厚度的界面层对于基体残余热应力、纤维本征性能以及纤维滑移阻力的影响规律。此外，通过 SEM、TEM、工业 CT 等技术表征复合材料的断口形貌，观察其断口形貌的平滑度、纤维拔出量、纤维拔出长度以及纤维拔出长短分布等参数，判断不同厚度的界面层对纤维和基体之间滑移阻力的影响，从而得出不同厚度的界面层对于复合材料断裂形式的影响。

3. SiC/SiC 复合材料基体对本征性能的影响

根据复合材料的混合法则，纤维与基体要满足模量的匹配条件，才能发挥纤维的增强作用。纤维与基体模量比是影响复合材料强韧性的关键。如果模量比太大，纤维临界长度太长，复合材料主要发生非积累型破坏，强度低而韧性高；如果模量比适中，纤维临界长度在合理范围内，复合材料发生混合型破坏；如果模量比太小，纤维临界长度太短，复合材料主要发生积累型破坏，强度低，韧性也低。由于复合材料在受力后，当纤维体积分数一定时，纤维和基体承担载荷之比与纤维和基体模量比成正比，而一般来说，纤维强度均高于基体强度，因此提高纤维的承载比例能提高复合材料的强度。但在

SiC/SiC 复合材料中，基体模量太高，虽然提高纤维模量可以改善 SiC/SiC 复合材料的模量比，但同时也使纤维对损伤更敏感，因此，纤维模量并不是越高越好。基体的主要问题是增韧，强界面结合既不能增强又不能增韧，这要求在保证适当弱界面结合的情况下降低基体模量。SiC/SiC 复合材料中不可避免地存在孔隙和裂纹，这些缺陷均会降低基体的名义模量，使基体表现出一定的伪塑性，但是如果基体孔隙率太高，会导致其名义模量过低，临界纤维太长，复合材料发生积累型破坏，虽然韧性高，但强度低。因此 SiC/SiC 复合材料的基体孔隙率和裂纹对强韧化有利，但孔隙率和裂纹密度应控制在一定范围内。

4. SiC/SiC 复合材料涂层对性能的影响

SiC/SiC 复合材料服役温度超过 1000℃，高温环境将影响复合材料基体的裂纹数量及宽度，使得氧气能通过基体裂纹、孔隙等相互连通的孔洞网络向复合材料内部扩散，改变了纤维与基体的界面结合状态，甚至氧化复合材料内部的纤维，导致复合材料发生脆性断裂。涂层作为 SiC/SiC 复合材料的四大微结构单元，主要功能是对复合材料进行防护，减小氧化、腐蚀、烧蚀、磨损等环境因素对复合材料的损伤。一般来说，SiC/SiC 复合材料的涂层主要有两种：CVD-SiC 涂层和环境屏障涂层（EBC）。CVD 法制备的 SiC 涂层具有高强度、高模量、高抗氧化性、高致密度等特点，且具有良好的均匀性和复合材料整体包覆性。CVD-SiC 涂层主要是通过封填复合材料表面的残余编织孔洞、微裂纹，降低复合材料的开气孔率。SiC 通常在 800℃开始氧化，表面生成一层致密、稳定的 SiO_2 薄膜可以保护材料不发生进一步氧化，但是 SiO_2 薄膜在 1200℃以上会与水蒸气发生反应生成易于挥发的 $Si(OH)_4$，使 CVD-SiC 涂层失效，因此 CVD-SiC 涂层主要针对使用温度在 1200℃以下的复合材料进行抗氧化保护。而 EBC 作为耐高温、防冲刷层发展至今经历了三代体系，如今稀土硅酸盐凭借其高熔点（一般都在 1800℃以上）、极低的高温氧渗透率、低杨氏模量、低热导率、低饱和蒸汽压等理化性能，且相组成单一，在服役过程中不会产生相变，能够保持化学结构的稳定，特别是在 1300~1500℃出色的抗水蒸气腐蚀及熔盐腐蚀能力，成为第三代 EBC 过渡层及面层材料。

10.3.2 SiC/SiC 复合材料性能优化设计

SiC/SiC 复合材料微结构决定了其在燃气环境中的环境性能，也决定了材料在燃气环境中的工作寿命，还能反映出材料在燃气环境中的失效机理。SiC/SiC 复合材料具有复杂的微结构，包括微结构单元、纤维增强体、基体、涂层、界面，复合材料的显微组织结构特征决定了其本征特性与服役特性。因此面对复杂的服役载荷，有必要开展复合材料微结构-本征/环境性能的优化设计，重点考虑本征性能与热/力/水氧下准静态力学、蠕变、疲劳等性能，研究 SiC/SiC 复合材料微结构的优化设计方法，设计出符合复杂服役环境的 SiC/SiC 复合材料微结构，实现 SiC/SiC 本征性能与环境性能的有效调控，并通过高温试验进行验证。

针对复杂的服役环境，发展 SiC/SiC 复合材料微结构-本征/环境性能优化设计方法；面向热/力/水氧耦合载荷作用，优化设计出满足特定本征性能、静态力学性能、蠕变性能、疲劳性能的 SiC/SiC 复合材料，给出 SiC/SiC 复合材料高性能微结构设计方案。以复合材料纤维增强体、基体、界面、涂层等多种微结构为目标变量，发展基于遗传算法的逆向设计方法。以 SiC/SiC 复合材料的本征性能与环境性能为约束条件，基于给出的初始设计变量，结合微结构、本征性能与环境性能的映射关系，开展材料进行静力学分析、蠕变疲劳动力学分析等，并输出相应的刚度、隔热性能、质量等，实现对复合材料微结构的多变量优化设计。

10.4　小　　结

SiC/SiC 复合材料具有高比强度、比模量、耐高温和热稳定性好等优点，已经被作为替代高温合金材料的新一代高温热结构材料，在航空航天领域具有广阔的应用前景。服役状态下 SiC/SiC 复合材料通常承受不同方向应力分量的共同作用而产生明显的损伤耦合力学行为，并导致材料的损伤失效进程和宏观力学性能发生显著变化。研究 SiC/SiC 复合材料在复合应力状态下的损伤耦合力学行为对完善材料的损伤力学行为研究并促进其工程实际应用具有重要意义，通过构建 SiC/SiC 复合材料性能数据库，对材料开展强度分析和寿命预测，将为发动机和空天飞行器热端构件提供材料级的设计依据。

参考文献

[1] 黄喜鹏，王波，杨成鹏 . 基于声发射信号的三维针刺 C/SiC 复合材料拉伸损伤演化研究 [J]. 无机材料学报，2018 (33)：609-616.

[2] 梅辉，成来飞，张立同 . 2 维 C/SiC 复合材料的拉伸损伤演变过程和微观结构特征 [J]. 硅酸盐学报，2007 (2)：137-143.

[3] NANNETTI C A, RICCARDI B, ORTONA A, et al. Development of 2D and 3D Hi-Nicalon fibres/SiC matrix composites manufactured by a combined CVI-PIP route [J]. Journal of

Nuclear Materials, 2002, 307: 1196-1199.
[4] SINGH, GONCZY, STEVE T, et al. Interlaboratory round robin study on axial tensile properties of SiC-SiC CMC tubular test specimens [Interlaboratory round robin study on axial tensile properties of SiC/SiC tubes] [Z]. 2018.
[5] 庞宝琳, 焦健, 王宇, 等. 不同界面层体系对 SiC_f/SiC 复合材料性能的影响 [J]. 航空制造技术, 2014 (6): 79-82.
[6] 张冰玉, 王岭, 焦健, 等. 界面层对 SiC_f/SiC 复合材料力学性能及氧化行为的影响 [J]. 航空制造技术, 2017 (12): 78-83.
[7] TOYOSHIMA K, HINO T, HIROHATA Y, et al. Crack propagation analysis of SiC_f/SiC composites by gas permeability measurement [J]. Journal of the European Ceramic Society, 2011, 31 (6): 1141-1144.
[8] 成来飞, 张立同, 梅辉. 陶瓷基复合材料强韧化与应用基础 [M]. 北京: 化学工业出版社, 2018.
[9] 谢巍杰, 陈明伟. SiC/SiC 复合材料高温力学性能研究 [J]. 人工晶体学报, 2016, 45 (6): 1534-1538.
[10] 张卓越. 二维编织陶瓷基复合材料挤压力学性能试验与失效机理分析 [D]. 上海: 上海交通大学, 2019.
[11] 李潘, 王波, 甄文强, 等. 二维编织 SiC/SiC 复合材料的剪切性能 [J]. 机械强度, 2014, 36 (5): 691-693.
[12] 郭洪宝, 王波, 贾普荣, 等. 平纹编织陶瓷基复合材料面内剪切细观损伤行为研究 [J]. 力学学报, 2016, 48 (2): 361-368.
[13] 管国阳, 矫桂琼, 张增光. 平纹编织 C/SiC 复合材料剪切性能 [J]. 机械科学与技术, 2005, 24 (5): 515-517.
[14] 刘海韬, 杨玲伟, 韩爽. 连续纤维增强陶瓷基复合材料微观力学研究进展 [J]. 无机材料学报, 2018, 33 (7): 711-720.
[15] 李龙彪. 长纤维增强陶瓷基复合材料疲劳损伤模型与寿命预测 [D]. 南京: 南京航空航天大学, 2010.
[16] 邓杨芳, 范晓孟, 张根. 预氧化 SiC_f/SiC 陶瓷基复合材料及其构件的抗疲劳特性研究 [J]. 材料导报, 2018, 32 (4): 631-635.
[17] 刘洋. SiC/SiC 陶瓷基复合材料损伤失效机理研究 [D]. 哈尔滨: 哈尔滨工业大学航天学院, 2019.
[18] WU S J, CHENG L F. Tension-tension fatigue characterization of a 3D SiC/SiC composite in H_2O-O_2-Ar environmental at 1300℃ [J]. Materials Science and Engineering A, 2006, 435-436 (5): 412-417.
[19] YAMADA R, TAGUCHI T, IGAWA N. Thermal diffusivity/conductivity of Tyranno SA fiber- and Hi-Nicalon Type S fiber-reinforced 3D SiC/SiC composites [J]. J Nucl Mater, 2004, 329-333: 497-501.

第 11 章

SiC/SiC 复合材料构件设计及应用

通过前面章节对 SiC/SiC 复合材料基础研究的阐述，形成了可靠的结构设计、力学性能和制造工艺依据。在此基础上，本章开展典型 SiC/SiC 复合材料构件设计和应用验证。

纵横加筋薄壁板是超高声速飞行器喷管部位的关键热端部件。本书选取 SiC/SiC 复合材料纵横加筋薄壁板为研究对象，重点开展结构设计、预制体成型、复合制备和无损检测等研究，以期为其他构件的设计及应用提供案例。

11.1 SiC/SiC 复合材料纵横加筋薄壁板多尺度分析

复合材料加筋薄壁板的屈曲是核心问题。鉴于 SiC/SiC 复合材料加筋薄板受力的复杂性，早期研究以试验研究为主，采用试验手段分析其损伤及失效机理十分困难。为了降低试验成本，理论模型和数值模拟是两种主要的研究手段。其中，在理论模型方面，研究者先后提出了非线性大挠度理论、非线性前屈曲理论、初始后屈曲理论、边界层理论等来分析加筋薄壁板的受压屈曲问题。但理论公式仅适用于一些简单的情况，对于相对复杂的载荷条件和边界条件，理论上无法求解临界载荷，不能够准确地揭示复合材料加筋薄板服役环境下的失效机理，以及直观体现受力特点。因此，数值模拟成了复合材料加筋薄板渐进损伤演化和失效机理评价的主流方法[1-6]。

SiC/SiC 复合材料纵横加筋薄壁板设计图如图 11-1 所示，该构件为典型的加筋结构，纵筋（X）为长度方向，总长 300mm，横筋（Y）为宽度方向，总宽 240mm，宽度方向有一定的弧度（7°）；厚度方向（Z）蒙皮厚 3mm，筋高 17mm；纵横加筋薄壁板受力主要在纵筋（X）方向，承受压应力。拟选用 2.5D 机织和三维六向编织两种细观结构，其多尺度分析流程如图 11-2 所示。

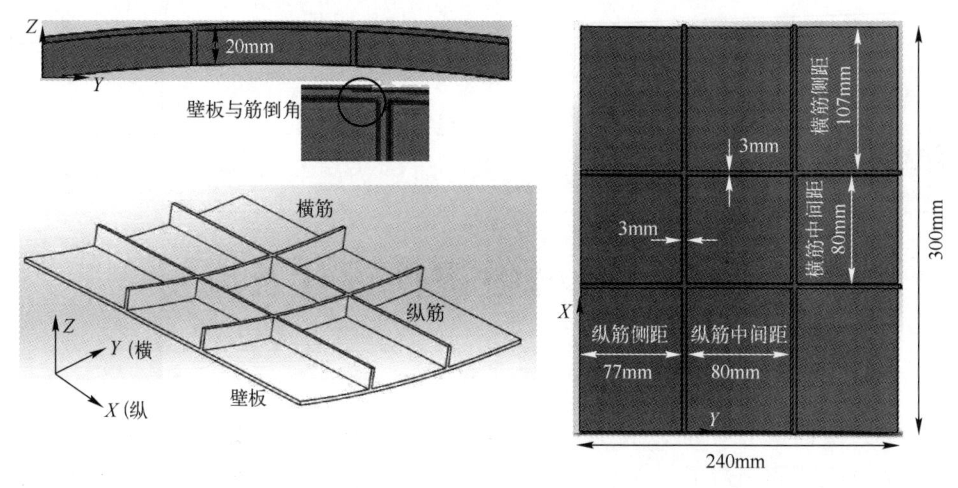

图 11-1　SiC/SiC 复合材料纵横加筋薄壁板设计图

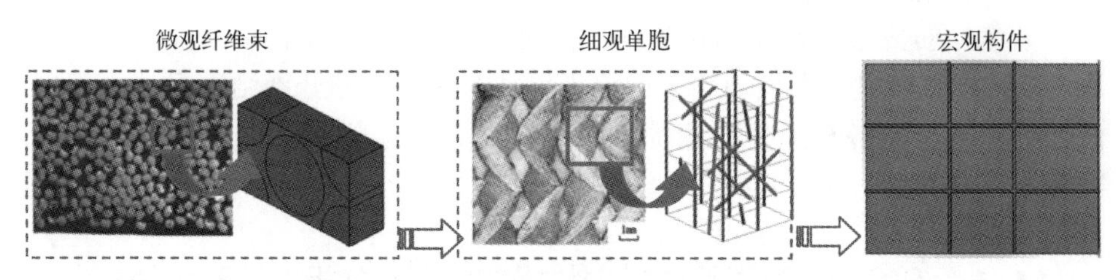

图 11-2　SiC/SiC 复合材料多尺度分析流程

11.1.1　微观纤维束

复合材料重构的三种不同特征的有限元模型建立后，对模型进行属性参数的赋予。根据 PIP 工艺制备的 SiC/SiC 复合材料的制备工艺和对复合材料中孔隙的统计来看，此时基体的模量并不是完全致密基体模量，所以这里的 E_m 应该采用基体就位模量，即含孔隙的陶瓷基复合材料基体模量。根据自洽方法（self-consistent method，SCM）[7-8] 进行估计，从而保证在模拟中存在良好的收敛性：

$$E_m = E_{m0}\frac{1-\theta}{1+2.5\theta} \tag{11-1}$$

$$\theta = \frac{\rho}{1-f} \tag{11-2}$$

式中　E_{m0}——致密基体模量；

θ——基体相对孔隙率；

ρ——试样孔隙率。

在陶瓷基复合材料制备完成后，基体中的纤维束会存在一定程度的损伤，这种损伤主要来自 3 个方面：①机械损伤，即纤维和基体模量失配对纤维的损伤；②热化学损伤，即纤维表面反应导致的损伤；③热物理损伤，即纤维和基体热膨胀失配导致的热应力损伤。由于在制备过程中纤维的损伤严重，纤维束在陶瓷基复合材料的利用率仅为原始纤维束的 1/5[9]，因此对基体中纤维束参数进行拆减，计算结果如表 11-1 所示。

表 11-1　有限元分析的材料参数

参数		原位属性	修正属性
SiC 纤维束	E_{11} (GPa)	214.77	42.954
	E_{22} (GPa)	214.77	42.954
	E_{33} (GPa)	221	44.2
	μ_{12}	0.2502	—
	μ_{13}	0.2436	—
	μ_{23}	0.2436	—
	G_{12} (GPa)	85.9	—
	G_{23} (GPa)	86.7	—
	G_{13} (GPa)	86.7	—
	ρ (g/cm^3)	2.7	—
SiC 基体	E_m (GPa)	400	237.16
	μ_m	0.2	—
	ρ_m (g/cm^3)	3.21	—

11.1.2　细观单胞

以 2.5D 结构为例，根据第 3 章中对纤维束的尺寸和孔隙的大小及分布进行数值统计分析，据此，将 2.5D 机织 SiC/SiC 复合材料中纤维束假定为椭圆形状，以此来确定复合材料的代表性体积单元模型，并且利用 SolidWorks 几何建模软件，构建一个典型的含孔隙 2.5D 机织 SiC/SiC 复合材料代表性体积单元模型，通过对提取参数的平均处理，确定单胞经纱截面长轴为 0.46mm，短轴为 0.12mm，纬纱截面长轴为 0.42mm，短轴为 0.04mm。在复合材料制备完成后，体积分布为 10^{-4} ~ 10^{-3}mm^{3}的孔隙占比最高，因此，本章根据孔隙率（9.04%）及孔隙大小的统计结果，将 RVE 模型中均匀分布的孔隙体积设置为 10^{-4}mm^3，并根据第 3 章中提出的方法对模型中的巨型孔隙进行处理。

为了验证模型的有效性，分别建立了 3 种含不同孔隙分布的 RVE 模型（图 11-3）：①建立理想化的 RVE 模型，即模型中不含孔隙缺陷，并称之为 I-model。即按照第 3 章纱线的数值统计结果建立模型，并导入 Abaqus 中进行拉伸计算；②建立含均匀孔隙分布的 RVE 模型，此时不考虑材料中分布的巨型孔隙。因为材料中存在的小孔隙尺寸占比在 $10^{-4}mm^3$ 分布居多，故在网格化后的 RVE 模型中利用随机算法删去同等孔隙率的网格，即建立的U-model；③建立既含有巨型孔隙又存在均匀的小孔隙分布的非均匀孔隙模型，即利用第 3 章中提出的方法建立的 N-model。

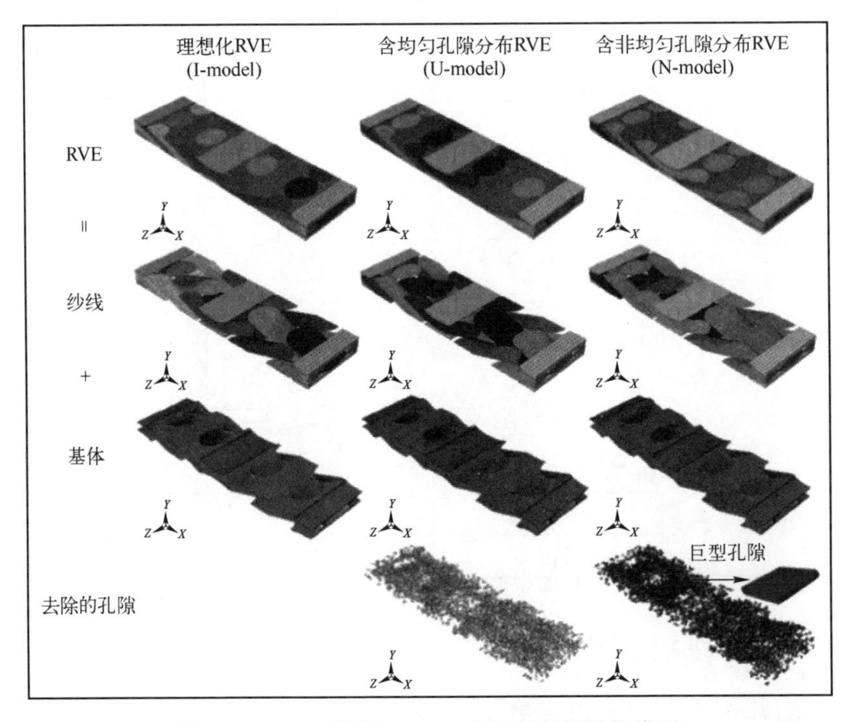

图 11-3　2.5D 机织 SiC/SiC 复合材料微结构模型

2.5D 复合材料在微观尺度和中尺度上都表现为良好的周期性特征，在基于单胞的有限元分析中，为准确地分析材料的力学性能，防止相邻的 RVE 相互干涉入侵，需要合理地施加周期性边界条件，合理的边界条件的设置是获得准确模拟的关键点之一。

对于一般性细观结构复合材料，周期性位移场表达式[10]为

$$u_i = \bar{\varepsilon}_{ik} x_k + u_i^* \tag{11-3}$$

式中　$\bar{\varepsilon}_{ik}$——单胞的平均应变；

x_k——单胞内任意点的坐标；

u_i^*——周期性位移修正量，通常认为是未知参数。

对于纺织复合材料细观结构模型，边界面一般平行成对。可将一边边界面上的周期性位移场表述为

$$u_i^{j+}=\bar{\varepsilon}_{ik}x_k^{j+}+u_i^* \tag{11-4}$$

$$u_i^{j-}=\bar{\varepsilon}_{ik}x_k^{j-}+u_i^* \tag{11-5}$$

式中　$j+$和$j-$分别沿 x_k 轴的正向与负向。

周期性可循环的单胞平行面上的 u_i^* 相同，所以将式（11-4）、式（11-5）相减，可以得到

$$u_i^{j+}-u_i^{j-}=\bar{\varepsilon}_{ik}x_k^{j+}-\bar{\varepsilon}_{ik}x_k^{j-}=\bar{\varepsilon}_{ik}\Delta x_k^j \tag{11-6}$$

在式（11-6）中，不含位移修正量 u_i^*，且 Δx_k^j 是一个常数。因此，一旦确定了应变 $\bar{\varepsilon}_{ik}$，那么式（11-6）等号右侧为常数，所以可以在有限元模型中通过在网格节点施加多节点约束（MPC）方程实现位移边界条件，且该边界条件能够同时满足相邻单胞边界应力的连续性[11]。而周期性唯一边界条件的施加，都是通过在单胞平行向对面相应网格节点处建立线性约束方程来实现的。此过程可利用 Python 语言编写程序，再导入 Abaqus 软件中进行调用。因此需要建立的模型在空间坐标轴上均具有周期可循环性，通过式（11-6）即可决定周期性边界条件。

为了根据模拟结果计算提出的 3 种模型（I-model、U-model 和 N-model）的刚度，将其与拉伸试验结果进行比对分析，在 Abaqus 分析软件中将模型按照不同方向（*X*、*Y* 和 *Z*）施加一定的位移载荷，考虑给单胞模型施加周期性边界条件的要求，分别在 3 种模型设定的微小载荷下进行对应应力和位移的加载模拟计算。

在 *X* 方向上的拉伸变形示意图如图 11-4 所示，在原有材料（长方体 *OABC-GFED*）的基础上沿 *X* 轴方向对材料进行拉伸后材料演变为（长方体 *OA′B′C′-G′F′E′D′*）。固定面 *OCDG*，然后在面 *ABEF* 上（即沿 *X* 方向）设定 *OA* 长度的 0.5%的位移量。此时，单胞在面 *ABEF* 上的弹性模量的计算公式为

$$E_{11}=\frac{\Sigma F}{S_{\mathrm{ABEF}}\times\varepsilon_X} \tag{11-7}$$

式中　E_{11}——单胞在 *X* 方向拉伸的弹性模量；

ΣF——施加在面 *ABEF*（即 *X* 方向）上所有节点的支反力之和；

S_{ABEF}——在 *X* 方向加载时对应的面积；

ε_X——加载方向上的应变。

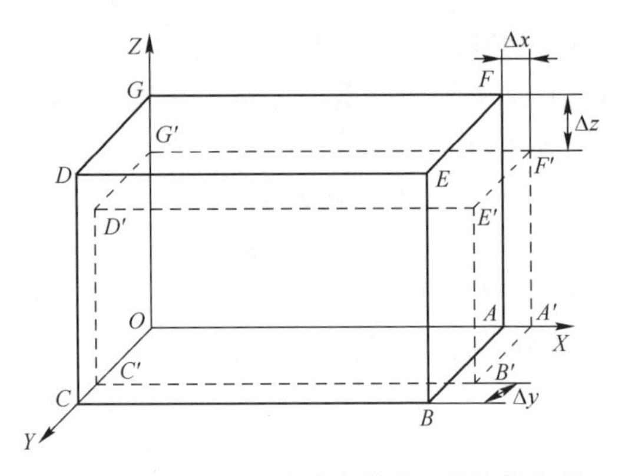

图 11-4　施加在 X 方向的载荷上的拉伸变形

对应地，单胞在加载的 X 方向上的泊松比的计算公式为

$$\nu_{12}=-\frac{\varepsilon_Y}{\varepsilon_X}=-\frac{\frac{\Delta y}{H_{OG}}}{\varepsilon_X}=-\frac{\Delta y}{H_{OG}\times\varepsilon_X} \tag{11-8}$$

式中　ν_{12}——X 方向上的泊松比；

Δy——加载在面 GDEF 时产生的位移；

H_{OG}——单胞在未施加载荷时的高度。

根据上述计算方法，可以在模拟后将计算结果代入公式，得到单胞在 Y 方向和 Z 方向上的拉伸模量 E_{22} 和 E_{33}，以及泊松比 ν_{13}、ν_{23}。

11.1.3　宏观构件

加筋薄壁板主要承受轴向压缩载荷，因此需要分析其轴压稳定性。采用商业有限元分析软件 Abaqus，沿着长度方向，一端为固定边界，另一端施加 100N 的集中压缩载荷，所建立的有限元模型如图 11-5 所示。

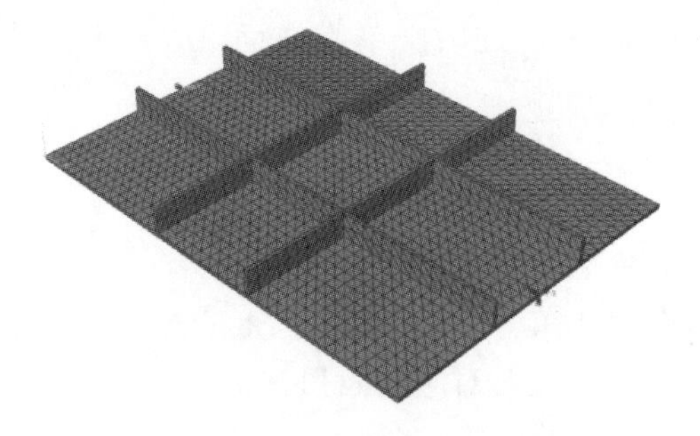

图 11-5　纵横加筋薄壁板有限元模型

基于 11.1.2 部分获得的 2.5D 和三维六向编织细观弹性模量常数，先采用 Buckle 模式求解屈曲临界特征值，然后采用 static、risks 弧长法模式开展非线性屈曲分析。

图 11-6 为纵横加筋薄壁壁板 1 阶、2 阶和 3 阶线性屈曲模态。其中，1 阶、2 阶和 3 阶屈曲载荷分别为 255.6MPa、280.2MPa 和 288.0MPa，2 阶和 3 阶屈曲载荷相差仅为 2.7%。

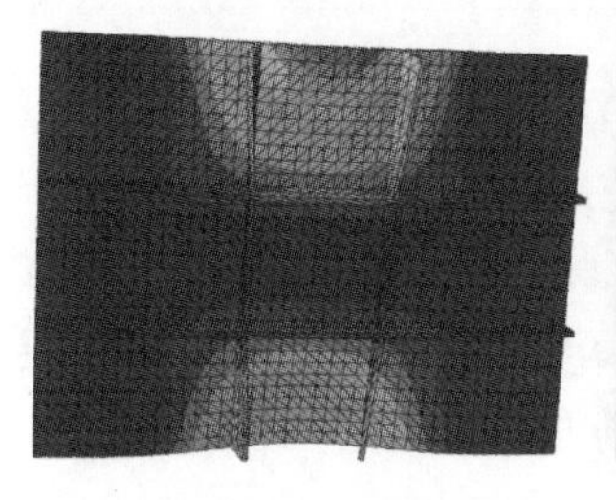
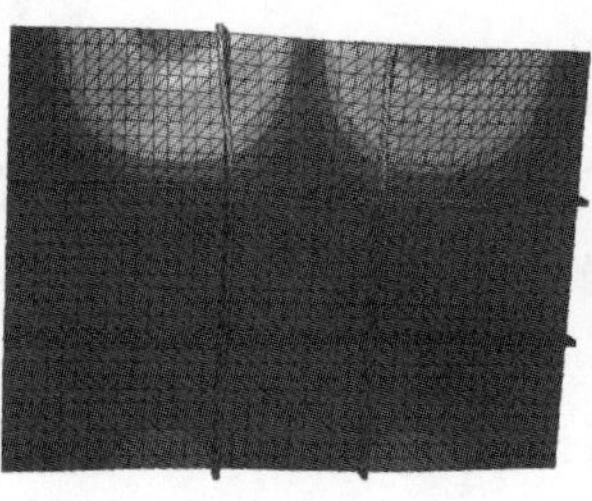
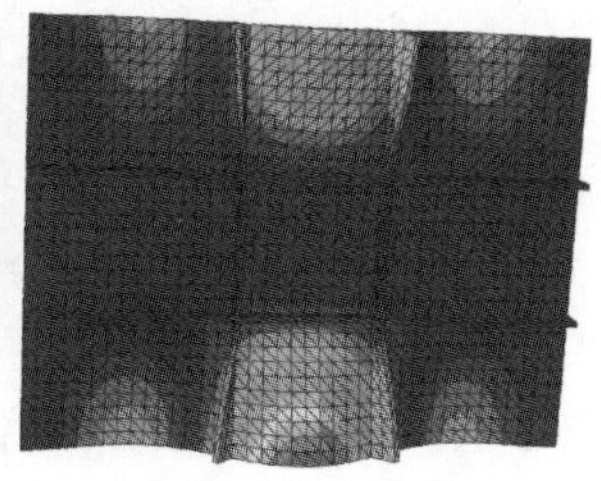

图 11-6　纵横加筋薄壁板 1 阶、2 阶和 3 阶线性屈曲模态

线性屈曲分析主要针对理想薄壁结构的线弹性屈曲行为，并没有考虑初始几何缺陷，分析结果往往过于保守。初始缺陷是影响结构失稳的主要原因，其中几何缺陷是临界屈曲载荷下降的主要因素，也是非线性屈曲缺陷设置的常用方式，引入初始缺陷可以更为准确地预测薄壁板的破坏形式。为此，按照 20% 的 1 阶模态、10% 的 2 阶模态、5% 的 3 阶模态，引入初始缺陷，图 11-7 为含初始缺陷纵横加筋薄壁板的位移和应力云图。

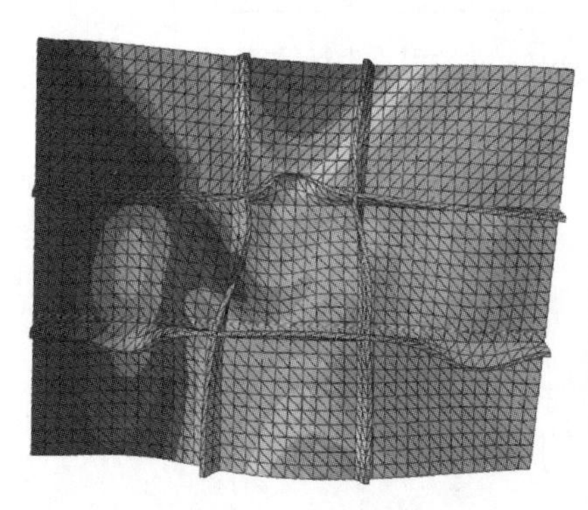

图 11-7　含初始缺陷纵横加筋薄壁板的位移和应力云图

研究结果表明，非线性屈曲载荷在 50MPa 左右。可见，引入几何缺陷后，其临界载荷出现大幅度下降。考虑到结构件较小，2.5D 织物纵横性能均衡，存在的问题就是工艺适应性差，预制体结构形变小，对于纵横筋面厚度方向尺寸需要加工；对于铺层/缝合结构，也存在工艺适应性差，且缝线为上下贯

穿，加工后层之间没有连接，缝合还会造成面内性能下降。针对结构特征，3D 编织工艺更适宜，且现有数据显示，SiC/SiC 三维六向编织复合材料纵横压缩强度值分别为 500MPa 和 150MPa，可满足实际需求。综上，结合工艺及性能，拟采用三维六向编织结构。

11.2 SiC/SiC 复合材料纵横加筋薄壁板预制体成型

三维六向编织结构中编织纱、五向纱（轴纱）和六向纱均采用 200tex SiC 纤维，花节长度（X）为 7.5～8.5mm/个，花节宽度（Y）为 2mm/个（纹路编织角 14°，内部编织角 20°）。壁板和纵筋直接成型，六向纱引入方式及工艺如图 11-8 所示。横筋为铺层缝合结构，单独织造，需要预留 1 层或 2 层六向纱。之后，将横筋分别与壁板和纵筋进行缝合，其示意图如图 11-9 所示。

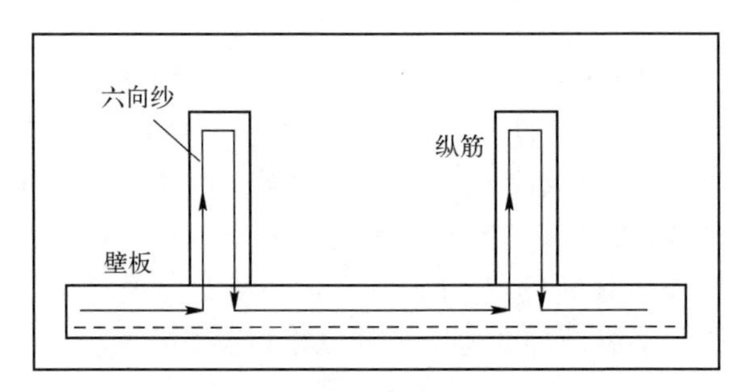

图 11-8　3D 编织结构中六向纱引入设计

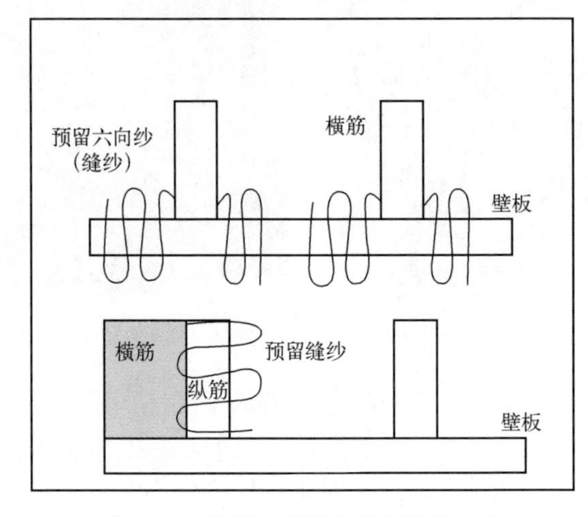

图 11-9　横筋与壁板和纵筋连接方式

通过以上设计，采用三维六向方案制备纵横加筋典型件预制体。对于三维六向，编织纱（四向纱）、五向纱和六向纱均采用 200tex SiC 纤维，编织花节长度（X）为（7.5±0.5）mm/个，花节宽度（Y）为（2±0.2）mm/个；织物结构参数见表 11-2 的要求。预制体实物如图 11-10 所示。

表 11-2　3D 织物纵横筋薄壁结构参数

编织方式			三维六向		
筋高	纵筋	（20±2）mm	厚度	纵筋	（2.8±0.2）mm
				横筋	（2.8±0.2）mm
	横筋	（20±2）mm		壁板	（3±0.2）mm
织物宽度方向（Y）	纵筋中间距	（80±3）mm	织物长度方向（X）	横筋中间距	（79±3）m
	纵筋侧距	（82.5±2）mm		横筋侧距	（120±5）mm
壁板与筋倒角半径		（1.5±1）mm	外观		表面平整，纹路清晰，结构均匀

图 11-10　纵横加筋典型件预制体

11.3　SiC/SiC 复合材料纵横加筋薄壁板复合制备

纵横加筋典型件为整体成型，模具设计需要考虑：①预制体整体合模，纵横筋条和蒙皮内侧均不考虑加工，因此模具尺寸需要与预制体配合，合模难度大；②合模后，在预定型、定型、浸渍和裂解过程，为考虑制件尺寸精度，坯体初期工艺均不开模，因此模具要满足预定型、定型、浸渍和裂解。模具数模如图 11-11 所示。该套模具包括上、下模和芯模，以及定位销、螺栓等。模具实物如图 11-12 所示。

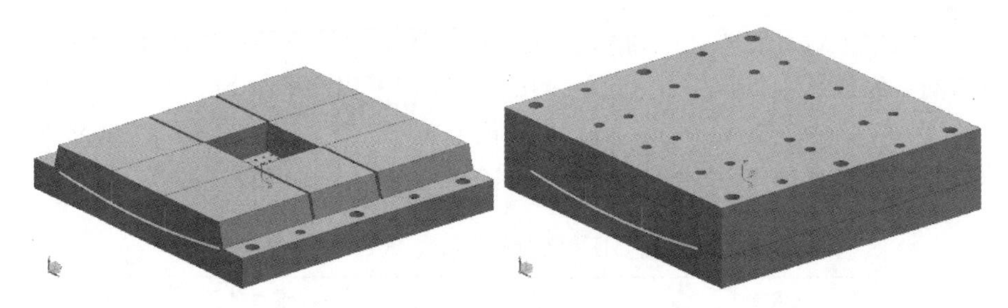

图 11-11　纵横加筋典型件模具数模

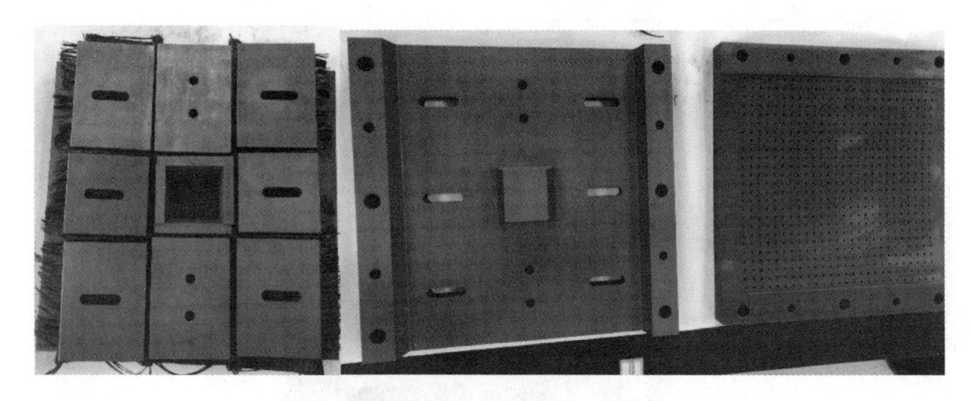

图 11-12　纵横加筋典型件模具实物

（1）制备界面层：将合模后的纤维预制体置于真空沉积炉中，在丙烷、氩气气氛下在纤维预制体表面制备 PyC 界面层。沉积至纤维预制体增重达（2%~8%）完成，纤维预制体表面界面层如图 11-13 所示。

图 11-13　纵横加筋试验件预制体表面界面层

（2）预制体热压定型：将带模具的纤维预制体放入真空浸胶罐工装中浸渍液态前驱体溶液，浸渍后放入真空热压系统热压并保温，完成纤维预制体热压定型，定型后如图 11-14 所示。

图 11-14　固化定型后坯体

（3）初次裂解：将已定型的纤维预制体放入高温裂解炉中进行首次高温裂解，得到首次高温裂解的 SiC/SiC 复合材料试验件坯体。

（4）真空浸渍-裂解循环：将首次高温裂解后的带有模具的 SiC/SiC 复合材料坯体放入真空浸胶罐中浸渍、裂解，重复浸渍—裂解步骤 6~7 次。完成后，将带石墨模具的 SiC/SiC 复合材料坯体脱模并清理，得到致密化完成的纵横加筋试验件坯体，如图 11-15 所示。

图 11-15　致密化完成的纵横加筋试验件坯体

（5）试验件坯体化加工和补强：依据图纸要求，对致密化后的 SiC/SiC 复合材料纵横加筋试验件坯体进行加工。采用机械加工工艺进行蒙皮表面型面与纵向和横向的加工。加工后进行浸渍裂解补强，最终制得纵横加筋蒙皮试验件，如图 11-16 所示。

图 11-16　SiC/SiC 复合材料纵横加筋薄壁板样件

11.4　SiC/SiC 复合材料纵横加筋薄壁板无损检测

为了对纵横加筋薄壁板内部质量进行分析，利用工业 CT 对典型件进行 360°旋转照射，焦点尺寸 0.4mm，电压 350kV，电流 1.5mA，采用 960 幅二叠加方式扫描，再结合计算机三维数字成像重建技术，对典型件内部结构进行三维重构，重建矩阵为 2048×2048，并采用软件对数据进行可视化分析。三维重构后的纵横加筋薄壁板如图 11-17 所示。可见，结构完整，构件表面可见纤维编织纹路。

图 11-17　纵横加筋薄壁板三维重构图

选取典型件内部典型区域进行切片分析，如图 11-18 所示。图 11-18（a）为典型件壁板切面图，可见壁板纤维分布均匀，纱线丝束完整，无肉眼可见的纱线断裂，两条横筋沿纵向±15mm 的范围以及壁板四周较其他区域灰度低，说明该区域材料密度更高。推测是因为横筋引入时，预留的纱线与壁板缝合成型，致使该区域在受模具挤压时导致纤维体积分数高，图像上显示为灰度低。壁板四周材料密度高则是由于致密化工艺时，液态前驱体树脂通过毛细作用从制件外边缘渗入，致使典型件四周被前驱体树脂填充更为完善。图 11-18（b）为典型件沿平行壁板方向筋根部的切片图，图 11-18（c）为典型件沿平行横筋方向的切片图，可见横筋和纵筋结构完整，无肉眼可见的裂纹和外来夹杂物，筋条内部分布均匀的孔隙。横筋与纵筋对比可见，两条横筋灰度更低，这是由于横筋为 2D 编织，纵筋为三维六向编织，2D 编织结构本身编织密度高，且纤维预制体内部孔隙结构简单，致密化工艺中液态前驱体树脂更易渗透，导致横筋密度更高。另外，横筋、纵筋与壁板相交的根部，可见灰度较高，这是加筋结构导致液态前驱体树脂不易渗透的缘故。

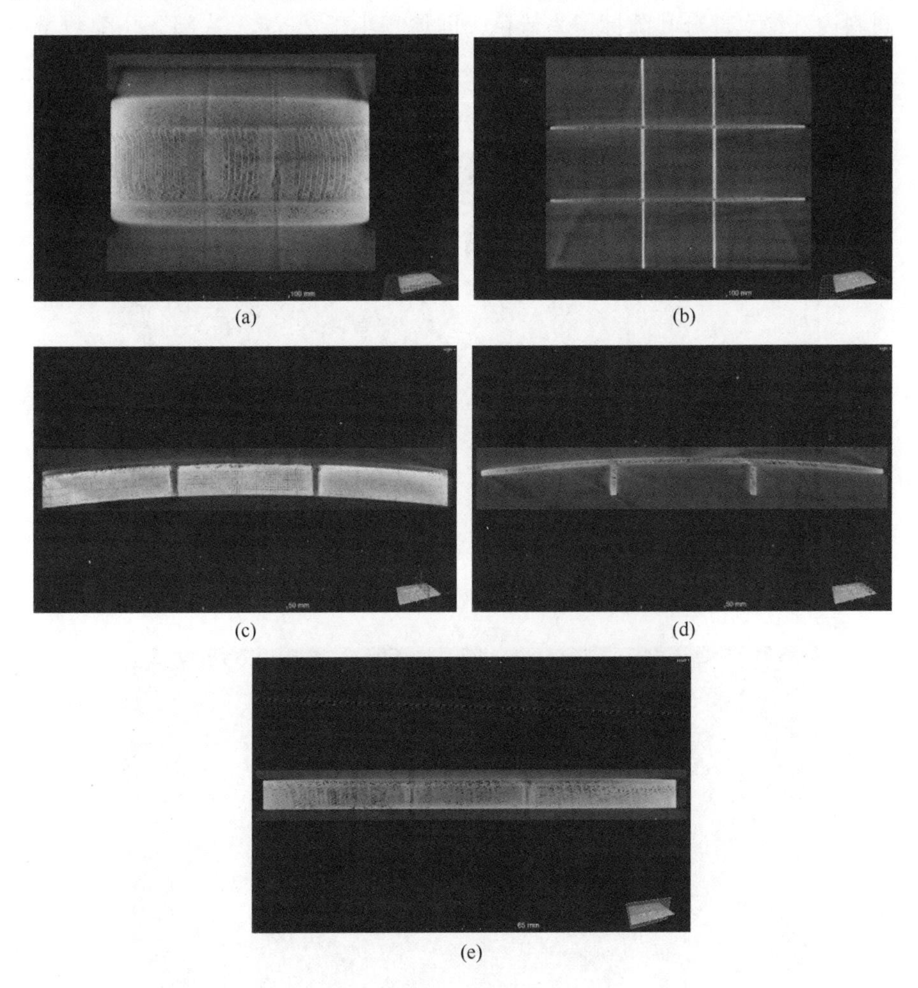

图 11-18　纵横加筋薄壁板 CT 检测中不同方向的切面
（a）壁板；（b）平行壁板方向筋根部；（c）沿平行横筋方向；（d）横筋；（e）纵筋。

图 11-18（d）为典型件横筋切片图，可见明显的0°/90°交叉纹路，说明横筋内部为典型 2D 编织结构，少量纤维交会处存在低密度区，这是裂解形成的 SiC 基体疏松导致的。另外，可见横筋与壁板交会处，存在一条灰度较高的狭缝，推测是由于筋条根部不易渗透液态前驱体树脂而造成的疏松。图 11-18（e）为典型件纵筋切片图，可见纵筋内部存在均匀的平行纵筋方向狭长的疏松，这是典型三维六向编织结构引起的织物内部流道复杂，液态前驱体树脂难以渗透导致的。

对试验件内部孔隙特征进行统计分析，图 11-19 为对材料内部孔隙体积用不同颜色进行标记的统计结果，图 11-20 为不同体积的数量分布。结合图中材料内部绝大部分孔隙标记为蓝色，即体积小于 $2mm^3$，这部分孔隙数量在 1 万级；材料内部少部分孔隙体积为 $2\sim7mm^3$，这部分孔隙数量在千级；个别孔隙体积达到 $10mm^3$，这部分孔隙数量在 100 以内。

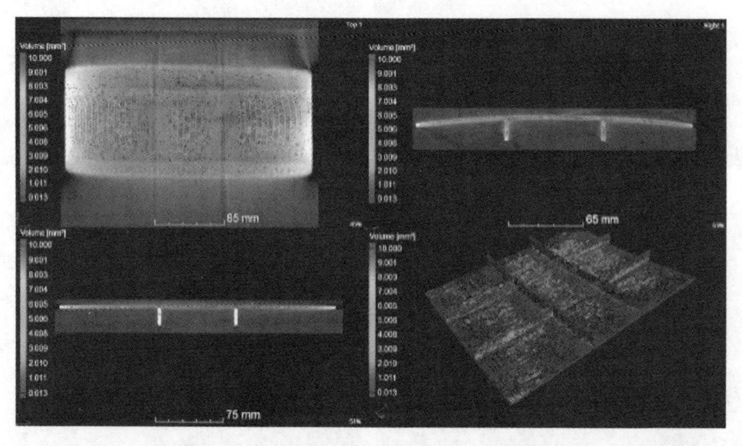

图 11-19　内部孔隙统计图（见彩插）

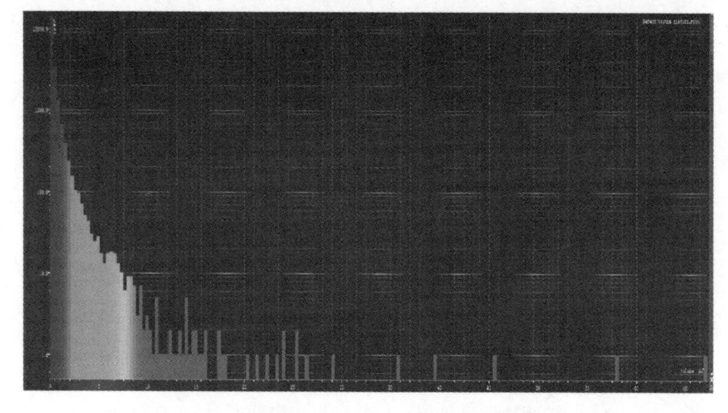

图 11-20　不同体积孔隙统计（见彩插）

进一步对孔隙空间分布进行观察分析可知，体积小于 $2mm^3$ 的孔隙均匀分布于典型件内部，若将标记为蓝色的绝大部分孔隙近似为球体进行计算，则孔隙直径为 0.7mm。推测这部分孔隙来源于 LCMP 工艺过程中因小分子逸出在基体中留下的微孔，属于原材料与致密化工艺产生的本征微孔，对材料结构的影响可忽略不计。少部分体积为 $2\sim7mm^3$ 的孔隙主要分布于壁板和横筋，推测这部分孔隙是由于三维六向织物内部流道复杂导致的液态前驱体树脂浸渍不充分造成的。个别体积达到 $10mm^3$ 的孔隙主要分布于横筋与纵筋根部，这部分孔隙是由于筋与壁板根部纤维体积分数偏低以及复杂结构造成的。

11.5 小　　结

SiC/SiC 复合材料异型构件的设计和验证是形成高承载效率和高可靠性的关键环节。本章以纵横加筋薄壁板为研究对象，重点开展了结构设计、预制体成型、复合制备和无损检测等研究，形成了完备的设计和应用体系，将为轻质高强航空复合材料构件的服役提供理论依据和数据支撑。

参考文献

[1] THORNTON E A. Thermal Buckling of Plates and Shells [J]. Applied Mechanics Reviews, 1993, 46 (10): 485-506.

[2] STANFORD B, BERAN P. Optimal thickness distributions of aeroelastic flapping shells [J]. Aerospace Science and Technology, 2013, 24 (1): 116-127.

[3] PELAYO F, SKAFTE A, AENLLE M L, et al. Modal Analysis Based Stress Estimation for Structural Elements Subjected to Operational Dynamic Loadings [J]. Experimental Mechanics, 2015, 55 (9): 1791-1802.

[4] OOIJEVAAR T H, WARNET L L, LOENDERSLOOT R, et al. Impact damage identification in composite skin-stiffener structures based on modal curvatures [J]. Structural Control & Health Monitoring, 2016, 23 (2): 198-217.

[5] LI B, HONG J, YAN S, et al. Multidiscipline Topology Optimization of Stiffened Plate/Shell Structures Inspired by Growth Mechanisms of Leaf Veins in Nature [J]. Mathematical Problems in Engineering, 2013, 2013: 653895.

[6] KRANJC T, SLAVIČ J, BOLTEŽAR M. A comparison of strain and classic experimental modal analysis [Z]. 2014.

[7] RAMAKRISHNAN N, ARUNACHALAM V S. Effective Elastic Moduli of Porous Ceramic Materials [J]. Journal of the American Ceramic Society, 2010, 76 (11): 2745-2752.

[8] Wang F H, Gou W X, Zheng X L, et al. Effective Elastic Moduli of Ceramics with Pores

[J]. Journal of Materials Science & Technology, 1998, (03): 286-288.

[9] 成来飞，张立同，梅辉．陶瓷基复合材料强韧化与应用基础［J］．北京：化学工业出版社，2018.

[10] SUQUET P M. Elements of Homogenization Theory for Inelastic Solid Mechanics [M]// Homogenization Techniques for Composite Media. Berlin: Springer, 1987.

[11] XIA Z H, ZHOU C W, YONG Q L, et al. On selection of repeated unit cell model and application of unified periodic boundary conditions in micro-mechanical analysis of composites [J]. International Journal of Solids and Structures, 2006, 43 (2): 266-278.

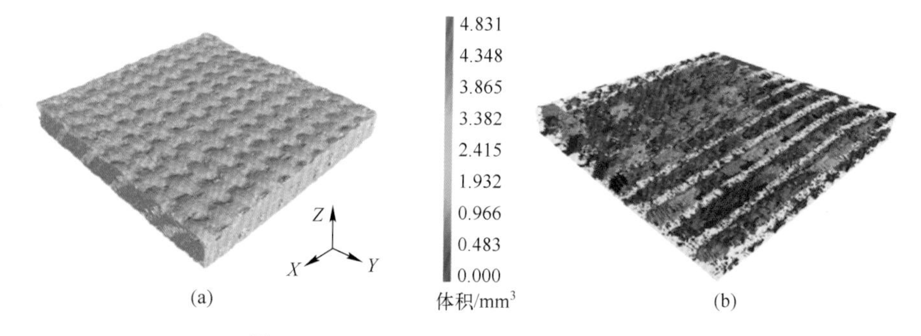

图 3-14　2.5D 机织 SiC/SiC 试样 CT 图像

（a）微型 CT 扫描下 2.5D 机织 SiC/SiC 复合材料；（b）提取的复合材料中的孔隙。

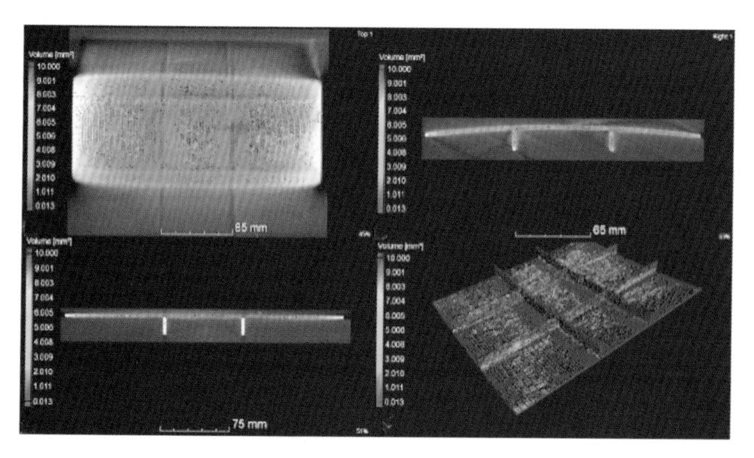

图 11-19　内部孔隙统计图

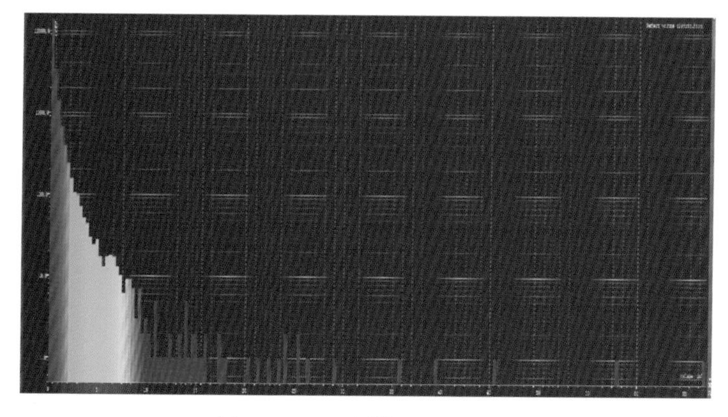

图 11-20　不同体积孔隙统计